U0175274

纳秒脉冲固体电介质击穿特性及机理

赵 亮 著

科 学 出 版 社

北 京

内 容 简 介

本书是对作者在脉冲功率技术领域十余年工作的总结，同时介绍部分国内外优秀研究成果，是一部集理论分析、实验研究、设计方法为一体的实用性著作。全书共7章，第1章为绪论；第2～5章介绍纳秒脉冲固体电介质的击穿特性，涉及单脉冲击穿特性、累积击穿特性、寿命评估、绝缘结构的失效等内容；第6章为纳秒脉冲固体电介质击穿机理；第7章为混合绝缘结构设计方法。全书围绕“特性—机理—设计”的总体思路，以实际应用为牵引，着眼于解决高压绝缘结构在设计、应用、评估中所面临的问题，介绍固体绝缘研究领域的最新学术成果，内容翔实、逻辑清晰、概念明了、数学推导详略得当。

本书可供高电压绝缘和脉冲功率技术领域及相关专业的研究人员阅读和参考。

图书在版编目（CIP）数据

纳秒脉冲固体电介质击穿特性及机理 / 赵亮著. —北京：科学出版社，2022.8

ISBN 978-7-03-072870-8

Ⅰ. ①纳…　Ⅱ. ①赵…　Ⅲ. ①电介质-研究　Ⅳ. ①O48

中国版本图书馆 CIP 数据核字（2022）第 151305 号

责任编辑：宋无汗 / 责任校对：崔向琳
责任印制：张　伟 / 封面设计：迷底书装

科学出版社 出版
北京东黄城根北街16号
邮政编码：100717
http://www.sciencep.com

北京九州迅驰传媒文化有限公司 印刷
科学出版社发行　各地新华书店经销

*

2022年8月第　一　版　开本：720×1000　1/16
2023年3月第二次印刷　印张：17 1/4　插页：3
字数：348 000

定价：165.00 元

（如有印装质量问题，我社负责调换）

前　言

脉冲功率技术与国防科技的需求和发展密切相关，同时在废物处理、食品消毒、材料表面改性、冶金钻探和生物效应等民用领域有着重要的应用。固体绝缘直接关系到脉冲功率装置的性能。因此，对短脉冲下固体绝缘材料的击穿特性、机理和设计方法等问题开展研究，具有迫切的应用需求与理论需求。

本书根据作者多年的研究成果，结合最新的文献成果，论述固体电介质的单脉冲击穿特性，包括电介质参数、脉冲参数、电极参数对击穿阈值的影响，给出描述不同因素的理论公式和物理机制；论述电介质的累积击穿特性，建立描述电树枝生长的数学模型，给出电介质累积失效的物理机制；论述绝缘结构的寿命，给出寿命公式和评估方法；论述绝缘结构的失效，分析虫孔效应现象，提出临界脉宽的概念并给出固体绝缘设计的一般原则；建立改进的雪崩击穿模型，给出击穿阈值公式和形成时延公式；提出基于可靠度的混合绝缘结构设计方法，相关技术人员可据此设计出最大程度利用绝缘性能且满足寿命要求的绝缘结构。本书在短脉冲固体电介质击穿特性和机理的研究基础上，注重理论的数学提炼，并力图给出指导实际绝缘设计的公式、方法和步骤。

本书第 1 章为绪论；第 2、3 章分别论述在纳秒脉冲作用下固体电介质的单脉冲击穿特性和累积击穿特性；第 4 章详细论述纳秒脉冲下绝缘结构的寿命；第 5 章对国际热点研究问题虫孔效应进行研究；第 6 章论述纳秒脉冲固体电介质的击穿机理；第 7 章介绍基于可靠度的混合绝缘结构设计方法。书中介绍了成稿时固体绝缘领域的最新研究成果，希望给读者提供有价值的参考和指导性的建议。

感谢导师刘国治院士、苏建仓研究员的谆谆教诲，感谢刘纯亮教授提供宝贵的文献资料。此外，衷心感谢陈昌华研究员、邵浩研究员、孙均研究员、李梅高工、李锐副研究员对本书工作的支持；感谢同事张喜波、潘亚峰、王利民、曾搏、郑磊、程杰、孙旭等对实验工作的帮助；最后感谢郑晓泉教授、李盛涛教授的建议。

限于作者的知识水平，书中不妥之处在所难免，恳请专家和同行不吝指正。

主要符号表

符号	含义
a	Weibull 分布的时间形状参数
b、β 或 m	Weibull 分布的形状参数
d	电介质厚度
E 或 E_{op}	外施电场
E_{BD} 或 E_0	击穿阈值或击穿电场
E_{av}	平均电场
E_e	有效电场
E_1	单位厚度电介质的电场
E_f	闪络电场或闪络阈值
E_{Fm}	费米能级
E_C	导带底
E_k	电子动能
ΔE	能量
ΔE_g 或 ΔI	禁带宽度
e	自然对数的底数
F	累积概率
f	电场增强系数
g	间隙
I 或 i	电流
k 或 C	常数
l	长度
n	二次电子倍增代数
n_0	原子密度
n_m	物质的量
N	脉冲数
N_L	寿命
N_e	雪崩电子数
N_0	初始电子数
P	压强
q	电子电量
R	可靠度
R_m	摩尔极化强度
S_t	机械应力
s	脉宽效应的负幂指数
T 或 T_0	温度
t 或 Δt	时间
t_{ch}	特征时间
t'_d	单位长度时延或平均时延
t_{eff}	有效脉冲作用时间
t_f	形成时延
t_l	击穿时延
t_s	统计时延
U 或 U_{op}	电压或外施电压
U_{BD} 或 U_b	击穿电压
V	体积
α	电离系数

β_s	安全系数	μ_e	电子迁移率
ε_r	相对介电常数	ρ	密度
ε_{re}	有效相对介电常数	ρ_0	电阻率
δ	厚度效应的负幂指数	σ	标准差
ζ	(体积、面积、厚度)尺寸	σ_0	电导率
η_0	Weibull 分布的尺寸参数	τ	脉冲宽度
λ	电子平均自由程	τ_c	临界脉宽
$\lambda_f(t)$	失效率	χ	电子亲和势

目　　录

第 1 章　绪　　论

1.1　固体电介质击穿现象

击穿(breakdown)，指绝缘介质在强电场作用下发生的剧烈放电或导电现象。对于大多数高压电气设备，固体电介质是不可缺少的组成部分，其作用包括机械支撑和电气绝缘两方面[1-7]，研究固体电介质的击穿特性，对提高固体电介质的绝缘能力具有重要意义。例如，在脉冲功率装置中，如果采用固体电介质作为储能介质，则设备的体积比采用气体或液体储能介质明显减小；再如，主绝缘件一旦失效，则意味着整个装置的寿命终了。固体绝缘包含两个内容：一个是发生在固体绝缘结构表面的沿面闪络现象；另一个是发生在固体绝缘结构内部的击穿现象(也称体击穿，在不引起混淆的前提下，本书提到的击穿均指体击穿)。对于沿面闪络现象，国内外研究者已经获得了基本的认识[8-11]。然而，对体击穿现象的研究还有待进一步加深，特别是在微秒和纳秒等短脉冲条件下，固体绝缘结构的击穿呈现出与静态或工频不同的现象，使其变得更为复杂。

对纳秒脉冲下固体电介质击穿现象展开研究主要源于脉冲功率技术的牵引。脉冲功率技术(pulsed power technology)是一种以较低功率存储能量，将其以高得多的功率释放到特定负载中的电物理技术，其本质是对能量在时间尺度上进行压缩，以获得极短时间内的超高功率输出[12]。脉冲功率技术起源于 20 世纪 60 年代，经过近 60 年的发展，已经逐步成为一门包括工程物理技术、高电压技术和绝缘技术等相互交叉融合的学科，其应用领域涉及军事背景的核爆模拟、闪光 X 照相、惯性约束聚变(inertial confinement fusion，ICF)、高功率微波(high power microwave，HPM)和高功率激光(high power laser，HPL)等，以及民用领域的污水处理、废物回收、食物消毒、材料表面改性、冶金技术、钻探和生物效应等[1, 3, 13-18]。

随着脉冲功率技术在民用领域应用的日益增长，该技术对装置的体积、寿命、重复频率等指标有了更高的要求。例如，希望装置的寿命达到 10^{10}～10^{11} 个脉冲[13, 19]。绝缘技术是脉冲功率技术的基础，绝缘水平的高低直接决定着脉冲功率装置的体积和寿命，特别是在纳秒脉冲下，固体绝缘结构的击穿表现出了与工频和微秒脉冲下击穿完全不同的特征。图 1-1 是 TPG700 加速器真空绝缘子上出现的击穿现象，该绝缘子承受的是电压脉宽为 30ns 的短脉冲，击穿在绝缘子外表面表现为小孔状，在绝缘子内部呈树枝状，可以看出击穿均为贯穿介质的体击穿[2]，而非沿面闪络[8-11, 20-21]。除了 TPG700 加速器真空绝缘子上出现的脉冲击穿现象外，国内如 CHP01[22-23]、CKP 系列加速器[24]，国外如 Pithon、Casino、Double Eagle、DM2 等加速器上的绝缘子都在运行一定脉冲数后出现了击穿现象[25-26]。这些击穿现象的共同特点是均发生在纳秒和亚纳秒等短脉冲条件下，并且是由一定脉冲数后的累积效应所致，表现为体击穿，这些现象值得探究。此外，脉冲功率装置的寿命与绝缘结构的外形及所施加的脉冲电场等因素密切相关。如何设计绝缘结构使其具有满足使用要求的寿命，也是在建立脉冲功率装置时非常关注的问题。

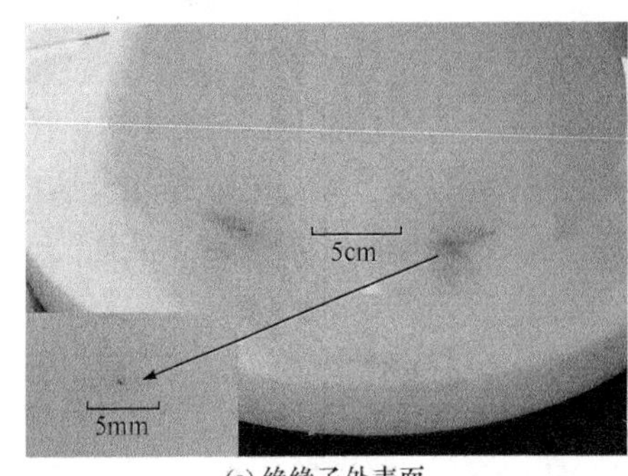

(a) 绝缘子外表面

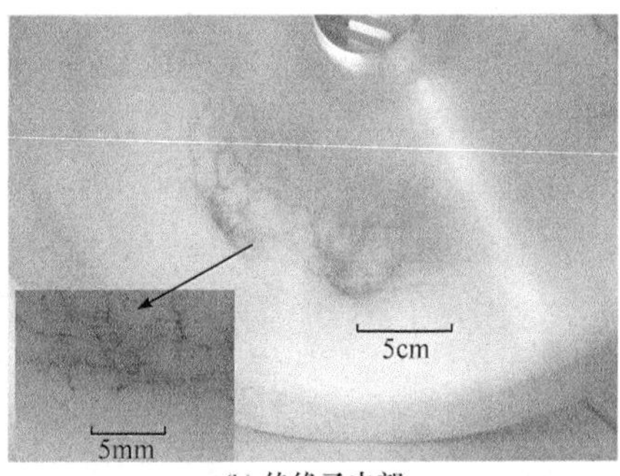

(b) 绝缘子内部

图 1-1　TPG700 加速器真空绝缘子上出现的击穿现象[2]

因此，研究纳秒脉冲电压或电流下固体绝缘材料的累积击穿现象、评估绝缘结构的寿命、研究绝缘设计方法，对推动脉冲功率技术的发展具有十分重要的意义。

1.2　固体电介质经典击穿研究现状

对固体电介质经典击穿理论进行回顾，有助于了解纳秒脉冲固体电介质击穿研究的发展脉络。固体电介质击穿现象早在 20 世纪初就引起了人们的关注。20 世纪 20 年代，以 Hippel、Frohlich 和 Seitz 等为代表的研究者为固体电介质击穿理论的发展奠定了基础。后来又经过 Stark、Whitehead 和 O'Dwyer 等的补充，固体电介质击穿逐步完善，已经形成包括电击穿、热击穿、电机械击穿和电化学击穿在内的一整套理论体系。作为一门研究了近百年的科学，固体电介质击穿涵盖了电介质物理学、固体物理学、无机化学和有机化学、统计学在内的多门学科。固体电介质击穿的复杂性不仅体现在电介质材料本身，还体现在电极形状、媒介温度、施加电压波形等环境因素。正是这些因素的共同作用，决定了固体电介质击穿中的不确定性，关于固体电介质击穿的认识还处在进一步深化的阶段[27-37]。

固体电介质经典击穿理论主要包括本征击穿、雪崩击穿、热击穿、电机械击穿和电化学击穿等理论(本征击穿和雪崩击穿又可统称为电击穿)。表 1-1 给出了固体电介质经典击穿理论的分类、主要原因和击穿特征。固体电介质经典击穿理论在建立之初主要围绕晶体和部分有机物展开，研究内容包括电击穿与热击穿的区别、击穿阈值随温度和电介质厚度的变化规律等问题，研究成果多用于解释直流、交流和微秒脉冲等情况下的固体电介质击穿现象。表 1-2 是固体电介质经典击穿理论的主要研究成果。根据表 1-2，固体电介质经典击穿理论中的一些成果也可用于解释脉冲条件下的固体电介质击穿现象，如碰撞电离雪崩理论和脉冲热击穿理论，本书将在 1.3 节对这两种理论进行专门论述。

表 1-1　固体电介质经典击穿理论的分类、主要原因和击穿特征

击穿理论的分类	主要原因	击穿特征
本征(电)击穿	电子失稳	击穿发生的时间在纳秒量级；击穿电场与电介质厚度无关；击穿发生温度较低
雪崩(电)击穿	电子雪崩	击穿发生的时间在纳秒量级；击穿电场与电介质厚度有关；击穿发生温度较低
热击穿	热失稳	需要较长时间(毫秒量级以上)；击穿电场与电介质、电极有关；击穿发生在较高温度范围
电机械击穿	电磁力引起局部断裂	击穿常见于晶体和塑料；固体存在缺陷时也容易发生
电化学击穿	固体绝缘性能退化	击穿的持续时间在数小时甚至数天；有树枝状痕迹

表 1-2　固体电介质经典击穿理论的主要研究成果

类别(名称)		主要公式及结论	评述
电击穿理论	(1) 复合电子近似理论	$\ln E_{\mathrm{BD}} = C + \frac{\Delta I}{2k_{\mathrm{B}}T_0}$	对含杂质晶体和无定形电介质的击穿过程给予解释
	(2) 场致发射雪崩理论	$E_{\mathrm{BD}} \approx \frac{4\times 10^7 \Delta I^{\frac{3}{2}}}{\ln\left(10^{20} t_{\mathrm{c}}^2\right)}$	不能解释温度效应
	(3) 碰撞电离雪崩理论	38 代电子理论	概念清晰易懂，解释了薄样品击穿阈值随电介质厚度减小而增加的现象
热击穿理论	(1) 瓦格纳热击穿模型	$U_{\mathrm{BD}} = \sqrt{\frac{\theta\rho_0}{0.24Se\alpha}}\,d\mathrm{e}^{-\frac{\alpha T_0}{2}}$	概念清晰明了
	(2) 稳态热击穿	$U_{\mathrm{BD}} \approx \left(\frac{8KT_0^2}{\sigma_0\beta_{\mathrm{T}}}\right)^{\frac{1}{2}} \mathrm{e}^{\frac{\beta_{\mathrm{T}}}{2T_0}}$	定性解释了击穿电压随温度、频率、电介质厚度的变化关系

续表

	类别(名称)	主要公式及结论	评述
热击穿理论	(3) 脉冲热击穿	$E_{BD}=\left(\dfrac{3C_V T_0^2}{\sigma_0\beta_T t_c}\right)^{\frac{1}{2}} e^{\frac{\beta}{2T_0}}$	给出了脉冲条件下击穿阈值与脉冲上升时间的关系
	电机械击穿理论	$E_{BD}=0.6\sqrt{\dfrac{Y}{\varepsilon_0\varepsilon}}$	与某些电介质因局部断裂而发生击穿的现象吻合
	电化学击穿理论	—	用来解释聚合物的老化问题

注：E_{BD}为击穿电场，U_{BD}为击穿电压，ΔI为杂质能级，k_B为玻尔兹曼常量，t_c为脉冲作用时间，θ为热散系数，S为击穿通道截面积，d为电介质厚度，α为温度系数，e为自然对数的底数，ρ_0为0℃导电通道的电阻率，β_T为温度量纲的常数，K为导热系数，σ_0为电导率，C_V为摩尔定容热容，Y为电介质杨氏模量，ε_0为真空介电常数，ε为电介质相对介电常数。

1.3 纳秒脉冲固体电介质击穿研究进展

本节主要从击穿特性、绝缘寿命、击穿机理、绝缘设计方法四个方面对纳秒脉冲固体电介质击穿研究进行回顾。

1) 击穿特性

从20世纪60年代开始，英国原子武器研究中心(Atomic Weapons Research Establishment，AWRE)的Martin在纳秒脉冲固体电介质击穿研究领域进行了卓有成效的工作,他通过大量实验得到了击穿阈值随电介质体积和脉冲数变化的关系，并总结出了著名的Martin公式。

1960年，托木斯克理工大学(Tomsk Polytechnic University，TPU)的研究者通过实验得出：纳秒脉冲下聚合物的击穿阈值与电场是否均匀有关，在非均匀电场下，非极性聚合物的击穿阈值较高；在均匀电场下，极性聚合物的击穿阈值较高[14-15, 38-39]。同时，他们还得出了击穿阈值随脉宽的变化趋势：当脉宽在30ns以内，击穿阈值随脉宽增加而减小；当脉宽大于30ns并在微秒时间范围内，击穿阈值基本不随脉宽发生变化[14-15]。

1987年，美国纽约州立大学的Treanor等进行了两种固体绝缘材料浸没于液体和空气的击穿实验，他们发现在500Hz重复频率(重频)条件下，脉冲上升沿(20ns～5μs)和脉宽(200ns～5μs)对击穿电压影响不明显。

2004年，中国科学院电工研究所(电工所)的王珏等研究了几个纳秒脉冲下薄膜材料的击穿特性。他们发现，对于厚度为45μm的聚酰亚胺薄膜，其击穿阈值可达到 20MV · cm^{-1}，并发现击穿阈值随脉宽的增加而减小，这与托木斯克理工大学研究者的实验结果相符，但与 Treanor 等的结果存在差异。除此之外，2010 年，电工所的章程等研究了重频条件下聚四氟乙烯(PTFE)薄膜的击穿特性。对于上升沿为 15ns、脉宽为 30～40ns、重频为 1～1000Hz 的条件，他们发现重频越大，重频耐受时间越短，并发现随着重频数增加，耐受脉冲个数趋于饱和等的实验现象。

如前所述，固体电介质击穿是一个由电介质本身和外部条件共同作用的物理现象，每个因素都会对击穿阈值产生影响，如电介质种类、电介质尺寸、脉冲宽度、脉冲极性、电极材料、电极形状等。以上研究仅关注了其中的个别因素，而忽略了其他因素，这会导致结论不符甚至相悖的情况发生。因此，有必要对影响纳秒脉冲固体电介质击穿的因素进行系统性研究，以期得到较为可信的结论。

2) 绝缘寿命

1997 年，Primex 国际物理公司的 Roth 等报道了大尺寸绝缘件因体击穿而导致绝缘失效的现象，并称之为“虫孔效应”(worm-hole effect)[25]。2005 年，电工所的王珏、黄文力等在研究缩比同轴和平板油浸绝缘结构的沿面闪络特性时，也观察到了孔洞状的击穿痕迹[40-43]。根据其实验结果，这种现象在短脉冲、小尺寸和高重频条件下容易发生。

无论是在实际条件下，还是在缩比条件下，固体绝缘结构均是因体击穿的发生而导致绝缘失效，进而使得寿命无法达到使用要求。传统观念认为，沿面闪络是绝缘设计的薄弱环节，沿面闪络阈值的提高意味着整体绝缘性能的提高。传统认识与实际情况不符，这说明以往对绝缘寿命的认识还不完善，仍需要进一步加深。

3) 击穿机理

纳秒脉冲固体电介质击穿的代表模型概括为三类四种：场致发射雪崩模型、碰撞电离雪崩模型、脉冲热击穿模型和阳极诱发闪络模型。前两种模型基于电击穿理论中的雪崩击穿，可归为一类；第三种模型基于热击穿理论，可归为一类；第四种模型与绝缘结构中常发生的闪络现象相联系，可单独归为一类。表 1-3 分别给出了这四种模型的主要物理思想及简评。

表 1-3　纳秒脉冲固体电介质击穿代表模型的主要物理思想及简评

模型	提出者	物理思想	主要贡献或结论	简评
场致发射雪崩	Zener[44]	强场中的介质以隧道效应方式从价带向导带注入电子，对晶格加热，导致晶格破坏	$E_{\mathrm{BD}} \approx \dfrac{4\times10^{7}\,\Delta I^{\frac{3}{2}}}{\ln\left(10^{20}t_{\mathrm{c}}^{2}\right)}$	对于 2～7eV 的 ΔI、10～100ns 的脉冲作用时间，计算得出的 E_{BD} 为 2.7～20MV · cm^{-1}
碰撞电离雪崩	Seitz[45]和Stratton[46]	介质中的电子以雪崩方式发展并向阳极推进，形成电子崩，导致晶格破坏	击穿发生至少需要 38 次电子碰撞电离	模型粗糙但概念清晰，直观描述了电介质击穿过程中的能量得失

续表

模型	提出者	物理思想	主要贡献或结论	简评
脉冲热击穿	Whitehead[47]	从一维热平衡方程出发，忽略导热过程对应的导热项，求解方程得出结论	$E_{BD}=\left(\dfrac{3C_V T_0^2}{\sigma_0 \beta_T t_c}\right)^{\frac{1}{2}} e^{\beta/2T_0}$	从理论上解释了脉冲上升时间越短，击穿阈值越大的实验现象
阳极诱发闪络	Anderson 等[48]和 Stygar 等[49]	闪络促使绝缘子表面电场增强，导致绝缘子局部发生体击穿	涉及固体电介质中体击穿与闪络共存的现象	与大尺寸绝缘件的击穿图像相符

从表 1-3 中看出，不同模型对纳秒脉冲固体电介质击穿研究均有贡献，但第一种模型给出的击穿阈值高于实测的绝缘材料击穿阈值；第二种模型没有给出一个明确的击穿阈值公式；第三种模型未涉及固体电介质内部的微观结构；第四种模型仅为一种定性的假说。鉴于以上各个模型的不足，有必要建立完善的纳秒脉冲固体电介质击穿模型，以期深入认识击穿机理。

4) 绝缘设计方法

如前所述，Martin 公式在实际绝缘设计中得到了较好的应用。除此之外，TPU、美国北极星公司[50]、美国圣地亚国家实验室[51]等的研究者也报道了大量与绝缘设计相关的公式。然而，这些公式仅关注某一特定的绝缘失效现象，尚没有一种完整的绝缘设计方法被报道。因此，还需要在绝缘设计方面进行研究和探索。

基于以上四方面问题，本书主要论述纳秒脉冲下固体电介质的击穿现象。这里纳秒脉冲指的是作用时间在 10^{-10}～10^{-7}s 的电脉冲，研究对象是固体电介质。同时本书的关注点主要在体击穿而非沿面闪络。图 1-2 示意性地给出了本书的研究对象(斜线和灰色区域)。

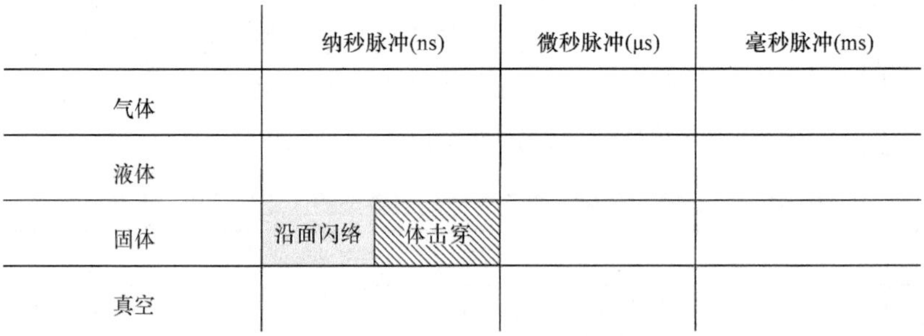

	纳秒脉冲(ns)		微秒脉冲(μs)	毫秒脉冲(ms)
气体				
液体				
固体	沿面闪络	体击穿		
真空				

图 1-2 本书的研究对象

本书结合实验，首先对单次脉冲和重复频率脉冲条件下的固体电介质击穿特性展开论述；其次针对短脉冲下固体绝缘结构的寿命和失效这两个问题展开专题性论述，并给出一些基本判断；再次，结合所得公式和认识，提出纳秒脉冲下固体电介质的击穿机理；最后给出一种基于可靠度的混合绝缘结构设计方法。本书的结构框图见图 1-3。

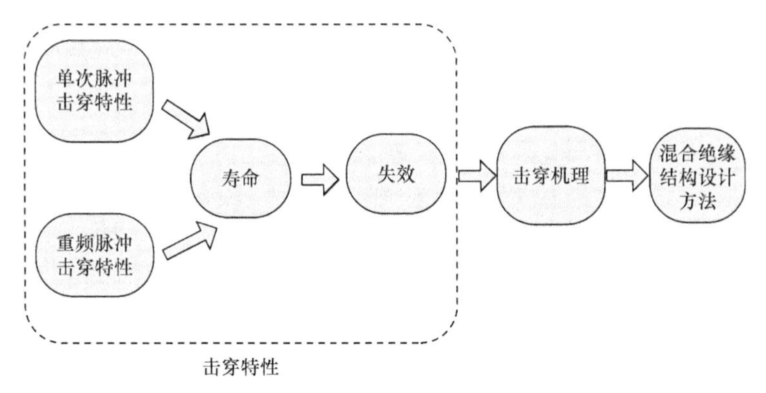

图 1-3 本书的结构框图

参 考 文 献

[1] PAI S T, ZHANG Q. Introduction to High Power Pulse Technology[M]. Singapore: World Scientific, 1995.

[2] ZHAO L, PENG J C, PAN Y F, et al. Insulation analysis of a coaxial high-voltage vacuum insulator[J]. IEEE Transactions on Plasma Science, 2010, 38: 1369-1374.

[3] 刘锡三. 高功脉冲技术[M]. 北京: 国防工业出版社, 2005.

[4] ZHAO L, SU J C, LI R, et al. A multifunctional long-lifetime high-voltage vacuum insulator for HPM generation[J]. IEEE Transactions on Plasma Science, 2020, 48: 1993-2001.

[5] ZHAO L, SU J C, LIU C L. Review of recent developments on polymers' breakdown mechanisms and characteristics on a nanosecond time scale[J]. AIP Advance, 2020, 10: 035206.

[6] LIU S, SU J C, ZHANG X, et al. A Tesla-type long-pulse generator with wide flat-top width based on a double-width pulse-forming line[J]. Laser and Particle Beams, 2018, 36: 115-120.

[7] LI R, LI Y D, SU J C, et al. A coaxial-output capacitor-loaded annular pulse forming line[J]. Review of Scientific Instruments, 2018, 89: 044706.

[8] LATHAM R V. High Voltage Vacuum Insulation-Basic Concepts and Technological Practice[M]. London: Academic Press Harcourt Brace & Company, 1995.

[9] 丁立健. 真空中绝缘子沿面预闪络和闪络现象的研究[D]. 北京: 华北电力大学, 2001.

[10] 高巍. 高压纳秒脉冲下真空绝缘沿面闪络特性研究[D]. 北京: 中国科学院研究生院, 2005.

[11] 张冠军. 真空中固体绝缘材料沿面闪络的起始机理与发展过程[D]. 西安: 西安交通大学, 2001.

[12] 曾正中. 实用脉冲功率技术引论[M]. 西安: 陕西科学技术出版社, 2003.

[13] 苏建仓, 丁臻捷, 彭建昌, 等. 重复频率脉冲功率技术应用及展望[C]. 第七届高功率微波研讨会, 银川, 中国, 2011: 452-456.

[14] MESYATS G A. Pulsed Power[M]. New York: Acdamic, 2005.

[15] MESYATS G A. 高压毫微秒脉冲的形成[M]. 方波, 译. 北京: 原子能出版社, 1975.

[16] BLUHM H. Pulsed Power Systems[M]. Karlsruhe: Springer, 2006.

[17] BENFORD J, SWEGLE J A, SCHAMILOGLU E. High Power Microwaves[M]. New York: Taylor & Fancis Group, 2008.
[18] BLUHM H. 脉冲功率系统的原理与应用[M]. 江伟华, 张驰, 译. 北京: 清华大学出版社, 2009.
[19] 苏建仓. 基于 SOS 的高重复频率全固态脉冲功率源技术研究[D]. 西安: 西安交通大学, 2006.
[20] 汤俊萍. 高压纳秒脉冲下真空沿面闪络特性研究[D]. 西安: 西安交通大学, 2009.
[21] 常超. HPM 馈源介质窗击穿机理研究及其应用[D]. 北京: 清华大学, 2010.
[22] 宋法伦, 张永辉, 向飞, 等. 强流束二极管绝缘子结构设计与实验研究[J]. 强激光与粒子束, 2009, 21: 617-620.
[23] 李名加, 康强, 常安碧. Tesla 变压器形成线的电压测量系统设计[J]. 高电压技术, 2005, 31: 58-60.
[24] 樊亚军. 高功率亚纳秒电磁脉冲的产生[D]. 西安: 西安交通大学, 2004.
[25] ROTH I S, SINCERNY P S, MANDELCORN L, et al. Vacuum insulator coating development[C]. Proceedings of 11th IEEE International Pulsed Power Conference, Baltimore, USA, 1997: 537-542.
[26] CHANTRENNE S, SINCERNY P. Update of the Lifetime Performance of Dependence Vacuum Insulator Coating[C]. Proceedings of 12th IEEE International Pulsed Power Conference, Monterey, USA, 1999: 1403-1407.
[27] 陈季丹, 刘子玉. 电介质物理学[M]. 北京: 机械工业出版社, 1982.
[28] 金维芳. 电介质物理学[M]. 西安: 西安交通大学出版社, 1995.
[29] 李翰如. 电介质物理导论[M]. 成都: 成都科技大学出版社, 1990.
[30] 李盛涛, 郑晓泉. 聚合物电树枝化[M]. 北京: 机械工业出版社, 2006.
[31] 李世瑨. 高分子电介质[M]. 上海: 上海科学技术出版社, 1958.
[32] 机械工程手册电机工程手册编辑委员会. 电机工程手册第一卷第三篇——高电压技术[M]. 北京: 机械工业出版社, 1982.
[33] 孙目珍. 电介质物理基础[M]. 广州: 广州理工大学出版社, 2000.
[34] 严萍. 脉冲功率绝缘设计手册(修订版)[M]. 北京: 中国科学院电工研究所, 2007.
[35] 张积之. 固态电解质的击穿[M]. 杭州: 杭州大学出版社, 1994.
[36] 张良莹, 姚熹. 电介质物理导论[M]. 西安: 西安交通大学出版社, 1990.
[37] 机械工程手册电机工程手册编辑委员会. 电机工程手册第一卷第七篇——绝缘材料[M]. 北京: 机械工业出版社, 1982.
[38] KOROLEV V S, TORBIN N M. Electric Strength of Some Polymers under the Action of Short Voltage Press[M]. Moscow: Energia, 1970.
[39] VOROB'EV A A, VOROB'EV G A. Electrical Breakdown and Destruction of Solid Dielectrics[M]. Moscow: Vyssh Shkola, 1966.
[40] WANG J, YAN P, ZHANG S C, et al. Study on Abnormal Behavior of Bulk and Surface Breakdown in Transformer Oil Under Nanosecond Pulse[C]. Proceedings of 15th IEEE International Pulsed Power Conference, Monterey, USA, 2005: 939-941.
[41] 王珏. 变压器油击穿特性的研究[R]. 北京: 中国科学院电工研究所, 2006.
[42] 黄文力, 王珏. 纳秒脉冲同轴结构电极变压器油中闪络特性的研究[R]. 北京: 中国科学院电工研究所, 2006.
[43] 李光杰. 纳秒脉冲下变压器油中绝缘介质沿面闪络特性的实验研究[D]. 北京: 中国科学院研究生院, 2006.
[44] ZENER C M. A theory of the electrical breakdown of solid dielectrics[J]. Proceedings of the Royal Society A, 1934, 145: 523-529.
[45] SEITZ F. On the theory of electron multiplication in crystals[J]. Physical Review, 1949, 76: 1376-1393.
[46] STRATTON R. The Influence of interelectronic collisions on conduction and breakdown in polar crystals[J].

Proceedings of the Royal Society A, 1958, 246: 406-422.

[47] WHITEHEAD S. Dielectric Breakdown of Solid[M]. Oxford: Clarendon Press, 1951.

[48] ANDERSON R A, BRAINARD J P. Mechanism of pulsed surface flashover involving electron-stimulated desorption[J]. Journal of Applied Physics, 1980, 51: 1414-1421.

[49] STYGAR W A, LOTT J A, WAGONER T C, et al. Improved design of a high-voltage vacuum-insulator interface[J]. Physical Review Specical Topics- Accelerators, 2005, 8: 050401.

[50] ADLER R J. Pulsed Power Formulary[M]. New Mexico: North Star Research Cororation, 1996.

[51] STYGAR W A, SPIELMAN R B, ANDERSON R A, et al. Operation of a five-stage 40000-cm^2 area inaulator stack at 158kV/cm[C]. Proceedings of 11th IEEE International Pulsed Power Conference, Monterey, USA, 1999: 454-456.

第 2 章　纳秒脉冲固体电介质的单脉冲击穿特性

受多重因素影响，固体电介质击穿是一个复杂的物理过程。若粗略划分，这些因素可分为电介质参数、脉冲参数和电极参数等。其中，电介质参数又可分为电介质尺寸因素[1-4]和电介质种类因素[5]；脉冲参数可分为脉冲宽度因素[6]和脉冲极性因素[7]；电极参数可分为电极材料因素和电极形状因素[7]。图 2-1 给出了不同因素对固体电介质击穿阈值 E_{BD} 的影响。

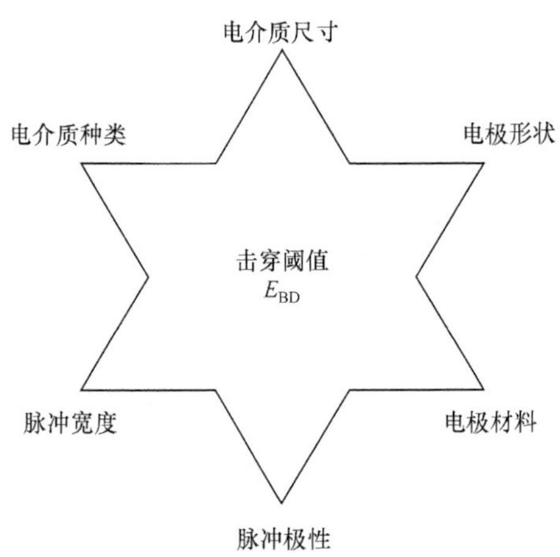

图 2-1　不同因素对固体电介质击穿阈值 E_{BD} 的影响

本章主要针对以上 6 个因素，分别展开专题性论述，主要目的是获得 E_{BD} 随上述因素变化的定量或半定量关系并探究其物理机制。由于上述 6 个因素之间相互独立，本章主要结合实验，采用单变量研究方法，即仅让其中一个因素变化，固定其余因素，考察 E_{BD} 随该因素的变化规律。

2.1　电介质厚度对击穿阈值的影响

本节采用实验与理论相结合的方法来研究电介质的厚度效应。

2.1.1　厚度效应实验

1. 实验装置

纳秒脉冲下固体电介质的厚度效应实验基于纳秒脉冲发生器——TPG200 展

开，实验装置见图 2-2，主要包括纳秒脉冲发生器、主开关、实验腔和吸收负载。TPG200 是一台基于 Tesla 变压器的脉冲发生装置，可以产生脉宽为 8ns、前后沿为 4ns、最大幅值为 300kV 的纳秒脉冲，输出电压、电流波形参见图 2-3。TPG200 能够以单次或 10Hz 两种方式稳定输出脉冲，关于 TPG200 的更多介绍见文献[8]。

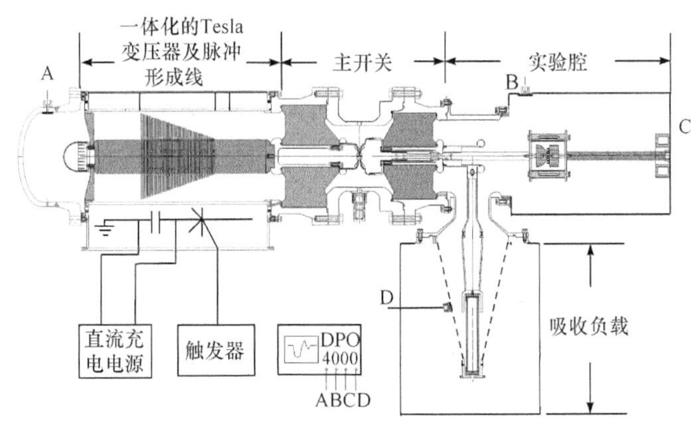

图 2-2　TPG200 实验装置图

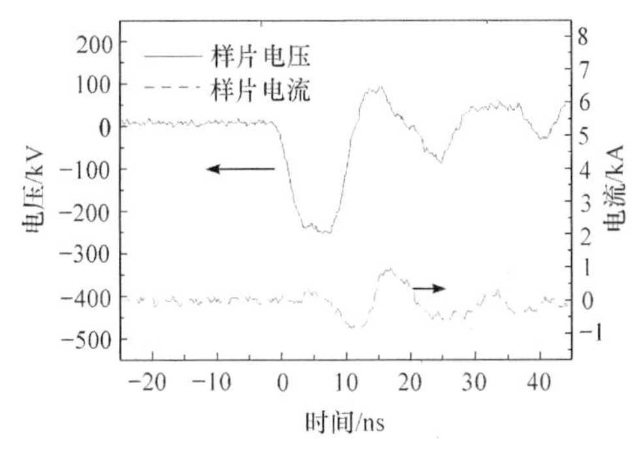

图 2-3　输出电压、电流波形

实验腔为敞开式箱体，以便更换测试样片。同时为了抑制样片发生沿面闪络，实验腔充满纯净变压器油。实验电极设计为球面–平板结构，球面和圆柱形平板的半径均为 30mm，如图 2-4(a)所示。球面–平板结构的电场增强因子可由以下公式计算获得[9-10]

$$f=\frac{2d^{\frac{1}{2}}(d+r)^{\frac{1}{2}}}{r\ln\left\{\left[2d+r+2d^{\frac{1}{2}}(d+r)^{\frac{1}{2}}\right]\Big/r\right\}}\tag{2-1}$$

式中，d 为样片厚度；r 为球面电极半径。

(a) 球面-平板电极照片

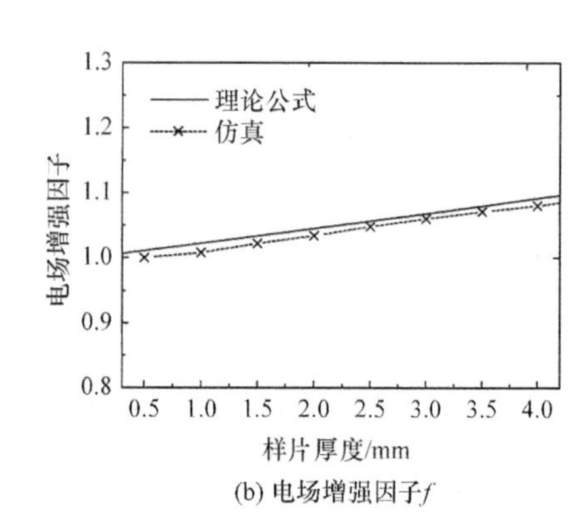

(b) 电场增强因子f

图 2-4　实验中用到的球面-平板电极结构

计算不同样片厚度对应的电场增强因子f, 并与仿真结果进行对比, 如图 2-4(b)所示。结果表明，当样片厚度小于 2.5mm 时，f取值小于 1.05。这说明所构建的电极系统能够产生准均匀电场。进而，采用如下公式计算击穿阈值 E_{BD}:

$$E_{BD} = f\frac{U_{BD}}{d} \tag{2-2}$$

式中，f近似取 1。

2. 测试样片

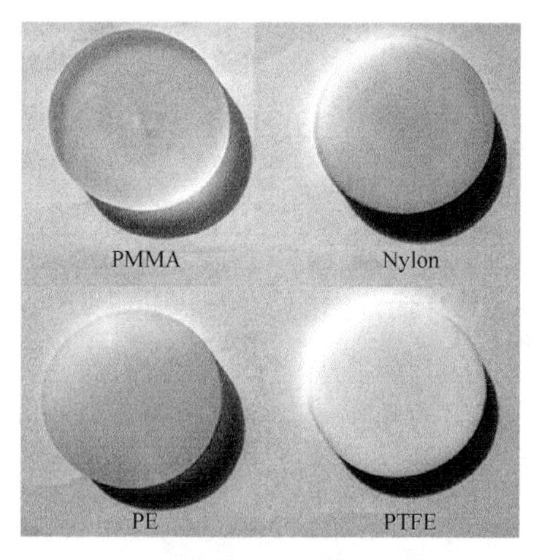

图 2-5　四种聚合物材料加工的样片

实验中用到的四种绝缘材料为高压电气设备中常见的聚合物材料，分别为有机玻璃(polymethyl methacrylate, PMMA)、尼龙(Nylon)、聚乙烯(polyethylene，PE)和聚四氟乙烯(polytetrafluoroethylene，PTFE)，这四种聚合物材料加工的样片如图 2-5 所示。样片加工为圆片型，直径为 40mm，厚度为 0.5～3.5mm。

表 2-1 列出了四种聚合物的分子结构式及电参数[11-14]。为叙述方便，本书在后续篇幅中使用英文简写来代替聚合物的中文名称，不同聚合物的中英文名称对照表见附录 I 。

表 2-1　四种聚合物的分子结构式及电参数[11-14]

聚合物		PE	PTFE	PMMA	Nylon(1010)
分子结构式		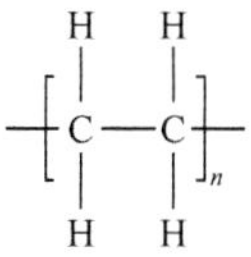 $\left[\begin{array}{c}H\\ \vert\\ C\\ \vert\\ H\end{array}-\begin{array}{c}H\\ \vert\\ C\\ \vert\\ H\end{array}\right]_n$	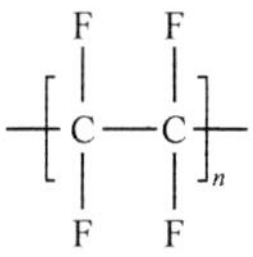 $\left[\begin{array}{c}F\\ \vert\\ C\\ \vert\\ F\end{array}-\begin{array}{c}F\\ \vert\\ C\\ \vert\\ F\end{array}\right]_n$	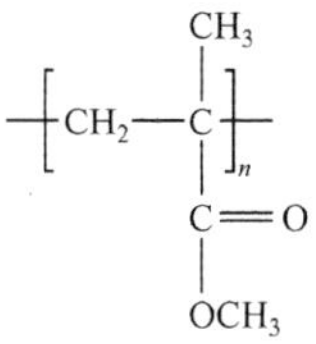 $\left[CH_2-\begin{array}{c}CH_3\\ \vert\\ C\\ \vert\\ C=O\\ \vert\\ OCH_3\end{array}\right]_n$	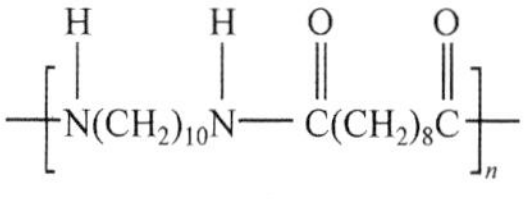 $\left[\begin{array}{c}H\\ \vert\\ N\end{array}(CH_2)_{10}\begin{array}{c}H\\ \vert\\ N\end{array}-\begin{array}{c}O\\ \Vert\\ C\end{array}(CH_2)_8\begin{array}{c}O\\ \Vert\\ C\end{array}\right]_n$
极性/非极性		非极性	非极性	极性	极性
密度/($g\cdot cm^{-3}$)		0.91～0.94	2.1～2.3	1.18～1.19	1.04～1.06
热导率/($W\cdot m^{-1}\cdot K^{-1}$)		0.3～0.42	0.24～0.27	0.17～0.25	0.16～0.4
体电阻率/($\Omega\cdot cm$)		$>10^{16}$	$>10^{18}$	5.0×10^{16}	4.0×10^{14}
$\tan\sigma$	AC	$<5\times10^{-4}$	$<2\times10^{-4}$	$(2\sim6)\times10^{-2}$	$(2\sim3)\times10^{-2}$
	1MHz	$<5\times10^{-4}$	$<2\times10^{-4}$	5×10^{-2}	4×10^{-2}
ε_r	AC	2.2～2.4	2.0～2.2	3.0～3.7	3.6
	1MHz	约 2.2	2.1	2.7～3.2	3.1

实验前样片按照如下步骤准备：

首先，用 2000 目的砂纸对样片进行打磨，使样片表面平整；

其次，用酒精(或水)清洗样片，去除样片表面杂质；

最后，室温下晾晒样片约 24 小时，使样片表面干燥。

以上处理的目的是尽可能消除样片外在因素带来的误差。

3. 测试步骤

图 2-6 给出了样片击穿后的电压和电流波形。通过与图 2-3 中的正常输出波形对比，可以看出当样片击穿时，电压波形的脉冲平顶消失，由梯形波变成三角波，半高宽从 8ns 变为 5ns；对于电流波形，样片击穿后振荡幅度变大，波形也变为三角波，半高宽约 15ns。电压和电流波形的变化均说明样片中形成了放电通道，使得电荷泄放。

实际中，击穿既可能发生在脉冲顶部，也可能发生在前沿或者后沿，无论是前沿击穿，还是平顶或者后沿击穿，电流波形均会变为三角波，并且幅值增大 3～5 倍。由于击穿后的电流幅值更稳定、更可靠，本节根据电流波形的变化来判断击穿是否发生。当样片在上升沿击穿时，定义电压幅度最大值为击穿电压；当样片在平顶或后沿击穿时，定义脉冲平顶为击穿电压。

实验步骤如下：

第一，选取同一厚度的测试样片 6～10 个，完成实验得到不同样片的击穿电

压 U_{BD}，再根据式(2-2)计算出击穿阈值 E_{BD}。通过对 E_{BD} 求平均值，从而得到一个(E_{BD},d)数据点。

第二，改变测试样片的厚度，重复第一步 4～5 次，从而得到 4～5 个(E_{BD},d)数据点，即得到一种固体绝缘材料 E_{BD} 随 d 的变化趋势。

第三，改变固体绝缘材料种类，重复第一、二步，得到不同固体绝缘材料 E_{BD} 随 d 的变化趋势。

采用球面-平板均匀电极，选取表 2-1 中四种聚合物材料加工测试样片，应用以上实验步骤，通过改变样片厚度和固体绝缘材料种类，得到不同固体绝缘材料击穿阈值随厚度变化的实验数据，如图 2-7 所示。图 2-7 显示，击穿阈值随厚度的增加而减小。

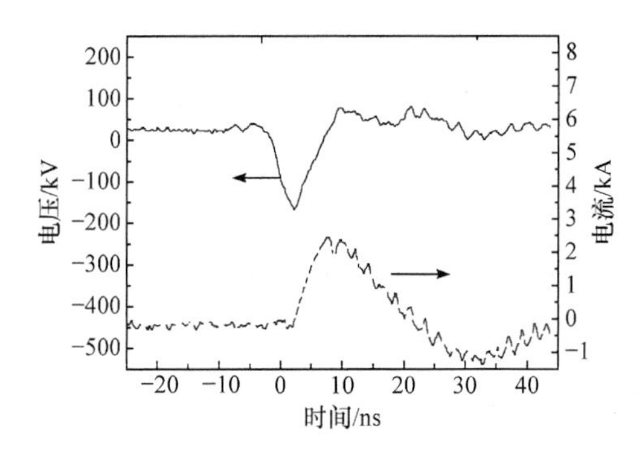

图 2-6　样片击穿后的电压和电流波形

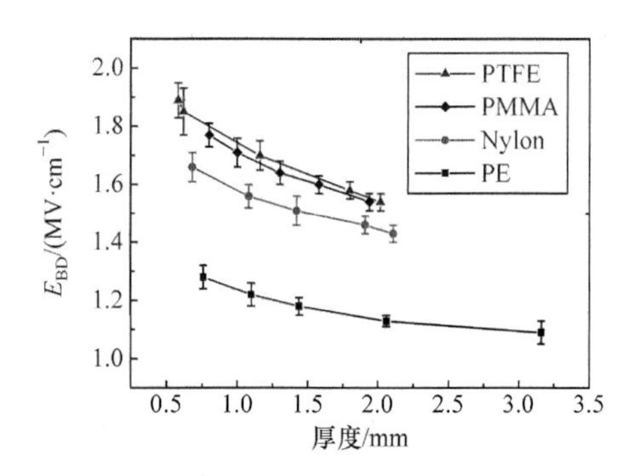

图 2-7　不同固体绝缘材料击穿阈值随厚度的变化

2.1.2　从 Weibull 分布得出的理论公式

如前所述，击穿是一个概率事件，应当从统计学的角度进行分析。这里使用两参数 Weibull 统计分布来分析厚度效应对绝缘材料击穿阈值的影响，关于 Weibull 分布的更多介绍见附录Ⅱ。现考察体积为 V_1 的固体电介质样片，假设样片的击穿概率服从以 m 和 η 为参数的 Weibull 分布 $F(E)$:

$$F(E)=1-\exp\left(-\frac{E^m}{\eta}\right) \tag{2-3}$$

则根据式(2-3)可以得出该分布的特征击穿阈值 $E_0=\eta^{1/m}$，并且可以得出样片的可靠度为 $R(E)=1-F(E)$。

将体积均为 V_1 的 M 个样片沿电场方向一起叠放于电极间，在外加电场均匀且忽略电极和样片表面因素(粗糙度、杂质分布)差异的前提下，假设第 i(i=1, 2, 3,⋯, M)个样片同样服从 Weibull 分布 $F(E)$。因为样片间是串联关系，所以大样片的可靠度为

$$R_M(E)=(1-F_1(E))(1-F_2(E))\cdots(1-F_M(E))=(1-F_1(E))^M \tag{2-4}$$

进而大样片的击穿概率为

$$F_M(E)=1-R_M(E)=1-\exp\left(-\frac{E^m}{\eta}\right)^M=1-\exp\left(-\frac{E^m}{\frac{\eta}{M}}\right) \tag{2-5}$$

通过对比式(2-5)和式(2-3)，发现大样片的 Weibull 分布形状参数不变，仅是尺寸参数减小为单个样片的 $1/M$；同时，大样片的特征击穿阈值为

$$E_M=\left(\frac{\eta}{M}\right)^{\frac{1}{m}}=\left(\frac{1}{M}\right)^{\frac{1}{m}}\eta^{\frac{1}{m}}=\left(\frac{1}{M}\right)^{\frac{1}{m}}E_0 \tag{2-6}$$

可见 E_M 减小为 E_0 的 $(1/M)^{1/m}$。考虑到 M 为大样片与小样片的体积之比，即

$$E_M=\left(\frac{V_1}{V_M}\right)^{\frac{1}{m}}E_0 \tag{2-7}$$

在样片横截面积相同的前提下，式(2-7)可进一步简化为

$$E_M=\left(\frac{d_0}{d_M}\right)^{\frac{1}{m}}E_0=\frac{E_0 d_0^{\frac{1}{m}}}{d_M^{\frac{1}{m}}} \tag{2-8}$$

令 $E_1=d^{1/m}E_0$，并用 $E_{BD}(d)$ 和 d 分别代替 E_M 和 d_M，则有

$$E_{BD}(d)=\frac{E_1}{d^{\frac{1}{m}}} \tag{2-9}$$

式(2-9)为固体电介质的厚度效应，E_1 可以理解为厚度趋于单位值(如 1mm)时所对应的击穿阈值。

根据式(2-9)可以直观看出，击穿阈值随着厚度增加以负幂指数方式减小。对式(2-9)两边取对数，有

$$\lg E_{BD}=C-\frac{1}{m}\lg d \tag{2-10}$$

式中，$C=\lg E_1$，即 $\lg E_{BD}$ 和 $\lg d$ 呈线性关系。

根据这一结果，图 2-8 给出了双对数坐标系下的击穿阈值及拟合结果，图中去掉了标准差。从图 2-8 中看出，各组数据点基本满足线性关系。这一方面说明了实验结果的正确性；另一方面说明了以 Weibull 分布进行分析的合理性。图 2-8 的拟合结果见表 2-2，包括 $1/m$ 和 E_1 两个参数的取值。从表 2-2 中看出，尽管不

同绝缘材料的 E_1 值不同，但 m 取值均在 8 附近(7.1～8.2)。

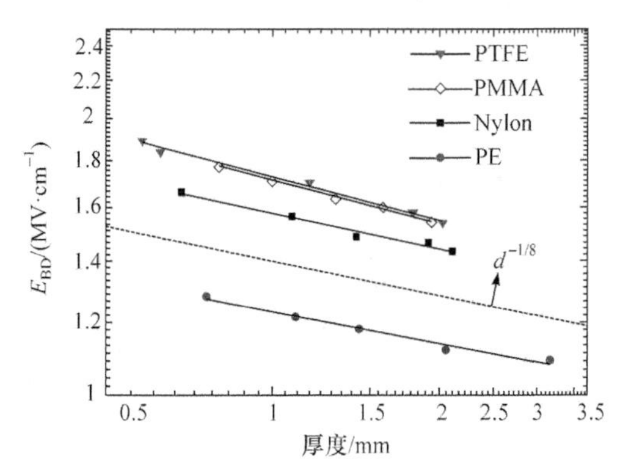

图 2-8 双对数坐标系下的击穿阈值及拟合结果

表 2-2 几种绝缘材料 1/*m* 和 E_1 的取值

绝缘材料	1/*m*	E_1/(MV · cm^{-1})
PE	1/8.2	1.23
Nylon	1/7.7	1.58
PTFE	1/7.1	1.77
PMMA	1/7.3	1.71

2.1.3 本节公式与 Martin 公式的异同

根据 Martin(AWRE)关于击穿阈值与电介质体积关系的公式[15-16]：

$$E_{BD}V^{\frac{1}{10}} = k \tag{2-11}$$

当样片横截面积相同时，有 $V=Sd$，代入式(2-11)，变形得

$$E_{BD} = \frac{k}{(Sd)^{\frac{1}{10}}} = \frac{kS^{-\frac{1}{10}}}{d^{\frac{1}{10}}} \tag{2-12}$$

式中，S 为样片横截面积；d 为样片厚度。因为 k 和 S 均为常数，所以 $kS^{-1/10}$ 为常数。本节在双对数坐标系下，对上述击穿阈值随体积变化的结果重新进行拟合，如图 2-9 所示。

从图 2-9 中看出，各种聚合物的击穿阈值随体积变化的趋势基本相同，并且 Martin 的拟合结果显示 $m\approx8$。进一步比较式(2-12)和式(2-9)，发现两式具有相同形式，但指数项有所差别。表 2-3 总结了 Martin(AWRE)和西北核技术研究所(Northwest Institute of Nuclear Technology，NINT)所得到的 m 参数取值。从表 2-3 中看出，对

于两组实验结果，不同绝缘材料的 m 值均在 8 附近，这进一步说明了式(2-9)的合理性。

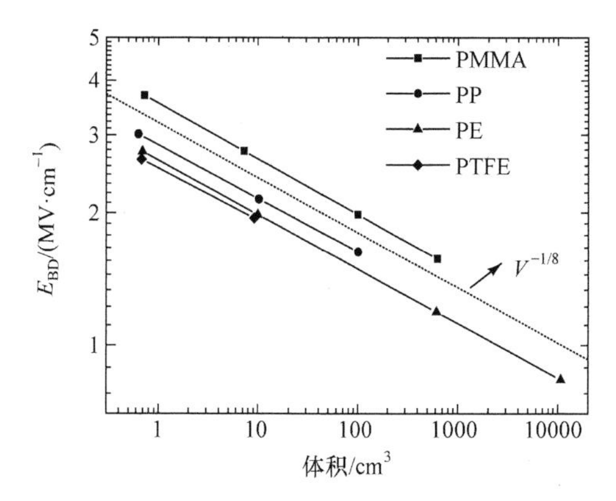

图 2-9　聚合物击穿阈值随体积的变化关系[15-16]

表 2-3　Martin(AWRE)和本书(NINT)所得到的 *m* 参数取值

绝缘材料	AWRE	NINT
PE	8.1	8.2
PMMA	7.9	7.4
PTFE	—	7.1
PP	8.2	—
Nylon	—	7.7
Tedlar	8.5	—

根据以上分析，固体绝缘材料的击穿阈值依赖于材料厚度，这有两点启示：①在设计固体绝缘结构时，必须考虑厚度效应；②在给出一种绝缘材料的击穿阈值时，应当明确是特定厚度下的阈值，因此建议将 1mm 作为参考厚度。

同时，式(2-9)可以作为电介质厚度对击穿阈值影响的理论表达式，其中参数 m 需要根据实验确定具体值，作为一般估算，m 可以取 8。

2.2　电介质厚度效应的物理机制

尽管 2.1 节得到了描述绝缘材料厚度效应的负幂指数关系，但仍然存在三个问题：①负幂指数关系是否为描述绝缘材料厚度效应的最佳公式？②如果是，这一关系的适用范围是什么？③负幂指数关系的物理机制是什么？本节通过文献回顾来回答这三个问题。

2.2.1 引言

调研发现，共有四种与固体电介质厚度效应相关的公式，本书分别将其概括为常数关系、反比单对数关系、负单对数关系和负幂指数关系，具体如下。

第一，常数关系($E_{BD}=C$)。1948 年，Oakes[17]测试了直流和交流条件下 PE 的击穿阈值，发现直流测试条件下击穿电压 U_{BD} 随厚度 d(0～0.2mm)以线性方式变化，这意味着击穿阈值为常数。1954 年，Vermeer[18]在 20℃、脉冲上升沿 $t_r=10^{-5}$s 的条件下测试了 Pyrex 玻璃击穿阈值随材料厚度的变化趋势，发现 E_{BD} 也是一个常数。基于 Oakes 与 Vermeer 的实验数据，图 2-10 给出了以 $E_{BD}=C$ 拟合所得的结果。根据表 1-2，E_{BD} 为常数，意味着电介质的击穿机制为本征击穿。

第二，反比单对数关系($1/E_{BD}=A\lg d-B$)。1949 年，Seitz[19]提出了碰撞电离雪崩击穿模型，即 38 代电子理论，并且给出了一个击穿阈值随厚度变化的公式。为清楚起见，这里简要给出推导过程，根据 38 代电子理论，当电子发生一定次数碰撞后，便可引起雪崩击穿。Seitz 得出需要 40 次碰撞便可实现雪崩击穿，即 $\alpha d=40$，其中 α 为电离系数，又因为电离概率 P 可以写成如下形式：

$$\alpha \propto P=\exp\left(-\frac{E_H}{E}\right) \tag{2-13}$$

式中，E_H 是一个与电场同量纲的常数，将式(2-13)代入 $\alpha d=40$，有

$$d\exp\left(-\frac{E_H}{E}\right)=d_0(E) \tag{2-14}$$

式中，$d_0(E)$表示与外施电场有关的距离。从式(2-14)反解出 E 并定义此时的电场为

$$E_{BD}=\frac{E_H}{\ln\left[d/d_0(E_{BD})\right]} \tag{2-15}$$

式(2-15)等号两边同时有 E_{BD}，而且不能显化。尽管如此，许多研究者认为 E_H 和 $d_0(E_{BD})$均可以视为常数，此时有

$$E_{BD}=\frac{E_H}{\ln(d/d_0)} \tag{2-16}$$

对式(2-16)进行变形，有

$$\frac{1}{E_{BD}}=\frac{1}{E_H}\ln d-C_H \tag{2-17}$$

可以看到 $1/E_{BD}$ 与 $\ln d$ 呈线性关系，斜率为 $1/E_H$，其中 $C_H=1/E_H\ln d_0$，为一个常数。支撑反比单对数关系的实验结果有两组。第一组，1940 年 Austen 等[20]测试了红

宝石云母(ruby muscovite mica，RMM)击穿阈值随厚度的变化趋势，基于该实验数据，图 2-11 给出了以$1/E_{BD} = A\lg d - B$拟合所得的结果，样片厚度为 200～600nm，直流条件。通过拟合，得到击穿阈值随厚度变化服从如下关系：

$$E_{BD} = \frac{54}{\ln(d/d_0)}(\text{MV}\cdot\text{cm}^{-1}) \tag{2-18}$$

式中，d_0=5nm。第二组实验结果来自 O'Dwyer。1967 年，O'Dwyer[21]对前人关于 NaCl 和 Al_2O_3 的实验结果进行了总结，证实了上述反比单对数关系，同样见图 2-11。

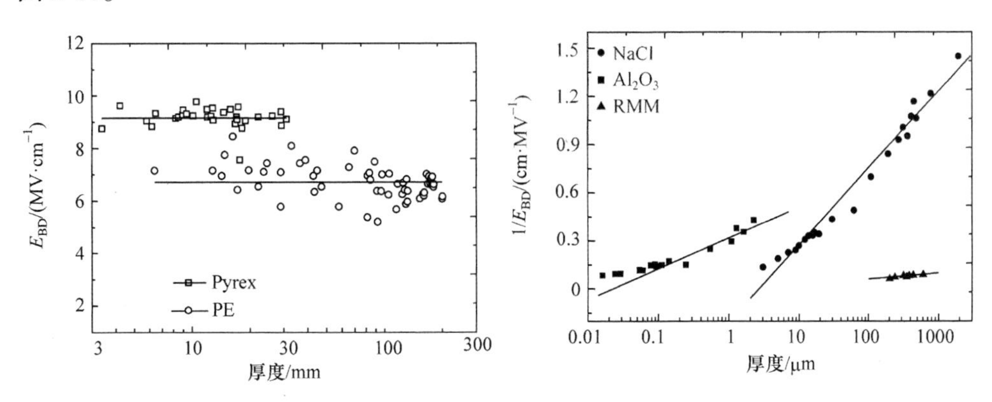

图 2-10　以 E_{BD}=C 拟合所得的结果　　图 2-11　以 $1/E_{BD}$=$A\lg d$–B 拟合所得的结果

第三，负单对数关系(E_{BD}=D–$F\lg d$)，1963 年，Cooper 等[22]测试了毫秒(前沿 1μs、后沿 8000μs)条件下 PE 的击穿阈值，样片厚度为 0.025～0.46mm。基于以上数据，图 2-12 给出了以 E_{BD}=D–$F\lg d$ 拟合所得的结果，具体如下：

$$E_{BD} = 12.8 - 3\lg d \tag{2-19}$$

值得一提的是，虽然该结果发表在 *Nature* 上，但并没有理论依据，仅仅是拟合曲线。

第四，负幂指数关系($\lg E_{BD}$=G–$\delta\lg d$)，1964 年，Forlani 等从电子注入的观点，给出了一个击穿阈值随厚度变化的公式[23-24]：

$$E_{BD} \approx \frac{C_1}{d^{\delta}} \tag{2-20}$$

式中，C_1=10^G，通过理论分析得出幂指数δ的取值在 1/4～1/2。基于 Merrill 等[25]的实验数据，图 2-13 给出了以 $\lg E_{BD}$=G–$\delta\lg d$ 拟合所得的结果。负幂指数关系也被称为负双对数关系。

表 2-4 列举了上述四种与固体电介质厚度效应相关的表达式、物理机制和研究者。

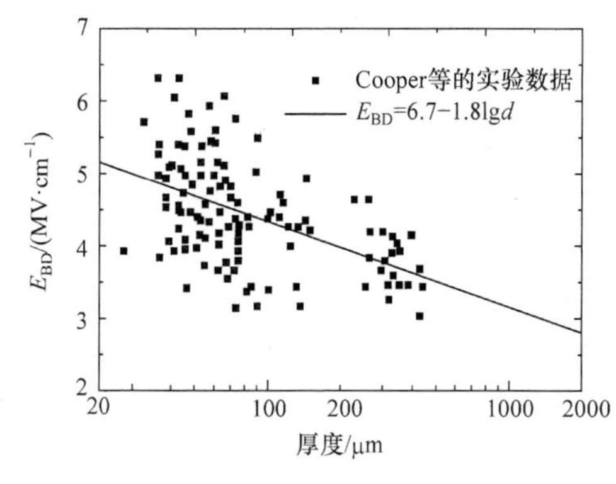

图 2-12　以 $E_{BD}=D-F\lg d$ 拟合所得的结果

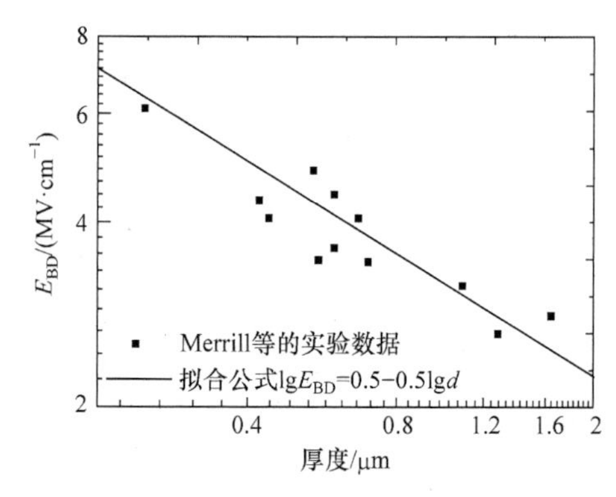

图 2-13　以 $\lg E_{BD}=G-\delta\lg d$ 拟合所得的结果[23]

表 2-4　四种与固体电介质厚度效应相关的表达式、物理机制和研究者

典型关系	数学表述	物理机制	研究者
常数关系	$E_{BD}=C$	本征击穿	Oakes[17]、Vermeer[18]
反比单对数关系	$1/E_{BD}=A\lg d-B$	雪崩击穿	Austen 等[20]、O'Dwyer[21]
负单对数关系	$E_{BD}=D-F\lg d$	—	Cooper 等[22]
负幂指数关系	$\lg E_{BD}=G-\delta\lg d$	电子注入及雪崩击穿	Forlani 等[23]、Merrill 等[25]

2.2.2　不同厚度关系的比较

上述四种关系均有实验支撑，问题是哪一种关系更适合描述绝缘材料的厚度效应？为了回答这一问题，本书对更多与厚度效应相关的实验结果进行了总结，见表 2-5。其中，有的已经利用 $\lg E_{BD}=G-\delta\lg d$ 关系对实验数据进行了拟合，并给出了负幂指数取值，如 Mason[10, 26-27]、Yilmaz 等[28-29]和 Singh 等[30-31]的结果；其他报道仅给出了原始实验数据。本节通过负幂指数关系对原始实验数据进行拟合，也得到了负幂指数，如 Yang 等[32]、Yoshino 等[33]、Theodosiou 等[34]和 Chen 等[35]的实验结果。根据表 2-5，图 2-14 给出了广域范围内厚度效应负幂指数 δ 的取值。

表 2-5　与厚度效应相关的实验结果总结

年份/研究者	测试对象及条件	厚度范围	δ 取值	特色/评论
1948/Oakes	PE, AC	22～350μm	δ=0.47[17]	—
1961/Cooper	NaCl, μs	236～544μm	δ=0.33[36]	—
1963/Vorob'ev	NaCl, ns	3～20μm	δ=0.60[36]	—
1965/Watson	NaCl, ms	24～2000μm	δ=0.33[36]	毫米量级

续表

年份/研究者	测试对象及条件	厚度范围	δ取值	特色/评论
1950/Lomer	Al_2O_3	13nm～0.15μm	δ=0.20[36]	—
1955/Mason	PE, 1/25μs 脉冲	0.1～6.5mm	δ=0.66[9, 37]	毫米量级
1963/Merrill	Al_2O_3	0.25～2.5μm	δ=0.50[25]	—
1968/Nicol	Al_2O_3	0.15～60nm	δ=0.20[36]	Å 量级
1971/Agarwal	硬脂酸钡, DC	2.5～25nm	δ=1.0[38]	δ最大
1971/Agarwal	硬脂酸钡, DC	25～200nm	δ=0.59[38]	—
1979/Yoshino	正三十六烷, 6μs 脉冲	14～100μm	δ=0.66[33]	—
1982/Singh	MgO, AC	4～20nm	δ=0.23[30]	纳米量级
1983/Singh	La_2O_3, AC	4～40nm	δ=0.66[30]	—
1983/Baguji	TiO_2, AC	40～200nm	δ=0.55[31]	—
1991/Mason	PP, AC, ϕ63.5mm	8～76μm	δ=0.24[10]	体现电极因素对 E_{BD} 的影响
1991/Mason	PP, AC, ϕ12.5mm	8～76μm	δ=0.33[10]	
1991/Mason	PP, AC, ϕ10mm v.s. ϕ10mm	100～500μm	δ=0.5[10]	
1991/Mason	PVC, DC, 液体相对介电常数为 9	40～500μm	δ=0.33,0.38[10]	体现环境液体对 E_{BD} 的影响
1991/Mason	PVC, DC, 液体相对介电常数为 5	40～500μm	δ=0.66,0.70[10]	
1992/Helgee	PI, AC	13～270μm	δ=0.39[39]	—
1992/Helgee	PEI, AC	13～270μm	δ=0.44[39]	—
1992/Helgee	PET, AC	13～270μm	δ=0.47[39]	—
1992/Helgee	PEEK, AC	13～270μm	δ=0.48[39]	—
1992/Helgee	PES, AC	13～270μm	δ=0.51[39]	—
1996/Yilmaz	PES, AC	12～200μm	δ=0.26～0.32[28]	—
1997/Yilmaz	PES, AC(0℃)	100～200μm	δ=0.28[29]	体现温度因素对 E_{BD} 的影响
1997/Yilmaz	PES, AC(80℃)	100～200μm	δ=0.30[29]	
1997/Yilmaz	PES, AC(120℃)	100～200μm	δ=0.32[29]	
2003/Yang	TiO_2, DC	100～300μm	δ=0.97[32]	δ 最大
2004/Theodosiou	PET, DC	25～350μm	δ=0.50[34]	—
2010/Diaham	PI, DC	1.4～6.7μm	δ=0.16～0.25[40]	—
2011/Zhao	PMMA、PE、Nylon、PTFE、纳秒脉冲	0.5～3.2mm	δ=0.125[3]	纳秒脉冲
2012/Chen	PE, DC	25～250μm	δ=0.022[35]	δ 最小
2013/Neusel	Al_2O_3、TiO_2、BaTiO、$SrTiO_3$, AC	0.002～2mm	δ=0.5[41]	测试对象多
2013/Neusel	PMMA、PS、PVC、PE	0.002～2mm	δ=0.5[41]	

注：AC-交流条件；DC-直流条件；PET-聚对苯二甲酸乙二醇；PVC-聚氯乙烯；PI-聚酰亚胺；PEI-聚醚酰亚胺；PES-聚酯；PEEK-聚醚醚酮；PS-聚苯乙烯，具体详见附录 I-常见聚合物中英文对照表。

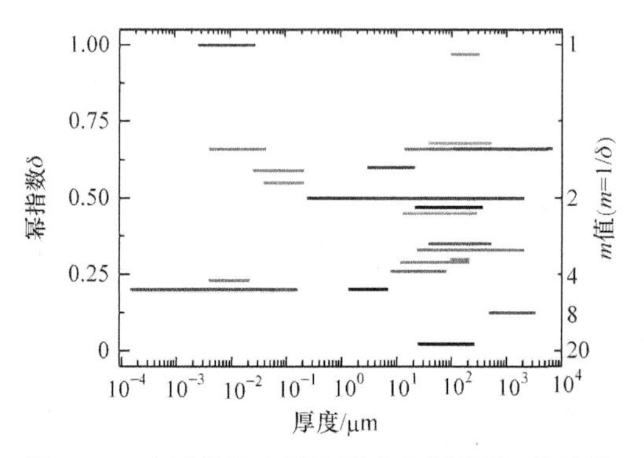

图 2-14　广域范围内厚度效应负幂指数δ的取值

从表 2-5 和图 2-14 中可以看出以下信息。

首先，δ的分布没有明显趋势，本书将在 2.2.4 小节专门对这一问题进行分析。

其次，δ取值在 0 到 1 之间；最大取值为 1.0，见表 2-5 中 1971/Agarwal 这一行；最小取值为 0.022，见 2012/Chen 这一行；忽略其他因素，δ的平均值在 0.5 附近，见图 2-14。

最后，负幂指数关系适用的最小厚度为 Å 量级，与原子间距相当，见 1968/Nicol 这一行；负幂指数关系适用的最大厚度在数个毫米，见 1965/Watson(2mm)、1955/Mason(6.5mm)、2011/Zhao(3.2mm)等行。

根据表 2-5，发现能够支撑负幂指数关系($\lg E_{BD}=G-\delta\lg d$)的实验结果数量远远大于能支撑其余三类关系的数量。因此，有必要对负幂指数关系和其他三种关系做进一步比较，以期得到可靠结论。

第一，反比单对数关系($1/E_{BD}=A\lg d-B$)与负幂指数关系($\lg E_{BD}=G-\delta\lg d$)的比较，见图 2-15。从图 2-15 中看出，当厚度过小或过大时，反比单对数关系相对于负幂指数关系取值偏高，而在中间厚度范围取值偏低。NaCl 和 Al_2O_3 的数据更清楚地反映了这一事实。同时，反比单对数关系需要厚度大于某一值，否则击穿阈值会出现趋于无穷或者负值的情况，而负幂指数关系不存在这样的限制。

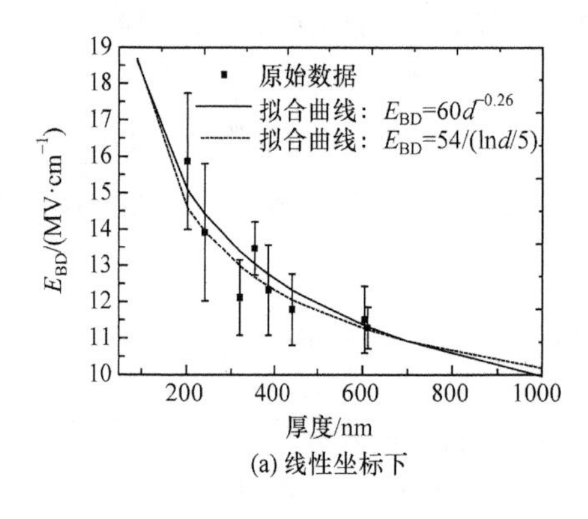

(a) 线性坐标下

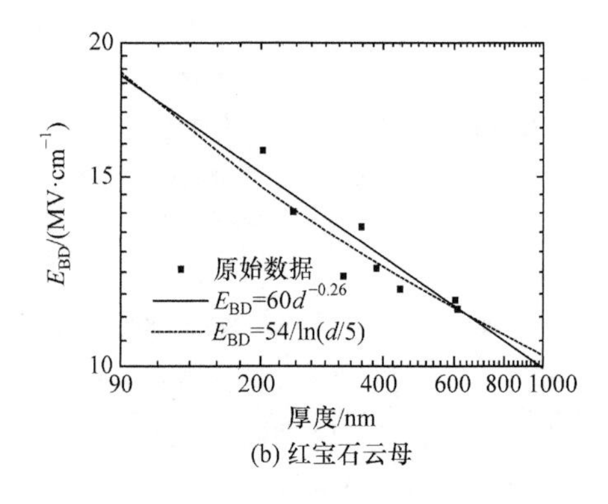

(b) 红宝石云母

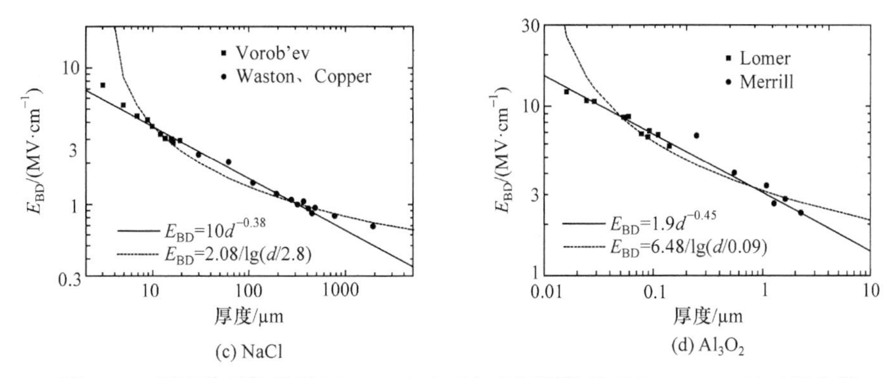

图 2-15　反比单对数关系($1/E_{BD}=A\lg d-B$)与负幂指数关系($\lg E_{BD}=G-\delta\lg d$)的比较

第二，负单对数关系($E_{BD}=D-F\lg d$)与负幂指数关系($\lg E_{BD}=G-\delta\lg d$)的比较，见图 2-16，通过比较，发现在低厚度和高厚度区间段内，负单对数关系相对于负幂指数关系取值偏低，而在中间数据段内取值基本一致。同时，负单对数关系没有理论基础，仅仅是实验数据的拟合。

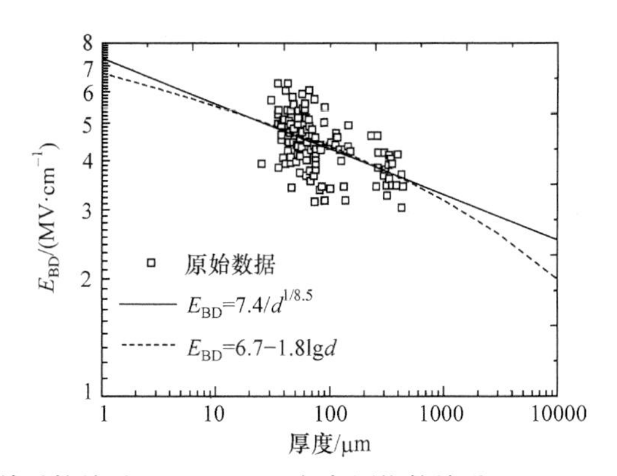

图 2-16　负单对数关系($E_{BD}=D-F\lg d$)与负幂指数关系($\lg E_{BD}=G-\delta\lg d$)的比较

第三，常数关系($E_{BD}=C$)与负幂指数关系($\lg E_{BD}=G-\delta\lg d$)的比较，可以认为常数关系是负幂指数关系中幂指数 δ 取 0 时的近似。

通过上述比较，可以得出一个基本结论：相比于其他三个关系，负幂指数关系更适合描述绝缘材料的厚度效应；同时，通过综合表 2-5 中的实验结果，发现负幂指数关系成立的厚度范围从埃量级到毫米量级。

2.2.3　负幂指数关系的物理机制

1. Forlani 给出的物理模型

如 2.2.1 小节所述，Forlani 等[23, 36]认为电极和电介质是一个整体，他们从电极的电子注入和电介质中电子的碰撞电离倍增这两个角度分析了绝缘材料的厚度效应。他们的基本出发点可以表述如下：

$$j(d) = j_i P \exp(\alpha d) \tag{2-21}$$

式中，$j(d)$为离开电极一段距离 d 之后的电流密度；j_i 为阴极注入电子密度；P 为一个电子从稳态变到非稳态的概率，可以理解为电子雪崩形成的概率；α 为电离系数，表示电子在沿电场反方向每运动 1cm 时与固体原子的碰撞电离次数；$\exp(\alpha d)$为 1 个初始电子在迁移长度 d 之后的扩大倍数。式(2-21)表示的物理含义：阴极中 j_0 个电子以某种机制从阴极注入电介质中，其数目减小为 j_i；经过长度 d 的碰撞电离后，电子总数扩大为 $j(d)=j_i\exp(\alpha d)$；由于电子雪崩的形成存在一定概率 P，实际上到达 d 位置的电子总数还要再乘以 P，即 $j(d)=j_iP\exp(\alpha d)$，这是一个减小过程。Forlani 建立的电介质厚度效应物理模型如图 2-17 所示。需要说明的是，电子倍增与雪崩形成实际上是一个过程，即电子碰撞电离倍增过程。这里为了从概念上描述电流密度的变化，将其分为电子倍增与雪崩形成两个子过程。

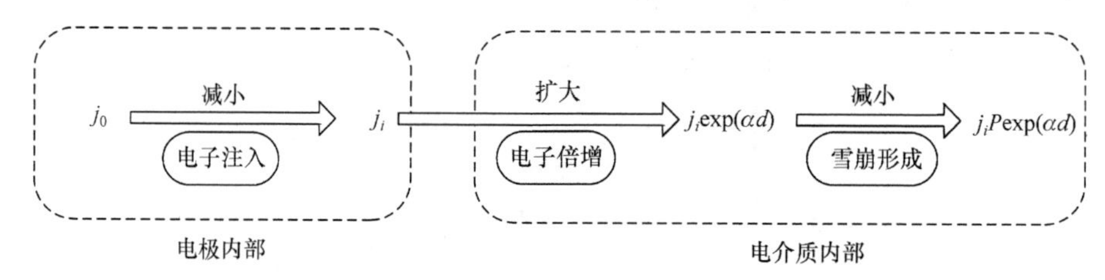

图 2-17 Forlani 建立的电介质厚度效应物理模型

Forlani 给出了固体击穿的定义：若 $j(d)$超过某一临界电流密度值 $j_{BD}(d)$能够使得局部电介质被熔化、蒸发，此时击穿发生。Forlani 定义的击穿电场为

$$E_{BD} = E|_{j(d)=j_{BD}} \tag{2-22}$$

考虑式(2-22)之后，令式(2-21)等号右边等于 $j_{BD}(d)$，并对两边取对数，有

$$\ln j_i + \alpha d + \ln P = \ln j_{BD} \tag{2-23}$$

考察式(2-23)各项的具体含义和表达式。

首先，对于 j_i，其取值与电极电子注入方式有关。Forlani 考虑了两种典型的电子注入方式。

(1) 场致发射，$1\text{MV}\cdot\text{cm}^{-1}$ 以上的强场发射为隧道效应(tunnel effect)，具体表示如下：

$$j_i = AE^2 \exp\left[-\frac{B}{E}\theta(y)\right] \tag{2-24}$$

或

$$\ln j_i = \ln\left(AE^2\right) - \frac{B\theta(y)}{E} \tag{2-25}$$

式中，$\theta(y)$为一个与温度有关的修正因子，温度固定时可以视为常数。

(2) 场助热发射，根据肖特基效应(Schottky effect)，j_i可表示如下：

$$j_i = j_0 \exp\left(-\frac{\Phi}{k_B T} + \frac{0.44}{T} E^{1/2}\right) \tag{2-26}$$

或

$$\ln j_i = \ln j_0 - \frac{\Phi}{k_B T} + \frac{0.44}{T} E^{1/2} \tag{2-27}$$

其次，对于αd，Forlani 认为α与外施电场 E 和碰撞电离能 ΔI 有关，具体可以写成如下形式：

$$\alpha d = \frac{qEd}{\Delta I} \tag{2-28}$$

最后，对于雪崩形成概率 P，Forlani 通过求解波数方程：

$$\overline{\frac{1}{k}\left(\frac{\mathrm{d}k_x}{\mathrm{d}t}\right)_{\mathrm{sc}}\left(\frac{\mathrm{d}\Delta I}{\mathrm{d}t}\right)_{\mathrm{sc}}} = \left(\frac{qE}{m}\right)^2 \tag{2-29}$$

式中，q 为电子电荷绝对值；k 为波矢量；k_x 为距离 x 位置的波矢量。获得了雪崩形成概率 P 随归一化外施电场 E/E_H 的变化曲线，如图 2-18 所示，其中 E_H 是由 Hippel 低能判据所给出的击穿电场。

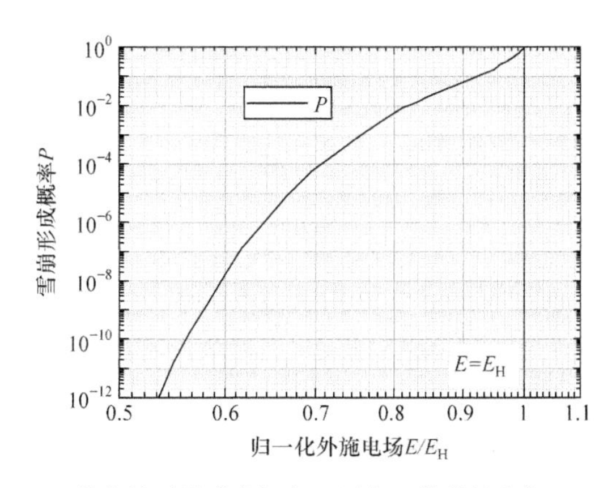

图 2-18　Forlani 给出的雪崩形成概率 P 随归一化外施电场 E/E_H 的变化曲线

2. 对 Forlani 模型的求解及改进

Forlani 分三种情况对式(2-23)所建立的模型进行求解。

(1) 当电介质厚度较小并且阴极发射机制为隧道效应时(根据 Forlani 的研究，电介质的厚度应该远小于复合长度 x_0)，将式(2-25)代入式(2-23)，有

$$\frac{qEd}{\Delta I}-\frac{B\theta(y)}{E}+\ln\left(AE^2\right)+\ln P=\ln j_{\mathrm{BD}} \tag{2-30}$$

当电场较大时，P 接近于 1，$\ln P$ 接近于 0；同时 $\ln(AE^2)$和 $\ln j_{\mathrm{BD}}$ 相对方程等号左边第一、二项可以忽略。因此，式(2-30)的近似解可表示如下：

$$E_{\mathrm{BD}}\approx E_{\mathrm{TN}}d^{-\frac{1}{2}}，其中\quad E_{\mathrm{TN}}=\left[\frac{B\theta(y)}{q}\right]^{\frac{1}{2}} \tag{2-31}$$

式中，E_{TN} 是与隧道效应有关的常数。

(2) 当电介质厚度较小并且阴极发射机制为肖特基效应时，将式(2-27)代入式(2-23)，有

$$\frac{qEd}{\Delta I}-\frac{\Phi}{k_{\mathrm{B}}T}+\frac{0.44}{T}E^{1/2}+\ln P+\ln j_0=\ln j_{\mathrm{BD}} \tag{2-32}$$

同样，当电场较大时，P 接近于 1，$\ln P$ 接近于 0；并且通过合理的数量级估计，式(2-32)仅前两项占主导作用，此时击穿电场的近似解为

$$E_{\mathrm{BD}}\approx E_{\mathrm{ST}}d^{-1}，其中\quad E_{\mathrm{ST}}=\frac{\Phi\Delta I}{kTq} \tag{2-33}$$

式中，E_{ST} 是与肖特基效应有关的常数。

(3) 当电介质厚度较大时，阴极电子注入对击穿的影响微弱，可以忽略不计，同时 $\ln j_{\mathrm{BD}}$ 也忽略不计。因此仅有电子倍增项 αd 和雪崩概率项 $\ln P$ 在式(2-23)中占主导作用，此时式(2-23)简化为

$$\frac{qEd}{\Delta I}+\ln P\approx 0 \tag{2-34}$$

现在的问题是，如何给出 P 的表达式。Forlani 并没有给出 P 随 E 变化的理论表达式，他仅近似认为$-\ln P$ 与 $1/E^3$ 成比例。Forlani 的这个思路意味着在双对数坐标系下 $\lg(-\ln P)$与 $\lg E$ 满足线性关系并且斜率为-3。遵循这一思路，在双对数坐标系下绘出了$-\ln P$ 随 E/E_{H} 的变化曲线，如图 2-19 所示，发现 $\lg(-\ln P)$与 $\lg(E/E_{\mathrm{H}})$仅在一定电场区间段内($E/E_{\mathrm{H}}<0.8$)满足斜率为-3 的线性关系。

作为对 Forlani 模型的修正，这里给出一种简单的五段近似拟合曲线：

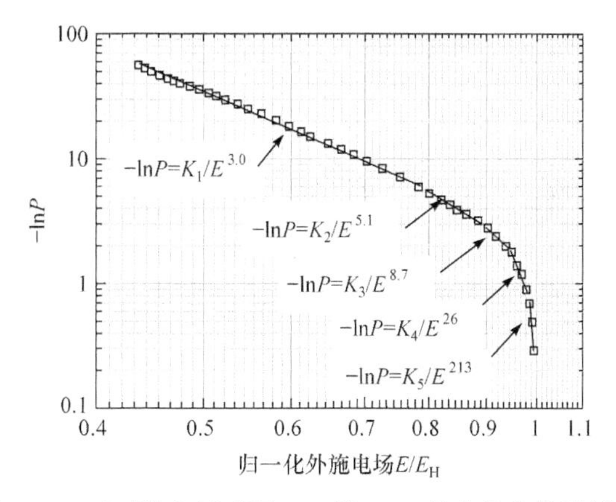

图 2-19　双对数坐标系下$-\ln P$ 随 E/E_H 的变化曲线及拟合

$$
-\ln P=\begin{cases}\dfrac{K_1}{E^{3.0}} & (0.45E_H \leqslant E \leqslant 0.8E_H)\\ \dfrac{K_2}{E^{5.1}} & (0.80E_H < E \leqslant 0.9E_H)\\ \dfrac{K_3}{E^{8.7}} & (0.9E_H < E \leqslant 0.95E_H)\\ \dfrac{K_4}{E^{26}} & (0.95E_H < E \leqslant 0.99E_H)\\ \dfrac{K_5}{E^{213}} & (0.99E_H < E \leqslant 1.0E_H)\end{cases} \tag{2-35}
$$

实际上，当 $E/E_H>0.8$ 时，$\lg(-\ln P)$随 $\lg(E/E_H)$线性变化的斜率变大，此时对 E/E_H分段越密，得到的近似曲线越接近理论曲线；同时随着 E/E_H趋近于 1，每段直线的负幂指数变得越来越大。对于每段近似曲线，有

$$
-\ln P=\frac{K_i}{E^{\omega_i}} \quad (p_i < E/E_H \leqslant p_{i+1}) \tag{2-36}
$$

式中，p_i为第 i 段内 E/E_H的系数，$0.45 < p_i < 1$。在第 i 段曲线内对式(2-34)进行求解，有

$$
E_{BD} \approx E_i d^{-\frac{1}{\omega_i+1}}，\text{其中}\ E_i=\left(\frac{\Delta I K_i}{q}\right)^{\frac{1}{\omega_i+1}} \tag{2-37}
$$

令 $m=\omega_i+1$，式(2-37)可以写为

$$
E_{BD} \approx E_i d^{-\frac{1}{m}}，\text{其中}\ m=\omega_i+1 \tag{2-38}
$$

式(2-38)表明，当厚度较大时，绝缘材料的击穿阈值随厚度变化满足以$-1/m$ 为幂指数的关系，同时 m 的最小值约为 4。

综合式(2-31)、式(2-33)和式(2-38)三种情况的解，发现无论对于较小的厚度，还是较大的厚度，绝缘材料的击穿阈值随厚度变化均满足负幂指数关系，即

$$E_{\mathrm{BD}} = E_{\mathrm{k}} d^{-1/m} \tag{2-39}$$

式中，E_{k}和 m 均为常数。当 m=1 时，式(2-39)表示阴极以肖特基效应向电介质注入电子；当 m=2 时，式(2-39)表示阴极以隧道效应向电介质注入电子；当 $m \geqslant 4$ 时，式(2-39)表示碰撞电离雪崩引起的击穿机制，以上三种效应与 m 的相对关系见图 2-20。

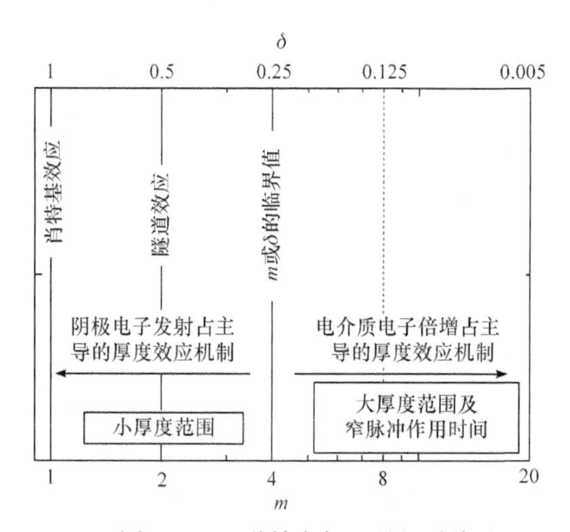

图 2-20　三种效应与 m 的相对关系

至此，本书回答了绝缘材料的负幂指数厚度效应所代表的物理机制。

2.2.4　负幂指数的影响因素及物理含义

1. 负幂指数的影响因素

这里讨论三个因素。

第一，温度因素对δ的影响。

当$\delta \geqslant 0.25$时，根据图 2-20，δ 越大，击穿与电极电子注入过程关系越密切。换言之，δ 越大时，击穿受电极影响越显著。根据这一结论，可以讨论温度对电介质厚度效应产生的影响。通过数据拟合，图 2-21 给出了幂指数 δ 随温度的变化。从图 2-21 中看出，温度越高，δ 越大。因为 δ >0.25，所以可以断定击穿过程受电极影响显著；又因为 δ 取值在 0.25～0.5，所以还可以判断电极对电介质的电子注入机制为隧道效应。根据含温度的场致发射公式：

$$j_i(T) = j_{\mathrm{o}}(0)\frac{\pi k_{\mathrm{B}}T/D}{\sin(\pi k_{\mathrm{B}}T/D)} \approx AE^2 \exp\left[-\frac{B\theta(y)}{E}\right]\left[1+\left(\frac{\pi k_{\mathrm{B}}T}{D}\right)^2\right] \tag{2-40}$$

式中，D 为常数。当温度升高时，电流注入密度 $j_i(T)$增大，这意味着电极注入电子的能力增强，并且对击穿过程产生的影响增大。结合图 2-20，若电极在击穿过程中起的作用显著，则 δ 的取值增大。这与图 2-21 所描绘的温度越高，δ 越大的实验结果相符。

第二，脉冲电压作用时间因素对 δ 的影响。

随着脉冲电压作用时间的减小，电介质的击穿机制逐渐从热击穿转变为电击穿，此时，热量在电介质内部的累积变得困难。如果热量减小，电介质和电极表面温度降低，电极的电子发射能力减弱，这意味着电极在击穿过程中所起的作用变弱。根据图 2-20，δ 取值逐渐减小。换言之，随着脉冲电压作用时间变小，δ 的取值逐渐变小。结合 2.1 节 δ =0.125 的实验数据，图 2-22 大致给出了幂指数 δ 随脉冲电压作用时间的变化趋势。需要说明的是，图 2-22 中曲线所穿过的两个数据点，其测试对象均为厚度范围在毫米量级的 PE，并且样片均浸没于绝缘油介质中，因此这两个数据具有可比性。

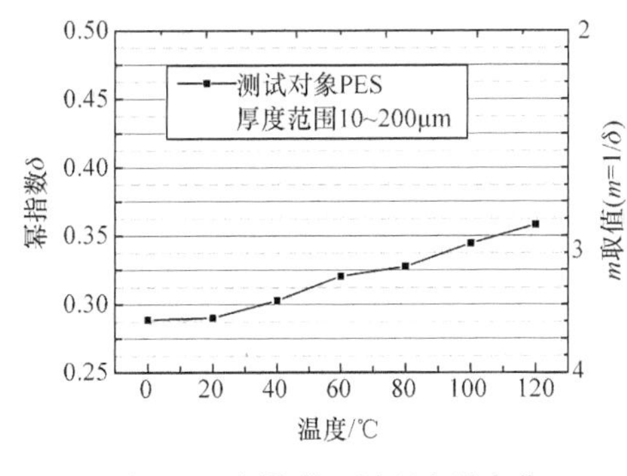

图 2-21　幂指数 δ随温度的变化

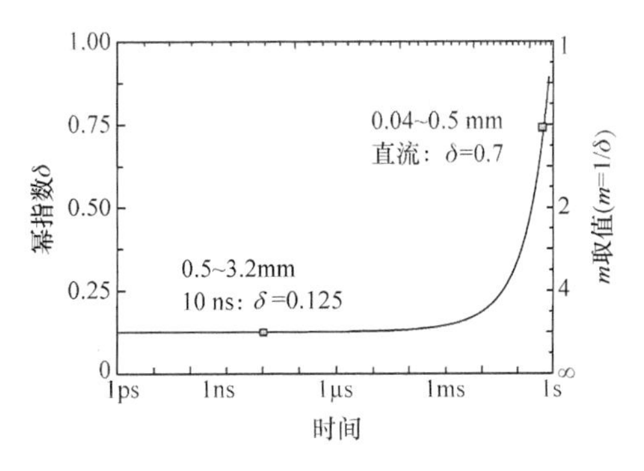

图 2-22　幂指数 δ随脉冲电压作用时间的变化

第三，厚度因素对 δ 的影响。

根据表 2-3 和图 2-14，发现在 1×10^{-4}～1×10^{4}μm(1Å～10mm)的厚度范围，负幂指数关系都可以用来描述电介质的厚度效应，只不过幂指数 δ 的取值不同，分布随机。可以从两个方面来认识这种“随机分布”。一方面，当绝缘材料的厚度减小时，电极电子注入在击穿过程中逐渐占主导作用，根据图 2-20，δ 的取值逐渐增大；另一方面，当绝缘材料的厚度增大时，绝缘材料中的热效应逐渐发挥作用，导致电介质及电极表面温度上升，根据图 2-20，δ 的取值也呈现出增大的趋势。实际上，除了电极电子注入和热效应外，电极形状、电极材料、浸没液体、施加脉冲等因素都会对幂指数 δ 产生影响，这些因素共同作用，导致 δ 随厚度增加呈现出随机分布的特点。

2. 负幂指数的物理含义

将厚度效应的理论公式(2-39)与拟合关系式 $E_{\mathrm{BD}}=E_1d^{-\delta}$ 做对比，可以得到：

$$\delta = 1/m \tag{2-41}$$

根据式(2-39)和式(2-41)，本节进一步讨论厚度效应中 δ 所隐含的信息。

当 δ <0.25(或 m>4)时，绝缘材料厚度效应的 δ (或 m)所隐含的信息可以从以下方面进行概括。

首先从击穿阈值角度，根据图 2-19 所示的 $-\ln P$ 与 E/E_{H} 的曲线可知：外施电场越高，m 参数越大，雪崩形成概率 P 越接近于 1。换言之，E 越大，电子雪崩越容易形成，并且击穿阈值越高。

其次从 Weibull 分布角度，以两参数 Weibull 分布所描述的击穿概率密度可表示为

$$f(E)=\frac{mE^{m-1}}{\eta}\exp\left(-\frac{E^m}{\eta}\right) \tag{2-42}$$

根据式(2-42)可知 m 越大，击穿概率密度 $f(E)$ 分布越集中。Weibull 分布的数学期望μ和标准差σ分别为

$$\mu(m)=\eta^{\frac{1}{m}}\Gamma\left(1+\frac{1}{m}\right) \tag{2-43}$$

$$\sigma(m)=\eta^{\frac{1}{m}}\left[\Gamma\left(1+\frac{2}{m}\right)-\Gamma^2\left(1+\frac{1}{m}\right)\right]^{\frac{1}{2}} \tag{2-44}$$

根据式(2-43)和式(2-44)，图 2-23(a)给出了归一化数学期望 $\mu_{\_N}$ 和归一化标准差 $\sigma_{\_N}$ 随 m 的变化曲线(归一值取 $\eta^{1/m}$)，m 越大，$\mu_{\_N}$ 越接近于 1，并且 $\sigma_{\_N}$ 越接

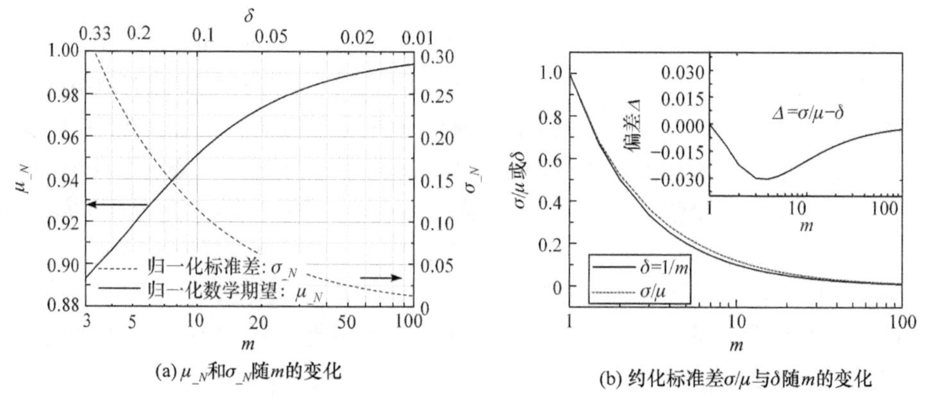

(a) $\mu_{_N}$和$\sigma_{_N}$随m的变化　　(b) 约化标准差σ/μ与δ随m的变化

图 2-23　归一化数学期望 $\mu_{\_N}$ 和归一化标准差 $\sigma_{\_N}$ 与 δ 随 m 的变化趋势

近于 0。进一步，根据式(2-43)和式(2-44)，本书还定义了约化标准差 σ/μ，图 2-23(b)绘出了约化标准差和 δ 随 m 的变化并比较了两者偏差 $\varDelta$ 随 m 变化的曲线，从中看出两条曲线基本重合，$\varDelta$ 小于 0.03。这表明，可以用 δ 来代替绝缘材料厚度效应中的约化标准差 σ/μ。换言之，幂指数 δ 的物理含义为 Weibull 击穿分布的约化标准差 σ/μ，或是击穿电场的相对分散度。

最后从绝缘材料纯净度角度，m 越大，材料越纯净，击穿阈值越高，击穿分布越集中，详见 4.4 节。

表 2-6 从不同角度对 m 参数进行了分析，发现无论从哪个角度出发，均可以得出结论：m 越大，平均击穿电场越高，击穿事件越集中。

表 2-6　不同角度对 *m* 参数的分析

研究角度	m 越大	击穿电场	标准差
击穿机理	雪崩形成概率越大	击穿电场越高	击穿事件越集中
数学期望和方差	概率密度越集中	数学期望越大	相对标准差越小
材料纯净度	材料越纯净	击穿电场越高	击穿事件越集中

再来从幂指数 δ 角度认识这个问题，δ 越小，击穿概率分布越集中，击穿电场越高，这与理论、实际均相符。

通过以上的总结和回顾，再来回答 2.2 节最开始所提出的三个问题：①相比较其他表达式，负幂指数关系更适合描述绝缘材料的厚度效应。②负幂指数关系的适用范围从数个埃至数个毫米；不同条件下负幂指数 δ 的取值不同；温度、脉冲电压作用时间、电介质厚度等因素均会对 δ 的取值产生影响。③负幂指数 δ 的物理含义为击穿阈值分布的相对标准差，负幂指数关系的物理机制涉及电极的电子注入和绝缘材料中的电子倍增两个过程。

2.3　电介质尺寸效应的统一表达式

2.3.1　引言

1971 年，Occhini 等[42]为了解决交流条件下电缆的绝缘问题，提出了一个原创性理论——尺寸变换理论。该理论有两个关键公式，其中一个用于描述尺寸不同的两根电缆的击穿阈值 E_1 和 E_2 之间的关系：

$$\frac{E_2}{E_1}=\left(\frac{l_2}{l_1}\right)^{-\frac{1}{\beta}}\left(\frac{r_{\mathrm{i2}}}{r_{\mathrm{i1}}}\right)^{-\frac{2}{\beta}}\left[\frac{\left(r_{\mathrm{o2}}/r_{\mathrm{i2}}\right)^{2-\beta}-1}{\left(r_{\mathrm{o1}}/r_{\mathrm{i1}}\right)^{2-\beta}-1}\right]^{-\frac{1}{\beta}} \tag{2-45}$$

式中，E_1、l_1、r_{o1}和r_{i1}分别为第一根电缆的击穿阈值、长度、外半径和内半径；E_2、l_2、r_{o2}和 r_{i1} 分别为第二根电缆的击穿阈值、长度、外半径和内半径；β 为 Weibull 分布的形状参数，即 2.1 节中的 m。另一个公式用于描述电缆的寿命：

$$\Delta t E_{\mathrm{BD}}^{m} = \text{constant} \tag{2-46}$$

式中，Δt 为电缆耐受时间；E_{BD}为击穿电场；m 为常数。

1992 年，Hauschild 将上述关系概括为“扩大法则”，其核心思想可用以下关系描述：

$$M = V_{\mathrm{M}} \Delta t_{\mathrm{M}} / V_1 \Delta t_1, 0 < m < \infty \tag{2-47}$$

式中，V 为体积；Δt 为耐受时间；V_1和 Δt_1 为电缆的初始状态；V_{M}和 Δt_{M} 为扩大或者缩小之后电缆的状态。

2007 年，Marzinotto 等[43-44]对扩大法则进行了补充，提出了“交叉长度”的概念。根据这一概念，可以选择出绝缘性能更优异的电缆。

式(2-45)～式(2-47)主要适用于交流条件。对于直流条件，Marzinotto 等[45-46]又提出了一个修正的公式：

$$\frac{E_2}{E_1} = \left(\frac{l_2}{l_1}\right)^{-\frac{1}{\beta}} \left(\frac{r_{i2}}{r_{i1}}\right)^{-\frac{2}{\beta}} \left[\frac{\left(r_{o2}/r_{i2}\right)^{2-\eta_2} - 1}{\left(r_{o1}/r_{i1}\right)^{2-\eta_1} - 1}\right]^{-\frac{1}{\beta}} \left(\frac{2-\eta_1}{2-\eta_2}\right)^{-\frac{1}{\beta}} \tag{2-48}$$

式中，β、E、l、r_o和r_i如式(2-45)中所定义；η 为一个与电缆尺寸和质量相关的量[46]。式(2-48)还可用于计算直流高电压条件下电缆的可靠度。

式(2-45)和式(2-48)中的指数 $1/\beta$通常写为 a，其典型的取值为 0.24～0.62 (Mason[37]，交流电压)、0.35～0.91(Helgee 等[39]，交流电压)和 0.143(Chen 等[35]，直流电压)。

除以上交流条件下的公式(2-45)和直流条件下的公式(2-48)，适用于短脉冲条件下的其他尺寸变换公式也有见报道。1970 年，Martin 提出了纳秒脉冲下描述电介质体积效应的公式 $E_{\mathrm{BD}}=kV^{-1/10}$，2.1 节又获得了描述电介质厚度效应的公式 $E_{\mathrm{BD}}=E_1 d^{-1/m}$。另外，文献[33]中还报道了在 6μs 脉冲条件下，$C_{36}H_{74}$击穿阈值随厚度变化关系的实验结果。

关于电介质的面积效应，研究者普遍认为击穿阈值与电介质面积服从如下关系：

$$\frac{E_{\mathrm{BD}}}{E'_{\mathrm{BD}}} = \left(\frac{S}{S'}\right)^{-\frac{1}{\beta}} \tag{2-49}$$

式中，E'_{BD}为变化之后的面积S'所对应的击穿阈值。

支撑式(2-49)的典型实验结果见文献[47](实验条件为 1/50μs 脉冲条件，绝缘材料为聚丙烯(polyethylene terephthalate，PET)和低密度聚乙烯(low density polyethylene，LDPE))和文献[48](实验条件为微秒脉冲，绝缘材料为环氧玻璃丝布)。需要说明一点，以上描述的电介质体积、厚度、面积等因素对击穿阈值影响的规律均服从负幂指数关系。

除负幂指数关系外，一些其他关系也有见报道，如文献[49]和[50]报道了短脉冲下电介质的体积效应：

$$E_{\mathrm{BD}} = E_{\mathrm{BD1}} - a_1 \ln\left(\frac{V}{V_1}\right) \tag{2-50}$$

式中，E_{BD1} 是体积 V_1 所对应的击穿阈值；a_1 为常数。

再如，文献[51]报道了短脉冲下电介质的厚度效应：

$$\frac{E_{\mathrm{BD}}}{E_{\mathrm{BD0}}} \approx \frac{5.4}{\ln\left(d/0.5\times10^{-6}\right)} \tag{2-51}$$

式中，E_{BD} 单位为 $\mathrm{MV\cdot cm^{-1}}$，对应厚度 d 的单位为 cm；E_{BD0} 是 E_{BD} 的下限。

从以上回顾中可以看出，直流/交流条件下电缆尺寸效应对击穿阈值影响的关系较为明确，而短脉冲下电介质尺寸效应对击穿阈值影响的关系较为模糊。

在短脉冲下，能否如直流/交流条件一样，也采用一个统一的公式来描述固体电介质尺寸效应对击穿阈值的影响？本节就这一问题展开论述。

2.3.2 统一表达式的理论依据

1. 电子碰撞电离判据

当固体电介质耐受百纳秒量级的脉冲时，若击穿发生，则击穿过程通常在数个乃至数十个纳秒内完成。此时，击穿过程基本不涉及热。基于这一点，击穿过程可以被看成一个纯粹的电子过程，即击穿是通过电子碰撞电离倍增完成的。这一过程的起点为电子碰撞电离判据：

$$\Delta I = q\lambda E_{\mathrm{op}} \tag{2-52}$$

式中，ΔI 为分子或原子的碰撞电离能；q 为元电荷电量的绝对值；λ 为电子平均自由程；E_{op} 为外施电场。当击穿发生时，E_{op} 为击穿电场或击穿阈值 E_{BD}。

通常固体电介质中含有不连续结构，这些不连续结构可分为两类：第一类为杂质；第二类为气泡或裂缝。杂质可以在电介质的能带结构中引入杂质能级，使得碰撞电离能 ΔI 减小[52-56]；气泡可以在电介质中形成低浓度域[57]，使得电子平均自由程 λ 增大[58-59]。根据判据式(2-52)，杂质和气泡的存在均会使击穿阈值降低，使得击穿变得容易。

图 2-24 给出了外形和材料种类相同的两个电介质 A 和 B，其中 A 中的不连

续结构总数(A_{mt})高于 B 中的不连续结构总数。相同条件下 A 比 B 更容易击穿，从可靠性角度而言，A 的可靠度 R_A 低于 B 的可靠度 R_B。并且，当 A、B 的体积均扩大相同的倍数之后，A′ 的可靠度相较于B′ 更低，即 A′ 比B′ 更容易击穿。

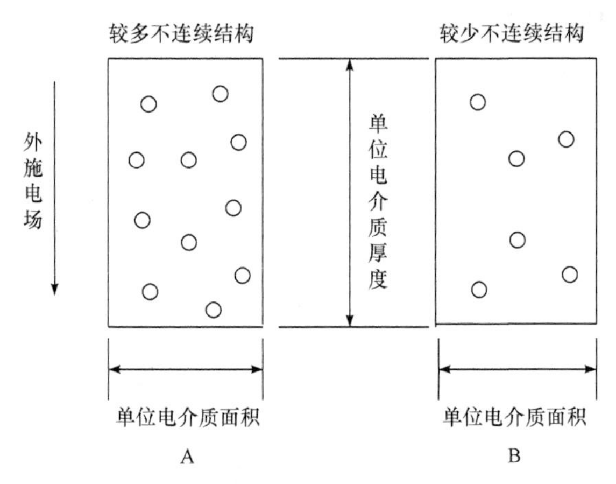

图 2-24 外形和材料种类相同、不连续结构总数不同的电介质 A 和 B
○ 表示一个不连续结构

2. 从 Weibull 分布得到的三种基本模型

以上关于 A′与 B′的分析仅为定性推断，定量的分析可以采用两参数 Weibull 分布来完成[60-61]。这里对 Weibull 分布做进一步说明，Weibull 分布基于“弱点原理”，适用于由某一局部失效引起全局机能停止的现象。与“最薄弱模型”类似，电介质中存在的薄弱环节，如气泡、杂质等，也会导致全局绝缘失效，工程中多用 Weibull 分布计算固体电介质的击穿阈值[62]，如采用 Weibull 分布对气体击穿进行描述[63]、对液体击穿进行描述[16, 64, 65]和对固体击穿进行描述[61-62, 66-67]。根据 Weibull 分布计算出不同类型电介质击穿阈值的分散性和实际也符合较好。

2.1 节曾应用过两参数 Weibull 分布式(2-3)分析过电介质的厚度效应，是以电场 E 为自变量，以 m 和 η 为参数。更为普遍的两参数 Weibull 分布如下：

$$F(x)=1-\exp\left[-\left(\frac{x}{\alpha}\right)^{\beta}\right] \tag{2-53}$$

式中，$F(x)$为累积击穿概率；x 为任意变量；α 和 β 分别为尺寸参数和形状参数。这里 α^{β} 相当于式(2-3)中的 η，β 就是式(2-3)中的 m。因为累积击穿概率 F 与可靠度 R 之和为 1，所以在外施电场 E 下，电介质的可靠度可写为如下形式：

$$R(E)=1-F(E)=\exp\left[-\left(\frac{E}{E_0}\right)^{\beta}\right] \tag{2-54}$$

假设电介质中不连续结构的浓度为常量，则当电介质中的不连续结构总数 A_{mt} 扩大 M 倍时，其体积 V 也应该扩大 M 倍。要实现这一尺寸变化，有三种情况：①横截面积不变，厚度扩大 M 倍；②厚度不变，横截面积扩大 M 倍；③厚度和横截面积均扩大，二者扩大倍数之积为 M。这三种情况如图 2-25 所示。

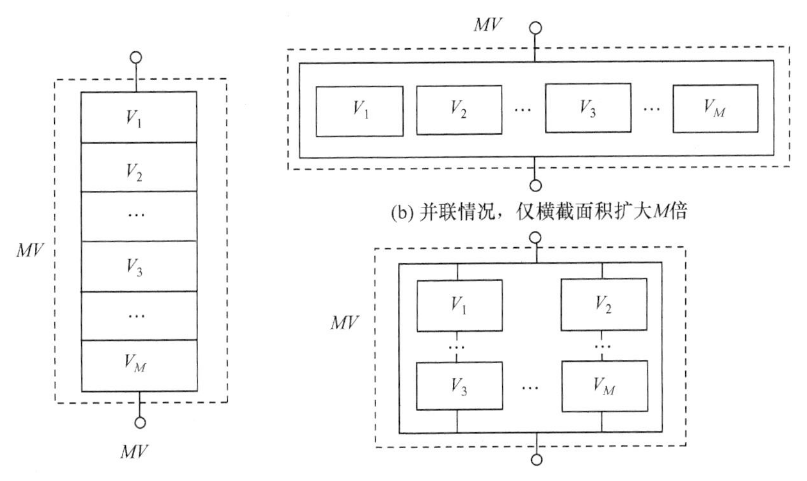

(a) 串联情况，仅厚度扩大M倍　(b) 并联情况，仅横截面积扩大M倍　(c) 混联情况，厚度与横截面积扩大倍数之积为M

图 2-25　实现电介质体积扩大 M 倍时的三种情况

其中，MV 为扩大之后的体积

第一种情况正是 2.1 节所分析的电介质厚度效应对击穿阈值的影响。这里对这种串联结构再做简单回顾。当电介质串联时，扩大后的电介质可靠度 R_M 是单个电介质可靠度 R_i 的乘积，即

$$R_M(E)=\prod_{i=1}^{M}R_i(E) \tag{2-55}$$

因为电介质中不连续结构的浓度为常数，并且单个电介质外形相同，所以每个电介质的可靠度 R_i 相等，在忽略电极的前提下，式(2-55)可以改写为

$$R_M(E)=R^M(E) \tag{2-56}$$

对于第二种情况，电极间各个电介质为并联结构。尽管是平行放置，但是扩大的电介质可靠度并不服从并联结构连加的可靠度关系[68]：

$$R_M(E)=\sum_{i=1}^{M}R_i(E) \tag{2-57}$$

其原因在于，并联结构中只要其中一个子系统安全，则整个并联系统安全。对于并联的电介质，仅当所有子系统安全，整个并联电介质才安全。扩大的电介质安全与否仍然服从弱点原理。从这一角度出发，对于以并联方式扩大的电介质，其

可靠度仍然可以采用式(2-55)进行描述。

对于第三种情况，假设电介质厚度先扩大 M_1 倍，然后电介质横截面积再扩大 M_2 倍，其中 $M_1 \times M_2 = M$ 。从可靠度角度分析，当电介质厚度扩大 M_1 倍时，扩大的电介质可靠度为

$$R_{M_1}(E) = \prod_{i=1}^{M_1} R_i(E) \tag{2-58}$$

在此基础上，当电介质横截面积再扩大 M_2 倍时，根据第二种情况的分析有

$$R_M(E) = \prod_{i=1}^{M_2} R_{M_1}(E) = \prod_{i=1}^{M_2 \times M_1} R(E) = R^M(E) \tag{2-59}$$

根据上述分析，无论电介质体积以何种方式扩大 M 倍，其可靠度总是 $R^M(E)$。又根据之前的假设，电介质中不连续结构的浓度为常数，所以 M 又可被看作是电介质中不连续结构总数的扩大倍数。基于这一点，对于扩大的电介质，可以概括出其可靠度取决于两个参数，一个是电介质中不连续结构的总数；另一个是当不连续结构数量为单位值时电介质的可靠度。

3. 电介质尺寸效应的统一表达式

假设含有单位值不连续结构的电介质可靠度为 $R(E)$，同时假设一个电介质中含有的不连续结构总数为 A_{mt}，则该电介质的可靠度可以表示为

$$R_{A_{\mathrm{mt}}}(E) = R^{A_{\mathrm{mt}}}(E) \tag{2-60}$$

考虑到 $R(E)=\exp[-(E/E_0)^\beta]$和 $F(E)=1-R(E)$，式(2-60)可以进一步写为

$$F_{A_{\mathrm{mt}}}(E) = 1 - \left[1 - F(E)\right]^{A_{\mathrm{mt}}} = 1 - \exp\left[-A_{\mathrm{mt}}\left(\frac{E}{E_0}\right)^\beta\right] \tag{2-61}$$

根据 2.1 节对电介质厚度效应的推导，该电介质的击穿阈值可以表示为

$$E_{\mathrm{BD}}(A_{\mathrm{mt}}) = E_0 A_{\mathrm{mt}}^{-\frac{1}{\beta}} \tag{2-62}$$

式中，E_0 为当电介质含有单位不连续结构数量时所对应的击穿阈值。对式(2-62)两边取对数，则如下关系成立：

$$\lg E_{\mathrm{BD}}(A_{\mathrm{mt}}) = C - \frac{1}{\beta}\lg A_{\mathrm{mt}} \tag{2-63}$$

式中，$C=\lg E_0$，是一个常数。式(2-63)意味着 $\lg E_{\mathrm{BD}}$ 与 $\lg A_{\mathrm{mt}}$ 呈线性关系，其中 A_{mt} 为电介质中所含不连续结构的总数。式(2-63)可以看作是短脉冲下固体电介质尺寸效应对击穿阈值影响的统一表达式，根据该式可以得出与扩大法则相关的三个

推论。

第一，假设电介质中的不连续结构均匀分布，则电介质中所含不连续结构总数 A_{mt} 与其 V 成正比，进而 $\lg E_{BD}$ 与 $\lg V$ 呈线性关系，这是电介质体积与击穿阈值的理论关系。如果表述为公式，则有

$$\lg E_{BD}(V)=C_{V_1}-\frac{1}{\beta}\lg V \tag{2-64}$$

或者

$$E_{BD}(V)=E_{V_1}V^{-\frac{1}{\beta}} \tag{2-65}$$

式中，E_{V_1} 是当电介质体积为 V_1 时所对应的击穿阈值，并且有 $C_{V_1}=\lg E_{V_1}$。

第二，基于式(2-63)，当电介质横截面积 S 一定时，电介质所含不连续结构总数 A_{mt} 与厚度 d 成正比，此时 $\lg E_{BD}$ 与 $\lg d$ 呈线性关系，这是电介质厚度与击穿阈值的理论关系。如果表述为公式，则有

$$\lg E_{BD}(d)=C_{d_1}-\frac{1}{\beta}\lg d \tag{2-66}$$

或者

$$E_{BD}(d)=E_{d_1}d^{-\frac{1}{\beta}} \tag{2-67}$$

式中，E_{d_1} 是当电介质厚度为 d_1 时所对应的击穿阈值，并且有 $C_{d_1}=\lg E_{d_1}$。

第三，基于式(2-63)，当电介质厚度 d 一定时，电介质所含不连续结构总数 A_{mt} 与横截面积 S 成正比，此时 $\lg E_{BD}$ 与 $\lg S$ 呈线性关系，这是电介质横截面积与击穿阈值的理论关系。如果表述为公式，则有

$$\lg E_{BD}(S)=C_{S_1}-\frac{1}{\beta}\lg S \tag{2-68}$$

或者

$$E_{BD}(S)=E_{S_1}S^{-\frac{1}{\beta}} \tag{2-69}$$

式中，E_{S_1} 是当电介质横截面积为 S_1 时所对应的击穿阈值，并且有 $C_{S_1}=\lg E_{S_1}$。

需要说明的是，式(2-64)～式(2-69)成立的前提是电介质中的不连续结构均匀分布。实际上对于常见的绝缘材料，由于杂质及缺陷分布的随机性，这一前提条件很容易满足。

2.3.3　统一表达式的实验支撑

上述描述短脉冲下电介质的扩大法则在理论和工程实际应用中具有重要意

义。鉴于此，有必要对相关实验进行总结，以证实上述推论的正确性。接下来，本节将致力于从实验角度给出相关推论的实验支撑。需要说明的是，实验数据的选择是针对脉冲作用时间从百纳秒乃至数微秒的短脉冲而言的，同时实验对象选为聚合物，因为聚合物在实际中具有广泛的应用并且实验数据较为完备。不同聚合物的全称及其缩写见附录Ⅰ。

1. 体积效应的实验支撑

本书总结了短脉冲下常见聚合物击穿阈值 E_{BD} 随体积 V 变化的实验数据并进行了拟合，如图 2-26 所示。从图 2-26 中看出，在 10^{-6}～10^{5}cm³ 体积范围，$\lg E_{BD}$ 与 $\lg V$ 满足线性关系，并且斜率基本为−1/8。这意味着对于体积效应而言，两参数 Weibull 分布的形状参数 β 平均取值为 8；进一步，β=8 可用于评估聚合物在短脉冲条件下、10^{-6}～10^{5}cm³ 范围内的体积效应。

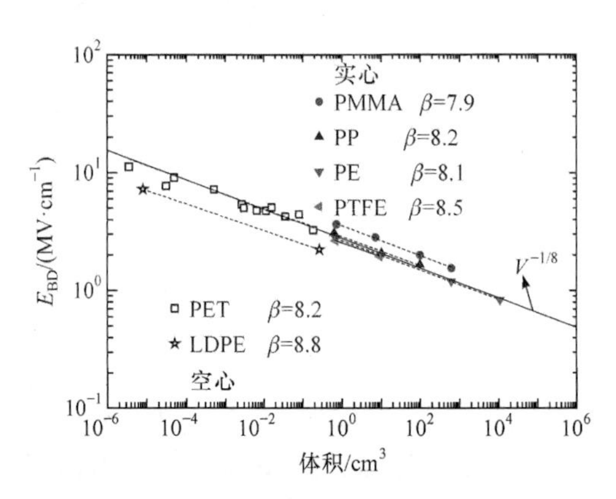

图 2-26 短脉冲下常见聚合物击穿阈值 E_{BD} 随体积 V 变化的实验数据
实心数据来源于文献[69]，测试条件为数个纳秒脉冲、均匀电场；空心数据来源于文献[47]，测试条件为 1/50μs 脉冲

2. 厚度效应和面积效应的实验支撑

图 2-27 总结并拟合了短脉冲下常见聚合物击穿阈值 E_{BD} 随厚度 d 变化的实验数据，从图中可以看出，$\lg E_{BD}$ 与 $\lg d$ 同样满足线性关系，并且斜率约为−1/8。这意味着，短脉冲下聚合物的厚度效应形状参数 β 也约等于 8。这一结论与短脉冲下聚合物的体积效应结论一致。

图 2-28 总结并拟合了短脉冲下常见聚合物的击穿阈值 E_{BD} 随横截面积 S 变化的实验数据。从图 2-28 中看出，$\lg E_{BD}$ 与 $\lg S$ 也满足线性关系，然而面积效应的斜率为−(1/16～1/8)，进而与面积效应相关的形状参数 β 的取值为 8～16，该范围大于体积效应或厚度效应中的形状参数取值。

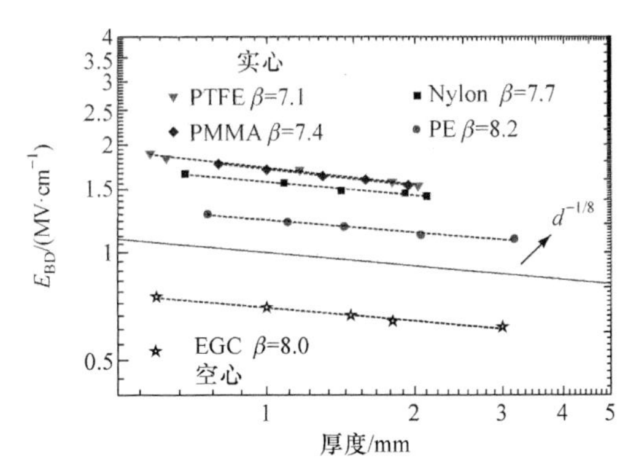

图 2-27　短脉冲下常见聚合物击穿阈值 E_{BD} 随厚度 d 变化的实验数据

实心数据来源于文献[3]，测试条件为 10ns 方波；空心数据来源于文献[48]，耐受电压为微秒脉冲

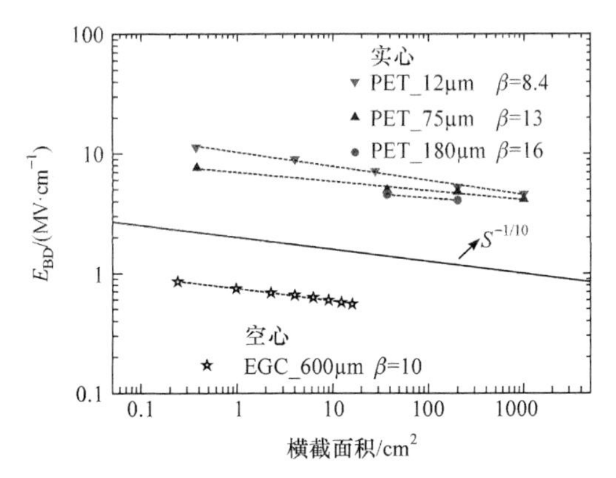

图 2-28　短脉冲下常见聚合物击穿阈值 E_{BD} 随横截面积 S 变化的实验数据

实心数据来源于文献[47]，测试条件为 1/50μs 脉冲；空心数据来源于文献[48]，耐受电压为微秒脉冲

本小节通过实验证实了短脉冲下聚合物电介质 $\lg E_{BD}$ 与 $\lg\zeta$ 呈线性关系的推论，其中 ζ 代表体积 V 或厚度 d 或横截面积 S。因此，可以得出结论，短脉冲下聚合物的击穿阈值与其尺寸满足负幂指数关系。

2.3.4　形状参数β的取值

在得出最终结论之前，还有以下问题需要回答：①对于电介质的尺寸效应，其负幂指数 β 的典型取值是多少？②为什么薄膜材料的 β 值一般大于体材料的 β 值？③为什么直流/交流条件下 β 值偏小？

1. 短脉冲下 β 的典型取值

图 2-29 总结了短脉冲下常见聚合物电介质的形状参数 β 取值。从图 2-29 中看出，除薄膜外，其余电介质的 β 值基本在 8 附近，即−1/8 可以作为短脉冲下电

介质尺寸效应的幂指数。换言之，除薄膜外，8 可以作为描述电介质尺寸效应负幂指数关系的 β 典型取值。

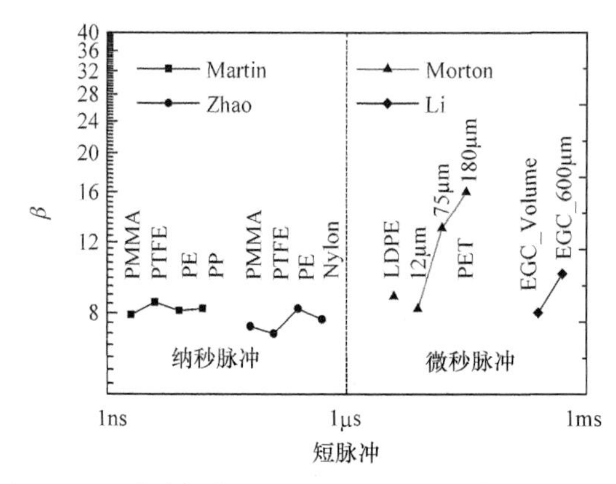

图 2-29　短脉冲下常见聚合物电介质的形状参数 β 取值

Martin 对应的原始实验数据见文献[69]；Zhao 对应的原始实验数据见文献[3]；Morton 对应的原始实验数据见文献[47]；Li 对应的原始实验数据见文献[48]

2. 薄膜材料 β 参数的取值

图 2-30 总结了不同实验条件下由厚度效应得出的常见薄膜材料 β 参数取值。从图 2-30 中看出，薄膜材料 β 参数的取值均大于 8，甚至为 46，并且与薄膜厚度和温度有关，但与外加电压波形关系不大。对于薄膜材料所表现出的这种击穿特性，同样可以从电介质纯净度的角度进行分析。一般而言，薄膜的厚度在数个微米量级。当薄膜厚度越小，相同横截面积中薄膜所包含的不连续结构数量越少，

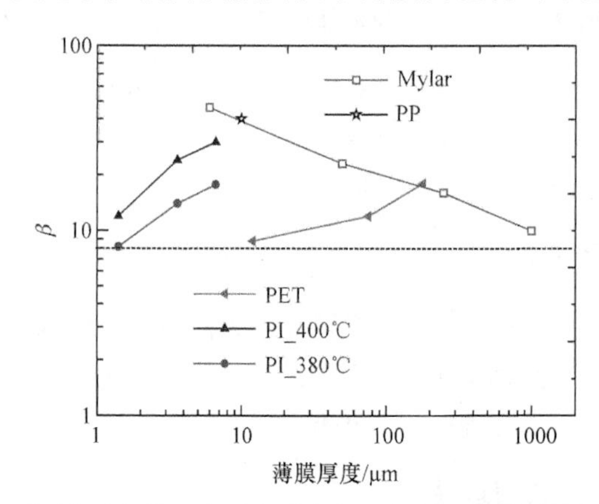

图 2-30　不同实验条件下由厚度效应得出的常见薄膜材料 β 参数取值

Mylar 薄膜的实验条件为数个纳秒，实验数据见文献[69]；PET 薄膜的实验条件为 1/50μs 雷电脉冲，实验数据见文献[47]；PP 膜的实验条件为直流电压，实验数据见文献[70]；PI 膜的实验条件为直流电压，实验数据见文献[40]

尺寸也越小。这是因为尺寸大于膜厚的缺陷和气泡均被排除在薄膜之外，所以厚度较小的薄膜，其“质量”要比厚度较厚薄膜的“质量”优。类似地，对于扩大法则，薄膜材料 β 参数的取值要大于体材料 β 参数的取值。

3. 直流/交流条件下 β 的取值

如 2.3.1 小节所述，直流/交流条件下，扩大法则中 β 参数的取值在 1.1～7，该范围小于短脉冲下常见聚合物电介质 β 参数的取值。为了说明这一点，本节还总结了直流/交流条件下不同电介质击穿阈值随厚度变化的实验数据，同样将其绘于双对数坐标系中，如图 2-31 所示。

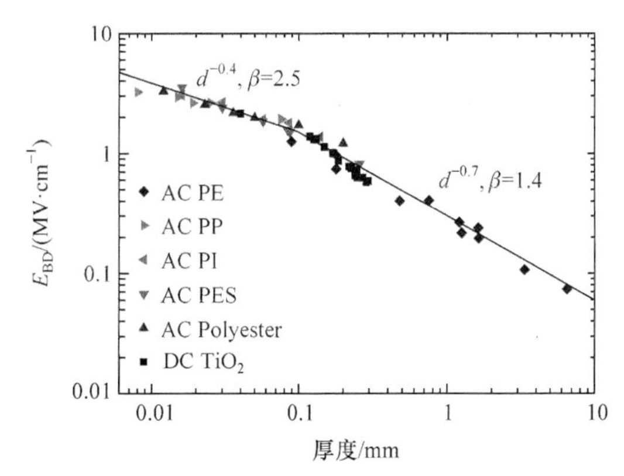

图 2-31　直流/交流条件下不同电介质击穿阈值随厚度变化的实验数据

PE 的实验数据来自文献[9]；PP 的实验数据来自文献[50]；PI 和 PES 的实验数据来自文献[39]；Polyester 的实验数据来自文献[28]；TiO_2 的实验数据来自文献[32]和[38]

从图 2-31 中看出，$\lg E_{BD}$ 和 $\lg d$ 分段满足线性关系，但是随着厚度的增加，β 参数的取值变小；直流/交流条件下 β 参数的取值为 1.4～2.5。造成 β 参数值减小的原因与固体电介质击穿机制有关。如第 1 章所述，电介质击穿可分为电击穿和热击穿；电击穿的作用时间在纳秒范围，而热击穿的作用时间在数微秒以上。脉冲作用时间的加长会导致电介质击穿更容易发生，尤其对于厚度效应，随着厚度的增大，电介质中的热量更容易积累。因此直流/交流条件下，体材料绝缘介质的击穿阈值 E_{BD} 随厚度 d 增加将呈现出较快的下降趋势，从扩大法则角度来看，$1/\beta$ 较大，β 较小。

2.4　击穿阈值与聚合物种类之间的关系

从 2.1 节中的实验结果还可以看出，若绝缘材料厚度固定，则四种聚合物的击穿阈值大体上存在 E_{BD}(PTFE)>E_{BD}(PMMA)>E_{BD}(Nylon)>E_{BD}(PE)。

现在的问题：纳秒脉冲下电介质击穿阈值与电介质种类是否存在某种关系？本节将从电介质极化角度来论述这一问题。

2.4.1 固体电介质的极化机理

1. 固体内部的五种极化形式

固体内部存在五种基本极化形式[58,71]：电子/光子极化、离子/原子极化、转向极化、跳跃/松弛极化、空间电荷极化[72]。表 2-7 总结了这五种极化形式的形成机理、建立时间和表现特征。

表 2-7　固体内部五种极化形式[72]

极化形式	形成机理	建立时间/s	表现特征
电子/光子极化	原子的电子云与原子核产生相对弹性位移	10^{-15}～10^{-14}	(1) 存在于一切电介质中； (2) ε_r较小，一般稍大于 2
离子/原子极化	正、负离子的弹性位移	10^{-14}～10^{-12}	仅存在于离子化合物中
转向极化	极性分子在外施电场作用下偶极矩取向变得一致	10^{-6}～10^{-2}	(1) 仅存在于极性电介质； (2) ε_r一般较大，为 3 或更大
跳跃/松弛极化	局部电荷(离子、电子、空穴)的跳跃	10^{-6}～10^{-2}	存在于离子化合物中
空间电荷极化	聚合物内少数载流子在电场作用下向两极运动	10^{-2}～10^{4}	(1) 存在于分层的电介质中； (2) 对电介质极化贡献较小

2. 纳秒脉冲下聚合物的极化

从表 2-7 中还可以看出，对于聚合物电介质，仅存在三种极化形式：①电子/光子极化；②(偶极距)转向极化；③空间电荷极化，如图 2-32 所示。离子/原子极

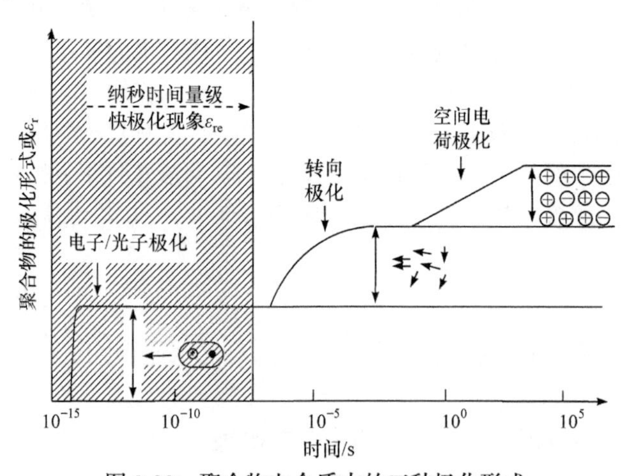

图 2-32　聚合物电介质内的三种极化形式

化和跳跃/松弛极化都因为聚合物中不包含正离子而不需考虑。

结合表 2-7 和图 2-32，还可以看出两点：①电子/光子极化的建立时间对应光频范围(可见光频段为 10^{14}～10^{15}Hz)；②转向极化只存在于极性电介质中，对于非极性电介质，由于其自身的对称性，转向极化并不存在。

据以上分析，如果对电介质施加的电场在纳秒时间量级，则电介质中只产生电子/光子极化一种极化形式，转向极化和空间电荷极化都因时间太短而来不及建立。再结合聚合物的极性效应，对于非极性聚合物，因为在很广的时间范围内都不应存在转向极化这种形式，所以其介电常数随时间或频率变化不大，并且有

$$\varepsilon_{re}=\varepsilon_r \approx n_p^2 \tag{2-70}$$

式中，ε_{re} 为由电子/光子极化所贡献的相对介电常数，区别于相对介电常数 ε_r；n_p 为电介质的折射率。但对于极性聚合物，随着时间尺度减小(或频率增加)，空间电荷极化和转向极化依次消失，其相对介电常数会逐渐减小。表 2-8 给出了不同频率下几种常见聚合物的相对介电常数和折射率[14]，其中的数据证实了上述分析的合理性。

表 2-8　不同频率下几种常见聚合物的相对介电常数和折射率[14]

聚合物		ε_r(60Hz)	ε_r(10^3Hz)	ε_r(10^5Hz)	ε_{re} 或 n_p^2
非极性聚合物	PE	2.35	2.35	2.35	2.35
	PTFE	2.0	2.0	2.0	1.88
	PP	2.25	2.25	2.25	2.22
极性聚合物	PMMA	4.0	3.7	3.0	2.22
	PC	3.17	3.02	2.96	2.53
	增塑 PVC	5.0～9.0	4.0～8.0	3.3～4.5	2.37

以下针对纳秒脉冲下电子/光子极化形式，详细讨论其形成机理和计算表征。

2.4.2　聚合物种类与击穿阈值的关系

1. 纳秒脉冲下聚合物中的有效电场

参考图 2-33 所示的球状原子模型，当外施电场为零时，原子体系中的电子云负电中心与原子核正电中心重合，不显示出极性；当外施电场不为零时，电子云相对原子核逆向电场移动一段距离，原子体系的正、负带电中心不再重合，对外显示出极性。这种极化形式被称为电子位移极化(或电子极化)[12]。

洛伦兹给出了计算有效电场的模型，见图 2-34。根据该模型，处在外施电场 E 中的电介质，其中的粒子除了受到外施电场的作用外，还受到内部偶极矩电场

的作用。通常把作用在某一极化粒子上的局部电场称为有效电场，用 E_e 表示。

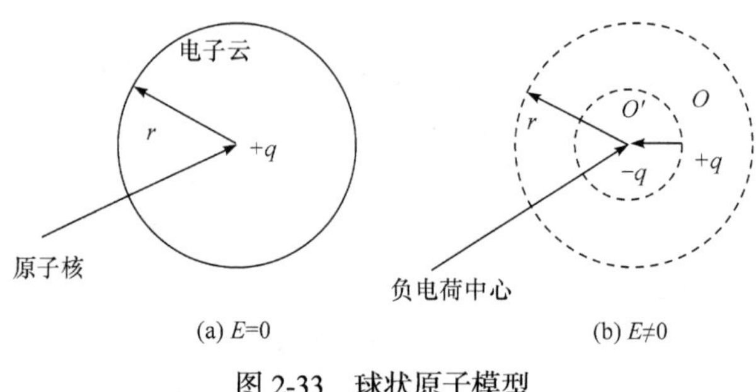

图 2-33　球状原子模型

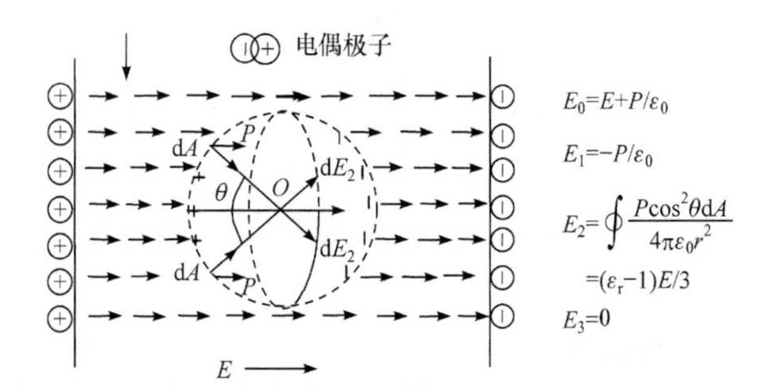

图 2-34　洛伦兹计算有效电场的模型

洛伦兹认为电介质被一个假想球分成两部分，极化粒子孤立处于球的中心 O 点，作用在极化粒子上的有效电场由四部分组成：

$$E_e = E_0 + E_1 + E_2 + E_3 \tag{2-71}$$

式中，E_0 为由电极上自由电荷形成的电场；E_1 为电介质表面极化粒子极化后的偶极矩在 O 点形成的电场；E_2 为球内表面极化粒子极化后的偶极矩在 O 点形成的电场；E_3 为球内除去中心 O 点粒子以外其他极化粒子极化后的偶极矩在 O 点形成的电场。

洛伦兹给出了外施电场 E_{op} 与球内有效电场 E_e 的关系：

$$\frac{E_e}{E_{op}} = \frac{\varepsilon_r + 2}{3} \tag{2-72}$$

式中，E_e 又称为洛伦兹电场，因为固体电介质的 ε_r 总是大于 1，所以总有 E_e 大于 E_{op}。根据式(2-72)，求极化粒子产生的有效电场就转化为求电介质的相对介电常数 ε_r。在纳秒脉冲作用下，电介质的相对介电常数只由电子极化引起，所以用 ε_{re} 代替 ε_r，以表示电子极化对相对介电常数的贡献，即

$$E_e = E_{op} \frac{\varepsilon_{re} + 2}{3} \tag{2-73}$$

2. 纳秒脉冲下击穿阈值与聚合物种类的关系

在 2.3.2 小节中提到了电子碰撞电离判据 $\Delta I=q\lambda E_{op}$，其中 ΔI 为分子或原子的碰撞电离能或导带与价带之间的禁带宽度；q 为元电荷电量绝对值；λ 为电子平均自由程。由于电子极化效应，电子碰撞电离判据中的 E_{op} 应该替换为 E_e，即有效电场使得击穿变得相对容易。为得出电介质种类对击穿阈值的影响，引入如下假设。

(1) 假设不同聚合物在纳秒时间量级下的击穿都是由电子使原子碰撞电离并产生二次电子的机制所导致。实验证明，对于晶体和无机物(如 SiO_2 和卤化碱等)，该假设是成立的[73]；而对于有机物，本书将通过第 6 章的论述，得出纳秒时间量级下其击穿过程也遵从该击穿机制。

(2) 假设不同电介质均为理想结构，即电介质内不存在杂质、缺陷等结构。实际中虽然不存在完全纯净的电介质，但可近似认为存在这种电介质，第一种是高纯电介质，第二种是薄膜电介质，认为在这两种情况下，电子碰撞电离过程能够反映出电介质的本征击穿特性。

(3) 假设不同电介质的平均原子间距近似为常数。固体内部原子密度为 $10^{23}cm^{-3}$，这对应 $10^{-10}m$ 的平均原子间距。

(4) 假设原子电离能一定。因为聚合物内的组成元素基本为 C、H、O 和其他少量元素，所以电子碰撞电离的对象基本一定；再考虑到聚合物内原子数目极大，认为平均电离能近似相等。

根据以上假设，将式(2-73)代入电子碰撞电离判据式(2-52)中，可得

$$\Delta I = \frac{2+\varepsilon_{re}}{3} q\lambda E_e \tag{2-74}$$

当击穿发生时，E_e 即为 E_{BD}。将 E_{BD} 代入式(2-74)并求出 E_{BD}，有

$$E_{BD} = \frac{3\Delta I}{q\lambda\left(2+\varepsilon_{re}\right)} \tag{2-75}$$

根据假设(2)和假设(3)，电子在电介质内沿电场做加速运动时，其平均自由程 λ 一定；再根据假设(4)，原子电离能 ΔI 为一定值。因此由式(2-75)知，极化现象使得电介质击穿对于外施电场的要求降低。电介质种类不同，用于表征电介质极化强度的 ε_{re} 不同，从而不同电介质对外表现出不同的击穿阈值，并且聚合物有效相对介电常数 ε_{re} 越大，击穿阈值 E_{BD} 越小。

3. 纳秒脉冲下聚合物中的有效相对介电常数

现在的问题是，如何计算不同聚合物的有效介电常数 ε_{re}？根据克劳修斯-莫索提方程(简称克-莫方程，K-M 方程)[74]，有

$$\frac{\varepsilon_{re}-1}{\varepsilon_{re}+2}=\frac{n_a\alpha_p}{3\varepsilon_0} \tag{2-76}$$

式中，n_a为单位体积内的原子个数；α_p为电介质的极化率。只要知道某种电介质的n_a和α_p，便可计算ε_{re}。电介质单位体积内的粒子数目n_0可根据其密度ρ和相对分子质量M求得。于是，引入阿伏伽德罗常量N_A和物质的量n_m，有

$$n_m=\frac{n_a}{N_A}=\frac{\rho}{M} \tag{2-77}$$

将式(2-77)代入式(2-76)并变形，得

$$\frac{\varepsilon_{re}-1}{\varepsilon_{re}+2}\frac{M}{\rho}=\frac{N_A\alpha_p}{3\varepsilon_0} \tag{2-78}$$

式(2-78)等号右边称为摩尔极化强度(也称摩尔折射度)，用R_m表示，即

$$R_m=\frac{\varepsilon_{re}-1}{\varepsilon_{re}+2}\frac{M}{\rho}=\frac{N_A\alpha_p}{3\varepsilon_0} \tag{2-79}$$

因此，只要知道电介质的摩尔极化强度，也就知道了ε_{re}。

对于有机物，其摩尔极化强度可用其组成原子或原子间共价键的摩尔极化强度r_i之和表示，即

$$R_m=\sum_i r_i \tag{2-80}$$

人们已经测出了有机物内原子和共价键的摩尔极化强度，如表 2-9 所示。

表 2-9　有机物内原子和共价键的摩尔极化强度[13]

原子	摩尔极化强度	共价键	摩尔极化强度
C	2.413	C—H	1.70
H	1.100	H—H	2.08
O	1.525(羟基中)	C—C	1.21
	1.640(酯基中)	C═C	4.15
	1.643(醚基中)	C≡C	6.03
	2.211(羰基中)	C—O	1.42
N	2.322(一元胺)	C═O	3.42
	2.499(二元胺)	C—OH	3.23
	2.640(三元胺)	C—NH—C	4.81
F	0.950	C—F	1.83
Cl	5.896	C—Cl	6.57

需要说明一点，对于低分子有机物，由原子摩尔极化强度和共价键摩尔极化强度分别计算出的 R_m 基本一致。但对于高分子聚合物，因为单个分子的长程性(无数个单体以共价键聚合而成)，所以应用共价键摩尔极化强度的概念计算更为准确。

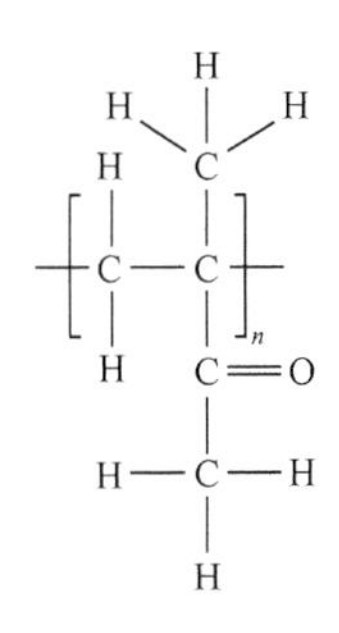

图 2-35　PMMA 的分子结构式

高分子聚合物的摩尔极化强度概念用来描述单个原子或共价键的极化强度，所以摩尔极化强度与电子极化强度概念相同。根据表 2-9 中的数据便可计算出电介质的 ε_{re}。以 PMMA 为例，计算其 ε_{re}，参考图 2-35 中 PMMA 的分子结构式，计算过程见表 2-10。

表 2-10　PMMA 有效相对介电常数的计算过程[13]

共价键(个数)	$\sum r_i$	原子(个数)	$\sum M_i$
C—C(4)	4×1.21	C(5)	5×12.0107
C—H(8)	8×1.70	H(8)	8×1.00794
C—O(2)	2×1.42	O(2)	2×15.9994
C═O(1)	1×3.42		
$R_m=\sum r_i=24.7$		$M=\sum M_i=100.11582$	

再结合表 2-1 知，PMMA 的密度为 1.18～1.19g · cm^{-3}。将 R_m、M 和 ρ 代入式(2-79)，得 ε_{re}=2.23～2.24。需要说明的是，该结果与表 2-8 中 2.22 的数据相吻合。计算出 ε_{re} 后，根据式(2-73)，便可计算出 PMMA 中有效电场与外施电场的比值，得 E_e/E_{op}=1.41。可见在 PMMA 内部，粒子所承受的有效电场会增加到外施电场的 1.41 倍。以同样方法可以计算出 PTFE、PE、Nylon1010、聚氯乙烯(polyvinylchloride，PVC)、聚丙烯(polypropylene，PP)和聚苯乙烯(polystyrene，PS)的 ε_{re} 和 E_e/E_{op}，计算过程见附录Ⅲ。不同电介质的 ε_{re} 和 E_e/E_{op} 计算结果见表 2-11。

表 2-11　不同电介质的 ε_{re} 和 E_e/E_{op} 计算结果

聚合物	ε_{re}	E_e/E_{op}
PTFE	1.77～1.87	1.26～1.29
PMMA	2.23～2.24	1.41～1.42
PP	2.26	1.42
Nylon1010	2.27～2.31	1.42～1.44
PE	2.28～2.34	1.43～1.45
PVC	2.38	1.461
PS	2.44	1.479

根据表 2-11 中的数据，可以预测在纳秒脉冲下，测试条件相同时不同聚合物击穿阈值的关系，如图 2-36 所示。

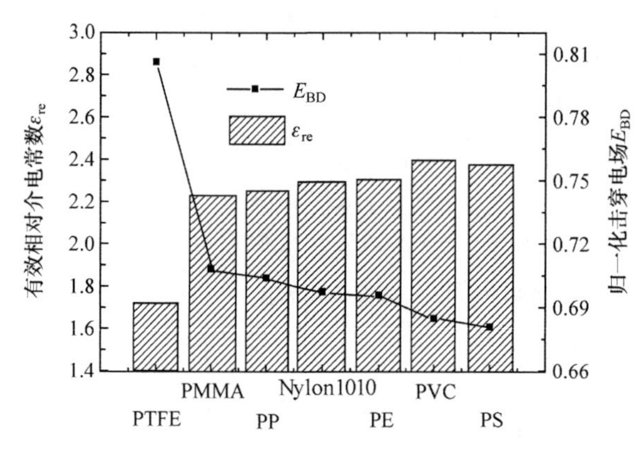

图 2-36　测试条件相同时不同聚合物击穿阈值的关系

2.4.3　实验验证

根据式(2-75)和图 2-36，可以对击穿阈值与电介质种类的关系进行分析。

(1) 由式(2-75)可以得出，对于常见聚合物，纳秒脉冲下 ε_{re} 越大，击穿阈值越小。据此考察 2.1 节的实验结果，由表 2-11 知 ε_{re}(PTFE)<ε_{re}(PMMA)<ε_{re}(Nylon1010)<ε_{re}(PE)，所以击穿阈值的理论关系：E_{BD}(PTFE)>E_{BD}(PMMA)>E_{BD}(Nylon1010)>E_{BD}(PE)。实测结果：E_{BD}(PTFE)>E_{BD}(PMMA)>E_{BD}(Nylon1010)>E_{BD}(PE)，两者完全相符。除此之外，对于 Mesyats 报道的均匀电场下的三种聚合物：PMMA、PVC 和 PS，其有效相对介电常数关系为 ε_{re}(PMMA)<ε_{re}(PVC)<ε_{re}(PS)，击穿阈值理论关系为 E_{BD}(PMMA)>E_{BD}(PVC)>E_{BD}(PS)，实测结果为 E_{BD}(PMMA)>E_{BD}(PVC)>E_{BD}(PS)，两者相符。对于 Martin 给出的体积效应实验结果，PMMA、PP 和 PE 三种材料的 ε_{re} 关系也与 E_{BD} 的关系相符，见图 2-9。

(2) 如果作用在电介质上的电场时间尺度大于微秒量级，如毫秒或直流/交流，则一般意义上用于描述电介质极化强度的参量 ε_r 便可近似用来刻画电介质内的有效电场。因为在毫秒或直流/交流时间下，引起电介质极化的机理已经囊括了电子/光子极化、转向极化和空间电荷极化三种极化形式。

(3) 对于近似完全纯净的电介质或薄膜，其击穿阈值应接近由修正的碰撞电离判据式(2-75)所确定的数值。实验中观察到，对于优质云母，其击穿阈值可达到 $16\mathrm{MV\cdot cm^{-1}}$ [69]；对于薄膜材料，其击穿阈值为 $20\mathrm{MV\cdot cm^{-1}}$ [75]。根据式(2-75)，考虑到电介质的一般参数($\Delta I > 4\mathrm{eV}$，λ=5～20Å[58]，取 ε_{re}=2)，便可以计算出击穿阈值为 10～$50\mathrm{MV\cdot cm^{-1}}$，可见实验值与理论计算结果基本相符。

2.5　脉冲宽度对击穿阈值的影响

脉冲宽度(以下简称脉宽)同样会对聚合物击穿阈值产生影响。了解聚合物的脉宽效应，不仅有助于实际绝缘设计，更有助于加深对纳秒脉冲电介质击穿机理的认识。然而，关于这一问题的研究并不充分。

2.5.1　引言

一些研究者认为，在纳秒脉冲下电介质击穿阈值与脉宽无关。例如，在 Martin 等[69, 76]所报道的聚合物体积效应关系式 $E_{\mathrm{BD}} = kV^{-1/10}$ 中，并没有体现时间因素。

除此之外，其他一些关于击穿阈值的公式中却包含时间项。例如，1934 年，在 Zener[77]所报道的场致发生雪崩击穿模型中，击穿阈值 E_{BD} 的表达形式如下：

$$E_{\mathrm{BD}} \approx \frac{4\times10^{7}\Delta I^{\frac{3}{2}}}{\ln\left(10^{20}t_{\mathrm{c}}^{2}\right)} \tag{2-81}$$

式中，ΔI 为碰撞电离能；t_{c} 为脉冲作用时间，可以理解为脉宽。再如，1951 年，Whitehead[51]报道了脉冲热击穿模型，其中描述了击穿阈值 E_{BD} 与脉冲上升时间 t_{rise} 的关系：

$$E_{\mathrm{BD}} = \left(\frac{3C_{\mathrm{V}}T_0^{2}}{\sigma_0\beta_{\mathrm{T}}t_{\mathrm{rise}}}\right)^{\frac{1}{2}} \mathrm{e}^{\beta_{\mathrm{T}}/2T_0} \tag{2-82}$$

式中，T_0 为介质温度；C_{V}、β_{T} 和 σ_0 均为与电介质特性相关的常数。当脉冲较慢时，t_{rise} 可以理解为脉宽。

再如，1972 年，Barkin 等[78]报道了一个关于绝缘设计的经验公式，该公式主要描述电介质击穿阈值随厚度和脉宽变化的关系，具体如下：

$$\lg E_{\mathrm{BD}} = \left(K_1 - K_2\lg d\right) - \left(K_3 - K_4\lg d\right)\lg\tau \tag{2-83}$$

式中，d 为聚合物电介质的厚度；τ 为脉宽；K_1、K_2、K_3 和 K_4 均为常数。

从以上回顾可以看出，式(2-81)～式(2-83)的相同点是，它们均描述了脉宽越宽，击穿阈值越小的物理现象。但不同点是，E_{BD} 随 τ 变化的具体关系不一样。例如，在脉冲热击穿模型中，$\lg E_{\mathrm{BD}}$ 与 $\lg\tau$ 成线性关系；在场致发射雪崩击穿模型中，E_{BD} 与 $\ln\tau^2$ 成反比关系。

因此，本节围绕以下问题展开论述：①纳秒脉冲下，击穿阈值 E_{BD} 是否受脉宽 τ 影响？②如果影响，哪一个公式更适合描述两者之间的关系？③如果存在这样的一个公式，对应的物理机制又是什么？

本节从实验入手，以期给出较为满意的答案。

2.5.2 脉宽效应实验

基于 TPG200 纳秒脉冲发生装置和 CKP1000 纳秒脉冲发生装置，本节首先开展纳秒脉冲下 PMMA 和 Nylon6 击穿阈值随脉宽变化的实验。需要说明的是，TPG200 输出脉宽固定，所以仅靠 TPG200 无法完成脉宽效应实验；CKP1000 输出脉宽可调，可以输出三组脉宽参数。因此，本节采用两台纳秒脉冲发生装置共同来完成脉宽效应实验。

如 2.1.1 小节所述，TPG200 输出脉宽为 8ns、上升沿为 4ns，最高电压幅值为 300kV。CKP1000 借助其自身的斩波开关[79-80]，可以输出三组脉宽参数：①脉宽为 4.0ns、上升沿为 2.0ns；②脉宽为 3.0ns、上升沿为 0.96ns；③脉宽为 2.3ns、上升沿为 0.76ns。图 2-37(a)给出了 CKP1000 输出 2.3ns 脉宽的波形。关于 CKP1000 的更多介绍见文献[79]。TPG200 仍然采用球面–平板电极，如图 2-4(a)所示，球面与平板的半径均为 30mm。CKP1000 采用 Bruce 电极，见图 2-37(b)，Bruce 电极结构半径为 15mm。需要说明的是，球面–平板电极结构与 Bruce 电极结构均能产生准均匀电场，本节由 CKP1000 完成的实验数据由郑磊提供。

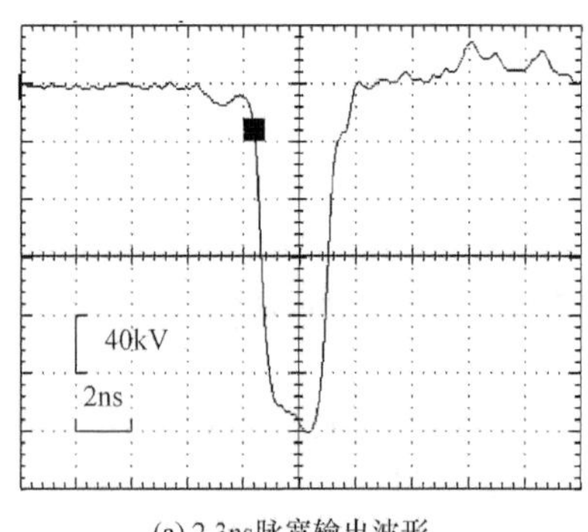

(a) 2.3ns脉宽输出波形

(b) Bruce电极

图 2-37 CKP1000 输出 2.3ns 脉宽的波形和 Bruce 电极[79]

因此，在脉宽效应实验中可以产生四组脉宽上升沿组合(a, b)，分别为(8.5, 4.0)、(4.0, 2.0)、(3.0, 0.96)、(2.3, 0.76)，其单位为 ns。纳秒脉冲信号的测量采用电容分压器来完成，经过仔细设计，电容分压器可以响应前沿 0.1ns 的快脉冲，所以能够满足测量需求。实验中所用测试样片为圆片型，厚度为 1mm，球面–平板结构下的样片半径为 20mm，Bruce 结构下的样片半径为 15mm。实验前，对所有样片用 1000 目砂纸打磨、超声清洗、室温晾干。每种样片在每个脉宽下至少测试 5 个数据点，以保证实验数据的有效性。实验中，电极和样片浸没于纯净的变压器油中，以防止边沿闪络。

图 2-38(a)给出了 PMMA 和 Nylon6 脉宽效应的实验结果，从图 2-38(a)中看出，E_{BD} 随 τ 的增加而减小。为了更清楚地表示这种趋势，图 2-38(b)试探性地在双对数坐标系下绘出实验结果并进行线性拟合，从图 2-38(b)中看出，$\lg E_{BD}$ 与 $\lg\tau$ 服从线性关系，并且斜率约为–0.4。

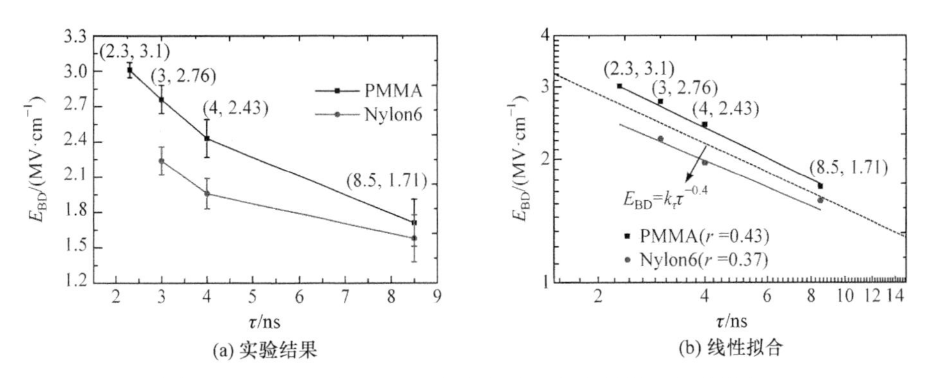

(a) 实验结果　(b) 线性拟合

图 2-38　PMMA 和 Nylon6 脉宽效应的实验结果和线性拟合

早在 1970 年，托木斯克理工大学的研究者就开展了脉冲宽度对击穿阈值影响的实验。图 2-39 在双对数坐标系下对该实验结果进行了拟合。从图 2-39 中看出，$\lg E_{BD}$ 与 $\lg\tau$ 也满足线性关系，不同的是图 2-39 中的拟合斜率为–0.185。

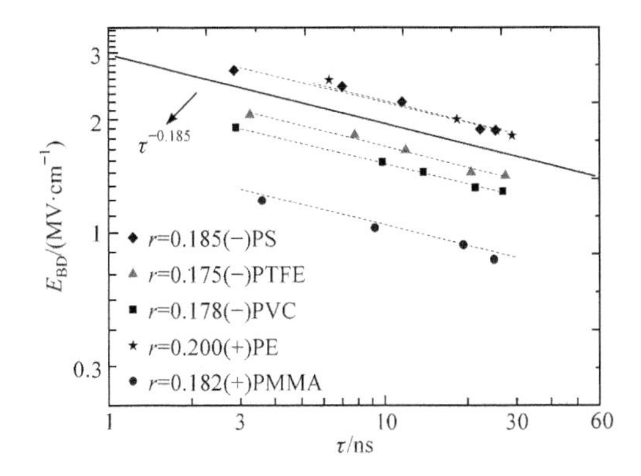

图 2-39　双对数坐标系下对托木斯克理工大学脉宽效应实验结果的拟合

2.5.3　脉宽效应拟合的理论基础

图 2-38(b)和图 2-39 虽然清楚地显示 $\lg E_{BD}$ 与 $\lg\tau$ 满足线性关系，但上述拟合并没有充分依据。这里从扩大法则和 Weibull 分布的角度来回答这个问题。

1. 扩大法则

2.3 节中提到扩大法则不仅适合解决当绝缘介质尺寸发生变化时带来的问题，也适合解决绝缘介质耐受电场时间加长时所带来的问题[81]。扩大法则的基本出发点如下：

$$M = \frac{V_M t_M}{V_1 t_1}, 0 < M < \infty \tag{2-84}$$

式中，V 为电介质体积(或者厚度，或者面积)；t 为电场耐受时间；V_1 和 t_1 为电介质的初始状态；V_M 和 t_M 为电介质的最终状态；M 为扩大因子。

根据式(2-84)，一个绝缘系统在 t_1 时刻的击穿概率 $F(E, t)$ 和在 t_M 时刻的击穿概率 $F_M(E,t)$ 将满足如下关系：

$$F_M(E,t) = 1 - \exp\left\{\frac{1}{t_1}\int_0^{t_M} \ln\left[1 - F(E,t)\right] \mathrm{d}t\right\} \tag{2-85}$$

由式(2-85)知，一旦某一电介质初始时刻的击穿概率 $F(E, t)$ 已知，则 t_M 时刻的击穿概率 $F_M(E, t)$ 也将可知。关于脉宽效应的详细推导过程见附录Ⅳ。为了叙述方便，这里仅给出主要的步骤。

2. 由 Weibull 分布得出的击穿概率表达式

这里再次写出两参数 Weibull 分布：

$$F(E) = 1 - \exp\left[-\left(\frac{E}{E_0}\right)^m\right] \tag{2-86}$$

式中，E_0 为特征击穿电场，可认为是击穿阈值 E_{BD}。2.1 节结合 Weibull 分布研究了聚合物电介质厚度效应对击穿阈值的影响[60]。现在假设聚合物的时间效应对击穿阈值的影响也可以用 Weibull 分布来描述，具体形式如下：

$$F(E,t) = 1 - \exp\left[-\left(\frac{E}{E_{BD}(t)}\right)^m\right] \tag{2-87}$$

式(2-87)的含义：在击穿初始阶段，由电极提供种子电子是一个随机过程，该过程服从以 m 为形状参数的 Weibull 分布。根据 2.3 节的讨论，m 平均值取 8。

现在只有 $E_{BD}(t)$ 的具体形式未知，在此可以通过三参数 Weibull 分布得出。三参数 Weibull 分布又称含时间 Weibull 分布，适合分析与时间相关的过程，具体形式如下：

$$F\left(E,t\right)=1-\exp\left(-ct^{a}E^{b}\right)\left(a,b,c>0\right) \tag{2-88}$$

式中，a、b 和 c 均为正常数。根据式(2-88)，可以推导得出 $E_{\mathrm{BD}}(t)$的具体形式如下：

$$\frac{E_{\mathrm{BD}}\left(t\right)}{E_1}=\left(\frac{t}{t_1}\right)^{-\frac{1}{h}} \tag{2-89}$$

式中，E_1 定义为初始状态电介质的击穿场强；$h=b/a$。式(2-89)的物理含义：击穿对电介质所造成的破坏是随时间以指数方式增长的。

3. 脉宽效应的理论公式

将式(2-89)代入式(2-87)，再将更新的式(2-87)代入式(2-85)，便可得到 $F(E, t)$ 的具体表达式。将 $F(E, t)$代入式(2-85)，便可得到 t_M时刻电介质的击穿概率 $F_M(E,t)$，其具体形式如下：

$$F_M\left(E,t\right)=1-\exp\left[-\left(\frac{E}{E_1}\right)^{m}\cdot\frac{h}{m+h}\left(\frac{t_M}{t_1}\right)^{\frac{m+h}{h}}\right] \tag{2-90}$$

将式(2-90)与式(2-86)比较，发现在 t_M时刻的 E_{BD} 可以表示为

$$E_{\mathrm{BD}}\left(t_M\right)=E_1\left(\frac{h}{m+h}\right)^{-\frac{1}{m}}\left(\frac{t_M}{t_1}\right)^{-\frac{1}{h}-\frac{1}{m}} \tag{2-91}$$

如果去除下标 M 并且以脉宽 τ 代替时间 t，则式(2-91)可以简化为如下形式：

$$E_{\mathrm{BD}}\left(\tau\right)=E_{\tau}\tau^{-s} \tag{2-92}$$

式(2-92)为脉宽效应对电介质击穿阈值影响的理论表达式。其中 E_τ 为一个常数，具体表示如下：

$$E_{\tau}=E_1\left(\frac{h}{m+h}\right)^{-\frac{1}{m}}t_1^{\frac{1}{m}+\frac{1}{h}} \tag{2-93}$$

s 同样为一个常数，具体表示为

$$s=\frac{1}{h}+\frac{1}{m} \tag{2-94}$$

对式(2-92)两边取对数，可得

$$\lg E_{\mathrm{BD}}\left(\tau\right)=\lg E_{\tau}-s\lg\tau \tag{2-95}$$

可见，$\lg E_{\mathrm{BD}}(\tau)$与 $\lg\tau$ 满足线性关系，并且斜率为$-s$。式(2-95)便是图 2-38(b)和图 2-39 中采用线性拟合方式的理论基础。

2.5.4　脉宽效应的物理机制

本小节从纳秒脉冲击穿过程的形成时延角度，分析击穿阈值 E_{BD} 与脉宽 τ 两者关系的物理机制。

1. 击穿阈值和形成时延的关系

对于脉宽小于 1μs 的短脉冲而言，击穿过程基本不涉及热累积。因此，击穿可以作为一个纯电子过程，即击穿是由电子在电场中被加速、与原子/分子发生碰撞电离倍增并产生多个电子来实现的。这个过程被称为电子碰撞电离倍增，这是固体电介质发生击穿的基础。电子雪崩发生速度极快，通常在数个纳秒的时间范围内完成。如果外施电场足够强(几兆伏每厘米或更高)，电子崩崩头将抵达阳极，导致介质击穿。把初始电子从发射到雪崩击穿完成的这个时间段称之为形成时延，记为 t_f。

考虑两个相同的电介质分别置于电场 E_1 和 E_2 中，E_1 和 E_2 均高于击穿阈值 E_{BD}，并且 $E_1>E_2$。因为形成时延 t_f 与外施电场 E 成反比，所以在 E_1 电场中，电子行进时对应的形成时延 t_{f1} 将短于在 E_2 电场中的形成时延 t_{f2}。同时，形成时延应有一个最大值 t_{f_max}，这是因为击穿发生需要一个最低电场 E_{BD_min}。现在考虑最大值形成时延 t_{f_max} 与脉宽 τ 之间的关系。当 $\tau<t_{f\_max}$ 时，外施电场应高于最低的击穿电场 E_{BD_min}，并且较小的脉宽应该对应较高的击穿阈值，如图 2-40(a)所示。实际上对于相同厚度的样片，确实发现脉宽越小，击穿电压幅值越高的实验现象，如图 2-40(b)所示。

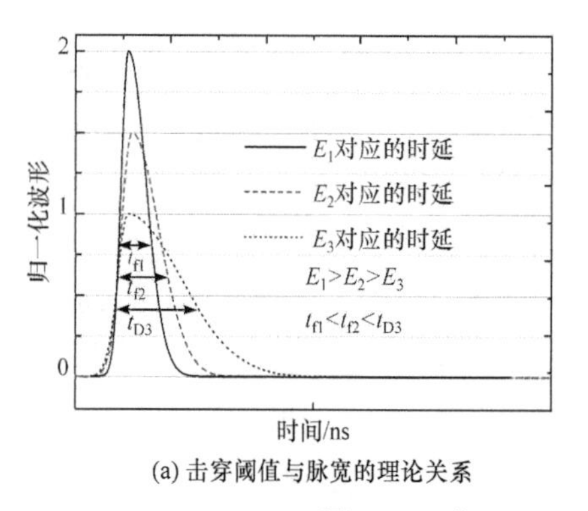

(a) 击穿阈值与脉宽的理论关系

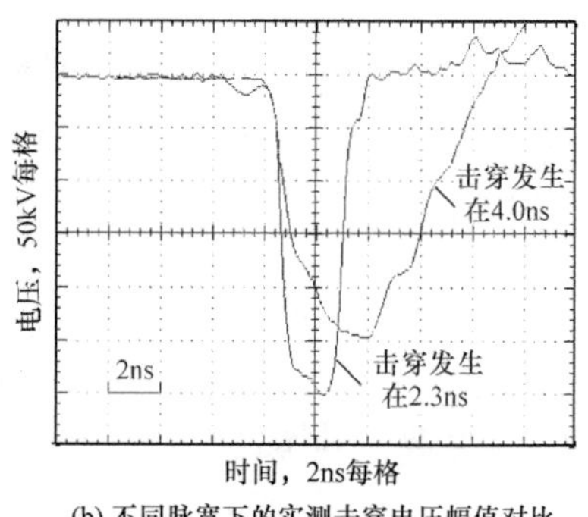

(b) 不同脉宽下的实测击穿电压幅值对比

图 2-40　当 $\tau<t_{f\_max}$ 时击穿阈值与脉宽之间的关系

为了证实以上论述，对文献中与形成时延相关的电介质击穿实验数据进行了拟合，如图 2-41 所示。其中，E_{BD}-t_f 的原始实验数据来自文献[82]；U_{BD}-t_f 的原始实验数据来自文献[83]。从图 2-41 中可以看出，不论是 E_{BD} 还是 U_{BD}，它们与形成时延 t_f 均满足负幂指数关系，如式(2-95)所示。并且负幂指数 s 的取值基本在

0.2～0.4，这与图 2-38(b)和图 2-39 中所拟合的参数相符。

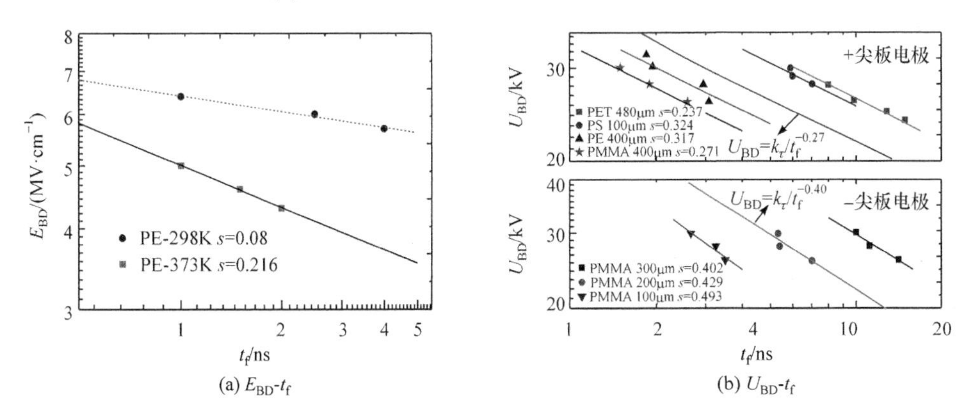

图 2-41　文献中与形成时延相关的电介质击穿实验数据及其拟合

对上述实验结果还可以做进一步分析，当 $\tau<t_{f\_max}$ 时，τ 全部消耗为 t_f。此时，有 $\tau=t_f$，并且 E_{BD} 与 τ 之间的关系就是 E_{BD} 与 t_f 之间的关系。当 $\tau<t_{f\_max}$ 时，一个脉冲的上升时间 t_{rise} 基本等于脉冲形成时间 t_f，而且约等于 τ。因此，E_{BD} 随 τ 增加而减小的物理现象可以理解为 E_{BD} 随脉冲上升时间 t_{rise} 增加而减小。这与式(2-81)和式(2-82)所反映的趋势相符。

2. 长脉冲下的脉宽效应

本书将在 6.3 节给出推导形成时延与外施电场之间关系的具体过程，为方便叙述，这里引用如下：

$$t_f=\frac{d^{1+\frac{1}{2m}}}{\mu_0\left(E_{op}E_c\right)^{\frac{1}{2}}} \tag{2-96}$$

式中，d 为介质厚度；m 为 Weibull 分布的形状因子；μ_0 为常数；E_c 为临界电场，可以看成是一个常数；E_{op} 为外施电场，当击穿发生时，E_{op} 即为 E_{BD}。

式(2-96)意味着，对于一个特定的击穿条件，对应有一个最大形成时延 t_{f_max}，即一旦将 E_{BD_min} 代入式(2-96)，t_{f_max} 便可被计算出。基于此，6.3 节将计算出不同厚度 d 和不同击穿阈值 E_{BD} 所对应的最大形成时延 t_{f_max}，计算结果显示，对于厚度在 0.01～1mm、击穿阈值在 1～10MV · cm^{-1} 的条件，t_{f_max} 在 0.01～100ns。不同的实验结果证实了上述计算的正确性。

基于这个结论，此处再次考虑长脉冲条件下脉宽效应对击穿阈值的影响。当脉宽 τ 大于 t_{f_max} 且脉冲上升沿固定时，雪崩击穿在脉宽范围内便可“从容”地完成，不需要有过高的电场。因而在长脉冲条件下，脉宽的增加将不会导致击穿阈

值 E_{BD} 的减小，这一分析可以用图 2-42 来表示。

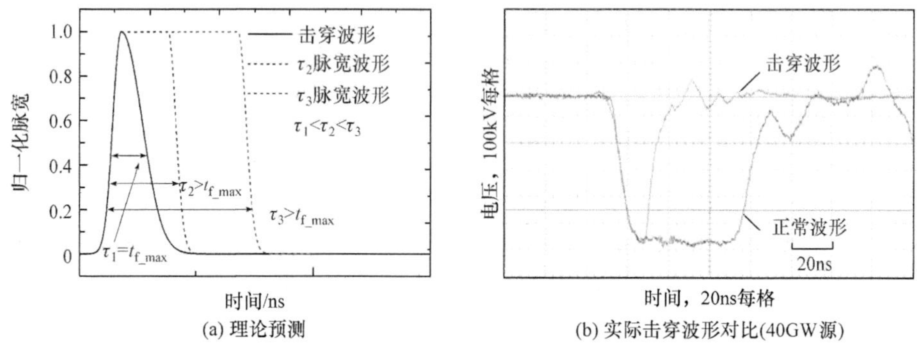

图 2-42　长脉冲条件下击穿阈值与脉宽之间的关系

类似地，为了证明分析的正确性，此处对长脉冲条件下电介质击穿阈值随脉宽变化的实验结果进行了分析，如图 2-43 所示。从图 2-43(a)看出，随着脉宽的增加，击穿阈值首先减小，并且当脉宽超过某一值(100ns)后，击穿阈值不再随脉宽增加而改变，基本保持不变。图 2-43(b)同样显示出，在 10μs 脉宽范围内，击穿阈值基本不随脉宽发生变化。

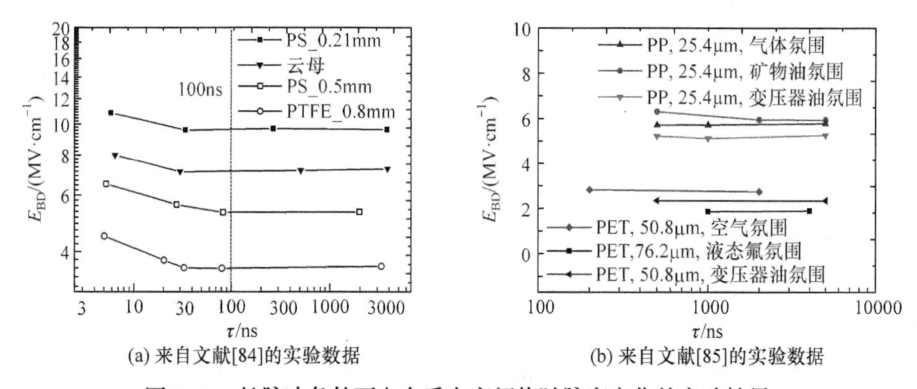

图 2-43　长脉冲条件下电介质击穿阈值随脉宽变化的实验结果

因此，脉宽效应对聚合物电介质击穿阈值影响的关系可表述为

$$E_{BD}(\tau)=\begin{cases}E_{BD1}\tau^{-s}\left(\tau\leqslant t_{f\_max}\right)\\ E_{BDc}\quad\left(\tau>t_{f\_max}\right)\end{cases}\tag{2-97}$$

式中，t_{f_max} 为形成时延上限。需要注意的是，t_{f_max} 并不是一个常数，不同的绝缘条件对应不同的 t_{f_max}。

2.5.5　幂指数 *s* 的取值

1. 幂指数 *s* 的理论计算

根据式(2-94)，*s* 表达式为 $s=1/m+1/h$。这里，*m*、*h* 和 *s* 的物理含义再次总结如下[81]。

首先，*m* 表示与电介质击穿统计时间部分相关的幂指数项。其物理本原在于击穿前期初始电子的产生。根据场致发射理论，初始电子的产生是一个随机现象，对应的时间符合统计分布。当 $m=8$ 时，表示电介质的“质量”较优。

其次，*h* 表示与电介质中寿命消耗相关的幂指数项。其物理本原在于电介质内部时间增加而造成的累积损伤，$h=b/a$。对于不同的固体电介质击穿机制，*a*、*b* 取值不同。文献[61]对不同的固体击穿机制和参数 *a*、*b* 进行了统计，在此进行引用，见表 2-12。根据 $m=8$ 和表 2-12 中 *h* 的取值，可以计算出 *s* 的理论值，同样列于表 2-12。从表 2-12 中看出，对于自由体击穿，$s\approx 0.2$；对于其他类型的击穿，*s* 取值范围为 0.23～0.62。这两个结果与 2.5.2 小节 0.2～0.4 的实验结果相符。

表 2-12　文献[61]总结的固体击穿机制和 *a*、*b* 参数值及所计算出的幂指数 *s*

击穿机理	*a*	*b*	*h* 或 *b*/*a*	*s*
体击穿→自由体击穿	1	10～15	10～15	0.19～0.22
老化→水树	1.7	3～7	2～4	0.37～0.62
老化→电树枝→丛状树枝	1.8	10～20	5～10	0.23～0.33
老化→电树枝→丛状树枝	2.3	10～20	5～10	0.23～0.33
丝状击穿	1	6.5	6.5	0.278
电导击穿	0.4	2.5	6.5	0.278

2. 文献中幂指数 *s* 的取值

表 2-13 汇总了文献中与脉宽效应相关的幂指数 *s* 的取值，从表 2-13 中可以看出，*s* 的变化范围是 0.185～0.4，与表 2-12 中计算的结果基本相符。

表 2-13　文献中与脉宽效应相关的幂指数 *s* 值

s 取值	研究单位	实验对象	实验条件
0.4	西北核技术研究所	PMMA 和 Nylon	负高压均匀电场 d: 1mm; τ: 2～8ns
0.185	托木斯克理工大学[84]	PMMA、PTFE、PS、PVC、PE	非均匀电场 d: 0.2～0.8mm; τ: 3～30ns
0.216	爱媛大学[82]	PE-373K、PE-298K	针板电极 d: 28 μm; τ: 1～4ns

续表

s 取值	研究单位	实验对象	实验条件
0.27	爱媛大学[83]	PET、PMMA、PS、PE	尖(+)板电极 d:100～480μm; τ: 1～20ns
0.4	爱媛大学[83]	PMMA	尖(−)板电极 d:100～300μm; τ: 1～20ns

3. 幂指数 s 的实测值

如 2.5.1 节所述，Barkin 等提出了纳秒脉冲下固体电介质绝缘设计的标准，如式(2-83)所示，该标准与电介质的脉宽效应相关。如果将式(2-83)与本节得出的脉宽效应式(2-95)做比较，则可以得出：

$$s = K_3 - K_4 \lg d \tag{2-98}$$

根据式(2-98)和不同条件下 K_3 和 K_4 的取值，s 的实验值便可计算出。文献[86]中记录了不同固体绝缘材料浸没于不同液体时对应 K_1～K_4 的取值，根据这些值，便可计算出相应的 s 值，如表 2-14 和表 2-15 所示。K_1～K_4 的测试条件：电介质厚度 1～10mm、脉宽 3～100ns。为了更清楚地展示这些计算结果，图 2-44 绘出了不同材料在不同条件下 s 的取值。

表 2-14　文献[86]中 PE、PMMA 和 PTFE 浸没于不同液体时的 s 值

实验条件	PE		PMMA		PTFE	
	10mm	1mm	10mm	1mm	10mm	1mm
尖(−)板电极	0.357	0.357	0.402	0.297	0.348	0.275
尖(+)板电极	0.226	0.089	0.139	0.122	0.244	0.224
浸没于蒸馏水	0.44	0.404	0.219	0.159	0.14	0.003
浸没于甘油	0.148	0.1266	0.209	0.129	0.191	0.011
浸没于变压器油(法向场)	0.387	0.338	0.439	0.246	0.347	0.28
浸没于变压器油(切向场)	0.438	0.366	0.404	0.283	0.239	0.176

表 2-15　文献[86]中 PVC 浸没于不同液体时的 s 值

实验条件	PVC	
	10mm	1mm
尖(−)板电极	0.219	0.202
尖(+)板电极	0.138	0.116

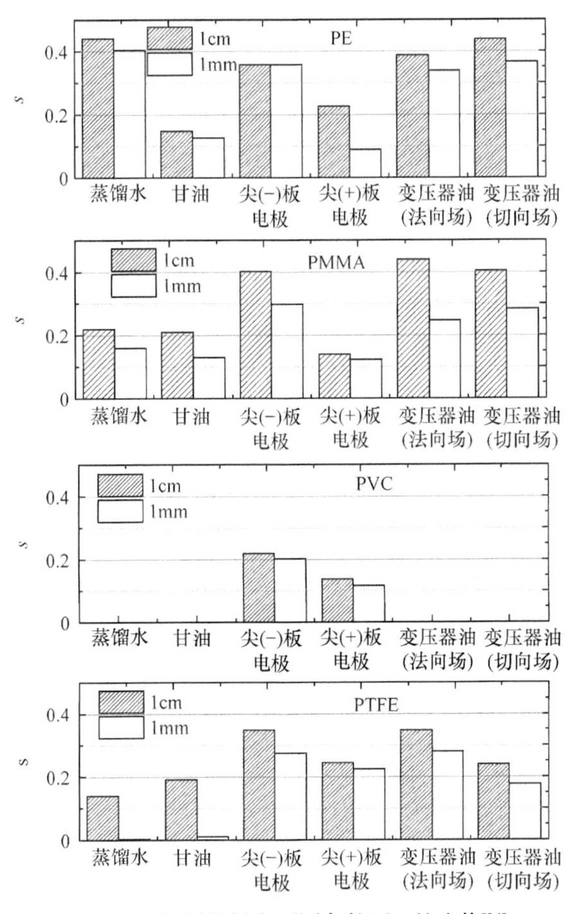

图 2-44　不同材料在不同条件下 s 的取值[84]

通过对表 2-14、表 2-15 和图 2-44 进行归纳，可以得出以下信息。

第一，不同种类的聚合物，其 s 值在 0～0.4。如果仅作为粗略的估计，$s|_{d=10\text{mm}}$=0.28，$s|_{d=1\text{mm}}$=0.21。据此，大尺寸绝缘介质的脉宽效应与小尺寸绝缘介质相比要更显著一些。第二，$s(-)>s(+)$。这意味着负脉冲条件下聚合物的脉宽效应要比正脉冲条件下的脉宽效应显著一些。第三，s(变压器油)>s(甘油)，这说明，聚合物在变压器油中所表现出的脉宽效应要比在甘油中显著一些。

在对脉宽效应做出结论之前，还需要对式(2-95)的应用条件做出说明。首先，式(2-95)仅适用于纳秒时间量级。因为脉宽效应的机制是雪崩击穿，其作用时间正是纳秒时间量级。其次，击穿阈值 E_{BD} 随脉宽 τ 增加而减小这一趋势仅当 $\tau<t_{f\_max}$ 时成立。如 6.3 节中所计算，t_{f_max}=0.01～100ns。因此，E_{BD} 随脉宽 τ 增加而减小的趋势仅在百纳秒范围内成立。最后，当 $\tau>t_{f\_max}$ 时，E_{BD} 随 τ 增加而不变。这个趋势有两个前提，第一个是纳秒脉冲前沿相近或相等；第二个是该趋势存在一个

时间上限 t_{up}。如果脉宽太宽，如热累积、极化效应、脉冲前沿变缓等因素都会起作用，导致击穿阈值降低。根据图 2-43(b)中的实验结果，一个可取的 t_{up} 值为 10μs。

根据前面的论述，再回答 2.5.1 小节最开始所提出的问题：①仅当 $\tau < t_{f\_max}$ 时，击穿阈值 E_{BD} 与脉宽 τ 相关的这一结论才成立。②在最大形成时延内，E_{BD} 随 τ 变化服从负幂指数关系。③脉宽效应的物理机制为电子倍增的形成时延，脉宽效应有两个重要的时间，一个是最大形成时延 t_{f_max}；另一个是脉宽效应上限 t_{up}。当 $\tau < t_{f\_max}$ 且脉冲前沿接近时，E_{BD} 随脉宽增大而减小；当 $t_{f\_max} \leqslant \tau < t_{up}$ 时，E_{BD} 基本不随脉宽增大而变化；当 $\tau \geqslant t_{up}$，由于其他机制的作用，E_{BD} 随脉宽增大再次减小。

2.6 电极和脉冲极性等因素对击穿阈值的影响

2.6.1 电极材料因素

基于 TPG200 纳秒脉冲发生器，完成了不同电极材料对击穿阈值影响的实验。采用铁(Fe)、铝(Al)和钨(W)三种金属材料作为负高压电极，见图 2-45。三种电极均设计为尖头形式，以突出电极对击穿的影响，等效半径为 1mm。实验前对电极头利用 1200 目砂纸仔细进行打磨以去除表面杂质，选用 0.5～2.5mm 厚度不等的聚乙烯(PE)为实验对象。

(a) 三种电极材料(从左到右依次为钨、铁和铝电极)

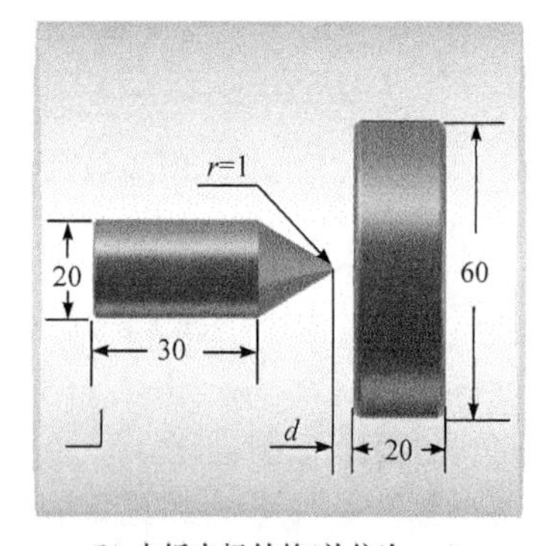

(b) 尖板电极结构(单位为mm)

图 2-45 铁、铝和钨三种金属材料的负高压电极

图 2-46 给出了实验结果。其中，图 2-46(a)是击穿电压随厚度的变化。参照球面-平板电极并根据式(2-1)，计算尖板电极结构的电场增强因子随厚度的变化，见图 2-46(b)。同时根据 $E_{BD}=fU/d$，图 2-46(c)给出了击穿电场(阈值)随厚度的变化。从图 2-46(c)中可以看出，对于三种不同电极材料，其击穿阈值存在如下关系：

$$E(\mathrm{Al}) < E(\mathrm{W}) < E(\mathrm{Fe}) \tag{2-99}$$

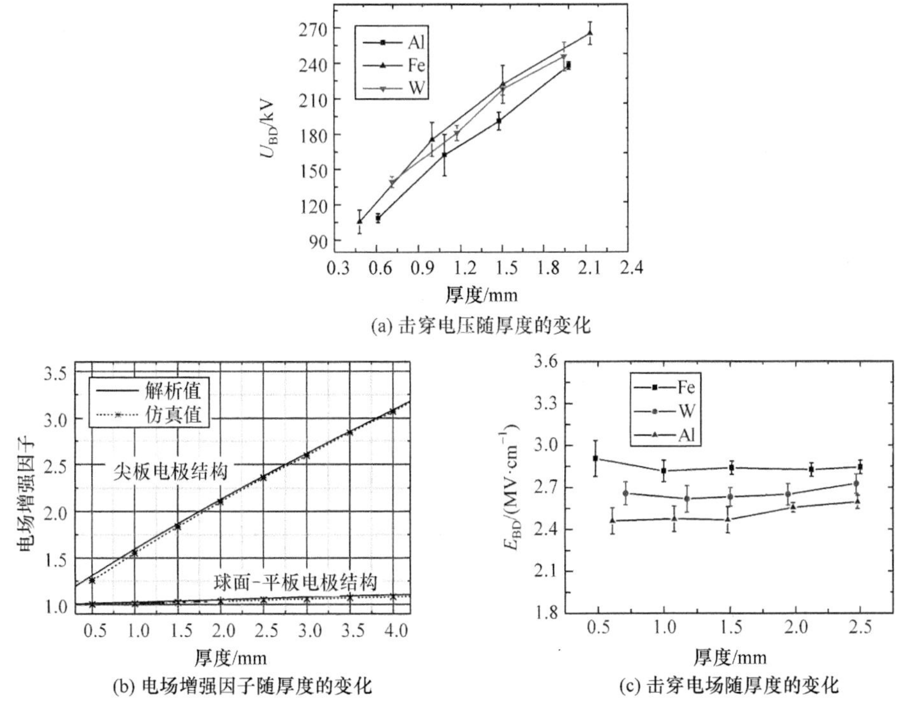

(a) 击穿电压随厚度的变化

(b) 电场增强因子随厚度的变化

(c) 击穿电场随厚度的变化

图 2-46　实验结果

对于电介质击穿，不同电极材料具有不同的电子注入能力。假设电介质击穿时的初始电子由阴极提供，衡量电极材料电子注入能力的物理量为逸出功，用 ϕ_m 表示。图 2-47 绘出了当电极施加负脉冲时金属与绝缘子之间的能级示意图。

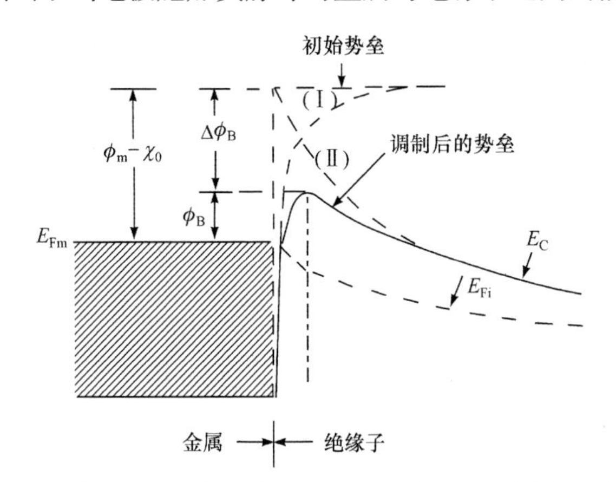

图 2-47　当电极施加负脉冲时金属与绝缘子之间的能级示意图

E_{Fm}-金属费米能级；E_{Fi}-绝缘子费米能级；ϕ_m-金属逸出功；$\Delta\phi_B$-势垒减小量；ϕ_B-有效势垒高度；χ_0 -绝缘子的电子亲和势；E_C-导带底

从图 2-47 看出，金属-绝缘子之间的势垒高度除受到镜像力(Ⅰ)的削减作用，还受到外加电场(Ⅱ)的削减，进而变得更低。根据肖特基效应[58]，有效势垒高度 ϕ_B 可以写成如下形式：

$$\phi_B = \phi_m - \chi_0 - \beta_{sc} E^{1/2} \tag{2-100}$$

式中，ϕ_m 为金属逸出功；χ_0 为绝缘子的电子亲和势；β_{sc} 为肖特基常数；E 为外施电场。

对于一个给定的电介质，χ_0 和 β_{sc} 均为常数，而对于不同的电极材料，其逸出功 ϕ_m 不同。因此，有效势垒高度 ϕ_B 仅取决于外施电场 E 和表示电极种类的 ϕ_m。因为实验中电极种类会发生改变，所以将式(2-100)写成以 ϕ_m 为变量的表达式：

$$E = \left(\frac{\phi_m - \chi_0 - \phi_B}{\beta_{sc}}\right)^2 (\phi_m \geqslant \chi_0 + \phi_B) \tag{2-101}$$

当击穿引发时，存在一个临界势垒高度 ϕ_{B0}，只有当有效势垒高度 ϕ_B 小于该临界势垒高度时，种子电子才能从金属中的电子海逸出并注入电介质中，起到初始电子的作用。鉴于此，进一步对式(2-101)进行改写，采用击穿阈值 E_{BD} 代替外施电场 E，并采用临界势垒高度 ϕ_{B0} 代替实际势垒高度 ϕ_B，以此来描述电介质击穿时初始电子的注入，即

$$E_{BD} = \left(\frac{\phi_m - \chi_0 - \phi_{B0}}{\beta_{sc}}\right)^2 (\phi_m \geqslant \chi_0 + \phi_{B0}) \tag{2-102}$$

由式(2-102)可以看出，金属电极的逸出功 ϕ_m 越大，其击穿阈值 E_{BD} 越高。

根据图 2-46(c)，图 2-48 绘出了三种电极材料的击穿阈值 E_{BD} 随逸出功 ϕ_m 变化的直方图。从图中看出，电极材料的逸出功越高，其击穿阈值越大。这与上述分析相符。图 2-48 中的结果还证实了阴极在电介质击穿中提供初始电子的假设。同时，式(2-102)可以看作是电极材料因素对击穿阈值影响的理论表达式。

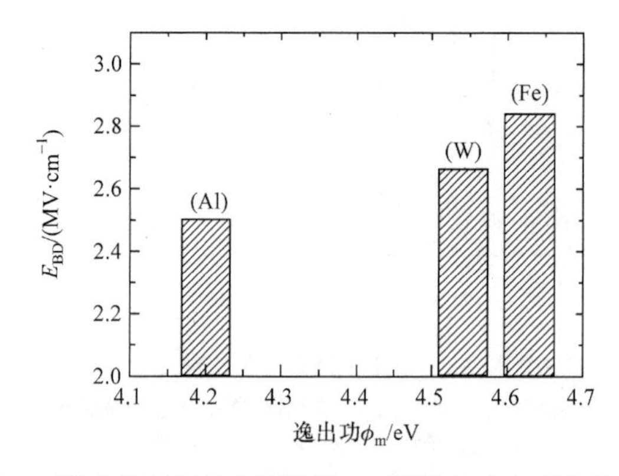

图 2-48　三种电极材料的击穿阈值 E_{BD} 随逸出功 ϕ_m 变化的直方图

2.6.2 电极形状因素

结合之前球面–平板电极的实验结果，本小节还研究了尖板、球面–平板两种电极形状因素对击穿阈值的影响，结果见图 2-49。从图 2-49 中看出，无论是正脉冲还是负脉冲，尖板电极下的击穿阈值总是高于球面–平板电极下的击穿阈值。结合 1989 年 Kudo[87]在微秒脉冲下开展的关于电极形状对击穿阈值影响的实验，图 2-50 绘出了电极等效半径从数微米到毫米范围变化时，电极形状对击穿阈值影响的实验结果。

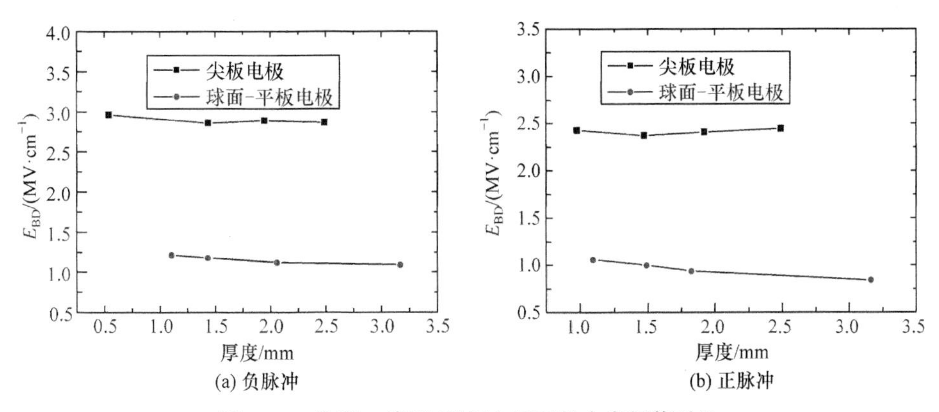

图 2-49 尖板、球面–平板电极下的击穿阈值对比

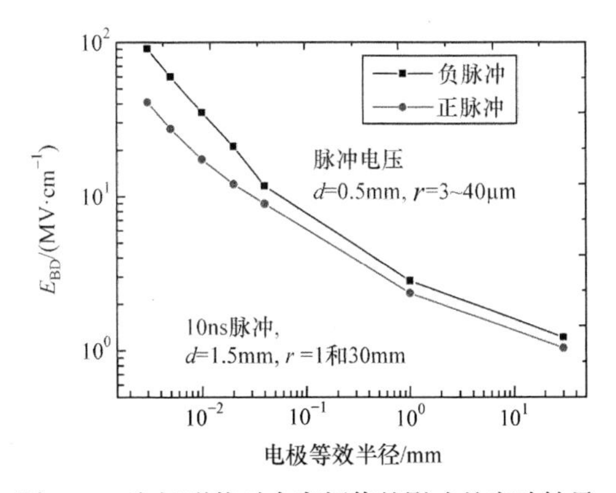

图 2-50 电极形状对击穿阈值的影响的实验结果

从图 2-50 中看出，电极等效半径越小，击穿阈值越高。可以从空间电荷效应的角度解释电极形状对击穿阈值影响的实验结果[88-91]。以负脉冲为例，根据 2.6.1 小节的结论，电子由负高压电极注入，在电场中被加速。随着电子远离高压电极，单位长度上电子运动所获得的能量越来越小。又因为电介质中存在陷阱[53-54]，所以会有越来越多的电子被陷阱俘获，构成空间电荷区域。空间电荷区域会削弱负

高压电极表面的电场，根据肖特基效应，这种削弱作用使得击穿变得困难。要使击穿发生，外施电场必须提升到更高水平。考虑球面-平板电极和尖板电极两种形式中，空间电荷区域对负高压电极表面电场的削弱作用。对于尖板电极，电场更发散，电子行进单位长度时获得的能量减小得更快，因而电子所形成的空间电荷区域距离电极也更近，对电极表面的削弱作用也越强。因此，要使得击穿发生，所施加的电场值也就越高，这就解释了图 2-50 中电极等效半径越小，击穿阈值越高的实验结果。需要说明的是，当电极耐受正高压时，可以认为电极从电介质注入空穴[88]。此时空间电荷区域极性为正，上述分析仍然成立。

综上，电极形状因素对击穿阈值影响的关系可以用以下公式进行描述：

$$E_{\mathrm{BD}}(f) = f\frac{U_{\mathrm{BD}}}{d} = fE_{\mathrm{av}} \tag{2-103}$$

式(2-103)表示在测试条件相同的前提下，电场增强系数 f 越大，击穿阈值 E_{BD} 越高。

2.6.3 脉冲极性因素

图 2-51 给出了不同电极下 PE 材料的正负击穿阈值之比。从图 2-51 中看出，不论采用何种电极形式，PE 材料的正负击穿阈值之比均在 0.8～0.9，并且这一比值基本不随厚度改变。PE 材料所表现出的这种脉冲极性效应，仍然可以从空间电荷效应的角度解释，参见图 2-52。当电极固定时，对于 PE 材料，因为空穴在价带中的迁移率高于电子在导带中的迁移率[58]，所以由空穴形成的正空间电荷区域距离正电极的长度要大于由电子形成的负空间电荷区域相应的长度，进而正空间电荷区域对正高压电极的削弱作用与负空间电荷相比，要弱一些。换言之，当测试条件相同且脉冲极性为正时，外施电场提高的幅度相对较小。当击穿发生时，正脉冲对应的击穿阈值相对负脉冲击穿阈值也较小。这与文献[9]中所观测的直流条件下 PE 的击穿阈值规律相符。

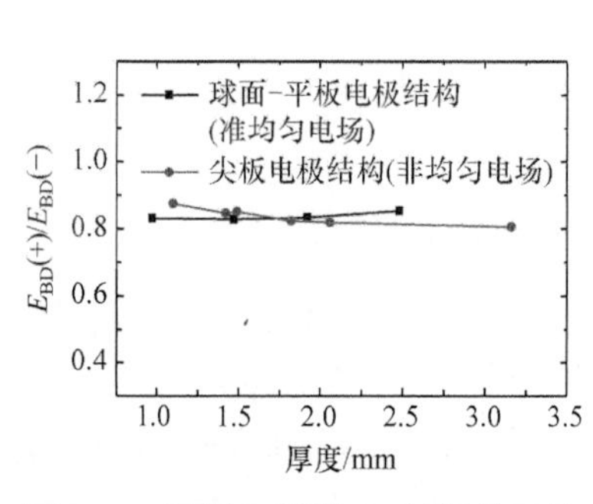

图 2-51　不同电极下 PE 材料的正负击穿阈值之比

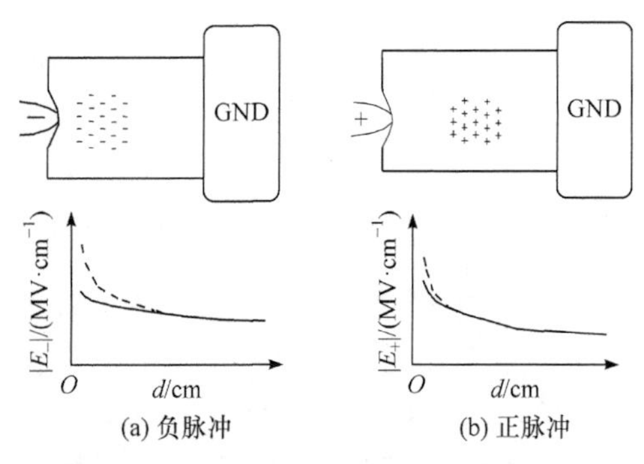

图 2-52　尖板电极对应的空间电荷效应

值得一提的是，短脉冲下气体击穿和液体击穿也表现出脉冲极性效应[66, 76]。例如，在 100～300ns 的脉宽范围内，SF_6 的正负击穿阈值之比为 0.6；在 100ns～10μs 脉宽范围内，去离子水的正负击穿阈值之比为 0.5。与 SF_6 和去离子水在短脉冲下的脉冲极性效应相比，PE 材料的脉冲极性相对较弱。

2.7　小　　结

电介质参数、脉冲参数和电极参数等因素都会对聚合物击穿阈值产生影响，单次纳秒脉冲下，聚合物击穿阈值与各种因素之间关系可简要概括如下。

(1) 尺寸效应对聚合物击穿阈值的影响，包括体积效应、厚度效应、面积效应均服从负幂指数关系，幂指数为 $-\delta$，对于质量较好的聚合物，δ 平均值取 1/8。

(2) 脉宽效应对聚合物击穿阈值的影响同样服从负幂指数关系，其中幂指数为 $-s$，s 的最佳取值为 0.2～0.4；该关系仅在一定脉宽范围内成立(最大形成时延 t_{f_max} 以内)，当脉宽超过 t_{f_max} 且脉冲上升沿一定时，击穿阈值几乎不受脉宽影响。

(3) 聚合物种类对击穿阈值的影响与其在纳秒脉冲下的相对介电常数 ε_{re} 有关：ε_{re} 越大，击穿阈值越小。

(4) 电极材料对击穿阈值的影响与电极的逸出功 ϕ_m 有关：ϕ_m 越大，击穿阈值越大。

(5) 电极形状对击穿阈值的影响与电极系统的电场增强系数 f 有关：f 越大，击穿阈值越大。

(6) 脉冲极性效应显示，对于聚乙烯材料，其正负击穿阈值之比在 0.8～0.9。

常见聚合物电介质在纳秒单脉冲下发生击穿时所表现的上述击穿特性见表 2-16。

表 2-16　纳秒单脉冲下常见聚合物电介质的击穿特性

影响因素	具体因素	典型公式	关键变量	相关物理机制
介质因素	尺寸效应	$E_{BD}(\zeta)=E_1\zeta^{-\delta}$	ζ 为厚度、面积、体积	电极电子注入和电介质内电子倍增
	聚合物种类因素	$E_{BD}(\varepsilon_{re})=\dfrac{3\Delta I}{(2+\varepsilon_{re})q\lambda}$	ε_{re} 为有效相对介电常数	电子极化机制
电极因素	电极材料因素	$E_{BD}(\phi_m)=\left(\dfrac{\phi_m-\chi-\phi_{B0}}{\beta_{sc}}\right)^2$	ϕ_m 为逸出功	势垒降低效应
	电极形状因素	$E_{BD}(f)=f\dfrac{U_{BD}}{d}$	f 为电场增强系数	空间电荷效应

续表

影响因素	具体因素	典型公式	关键变量	相关物理机制
脉冲因素	脉宽效应	$E_{BD}(\tau)=E_{\tau 1}\cdot\tau^{-s}\left(\tau<t_{f\_max}\right)$	τ 为脉冲宽度	统计时延和损伤累积
	脉冲极性因素	对于PE：$\dfrac{E_{BD}(+)}{E_{BD}(-)}=0.8\sim0.9$	$E_{BD}(+)$、$E_{BD}(-)$为正负脉冲下的击穿阈值	空间电荷效应

参考文献

[1] SU J C, ZHAO L, RUI L, et al. A unified expression for enlargement law on electric breakdown strength of polymers under short pulses: Mechanism and review[J]. IEEE Transactions on Dielectrics and Electrical Insulation, 2016, 23: 2319-2327.

[2] ZHAO L, LIU C L. Review and mechanism of the thickness effect of solid dielectrics[J]. Nanomaterials, 2020, 10: 2473.

[3] ZHAO L, LIU G Z, SU J C, et al. Investigation of thickness effect on electric breakdown strength of polymers under nanosecond pulses[J]. IEEE Transactions on Plasma Science, 2011, 39: 1613-1618.

[4] ZHAO L, SU J C, PAN Y F, et al. Correlation between volume effect and lifetime effect of solid dielectrics on nanosecond time scale[J]. IEEE Transactions on Dielectrics and Electrical Insulation, 2015, 22: 1769-1776.

[5] ZHAO L, SU J C, PAN Y F, et al. The effect of polymer type on electric breakdown strength on nanosecond time scale[J]. Chinese Physics B, 2012, 21: 033102.

[6] ZHAO L, SU J C, ZHENG L, et al. The effect of nanosecond pulse width on the breakdown strength of polymers[J]. IEEE Transactions on Dielectrics and Electrical Insulation, 2020, 27: 1160-1168.

[7] ZHAO L, SU J C, ZHANG X B, et al. Experimental investigation on the role of electrodes in solid dielectric breakdown under nanosecond pulses[J]. IEEE Transactions on Dielectrics and Electrical Insulation, 2012, 19: 1101-1107.

[8] ZHAO L, PAN Y F, SU J C, et al. A Tesla-type repetitive nanosecond pulse generator for solid dielectric breakdown research [J]. Review of Scientific Instruments, 2013, 84: 105114.

[9] MASON J H. Breakdown of solid dielectrics in divergent fields[J]. Proceedings of the IEE-Part C: Monographs, 1955, 102: 254-263.

[10] MASON J H. Effects of thickness and area on the electric strength of polymers[J]. IEEE Transactions on Electrical Insulation, 1991, EI-26: 318-322.

[11] 严萍. 脉冲功率绝缘设计手册(修订版)[R]. 北京: 中国科学院电工研究所, 2007.

[12] 孙目珍. 电介质物理基础[M]. 广州: 广州理工大学出版社, 2000.

[13] 李翰如. 电介质物理导论[M]. 成都: 成都科技大学出版社, 1990.

[14] 于威廉. 高分子电介质化学[M]. 北京: 机械工业出版社, 1980.

[15] 李光杰. 纳秒脉冲下变压器油中绝缘介质沿面闪络特性的实验研究[D]. 北京: 中国科学院研究生院, 2006.

[16] LI G J, WANG J, YAN P, et al. Experimental study on statistical characteristics of surface flashover under

nanosecond pulse in transformer oil[C]. Proceedings 27th International Symposium on Power Modulator, Washington D. C., USA, 2006: 97-99.

[17] OAKES W G. The intrinsic electric strength of polythene and its variation with temperature[J]. Journal of Institution of Electrical Engineers, 1948, 95: 36-44.

[18] VERMEER J. The impulse breadown strength of pyrex glass[J]. Physica, 1954, 20: 313-326.

[19] SEITZ F. On the theory of electron multiplication in crystals[J]. Physical Review, 1949, 76: 1376-1393.

[20] AUSTEN A E W, WHITEHEAD S. The electric strength of some solid dielectrics[J]. Proceedings of the Royal Society A, 1940, 176: 33-50.

[21] O'DWYER J J. The theory of avalanche breakdown in solid dielectrics[J]. Journal of Physics and Chemistry of Solids, 1967, 28: 1137-1144.

[22] COOPER R, ROWSON C H, WASTON D B. Intrinsic electric strength of polythene[J]. Nature, 1963, 197: 663-664.

[23] FORLANI F, MINNAJA N. Thickness influence in breakdown phenomena of thin dielectric films[J]. Physica Status Solid, 1964, 4: 311-324.

[24] COOPER R. The dielectric strength of solid dielectrics[J]. British Journal of Applied Physics, 1966, 17: 149-166.

[25] MERRILL R C, WEST R A. Thickness effect of some common dielectrics[C]. Spring Meeting of the Electrochemistry Society, Pittsburgh, USA, 1963.

[26] MASON J H. Breakdown of insulation by discharges[J]. Proceedings of the IEE-Part A: Insulating Materials, 1953, 100: 149-158.

[27] MASON J H. Effects of frequency on the electric strength of polymers[J]. IEEE Transactions on Electrical Insulation, 1992, EI-27: 1213-1216.

[28] YILMAZ G, KALENDERLI O. The effect of thickness and area on the electric strength of thin dielectric films[C]. IEEE International Symposium on Electrical Insulation, Montreal, Canada, 1996: 478-481.

[29] YILMAZ G, KALENDERLI O. Dielectric behavior and electric strength of polymer films in varying thermal conditions for 5Hz to 1MHz frequency range[C]. Electrical Insulation Conference and Electrical Manufacturing and Coil Winding, Rosemont, USA, 1997: 269-271.

[30] SINGH A, PRATAP R. AC electrial breakdown in thin magnesium oxide[J]. Thin Solid Films, 1982, 87: 147-150.

[31] SINGH A. Dielectric breakdown study of thin La_2O_3 films[J]. Thin Solid Films, 1983, 105: 163-168.

[32] YANG Y, ZHANG S C, DOGAN F, et al. Influence of nanocrystalline grain size on the breakdown strength of ceramic dielectrics[C]. Proceedings of 14th IEEE International Pulsed Power Conference, Dallas, USA, 2003: 719-722.

[33] YOSHINO K, HARADA S, KYOKANE J, et al. Electrical properties of hexatriacontane single crystal[J]. Journal of Physics D: Applied Physics, 1979, 12: 1535-1539.

[34] THEODOSIOU K, VITELLAS I, GIALAS I, et al. Polymer film degradation and breakdown in high voltage AC fields[J]. Journal of Electrical Engineering, 2004, 55: 225-231.

[35] CHEN G, ZHAO J, LI S, et al. Origin of thickness dependent dc electrical breakdown in dielectrics [J]. Applied Physics Letter, 2012, 100: 222904.

[36] FORLANI F, MINNAJA N. Electrical breakdown in thin dielectric films[J]. Journal of Vaccum Science and Technology, 1969, 6: 518-525.

[37] MASON J H. Comments on'Electric breakdown strength of aromatic polymers-dependence on film thickness and chemical structure'[J]. IEEE Transactions on Electrical Insulation, 1992, EI-27: 1061.

[38] AGWAL V K, SRIVASTAVA V K. Thickness dependence of breakdown filed in thin films[J]. Thin Solid Films, 1971, 1971: 377-381.
[39] HELGEE B, BJELLHEIM P. Electric breakdown strength of aromatic polymers: Dependence on film thickness and chemical structure[J]. IEEE Transactions on Electrical Insulation, 1991, EI-26: 1147-1152.
[40] DIAHAM S, ZELMAT S, LOCATELLI M L. Dielectric breakdown of polyimide films: Area, thickness and temperature dependence[J]. IEEE Transactions on Dielectrics and Electrical Insulation, 2010, 17: 18-27.
[41] NEUSEL B C, SCHNEIDER G A. Size-dependence of the dielectric breakdown strength from nano- to millimeter scale[J]. Journal of Mechanics and Physics of Solids, 2013, 63: 201-213.
[42] OCCHINI E, PIRELLI S P A. A statistical approach to the discussion of the dielectric strength in electric cables[J]. IEEE Transactions Power Apparatus and Systems, 1971, 90: 2671-2678.
[43] MARZINOTTO M, MAZZETTI C, MAZZANTI G. A new approach to the statistical enlargement law for comparing the breakdown performance of power cables-part 1: Theory[J]. IEEE Transactions on Dielectrics and Electrical Insulation, 2007, 14: 1232-1331.
[44] MARZINOTTO M, MAZZETTI C, MAZZANTI G. A new approach to the statistical enlargement law for comparing the breakdown performances of power cables-part 2: Application [J]. IEEE Transactions on Dielectrics and Electrical Insulation, 2008, 15: 792-799.
[45] MARZINOTTO M, MAZZANTI G. The statistical enlargement law for HVDC cable lines part 1: Theory and application to the enlargement in length[J]. IEEE Transactions on Dielectrics and Electrical Insulation, 2015, 22: 192-201.
[46] MARZINOTTO M, MAZZANTI G. The statistical enlargement law for HVDC cable lines part 2: Application to the enlargement over cable radius [J]. IEEE Transactions on Dielectrics and Electrical Insulation, 2015, 22: 202-210.
[47] MORTON V M, STANNETT A W. Volume dependence of electric strength of polymers[J]. Proceedings of Institution of Electrical Engineers, 1968, 115: 1857.
[48] 李祥伟. 基于环氧玻纤板的横向 S 型固态平板折叠线特性研究 [D]. 绵阳: 中国工程物理研究院, 2013.
[49] ARTBAUER J. Short-time and long-time dielectric strengths[J]. Electrotech, 1970, 91: 326-331.
[50] CYGAN S, LAGHARI J R. Dependence of the electric strength on thickness area and volume of polypropylene[J]. IEEE Transactions on Electrical Insulation, 1987, EI-22: 835-837.
[51] WHITEHEAD S. Dielectric Breakdown of Solid[M]. Oxford: Clarendon Press, 1951.
[52] TEYSSEDRE G, LAURENT C. Charge transport modeling in insulating polymers: From molecular to macroscopic scale[J]. IEEE Transactions on Dielectrics and Electrical Insulation, 2005, 12: 857-875.
[53] TEYSSEDRE G, LAURENT C, ASLANIDES A, et al. Deep trapping centers in crosslinked polyethylene investigated by molecular modeling and luminescence techniques[J]. IEEE Transactions on Dielectrics and Electrical Insulation, 2001, 8: 744-752.
[54] TEYSSEDRE G, LAURENT C, PEREGO G, et al. Charge recombination induced luminescence of chemically modified cross-linked polyethylene materials[J]. IEEE Transactions on Dielectrics and Electrical Insulation, 2009, 16: 232-240.
[55] FROHLICH H. Theory of electrical breakdown in ionic crystals[J]. Proceedings of The Royal Society A, 1937, 160: 230-241.
[56] FROHLICH H. Theory of electrical breakdown in ionic crystals-Ⅱ[J]. Proceedings of The Royal Society A, 1939, 172: 0094-0106.

[57] MAZZANTI G, MONTANARI G C, CIVENNI F. Model of inception and growth of damage from microvoids in polyethylene-based materials for HVDC cables-part 1: Theoretical approach[J]. IEEE Transactions on Dielectrics and Electrical Insulation, 2007, 14: 1242-1254.

[58] KAO K C. Dielectric Phenomenon in solid[M]. Amsterdam: Elsevier Academic Press, 2004.

[59] ZHAO L, SU J C, ZHANG X B, et al. Observation of low-density domain in polystyrene under nanosecond pulses in quasi-uniform electric field[J]. IEEE Transactions on Dielectrics and Electrical Insulation, 2014, 21: 317-320.

[60] WEIBULL W. A statistical distribution function of wide applicability[J]. Journal of Applied Mechanics, 1951, 18: 293-297.

[61] DISSADO L A, FOTHERGILL J C. Electrical Degradation and Breakdown in Polymers[M]. London: The Institution of Engineering and Technology, 1992.

[62] DISSADO L A, FOTHERGILL J C, WOLFE S V, et al. Weibull statistics in dielectric breakdown: Theoretical Basis, Applications and Implications[J]. IEEE Transactions on Electrical Insulation, 1984, EI-19: 227-233.

[63] KIYAN T, IHARA T, KAMEDA S, et al. Weibull statistical analysis of pulsed breakdown voltages in high-pressure carbon dioxide including supercritical phase[J]. IEEE Transactions on Plasma Science, 2011, 39: 1792.

[64] TSUBOI T, TAKAMI J, OKABE S. Application of Weibull insulation reliability evaluation method to existing experimental data with one-minute step-up Test[J]. IEEE Transactions on Dielectrics and Electrical Insulation, 2010, 17: 312-322.

[65] TSUBOI T, TAKAMI J, OKABE S, et al. Weibull parameter of oil-immersed transformer to evaluate insulation reliability on temporary overvoltage[J]. IEEE Transactions on Dielectrics and Electrical Insulation, 2010, 17: 1863-1868.

[66] BLUHM H. Pulsed Power Systems[M]. Karlsruhe: Springer, 2006.

[67] CHAUVET C, LAURENT C. Weibull statistics in short-term dielectric breakdown of thin polyethylene films[J]. IEEE Transactions on Electrical Insulation, 1993, EI-28: 18-29.

[68] AMSTADTER B L. Reliability Mathmatics[M]. New York: McGraw-Hill, 1976.

[69] MARTIN T H, GUENTHER A H, KRISTIANSEN M, et al. J. C. Martin on Pulsed Power[M]. New York: Plenum Publishers, 1996.

[70] LAIHONEN S J, GAFVERT U, SCHUTTE T, et al. DC breakdown strength of polypropylene films: Area dependence and statistical behavior[J]. IEEE Transactions on Dielectrics and Electrical Insulation, 2007, 14: 275-226.

[71] DAKIN T W. Conduction and polarization mechanisms and trends in dielectric[J]. IEEE Electrical Insulation Magazine, 2006, 22: 11-28.

[72] 机械工程手册电机工程手册编辑委员会. 电机工程手册第一卷第七篇——绝缘材料[M]. 北京: 机械工业出版社, 1982.

[73] 张积之. 固态电解质的击穿[M]. 杭州: 杭州大学出版社, 1994.

[74] GORUR G R. Dielectrics in Electric Fields[M]. New York: Marcel Dekker, 2003.

[75] 王珏, 严萍, 张适昌. 纳秒级高压脉冲下绝缘击穿特性的研究[J]. 高电压技术, 2004, 30: 42-44.

[76] MARTIN J C. Nanosecond pulse techniques[J]. Proceedings of IEEE, 1992, 80: 934-945.

[77] ZENER C M. A theory of the electrical breakdown of solid dielectrics[J]. Proceedings of The Royal Society A, 1934, 145: 523-529.

[78] BARKIN B B, USHAKOV V Y. 应用在高压纳秒设备中电介质的击穿强度研究[J]. Electronics, 1972, 1: 76-79.

[79] 郑磊, 樊亚军, 朱四桃, 等. 快脉冲下有机玻璃击穿特性实验[J]. 强激光与粒子束, 2013, 25: 2453-2456.

[80] 郑磊. 亚纳秒脉冲下固体介质击穿特性研究[D]. 西安: 西北核技术研究所, 2012.

[81] HAUSCHILD W, MOSCH W. Statistical Techniques for High Voltage Engineering[M]. Berlin: The Institution of Engeering and Technology, 1992.

[82] KITANI I, ARII K. Breakdown time-lags and their temperature characteristics of polymer[J]. IEEJ Transactions on Fundamentals and Materials, 1974, 94: 251-256.

[83] KITANI I, ARII K. Impulse breakdown of polymer dielectrics in the ns range in divergent fields[J]. IEEE Transactions on Electrical Insulation, 1980, EI-15: 134-139.

[84] MESYATS G A. Pulsed Power[M]. New York: Kluwer Academic/Plenum Publishers, 2005.

[85] TREANOR M, LAGHARI J R, HYDER A K. Repetitive phenomena in dielectrics[J]. IEEE Transactions on Electrical Insulation, 1987, EI-22: 517-522.

[86] 范方吼. 高压毫微秒脉冲技术中的绝缘特性[J]. 绝缘材料通讯, 1981, 2: 42-49.

[87] KUDO K. Impulse treeing breakdown in polyethylene under non-uniform and quasi-uniform fields[C]. Annual Report Conference on Electrical Insulation and Dielectric Phenomena, Leesburg, USA, 1989: 259-264.

[88] TU D M, LIU W B, ZHUANG G P, et al. Electric breakdown under quasi-uniform field conditions and effect of Emission shields in polyethylene[J]. IEEE Transactions on Electrical Insulation, 1989, EI-24: 581-590.

[89] ROGTI F. Space charge dynamic at the physical interface in cross-linked polyethylene under DC field and different temperatures[J]. IEEE Transactions on Dielectrics and Electrical Insulation, 2011, 18: 888-899.

[90] UIMANOV I V. The dimensional effect of the space charge on the self-consistent electric field at the cathode surface[J]. IEEE Transactions on Dielectrics and Electrical Insulation, 2011, 18: 924-928.

[91] MONTANARI G C. Bringing an Insulation to failure: the role of space charge[J]. IEEE Transactions on Dielectrics and Electrical Insulation, 2011, 18: 339-363.

第3章　纳秒脉冲固体电介质的累积击穿特性

第 2 章所述的击穿是指在极强电场下由单次脉冲所引起的击穿。在实际应用中，为了获得较长的使用寿命，外施电场幅度需要降低。此时，固体绝缘材料的失效多是在耐受一定脉冲数后发生的累积击穿。鉴于此，研究固体绝缘材料在纳秒时间量级下的累积击穿现象，不仅具有重要的理论价值，更具有实用价值。为了揭示固体绝缘材料的累积击穿特征，有必要先获得累积击穿的直观物理图像；根据击穿图像，再获得累积机理方面的认识。本章围绕这一思路，首先通过实验获得了纳秒脉冲下近似均匀电场中常见绝缘材料内的一组完整累积击穿图像；其次概括击穿特征，分别从放电通道引发、放电通道增长和热沉积等方面对短脉冲下累积击穿的物理机制进行阐述；最后对长、短脉冲下的累积击穿现象进行了比较。

本章各节之间的关系如图 3-1 所示。

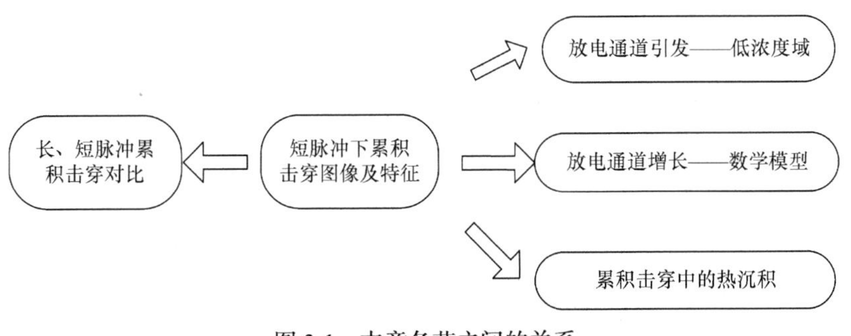

图 3-1　本章各节之间的关系

3.1　纳秒脉冲下聚合物的累积击穿

3.1.1　累积击穿的基本图像

获得绝缘材料累积击穿的直观物理图像[1-3]，是分析击穿机理的前提。目前，虽有直流[4-7]、交流[8-9]、微秒[10-15]和纳秒脉冲[16-19]等条件下绝缘材料内部放电通道发展的研究报道，但这些研究多是基于针-板电极而展开的；此外，受到观测条件的限制，报道中较多的也仅是放电过程的一幅或几幅图像，关于放电通道增长的一组完整图像鲜有报道。研究中选取针-板电极的优势是可以模拟绝缘材料内的局部场增强点对放电通道发展的影响，同时还可以加快实验进程。对于实际的高压装置，尤其是脉冲功率装置，绝缘材料承受的多是均匀或较均匀的电场，设计中尽量规避局部强场点。鉴于此，获得近似均匀电场下绝缘材料内部放电通道发展的完整物理图像更具有针对性和实用价值。基于这一点，本书从实验角度出发，首先，建立了可以在线观测绝缘材料内部放电通道发展的透射式显微镜成像装置；其次，以有机玻璃为实验对象，获得了近似均匀电场下放电通道发展的直观物理图像；最后，对累积击穿特征进行了简要概括。

1. 累积击穿成像装置

基于实验装置 TPG200(波形见图 2-3)[20]，建立了在线透射式显微镜成像装置，如图 3-2 所示。结合该装置，可以在线观测脉冲条件下绝缘材料内部放电通道的发展。

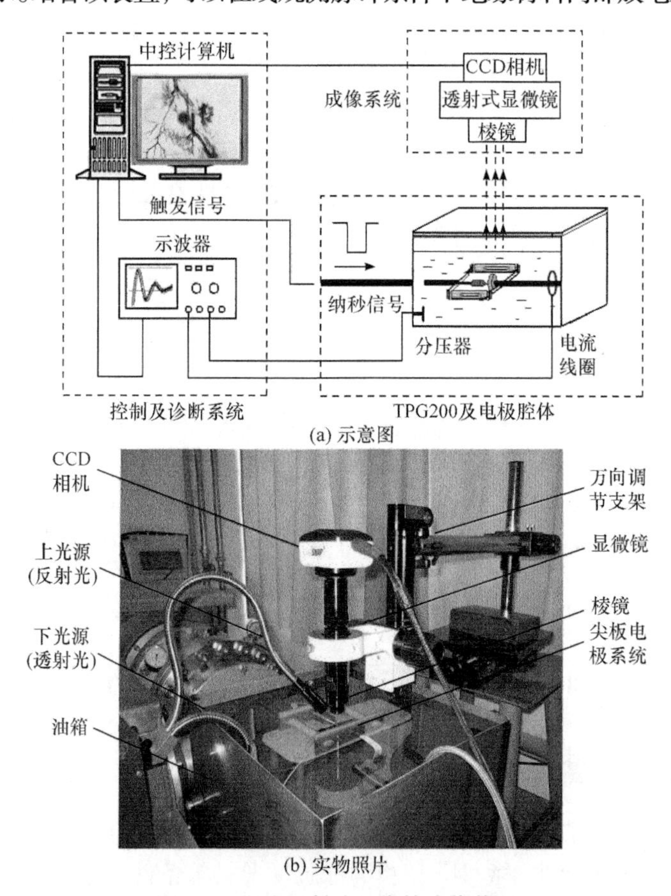

(a) 示意图

(b) 实物照片

图 3-2 在线透射式显微镜成像装置

该装置的最大特点是可在线观测，即在不改变电极和样片布放的前提下，便可观测放电通道。实验中用到的显微镜和棱镜的成像方式均为透射式，最小分辨率为 0.7μm，棱镜具备平场消色差功能；CCD 相机物理像素为 500 万，与中控计算机连接，具备 15 帧/秒的实时图像传输功能；光源上下打光，以便于调节出最佳的成像质量。实验电极设计为平头尖-板电极结构，如图 3-3 所示，平头尖电极前端为直径 1mm 的圆面，该圆面与平板电极平行，用以产生局部近似均匀电场；除此之外，在平头尖电极圆柱段的表面设计有可沿轴向移动的活套，其内径与测试样片长度相同(25mm)，以保证样片电极与样片接触的位置是样片中心。测试样片材质选为透光性较好的有机玻璃(PMMA)和聚苯乙烯(PS)，两者的透光率分别为 92%和 90%。样片外形设计为长条形，用来满足由上向下观测放电通道发展的要求。折中考虑观测与外施电压的要求，样片最终的设计尺寸为 2mm×2mm×25mm，测试样片照片见图 3-4。

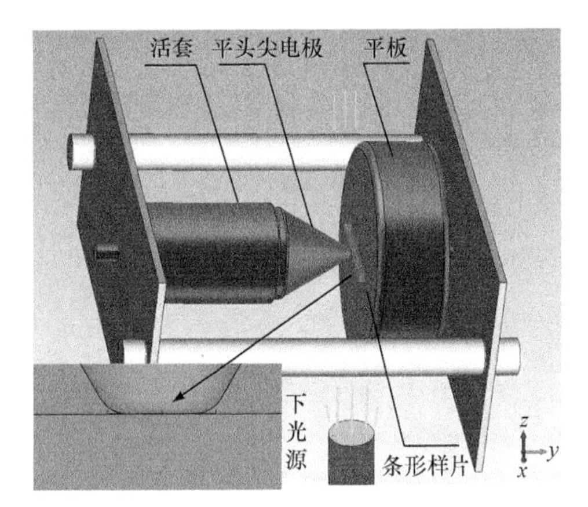

图 3-3　平头尖-板电极结构

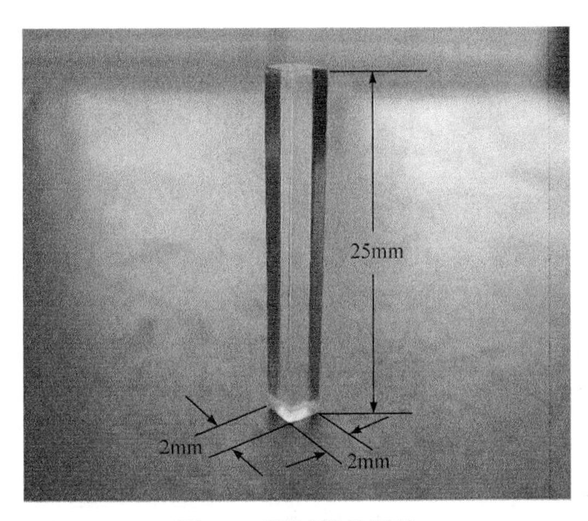

图 3-4　测试样片照片

图 3-5 给出了 2mm 间隙下平头尖-板电极结构的电场分布及平头尖电极表面的电场增强因子。从图 3-5 中看出，在电极表面−1～1mm 的区域，电场增强因子在 1.15～

1.3，该结果与第 2 章球面–平板电极构成的准均匀场仿真结果接近。因此，可认为该电极结构能够产生近似均匀电场，进而可以在准均匀场下观测放电通道的发展。

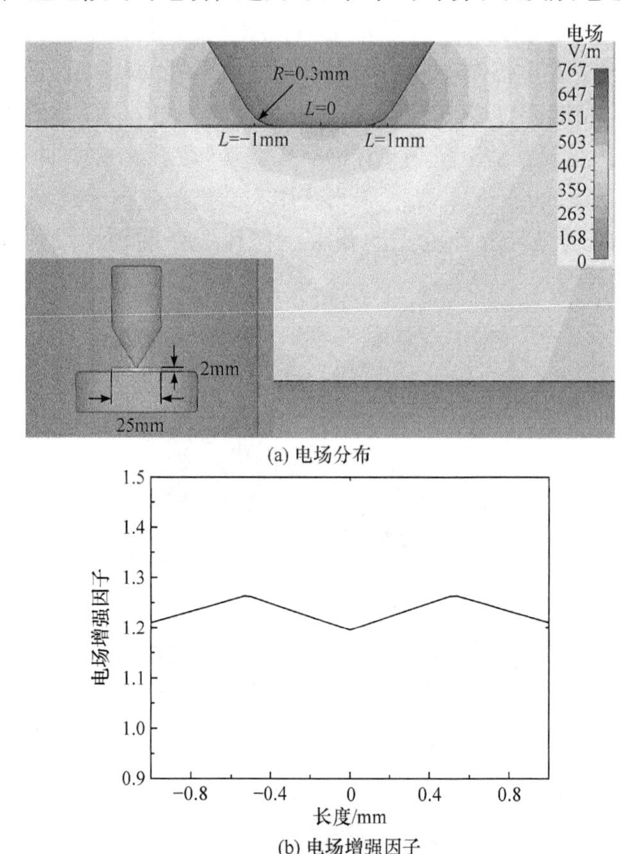

(a) 电场分布

(b) 电场增强因子

图 3-5　2mm 间隙下平头尖–板电极结构的电场分布及平头尖电极表面的电场增强因子

2. 累积击穿基本过程

基于上述装置，开展了不同电压下有机玻璃的累积击穿实验，其中尖电极施加负高压脉冲，平板电极接地。实验步骤设计如下：

第一步，设定 TPG200 的输出电压为 U；

第二步，对样片施加一个脉冲后，通过显微镜记录样片内部放电通道发展的状况；

第三步，再次对样片施加一个脉冲，同时记录放电通道发展的状况；

依次类推，直到记录完样片击穿前的所有放电通道发展的状况。

实际中完成了 U=170kV、130kV 和 100kV 三个电压等级下的实验。原则上每施加一个脉冲就应该记录放电通道发展的状况，这样做的好处是实验数据完备，但带来的问题是工作量大以及要求计算机的存储空间大。鉴于实验的可行性，以及以说明问题为原则，实验中仅选取有显著变化的放电通道进行记录，具体操作：当放电通道从无到有“开始生长”时，记录步长较小；当放电通道由小到大“逐渐生长”时，记录步长较大；当放电通道长度超过总长 1/2～2/3 时，记录步长再次减小，这是因为此时放电通道极有可能迅速贯穿阴阳两极。

遵循上述原则，完成了大量的实验。图 3-6 是一组完整的纳秒脉冲下近似均匀场中有机玻璃样片内放电通道发展的显微图像。从图 3-6 可以看出以下基本信息：

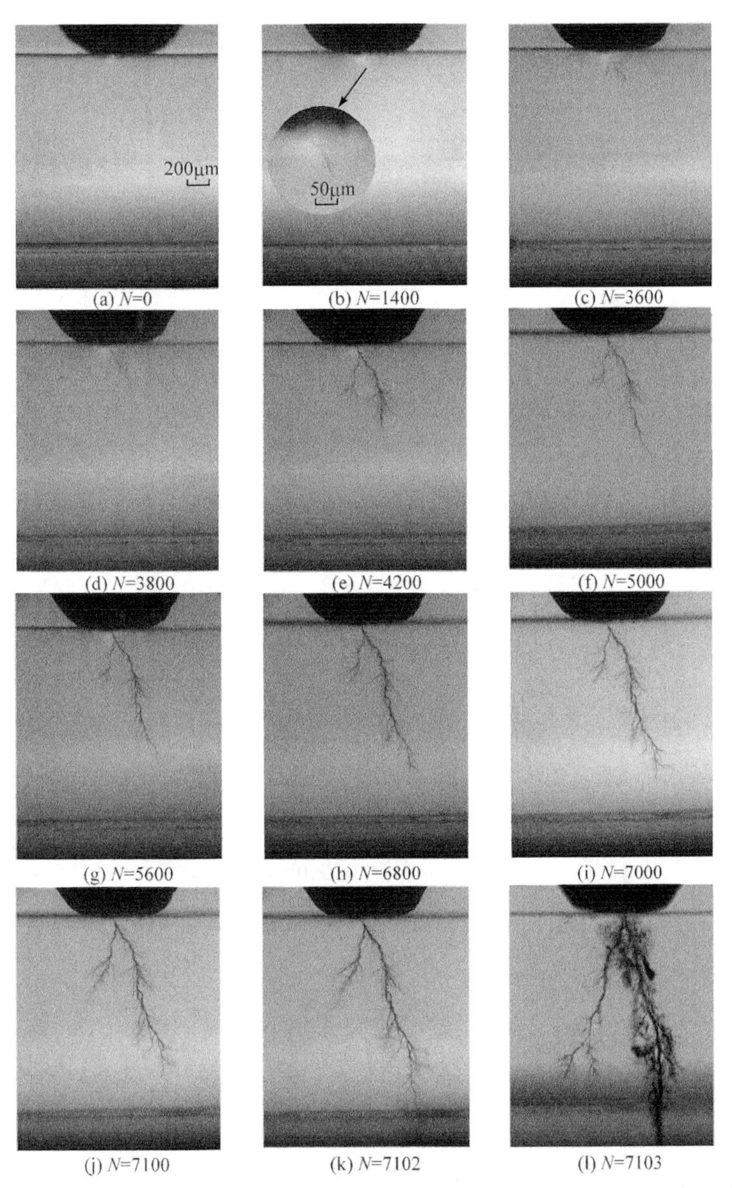

图 3-6　纳秒脉冲下近似均匀场中有机玻璃样片内放电通道发展的显微图像(后附彩图)

首先，放电通道引发于阴极(尖电极)表面；

其次，随着外施脉冲数增加，通道呈树枝状向阳极(平板电极)发展；

最后，当放电通道贯穿两极时，样片发生击穿，形成类似孔洞状的击穿通道。

3.1.2　累积击穿的基本特征

为获得规律性认识，在实验条件不变的前提下更换样片并重复上述实验步骤，获得了不同阶段有机玻璃样片放电通道发展的典型照片。图 3-7 给出了实验中观察到的起始放电通道。图 3-7 显示，通道引发于阴极附近，这一特征与阴极的电子注入过程有关，本书将在 3.2 节对此问题进行专门论述。

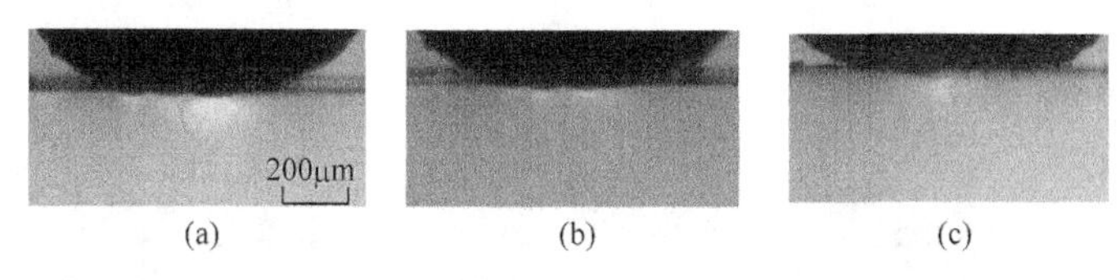

图 3-7　起始放电通道(后附彩图)

图 3-8 是放电通道增长过程中的一组照片。该图显示，尽管放电通道增长表现出随机性，但总体沿电场方向增长，并且放电通道方向的改变总是发生在放电通道出现分支的地方。

图 3-9 给出了放电通道形成后的一组照片。该图显示，击穿之后，放电通道呈孔洞状。

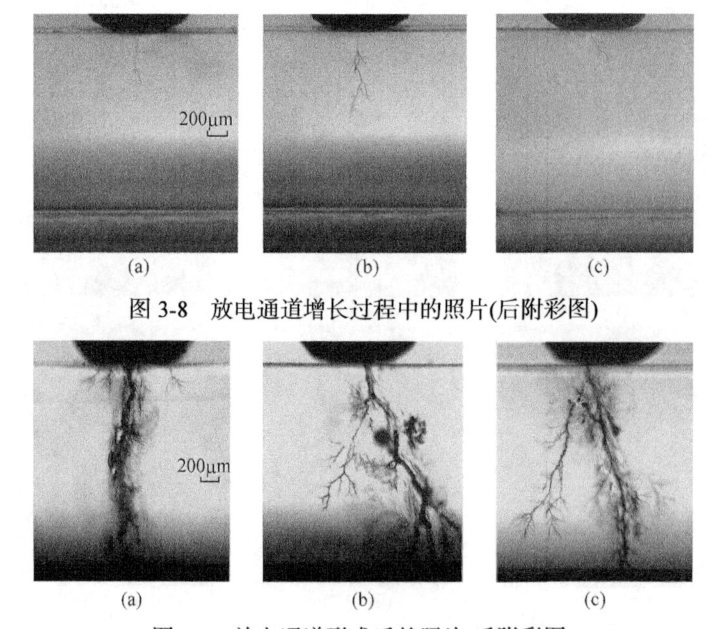

图 3-8　放电通道增长过程中的照片(后附彩图)

图 3-9　放电通道形成后的照片(后附彩图)

以图 3-9(c)为例，通过改变焦距，图 3-10 给出了不同景深处放电通道的侧视图和截面图。图 3-10(a)是放电通道的侧视图，图中显示随着景深增加，放电通道局部先是变得清晰，再变得模糊，据此可以大致判断放电通道处于样片中部；图 3-10(b)是放电通道的截面图，图中显示的细节与图 3-10(a)一致，即不同景深处放电通道仅局部清晰。

通过一台倒置式显微镜，观测了有机玻璃样片上、下表面的破坏情况，如图 3-11 所示。图 3-11 显示：放电通道在样片表面呈微孔状，并且直径在 60～100μm。

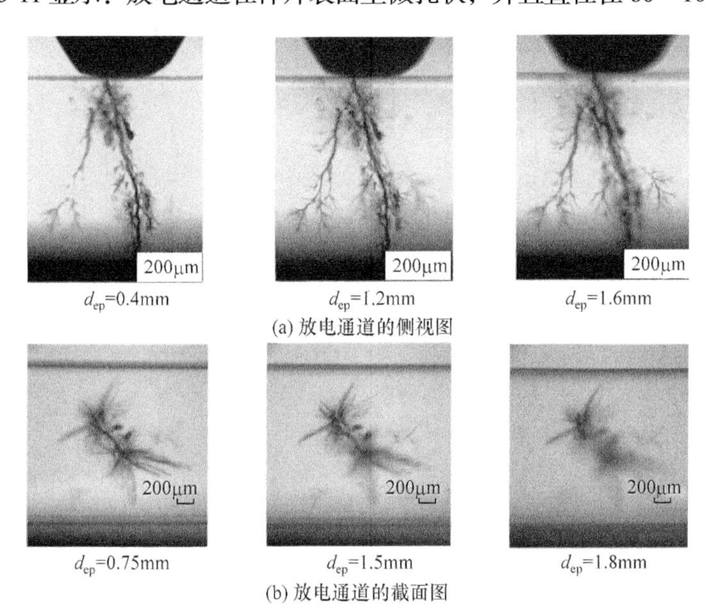

d_{ep}=0.4mm　d_{ep}=1.2mm　d_{ep}=1.6mm

(a) 放电通道的侧视图

d_{ep}=0.75mm　d_{ep}=1.5mm　d_{ep}=1.8mm

(b) 放电通道的截面图

图 3-10　不同景深处放电通道的侧视图和截面图(后附彩图)

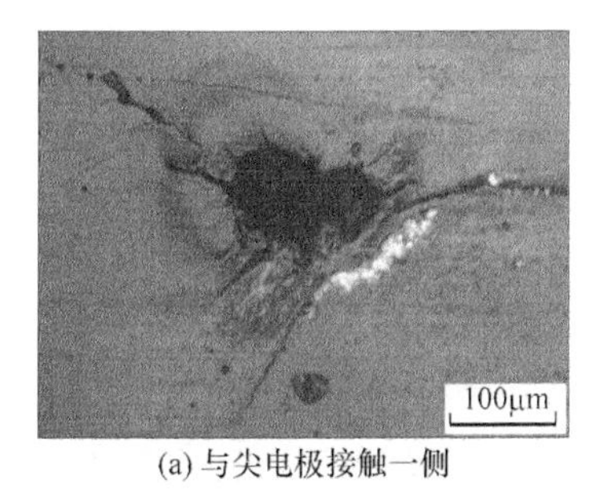

(a) 与尖电极接触一侧

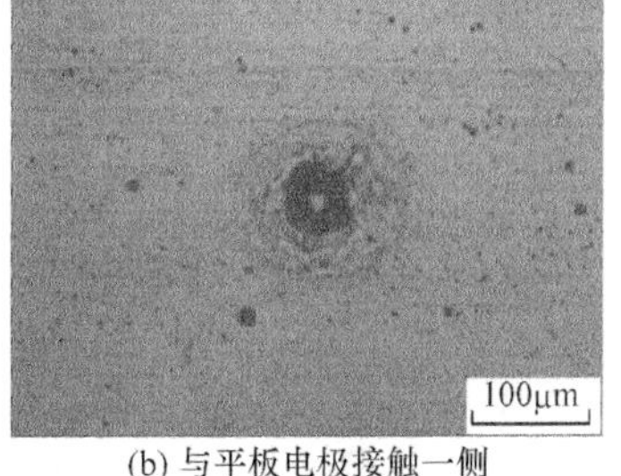

(b) 与平板电极接触一侧

图 3-11　有机玻璃样片上、下表面的破坏情况(后附彩图)

从图 3-7 至图 3-11 中可以得出关于累积击穿的一些规律性认识：

第一，放电通道引发于阴极附近；

第二，放电通道在样片内部沿电场方向呈树枝状增长；

第三，击穿后的放电通道呈孔洞状，孔洞直径在数十至百微米范围。

除上述特征外，实验中还测量出每个脉冲数对应的放电通道或电树枝长度，并且绘制了放电通道长度随脉冲数的变化趋势，如图 3-12 所示。从图 3-12 看出，放电通道增长速率经历先快、再慢、最后再快的变化趋势，这种变化趋势与 Dissado 等在文献[21]中概括的直流/交流尖电极条件下电树枝的发展规律基本类似，这里引用如下，见图 3-13。据此可以概括出纳秒脉冲下放电通道发展的另一个重要特征。

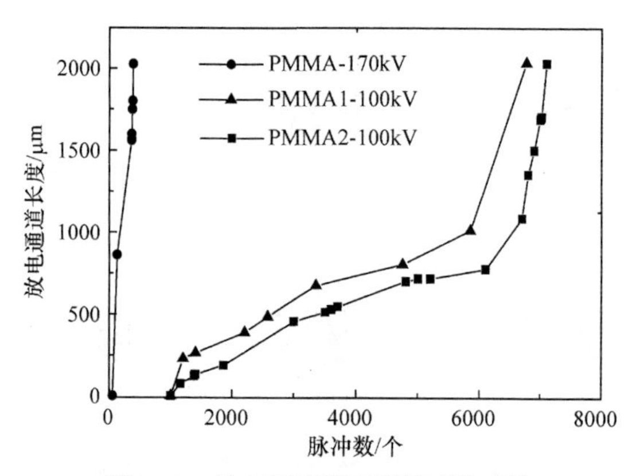

图 3-12　放电通道长度随脉冲数变化

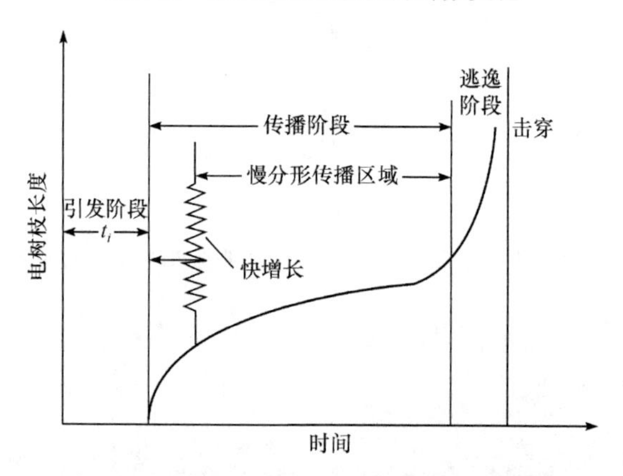

图 3-13　文献[21]给出的电树枝发展一般规律

第四，放电通道增长速率表现为先快、后慢、再快的趋势。

值得一提的是，第 1 章提到的 TPG700 真空绝缘子出现击穿现象与上述特征的第二和第三条基本相符，这说明 TPG700 真空绝缘子上出现的击穿为累积击穿，并非沿面闪络。

通过对比图 3-12 和图 3-13，发现无论是在纳秒脉冲下，还是在其他脉冲条件下，两幅图中电树枝或放电通道的发展均包括引发和增长两个阶段。在 3.2 节和 3.3 节，将分别论述放电通道“如何引发”和“如何增长”，并给出物理机制。

3.2　放电通道的引发

3.2.1　引言

借用“低浓度域”(low density domain，LDD)的概念对放电通道如何引发这一问题进行阐述。低浓度域是固体或液体电介质中的紊乱区域，其主要特征是在该区域中电介质的平均原子密度比周围原子密度低[6, 22-23]。一般而言，低浓度域内电子平均自由程较大，所以在该区域中的局部放电(局放，partical discharge，PD)也容易发生。1977 年，Muraoka[24]在液氮中，Forster 等在液烃中采用“Schlieren 方法”[25-26]观测到了低浓度域现象。1982 年，Sueda 等[27]在高黏度液体中同样观测到了低浓度域现象。以上研究的时间尺度在微秒量级。1985 年，Xie 等[28]以聚乙烯(PE)为观测对象，分别在直流和交流条件下观测到了低浓度域现象，并归纳了其特征，包括：①低浓度域总是出现在尖电极附近，与脉冲极性和电压波形无关；②随着时间或脉冲数的增加，低浓度域倾向从高电场区域向低电场区域移动；③当停止施加电场时，低浓度域的移动现象随之停止，并且逐渐消失；④随着温度逐渐降低，原低浓度域中会留下气隙和裂纹。这些现象与在液体中所观测的低浓度域现象完全一致。

基于实验结果，学者们对液体[29-30]和固体[6, 22]中有关低浓度域的物理机制进行了总结，其相似点如下：①载流子从高电场电极发射；②所发射的载流子在电介质中形成低浓度域；③电子在低浓度域中发生电子碰撞电离倍增；④电子碰撞电离倍增导致电介质最终击穿。液体和固体中低浓度域物理机制的不同点：在液体中低浓度域主要通过晶核(nucleation sites)形成[29]，而在固体中低浓度域主要通过自由基形成[31-32]。从以上回顾可以看出，前人对低浓度域现象的研究多是在微秒，甚至更宽的脉宽范围内，关于纳秒脉冲下的低浓度域现象，并未见报道。

当时间缩短至纳秒量级，低浓度域是否还能形成？上述机制是否仍然适用？现在根据 3.1 节中所观测到的实验现象，对这两个问题逐一进行解答。

3.2.2　低浓度域的直观图像

本书在完成纳秒脉冲下聚苯乙烯(PS)累积击穿实验时，观察到了如下与低浓度域特征相关的实验现象。

第一，随着脉冲数增加，PS 样片阴极前端出现阴影区域，如图 3-14 所示。

第二，当阴阳极间距逐渐减小时阴影区域变软，如图 3-15 所示。这是因为该区域发生了相变，由固态转变为固液共存的状态。

第三，随着脉冲数增加阴影区域逐渐扩大，裂纹密度也随之增加，并且呈弧状，如图 3-16 所示；当停止施加脉冲一段时间后，如 8h，阴影区域消失，但裂纹却留在了样片当中。

第四，当对该样片继续施加脉冲时，阴影区域再次出现，并且继续扩张，直到击穿发生，如图 3-17 所示。

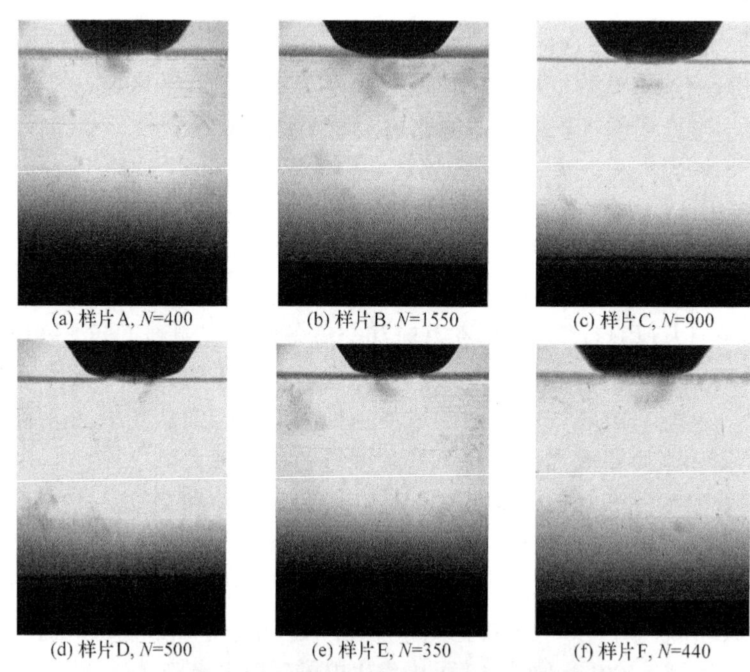

(a) 样片A, N=400　(b) 样片B, N=1550　(c) 样片C, N=900

(d) 样片D, N=500　(e) 样片E, N=350　(f) 样片F, N=440

图 3-14　PS 样片阴极前端出现的阴影区域(后附彩图)

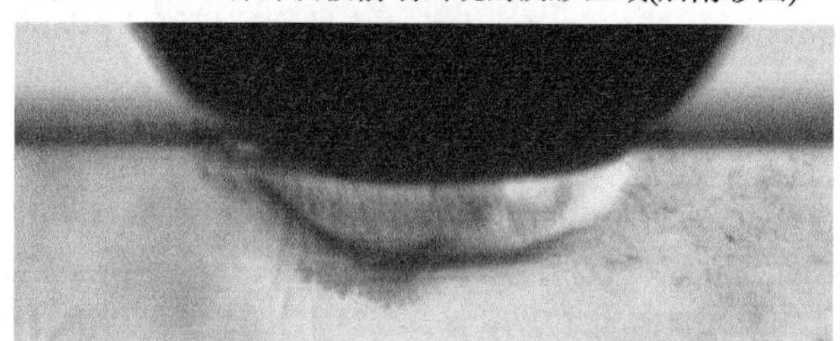

图 3-15　当阴阳极间距逐渐减小时阴影区域变软照片(后附彩图)

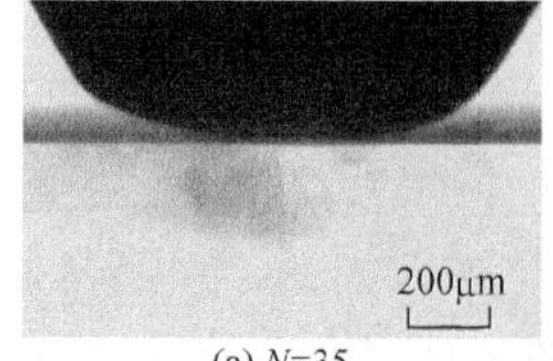

(a) N=35

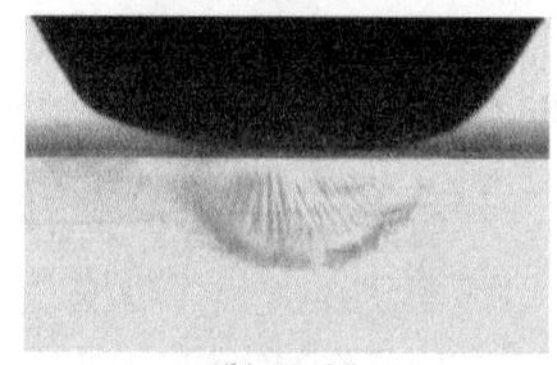

(b) N=85

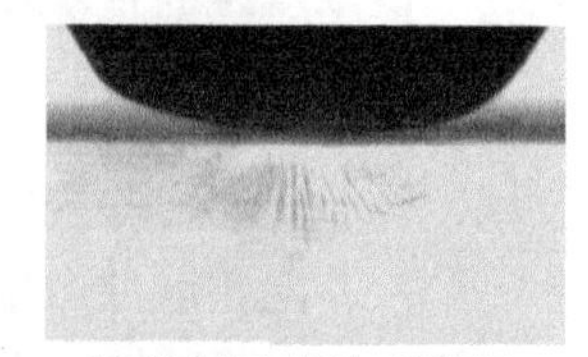

(c) 停止施加脉冲后间隔8h

图 3-16　随着脉冲数增加阴影区域逐渐扩大的照片(后附彩图)

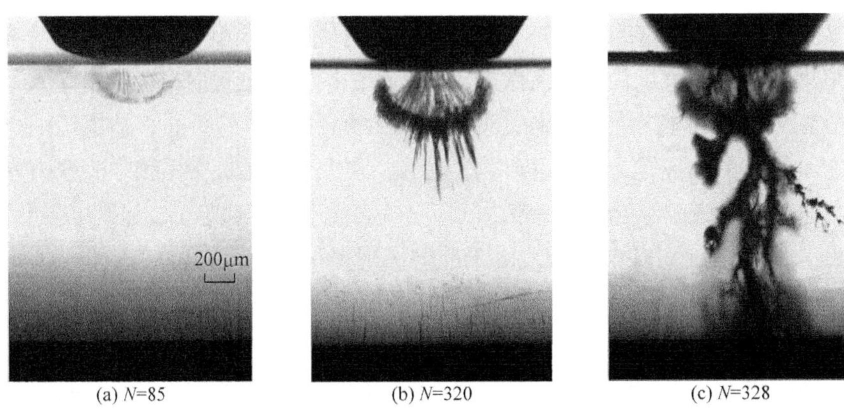

(a) N=85　(b) N=320　(c) N=328

图 3-17　阴影区域再次出现并导致击穿发生(后附彩图)

第五，当样片中有阴影区域出现时，电流波形上会叠加一些微小波纹，如图 3-18 所示。

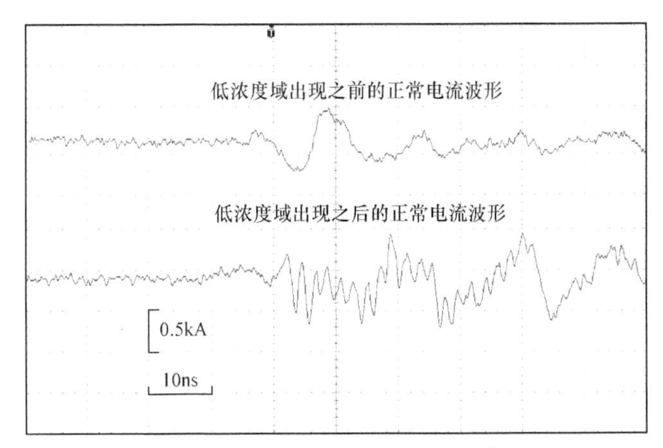

图 3-18　电流波形上叠加的微小波纹

图 3-14～图 3-18 中所述现象与文献[15]总结的低浓度域特征完全相符，因此可以认定本节实验中所观测的“阴影区域”就是低浓度域。对图 3-14～图 3-18 中的现象还可做进一步分析：现象一中的阴影区域是聚合物局部折射率改变所致；现象二说明了低浓度域的物理状态发生了改变；现象三是由于连续施加的脉冲在低浓度域中产生了损伤累积，尽管低浓度域能够消失，但是损伤不能消失；现象四说明了低浓度域的形成与最终电介质击穿有关；现象五说明在连续脉冲作用下，聚合物中产生了损伤，并且这种损伤与局放有关，因为当局放存在时，电流波形会产生振荡。

3.2.3　低浓度域的形成机制

当电极与聚合物接触时，在外施电场不高(E<1MV · cm^{-1}，3.1 节的外施电场为

850kV · cm^{-1}，满足此条件)的情况下，电极向聚合物中注入电子的途径包括场致发射和热发射；在外施电场较高(E >1MV · cm^{-1})的情况下，电极向聚合物中注入电子的方式以场致发射为主。在聚合物表面，周期性的晶格或长链终止，造成了电介质表面存在不饱和的悬挂键，悬挂键形成表面态，在聚合物的能带系统中表现为分立能级。如果分立能级位于导带与价带之间，这些表面态会俘获电子，起到陷阱的作用。

注入的电子在离开电极后，由于散射作用很快会被聚合物的表面态所俘获，如图 3-19 所示。因为金属的逸出功约为 4eV[33-35]，所以在电子陷阱化过程中，总共约有 4eV 的能量被释放。这些能量或者直接耗散在电介质中对陷阱周围的分子结构产生破坏作用，或者转移到其他电子使其成为“热电子”(hot electron)，如图 3-20 所示。相对于费米能级而言，热电子会有大于 4eV 的能量。

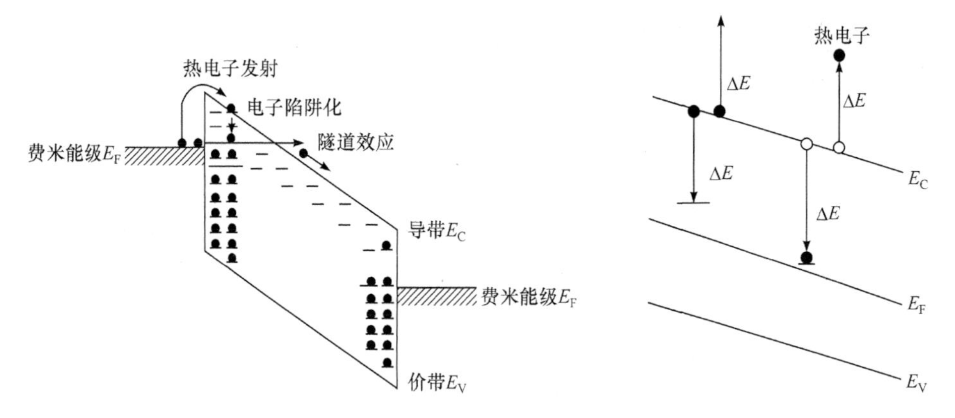

图 3-19　电极注入电子及电子陷阱化示意图　　　　图 3-20　热电子的形成示意图

热电子在向阳极运动过程中会轰击聚合物的长链分子，如图 3-21 所示，造成

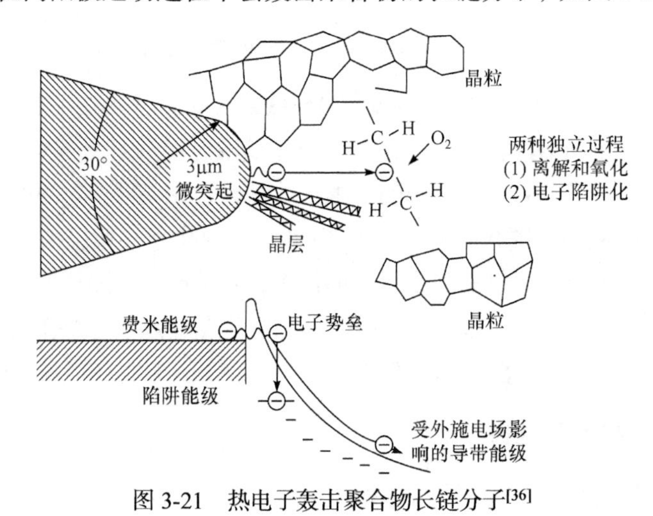

图 3-21　热电子轰击聚合物长链分子[36]

聚合物长链断裂。表 3-1 总结了常见聚合物中 C—C 共价键的离解能，表 3-2 总结了常见聚合物中其他共价键的离解能。两个表显示除 C—H 和 C—F 外，一般共价键的离解能均小于 4eV。因此，热电子轰击会造成聚合物的长链断裂，同时热电子会变为冷电子并释放出能量，即[6]

$$
\begin{aligned}
AB + e(\text{hot}) &\longrightarrow A^* + B^* + e(\text{cold}) \\
&\longrightarrow A^* + B^* + e(\text{trapped}) + \text{New Energy}
\end{aligned}
\tag{3-1}
$$

表 3-1　常见聚合物中 C—C 共价键的离解能

化学键	键能/eV	化学键	键能/eV
CH_3—CH_3	3.82[37]	$(CH_3)_3C$—CH_3	3.47[37]
CH_3CH_2—CH_3	3.68[37]	$C_6H_5CH_2$—CH_3	3.04[37]
$(CH_3)_3C$—$C(CH_3)_3$	2.96[38]	$(C_6H_5)_3C$—$C(C_6H_5)_3$	0.88[38]

表 3-2　常见聚合物中其他共价键的离解能

化学键	离解能/eV[21]	离解能/eV[38]	离解能/eV[23]
C—O	3.7	3.65	3.64
C—Cl	3.5	3.4	—
C—H	4.5	4.3	—
C—F	4.7	5.2	—
O—O	—	1.44	1.3
N—O	2.6	—	—

再次释放的能量会转移到其他电子上，形成新的热电子，新的热电子又继续轰击聚合物长链，造成长链的进一步断裂。图 3-22 给出了丙烯自由基的形成过程。当聚合物长链持续受到热电子的轰击时，聚合物内部会形成带有不饱和键的小分

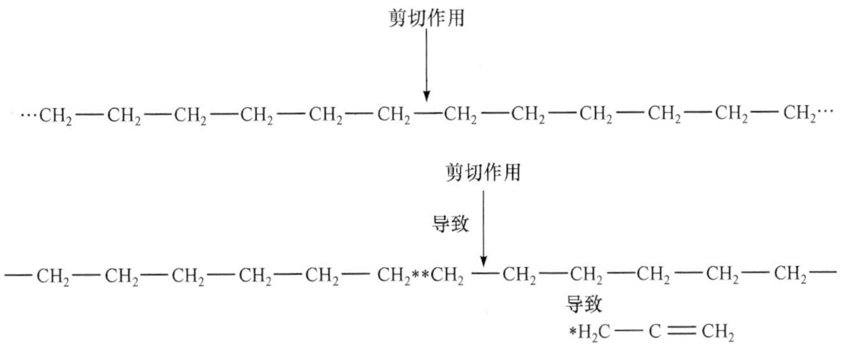

剪切作用

$\cdots CH_2—CH_2—CH_2—CH_2—CH_2—CH_2—CH_2—CH_2—CH_2—CH_2—CH_2—CH_2\cdots$

剪切作用

导致

$—CH_2—CH_2—CH_2—CH_2—CH_2—CH_2{**}CH_2—CH_2—CH_2—CH_2—CH_2—CH_2—$

导致

$^*H_2C—C{=}CH_2$

图 3-22　丙烯自由基的形成过程[23]

*表示未形成共价键的单电子；…表示聚合物周期结构的无限延伸

子，即“自由基”[38]或“游离基”(free radical)[23]。自由基浓度反映了聚合物被降解的程度，自由基浓度越大，表示聚合物被降解的程度越高。

文献[15]指出，自由基形成的反应动力学可表示如下：

$$\begin{aligned} &\mathrm{RH}\xrightarrow{\text{均列}}\mathrm{R}\cdot+\mathrm{H}\cdot(\text{自由基})\\ &\mathrm{R}\cdot+\mathrm{O_2}\xrightarrow{\text{氧化}}\mathrm{ROO}\cdot(\text{烷基过氧化自由基})\\ &\mathrm{ROO}\cdot+\mathrm{RH}\longrightarrow\mathrm{ROOH}+\mathrm{R}\cdot(\text{自由基}) \end{aligned} \tag{3-2}$$

随着耐受脉冲个数的增加或耐受电场时间的加长，自由基浓度增加，在聚合物内群聚，形成松散的甚至液态的局部混乱区域。局部混乱区域是电子注入造成的，文献[28]称该区域为低浓度域。低浓度域内的有效长链分子数目较少，当电子在该区域迁移时，会具有较大的平均电子自由程。同时，电极表面存在电场增强点，这会引起局部区域的外施电场增大，根据电子碰撞电离判据 $\Delta I=q\lambda E$，其中 q 表示元电荷电量的绝对值，在 ΔI 不变的情况下，λ和 E 的增大使得电子碰撞电离判据容易满足，导致二次电子碰撞电离倍增引发于电介质表面，并向电介质内部发展；而当电子碰撞电离倍增发展到低浓度域以外时，由于λ的减小、E 的降低，电子碰撞电离判据将不再满足，电子碰撞电离倍增终止。电子碰撞电离倍增产生的瞬态电流会熔毁聚合物的局部分子结构，在聚合物内留下微裂纹。同时由于连续脉冲持续释放能量，聚合物局部温度上升，温升又导致电极附近区域发生软化。如果停止施加脉冲，温度降到常温，聚合物再次变回固态，但是微裂纹却残留于聚合物内部。

需要说明：①微裂纹尺度很小，并且远离电极，微裂纹并非生长于电极表面的电树枝；②聚合物中的低浓度域为电树枝的生长提供了条件；③如果聚合物中的微裂纹积累足够多，将会从电极表面产生更长、直径更大的放电通道，从实验上看，经历了一定时间或脉冲数后，首个放电通道被引发。

3.3 放电通道的增长

本节回答放电通道如何生长这一问题。当放电通道引发后，会在聚合物内增长，直至击穿发生。需要说明的是，文献中形象地称这种现象为电树枝的生长，本书沿用这一说法。

3.3.1 引言

电树枝生长是一个严重威胁绝缘材料应用的问题，了解电树枝在绝缘材料内如何生长，不仅有利于对固体电介质击穿的认识，还有利于绝缘结构的设计。1992年，Dissado 等[21]撰写了 *Electrical Degradation and Breakdown in Polymers*，在该书中，对聚合物中电树枝的引发与生长问题进行了详细论述。2006 年，李盛涛等[15]

撰写了《聚合物电树枝化》，其中介绍了关于电树枝的最新研究成果及抑制措施。这两本书中对电树枝的生长特性概括如下：①电树枝多引发于电极表面或者电场集中的不连续结构区域；②电树枝需要一定时间才被引发；③电树枝向对面电极生长时速率并非恒定，而是先快、再慢、最后再快；④从形态上，电树枝可粗略划分为树枝型、树丛型、混合型和其他类型；⑤电压波形、幅度、频率、内部应力、温度等因素都会对电树枝的生长产生影响。描述电树枝生长的模型包括：分形模型[39-40]、雪崩击穿模型[41]、电场驱动增长模型(field driven growth model)[42]和混沌模型[43]。数学统计及实验是很好的、较为直接的研究方法[1-3]。

尽管电树枝生长研究在实验和理论方面取得了很大进展，但仍有一些问题有待解决。例如，电树枝生长速率被概括为“快-慢-快”，正如 3.1 节所总结的一样，但其背后隐藏的物理机制没有被充分研究。为此，基于现有电树枝的研究成果，本书提出了一个可以准确描述电树枝生长的数学模型，并且进行了实验验证。

3.3.2　电树枝生长的数学模型

电树枝生长的数学模型的基本假设为电树枝生长速率正比于最长电树枝内局放对聚合物的破获速率。

1. 两个公式

要将这个假设数学化，需要解决的第一个问题是电介质内局放的速率如何表示？Dissado 等[41]在他所提出的雪崩击穿模型中，给出了这一问题的答案。他假设电介质内局放的破获速率正比于雪崩电子数目 N_e，N_e 可以写作如下形式：

$$N_e = \exp\left[\alpha(E)L_b - 1\right],\quad \text{其中}\ \alpha(E) = \frac{1}{\lambda}\exp\left(-\frac{\Delta I}{q\lambda E}\right) \tag{3-3}$$

式中，L_b 为电树枝长度；E 为外施电场；$\alpha(E)$为与 E 有关的碰撞电离系数；ΔI 为碰撞电离能；λ为两次碰撞之间的电子平均自由程；q 为元电荷绝对值。关于 L_b、$\alpha(E)$、ΔI 和λ的具体取值，可以参见文献[41]。

因为$\alpha(E)$与 E 有关，所以第二个问题是电树枝前端的电场如何表示？经过调研，Champion 等[42]在电场驱动增长模型中给出了答案。他假设电树枝可以等效为一个针状导体，并且针尖可以近似等效为一个双曲面。Champion 引用了 Shibuya 等[44]所给出的公式，用来计算电树枝尖端的电场：

$$E_{loc} = \frac{2U\chi}{r\ln\left(\dfrac{\chi+1}{\chi-1}\right)},\quad \text{其中}\quad \chi = \left(1+\frac{r}{d}\right)^{\frac{1}{2}} \tag{3-4}$$

式中，U 为外施电压；r 为等效双曲面半径；d 为电树枝尖端到对面电极的距离。

2. 电树枝尖端电场计算

电树枝一直在生长，导致电树枝前端存在碳沉积[8]，等效尖电极直径扩大，等效电极间距减小，如图 3-23 所示，进而电树枝将时刻改变电介质中的电场分布。

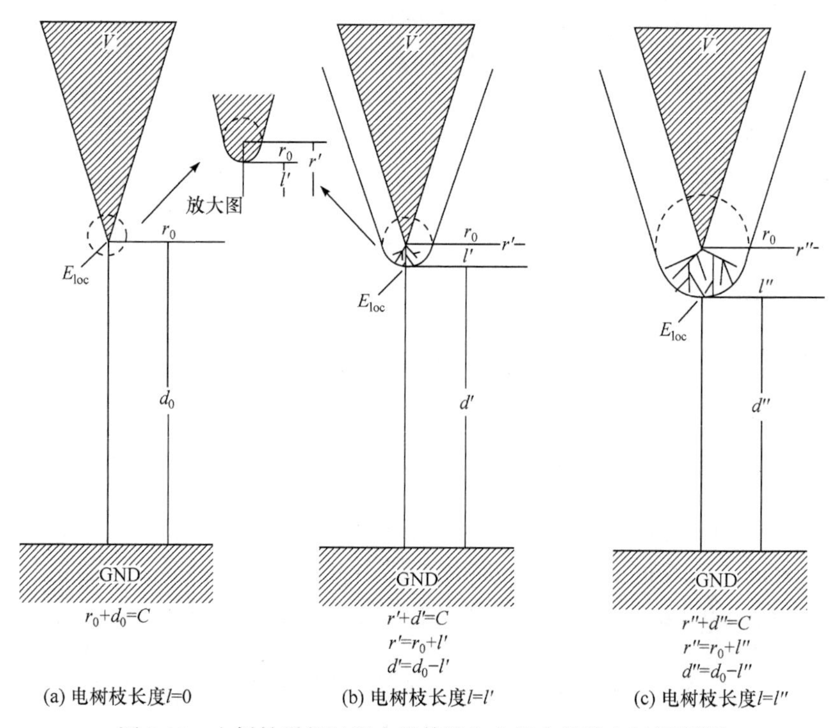

图 3-23　电树枝增长过程中的等效尖电极和等效电极间距[23]

参考图 3-23，对式(3-4)的含义进一步阐述：在初始时刻，电树枝长度 l=0，此时式(3-4)可以变为

$$E_{\mathrm{loc\_0}}=\frac{2U\chi}{r_0\ln\left(\dfrac{\chi+1}{\chi-1}\right)},\quad \text{其中}\quad \chi=\left(1+\frac{r_0}{d_0}\right)^{\frac{1}{2}} \tag{3-5}$$

式中，r_0 为高压电极(一般为针电极)的等效半径；d_0 为高压电极与地电极之间的距离。值得一提的是，根据式(3-5)计算出的结果与由 Mason 公式 $E_{\mathrm{loc\_0}}=2U/r_0/\ln(1+4d_0/r_0)$[45]所给出的结果一致。在中间阶段，电树枝的长度为 l，电树枝等效的电极半径 $r=r_0+l$；电树枝电极与地电极之间的距离 $d=d_0-l$，所以式(3-4)可

以写为

$$E_{\text{loc}}=\frac{2U\chi}{(r_0+l)\ln\left(\dfrac{\chi+1}{\chi-1}\right)},\quad \text{其中}\quad \chi=\left(1+\frac{r_0+l}{d_0-l}\right)^{\frac{1}{2}} \tag{3-6}$$

定义平均电场 $E_{av}=U/d_0$，归一化电树枝电极半径 $r_N=r_0/d_0$，归一化电树枝长度 $l_N=l/d_0$。通过这几个中间变量，式(3-6)可以进一步改写为

$$E_{\text{loc}}=E_{\text{av}}f(l_N),\quad \text{其中}\ f(l_N)=\frac{2\left[(1+r_N)/(1-l_N)\right]^{\frac{1}{2}}}{(r_N+l_N)\ln\left[\dfrac{(1+r_N)^{\frac{1}{2}}+(1-l_N)^{\frac{1}{2}}}{(1+r_N)^{\frac{1}{2}}-(1-l_N)^{\frac{1}{2}}}\right]} \tag{3-7}$$

对于式(3-7)，注意到局部电场 E_{loc} 和电场增强系数 $f(l_N)$ 都仅取决于归一化电树枝长度 l_N。这是因为在给定的测试环境中，E_{av} 和 r_N 均不发生改变。据此，图 3-24 绘出了电场增强系数 $f(l_N)$ 随归一化电树枝长度 l_N 的变化趋势，从图看出，$f(l_N)$ 呈“U”状，当 l_N 趋近于 1 或 0 时，$f(l_N)$ 迅速增加；当 l_N 接近 0.42 时，$f(l_N)$ 取极小值 3.1。式(3-7)意味着电场在两个电极表面最强；当归一化电树枝长度接近总长度一半时，电场最弱。

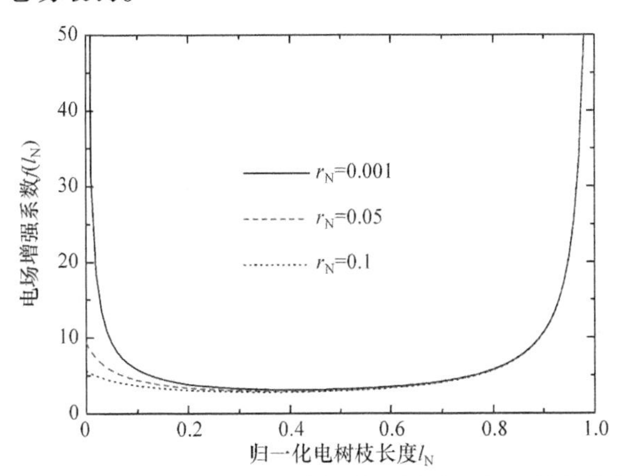

图 3-24　电场增强系数 $f(l_N)$ 随归一化电树枝长度 l_N 的变化趋势

3. 描述电树枝生长的数学模型

将式(3-7)代入式(3-3)，得到在一个雪崩中碰撞电离电子数目 N_e 随归一化电树枝长度 l_N 的变化趋势，如图 3-25 所示。从该图看出，当 l_N 接近 0.42 时，N_e 最小；当 l_N 接近 0 或 1 时，N_e 迅速增加。并且，N_e 随 l_N 变化接近二次曲线形状。鉴于此，以一个一元二次函数拟合图中的数据点，见图 3-25。从图 3-25 中看出，拟合较好。鉴于此，对 N_e 做如下近似替换：

$$N_e(l_N) = al_N^2 - bl_N + c \tag{3-8}$$

式中，a、b 和 c 均为正常数，这些常数由式(3-3)中的物理参数(L_b, λ, I)和测试环境(U, d_0, r_0)共同决定。

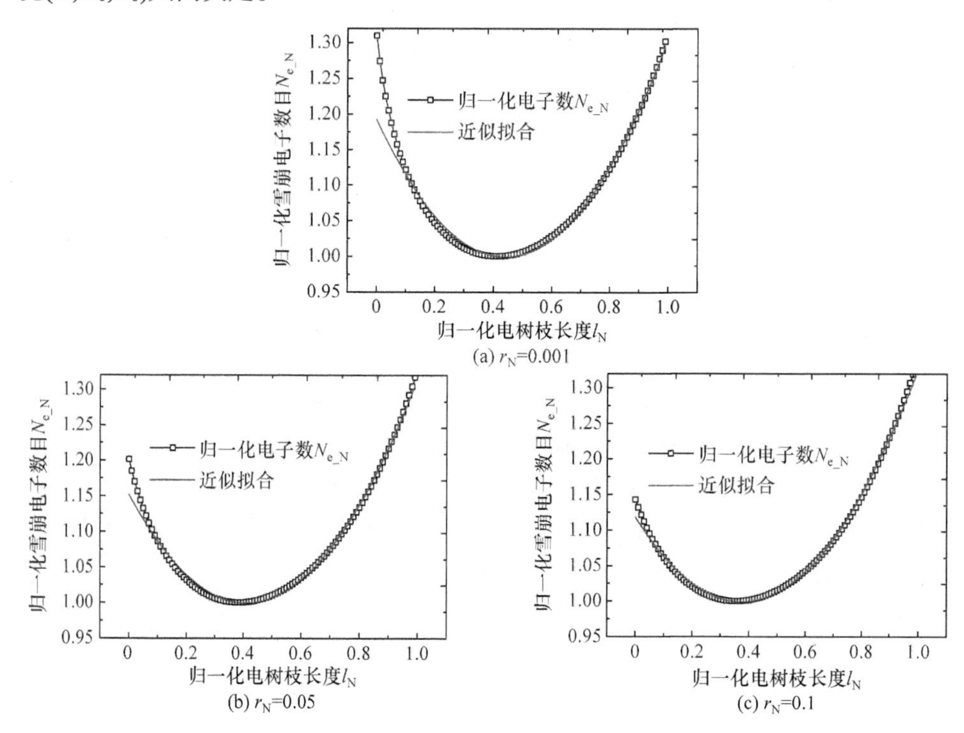

图 3-25 N_e 随 l_N 的变化及二次曲线拟合

这里总结了与电树枝生长数学模型有关的假设，具体如下：

第一，聚合物内的局放对电介质的破获速率正比于局放中雪崩所产生的二次电子数目 N_e；

第二，认为电树枝为导体，并且由电树枝造成的破获区域可以等效为一个双曲面；

第三，电树枝表面的最强电场在等效双曲面的轴线上，并且该电场可以用 Shibuya 等[44]所给出的公式进行定量描述；

第四，一次雪崩产生的二次电子数目 N_e 可以用一个二次函数来代替。

根据假设电树枝生长速率 dl/dt 正比于最长电树枝内局放对聚合物的破获速率，以及由式(3-8)表示的局放破获速率，便得到了描述聚合物内电树枝生长的数学模型：

$$\begin{cases} \dfrac{\mathrm{d}l}{\mathrm{d}t} = al^2 - bl + c \\ l\big|_{t=t_0} = 0 \end{cases} \quad (a,b,c>0) \tag{3-9}$$

式中，$l|_{t=t_0}=0$ 为初始条件，其含义为首个电树枝引发所需要的时间 t_0。

3.3.3　模型的三种解

为了便于对方程(3-9)进行求解，引入判别式 $\Delta=b^2-4ac$。根据数学知识，对于形如 $al^2-bl+c=0$ 的一元二次方程，其解有三种情况：当 $\Delta>0$ 时，方程有两个不相等的实根；当 $\Delta=0$ 时，方程有两个相等的实根；当 $\Delta<0$ 时，方程没有实根。

同时，因为方程系数 a、b、c 均为正值，所以可以得到电树枝生长速率 $\mathrm{d}l/\mathrm{d}t(=al^2-bl+c)$随电树枝长度 l 变化的三种情况，如图 3-26 所示。

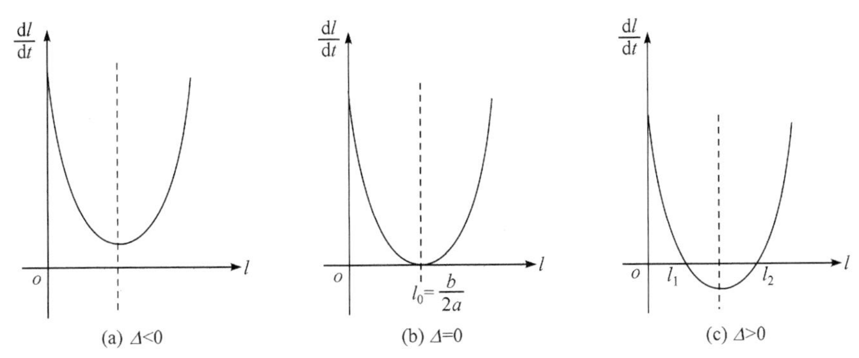

图 3-26　电树枝生长速率 $\mathrm{d}l/\mathrm{d}t$ 随电树枝长度 l 变化的三种情况

对图 3-26 中的三种情况可以进一步描述如下。

(1) 当 $\Delta<0$ 时，$\mathrm{d}l/\mathrm{d}t$ 总是大于 0，这意味着电树枝一直在生长，直到击穿发生。本书定义这种情况为“持续增长情况”。

(2) 当 $\Delta>0$ 时，仅当 $l<l_1$ 或 $l>l_2$ 时，$\mathrm{d}l/\mathrm{d}t$ 才大于 0，这意味着电树枝生长的最大长度为 l_1，之后由于 $\mathrm{d}l/\mathrm{d}t\leqslant 0$，电树枝停止生长。本书定义这种情况为“停滞情况”。

(3) 当 $\Delta=0$ 时，除了在 $l=b/2a$ 这一点，$\mathrm{d}l/\mathrm{d}t$ 总是大于 0，这意味着当电树枝生长到电极中点附近时便停止生长。但这种情况与 $\Delta>0$ 的情况不一样，如果某一时刻在 $l=b/2a$ 点附近存在一个干扰能够导致 $\mathrm{d}l/\mathrm{d}t>0$，则电树枝又会重新开始生长；如果不存在，则电树枝便停止生长。鉴于 $\Delta=0$ 所代表的这种临界性，本书定义这种情况为“临界情况”。

在后续篇幅中，本节将详细论述这三种情况，并且分析每种情况对应的电树枝生长特性。

1. $\Delta<0$ 对应的持续增长情况

在持续增长情况下，首先定义一个中间变量 $\gamma(\gamma^2=4ac-b^2)$，以此来对方程(3-9)进行求解。过程参见附录 V，这里直接给出最终结果：

$$l(t)=\frac{\gamma}{2a}\tan\left[\frac{\gamma}{2}(t-t_0)-\arctan\left(\frac{b}{\gamma}\right)\right]+\frac{b}{2a} \tag{3-10}$$

从式(3-10)中可以看出，电树枝长度 $l(t)$ 与时间 t 的关系总体满足正切函数的形式。因此，式(3-10)又可以简写如下：

$$l(t)=l_\gamma\tan(At-B)+l_0 \tag{3-11}$$

其中，

$$l_\gamma=\frac{\gamma}{2a},\ \ l_0=\frac{b}{2a},\ \ A=\frac{\gamma}{2},\ \ B=\frac{\gamma}{2}t_0+\arctan\frac{b}{\gamma} \tag{3-12}$$

需要说明的是，l_γ 和 l_0 均表示电树枝长度的量纲，A 表示频率量纲的量，B 表示相位。式(3-12)用于数据拟合。

根据式(3-10)，图 3-27 绘出了电树枝持续增长时所呈现的趋势。从图 3-27 看出，图中给出的趋势与图 3-12 和图 3-13 所描述的趋势基本相符，即电树枝生长呈现出先快、后慢、再快的趋势。同时从图 3-27 图看出：①电树枝在经历了引发阶段之后，从 t_0 时刻开始增长；②当电树枝到达对面电极时，发生击穿，此时电树枝长度为 L，并且 L 近似等于两个电极之间的距离 d_0。许多研究者在直流、交流等条件下也观察到了类似的趋势。

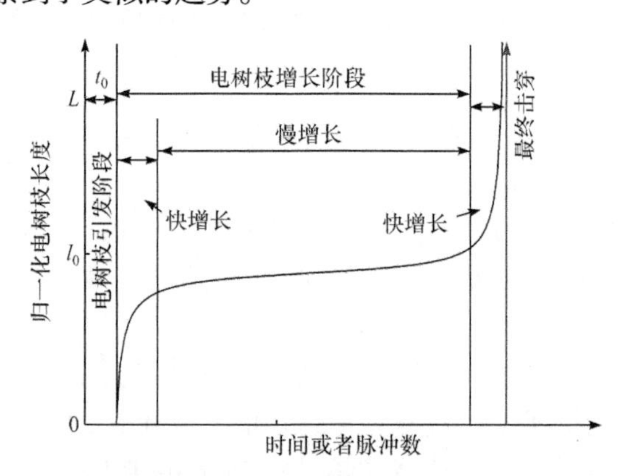

图 3-27　电树枝持续增长时呈现的趋势图

将 l=L 代入式(3-10)或式(3-11)，还可以得出电树枝的寿命预测公式：

$$T_{\mathrm{L}}=\frac{2}{\gamma}\left(\arctan\frac{2aL-b}{\gamma}+\arctan\frac{b}{\gamma}\right)+t_0 \tag{3-13}$$

或者：

$$T_{\mathrm{L}}=\frac{1}{A}\left(\arctan\frac{L-l_0}{l_\gamma}+B\right) \tag{3-14}$$

如果电介质耐受的是脉冲电压，则式(3-14)还可以写作：

$$N_{\mathrm{L}}=\frac{1}{A}\left(\arctan\frac{L-l_0}{l_\gamma}+B\right) \tag{3-15}$$

这意味着在获得电树枝生长的拟合参数后，便可用式(3-14)和式(3-15)来准确预测样片的寿命 N_{L}。

有两点需要说明：①由式(3-15)给出的电树枝寿命包括三个阶段，首先是电树枝引发所需的时间 t_0，其次是电树枝生长由快到慢所消耗的时间 t_1，最后是电树枝由慢再到快生长所消耗的时间 t_2，如图 3-28 所示；②从相位角度，电树枝生长阶段总的相位约为 π。作为一种近似，式(3-14)和式(3-15)可以简化如下：

$$T_{\mathrm{L}}\approx\frac{\pi}{A}\quad 或\quad N_{\mathrm{L}}\approx\frac{\pi}{A} \tag{3-16}$$

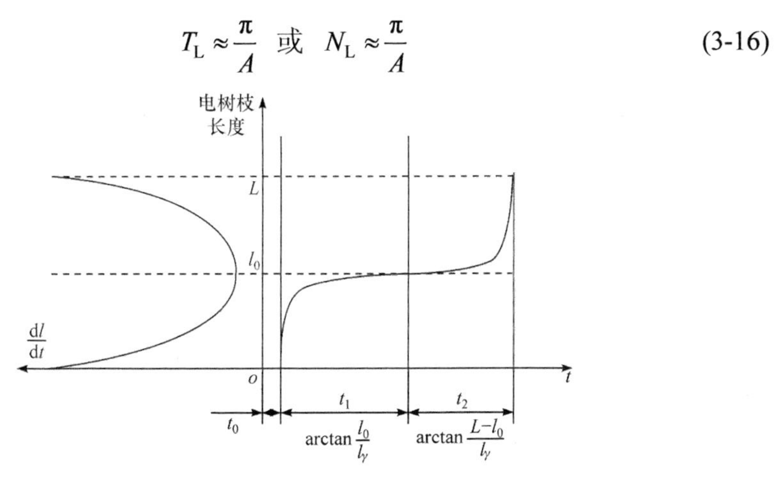

图 3-28　持续增长情况下电树枝寿命的三个阶段

2. Δ>0 对应的停滞情况

在停滞情况下，首先定义另一个中间变量 $\delta\,(\delta^2=b^2-4ac)$，据此可以求出方程 $al^2-bl+c=0$ 的两个实根 l_1 和 l_2，其中 $l_1=(b-\delta)/2a$，$l_2=(b+\delta)/2a$，并且 $0<l_1<l_2<L$。然后再对方程(3-9)进行求解，具体过程见附录Ⅴ，得

$$l(t)=l_1\left\{1-\frac{l_2-l_1}{l_2\exp\left[\delta\left(t-t_0\right)\right]-l_1}\right\} \tag{3-17}$$

或者：

$$l(t)=l_1-\frac{C}{D\exp\left(\delta t-E\right)-1} \tag{3-18}$$

其中：

$$C=\frac{\gamma}{a},\quad D=\frac{b+\delta}{b-\delta},\quad E=\delta t_0 \tag{3-19}$$

式(3-18)用于数学拟合，其中 C、D、E 均为无量纲常数。从数学角度可以对式(3-17)做简单讨论，当 $t=t_0$ 时，$l=0$，这是初始条件；当 t 趋向无穷时，$l=l_1$，此时电树枝将停止生长，说明电树枝的极限长度为 l_1。

根据式(3-17)，图 3-29 描绘出了停滞情况下电树枝的生长趋势，该趋势与电树枝生长的速率相关联。从图 3-29 中看出，电树枝总长趋近于 l_1。这是由于当 $l>l_1$ 时，dl/dt"掉"到 0 以下。相应地，电树枝生长失去动力，因此电树枝将停止生长。

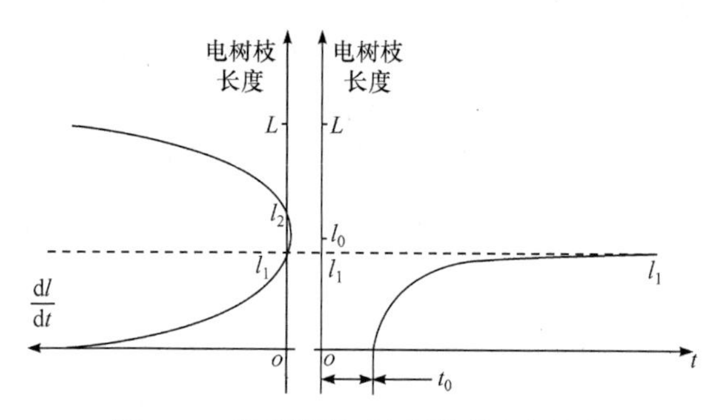

图 3-29　停滞情况下电树枝的生长趋势

从应用角度，电树枝总长趋近于 l_1 意味着绝缘结构拥有无限长的使用寿命，因此这种情况对实际绝缘设计具有指导意义。

3. $\varDelta$=0 对应的临界情况

此时，$\varDelta=b^2-4ac=0$。通过求解方程(3-9)，可以获得电树枝长度随时间的解析表达式：

$$l(t)=l_0\left[1-\frac{1}{\frac{b}{2}(t-t_0)+1}\right] \tag{3-20}$$

为了拟合方便，该式同样可以简写为

$$l(t)=l_0\left(1-\frac{1}{\sigma t+F}\right) \tag{3-21}$$

其中：

$$\sigma=\frac{b}{2},\quad F=1-\frac{b}{2}t_0 \tag{3-22}$$

对于式(3-20)，可以看出当 $t=t_0$ 时，$l=0$，这表示初始条件；当 t 趋向无穷时，$l=l_0$，这意味着当电树枝到达电极中点附近后，便停止生长。

同样可以对式(3-20)的物理含义进行分析，当 $l=l_0$ 时，由于缺乏动力，即 $\mathrm{d}l/\mathrm{d}t|_{l=l_0}=0$，电树枝将停止生长。但是该区域为一个不稳定区域，如果存在一个

微扰使得 $\mathrm{d}l/\mathrm{d}t|_{l=l_0}>0$，则电树枝又会继续生长，直到击穿发生。实际中，这个微扰可能是一次偶然脉冲幅度的增加，也可能是恰巧在 $l=l_0$ 处存在一个缺陷，使得局部击穿电场较低。因此，这种情况被称为临界情况。根据式(3-20)，可以绘出临界情况下电树枝的生长趋势，参见图 3-30。

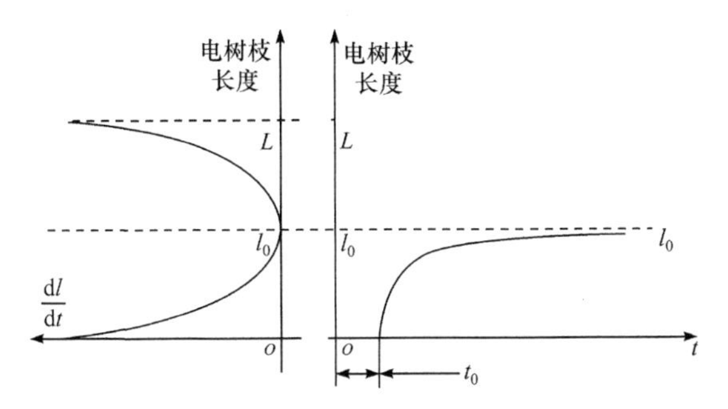

图 3-30　临界情况下电树枝的生长趋势

3.3.4　实验验证

基于 3.1 节的实验结果，可以对电树枝模型的三种解进行验证。

1. 持续增长情况下的实验验证

图 3-12 给出了当外施电压分别为 170kV 和 100kV 时，电树枝持续增长的实验数据；根据持续增长情况下的电树枝长度公式(3-11)，分别对图 3-12 中的实验数据进行了拟合，见图 3-31。从图 3-31 中看出，实验数据与拟合曲线吻合较好。从图 3-31 中还可以看出，电树枝在 170kV 电压下明显比在 100kV 电压下增长得快，这与电压越高绝缘结构寿命越短的常识相符。还可以从式(3-11)中找到这一实验现象的理论依据：在较高电压下，微分方程中的常数 c 较大，因此 $\gamma=(4ac-b^2)^{0.5}$ 也较大，相应电树枝生长相同长度所需要的时间 $T=\pi/A=2\pi/\gamma$ 较短，即电树枝生长得较快。

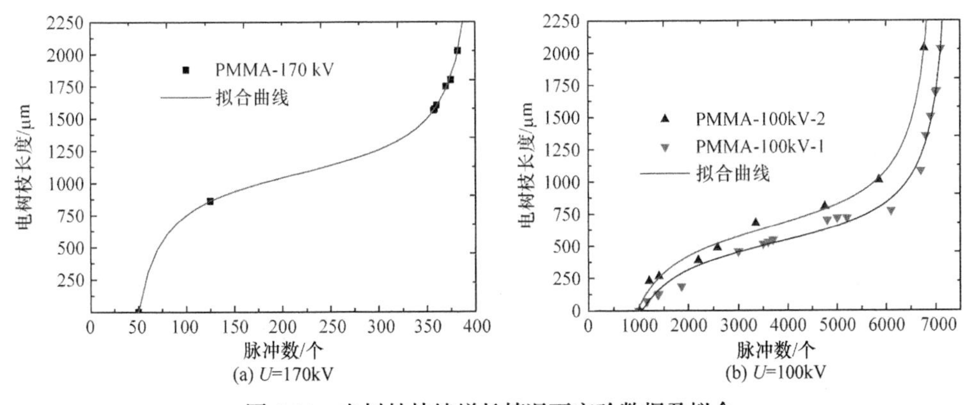

图 3-31　电树枝持续增长情况下实验数据及拟合

表 3-3 列出了图 3-31 中三个 PMMA 样片的拟合参数、实测寿命以及根据式(3-15)所预测的寿命，其中电树枝总长 L=2mm。图 3-32 对比了实测寿命和预测寿命，从图 3-32 可以看出，预测寿命与实测寿命高度符合，这不仅证明了寿命预测公式的正确性，还说明了公式的可用性。

表 3-3　三个 PMMA 样片的拟合参数、实测寿命以及预测寿命

样片	拟合参数				实测寿命/脉冲	预测寿命/脉冲
	l_0	l_γ	$A\times10^{-4}$	B		
PMMA-170kV	1080	230	81.1	1.77	382	382.5
PMMA-100kV-1	529	220	4.3	1.63	7101	7103.2
PMMA-100 kV-2	651	252	4.4	1.63	6770	6770.2

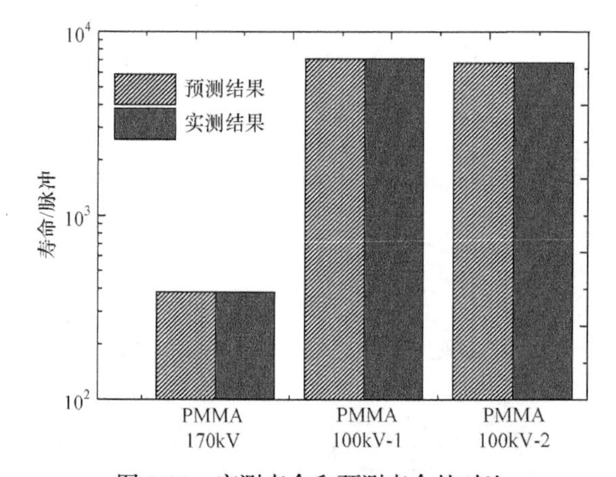

图 3-32　实测寿命和预测寿命的对比

需要说明的是，寿命预测公式(3-15)仅适用于较小的测试样片，并且需要获得测试样片中部分电树枝长度随脉冲数变化的原始数据。这是式(3-15)的使用前提，同时也是该公式的局限性。

2. 停滞和临界情况下的实验验证

图 3-33 给出了停滞情况下电树枝长度随脉冲数变化的实验数据，同时也给出了拟合曲线。从图中看出，曲线对实验结果拟合较好，这说明了停滞情况下数学解的正确性。

除图 3-33 外，本书还引用了文献[46]中的原始数据，见图 3-34。实验中采用交流电压，以交联聚乙烯(crosslink polyethylene，XLPE)为测试对象。与图 3-33 相比，图 3-34 中的两个电树枝均在停滞一段时间后又继续生长，这与临界情况相符。同时，电树枝停滞时的长度也基本接近电树枝总长的一半。从这两点来看，

图 3-34 的情况属于临界情况，因此采用寿命公式(3-21)进行拟合。图中显示理论曲线与数据点符合较好，这说明临界情况下数学解的正确性。

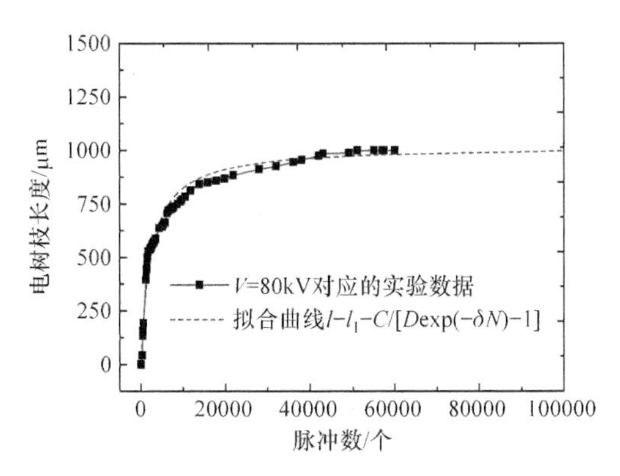

图 3-33　停滞情况下电树枝长度随脉冲数变化的实验数据及拟合

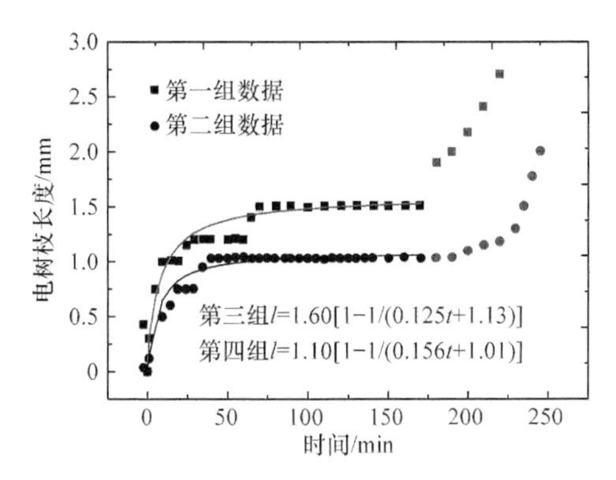

图 3-34　对文献[46]中实验数据的拟合

结合图 3-31～图 3-34，可以看出理论公式对实验数据拟合较好。这就说明了电树枝生长数学模型的正确性。

3.3.5　电树枝生长的物理本质

1. 电树枝生长时的临界电场

电树枝生长与否取决于 $\mathrm{d}l/\mathrm{d}t$，如果 $\mathrm{d}l/\mathrm{d}t>0$，电树枝生长；否则，电树枝生长将停滞。$\mathrm{d}l/\mathrm{d}t$ 是否大于 0 取决于电介质中平均电场 E_{av} 与临界电场 E_{c} 的对比。这里，临界电场 E_{c} 是与电介质击穿阈值 E_{BD} 相关的一个物理量，两者关系为

$$E_{\mathrm{c}} \leqslant E_{\mathrm{BD}} \tag{3-23}$$

理论上，式(3-23)取等号，但实际上由于电树枝前端会存在裂纹、缺陷等不连续结构，E_{c} 将低于 E_{BD}，即在低于 E_{BD} 的局部电场中，击穿就可以发生。表 3-4 总结

了直流和纳秒脉冲下不同聚合物击穿阈值的实测值，从表 3-4 中可以看出，直流条件下常见聚合物的击穿阈值在 0.14～0.6MV · cm^{-1}；纳秒/微秒条件下常见聚合物的击穿阈值在 1～3.6MV · cm^{-1}。根据式(3-23)，直流条件下聚合物的临界电场接近 0.14～0.6MV · cm^{-1}；纳秒/微秒条件下聚合物的临界电场接近 1～3.6MV · cm^{-1}。在文献[42]中，Champion 等开展了交流条件下电树枝的生长实验，并且获得了不同测试条件下电树枝生长的临界电场，分别为 0.11MV · cm^{-1}、0.127MV · cm^{-1}、0.14MV · cm^{-1} 和 0.164MV · cm^{-1}，这些值与上述直流/交流条件下的临界电场预测范围相符。因此，Champion 的实验结果支撑了式(3-23)。

表 3-4 直流和纳秒脉冲下不同聚合物击穿阈值的实测值

聚合物	直流条件，E_{BD}/(MV · cm^{-1})	纳秒/微秒条件，E_{BD}/(MV · cm^{-1})
PMMA	0.20[47]	1.71[48]、3.3[49]
PE	0.18[50]	1.23[49]、2.5[49]
PP	0.26[50]	2.9[49]
PTFE	0.59[47]	1.77[48]、2.5[49]
环氧树脂	0.32[50]	1.0[51]
PC	0.16[50]	—
PI	0.23[50]	1.6[48]
PVC	0.16[50]	—
Nylon	0.14[50]	1.58[48]
迈拉膜	—	3.6[49]

注：来自文献[48]中的数据测试于 10ns 脉冲，样片厚度为 1mm；来自文献[49]中的数据测试于数纳秒下的均匀电场中；来自文献[51]中的数据测试于 1/50μs 雷电脉冲。

2. 临界电场与外施电场的比较

E_{av} 与 E_c 的相对大小决定了 dl/dt，进而决定了电树枝的生长特性。根据平均电场计算公式 $E_{av}=U/d_0$。对于一个特定的电极系统，一旦电极间隙固定，则 E_{av} 仅取决于外施电压 U。图 3-35 给出了三种不同电压下 E_{loc} 和 E_c 的对比(U_1、U_2、U_3，其中 $U_1>U_2>U_3$)，从图 3-35 可以看出：①当 U 足够大时，如 $U=U_1$，对于任何电树枝长度，总有 E_{loc} 大于 E_c，进而 $dl/dt>0$。此时一直存在电树枝生长的动力，这对应持续增长情况。②当 U 较小时，如 $U=U_3$，在长度为 l_1～l_2 的区间内，E_{loc} 小于 E_c，进而 $dl/dt<0$。此时，电树枝生长将失去动力，进而电树枝将只能生长到 l_1，之后便停滞不前，这对应停滞情况。③当 U 取某一临界值使得 $E_{loc\_min}=E_c$，如 $U=U_2$ 时，除 $l=l_0$ 这一点，dl/dt 总是大于 0。因此，当电树枝生长到 $l=l_0$ 后便停

止生长。然而，如果存在外界干扰使得在 $l=l_0$ 处 $\mathrm{d}l/\mathrm{d}t>0$，则电树枝又会开始生长，直到击穿发生，这对应临界情况。

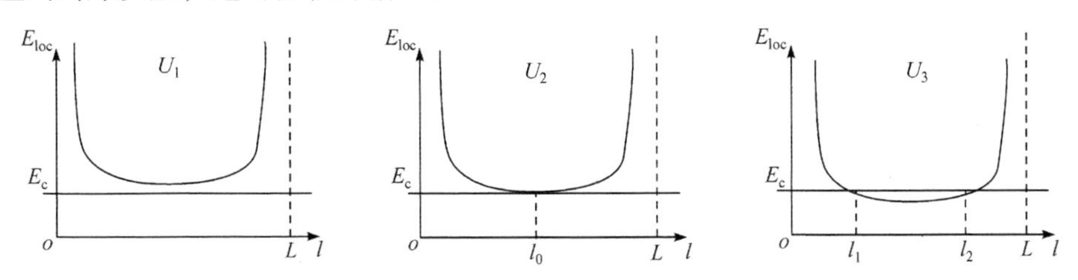

图 3-35　三种不同电压条件下 E_{loc} 与 E_c 的对比($U_1>U_2>U_3$)

再从微分方程中有关系统平衡的理论进行分析，这三种情况意味着电树枝生长系统中包含了不同的平衡点数目。例如，对于持续增长情况，电树枝生长系统没有平衡点，因此电树枝一直生长，直至击穿发生(系统崩溃)；对于临界情况，电树枝生长系统只有一个暂态平衡点，电树枝在该位置可以获得暂时的稳定，即停止生长，但这个平衡极易被打破，从而导致电树枝继续增长，直至击穿发生(系统崩溃)；对于停滞情况，电树枝生长系统有一个或多个平衡点，一旦电树枝到达此平衡点，电树枝便不会生长(系统达到平衡稳定)。这三种情况的示意图见图 3-36(a)。电树枝生长系统是否平衡取决于外施电压 U。

此外，再来分析电树枝生长模型中各个参数的潜在含义。在此之前，需要介绍一下著名的“学习模型”，即在人数为 N_1 的一群人中，设已知某消息的人数为 N，则消息的扩散速率与没有了解这个消息的人数(N_1-N)成正比，如果用微分方程来表示，即 $\mathrm{d}N/\mathrm{d}t=b'(N_1-N)$。通过求解该方程，即可得到“学习模型”典型曲线，见图 3-36(b)。如果将图 3-36(b)中的曲线与典型的电树枝生长曲线做比较，如图 3-36(c)所示，发现后者是在学习曲线的后半段“多”了一个快速增长过程，其原因为电树

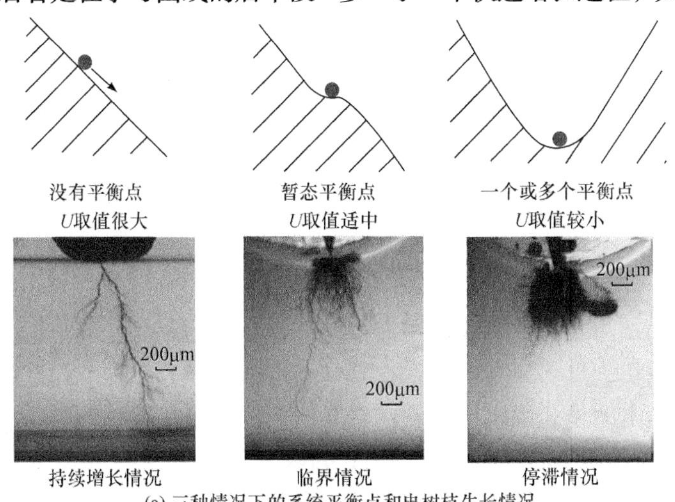

(a) 三种情况下的系统平衡点和电树枝生长情况

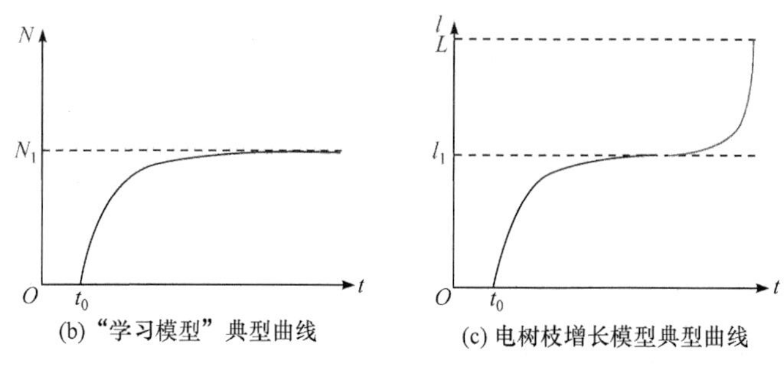

图 3-36　三种电树枝生长情况

枝靠近对面电极时，电场增强因子急剧增大。将电树枝增长模型的表达式改写为如下形式：$\mathrm{d}l/\mathrm{d}t = b(l_1-l) + al^2$，再通过与"学习模型"做对比，可以看出参数 b 类似于"学习模型"中的比例系数 b'，并且与电树枝前期的生长速率有关，b 越大，电树枝在前期生长越快；a 与电树枝在后半期的生长速率有关，a 越大，电树枝在后期生长越快；c 与外施电压 U 有关，U 越大，c 越大，并且有 $c=bl_1$，c 决定电树枝的具体形态，见图 3-35 中的 U。

3.3.6　电树枝生长模型的讨论

1. 模型的构建

本书所给出的关于电树枝生长的数学模型涉及众多参数。根据这些参数的性质，可将其分为 6 类，这 6 类参数之间的逻辑关系如图 3-37 所示，分别对这些参数的含义进行如下说明。

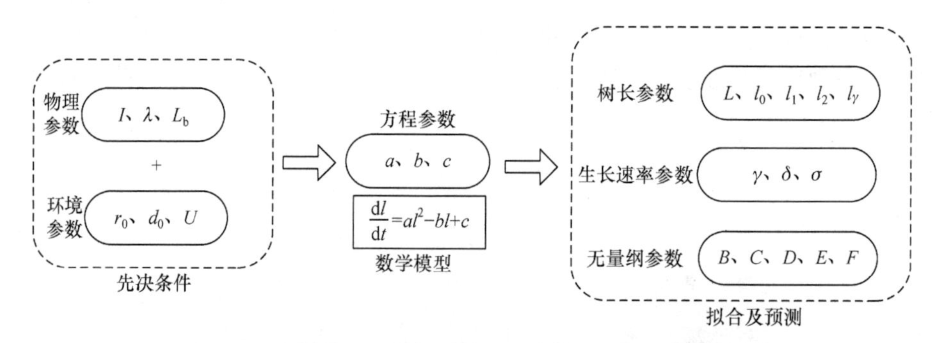

图 3-37　电树枝生长的数学模型 6 类参数之间的逻辑关系

第一，物理参数。这些参数用来描述电介质内一次局放所产生的二次电子碰撞电离倍增数目，具体包括：I 为电子碰撞电离能；λ为电子平均自由程；L_b 为单个局放引起的电树枝长度。对于不同电介质，L_b、I 和λ不同。这些参数集中体现了电介质的特性并且决定了临界电场 E_c 的取值。

第二，环境参数。这些参数用来描述电树枝的生长环境，主要包括：r_0 为尖电极被看作一个双曲面时的等效半径；d_0 为电极间隙；U 为电压幅值。这些参数决定了沿尖电极轴线上局部电场 E_{loc} 的取值。

第三，方程参数。这些参数用来刻画电树枝生长的微分方程，具体包括 a、b 和 c。需要说明的是，a、b、c 均为正值，并且由物理参数和环境参数共同决定。

第四，树长参数。这些参数用来表征电树枝长度，主要包括：L 为电树枝总长，近似等于电极间隙 d_0；l_0 为临界情况下电树枝生长的终点，在数值上等于 $b/2a$；l_1 为停滞情况下第一电树枝停止生长点，在数值上等于$(b-\delta)/2a$，其中$\delta=(b^2-4ac)^{0.5}$；l_2 为停滞情况下第二电树枝停止生长点，在数值上等于$(b+\delta)/2a$；l_γ为持续增长情况下的虚拟电树枝长度，在数值上等于$\gamma/2a$，其中$\gamma=(4ac-b^2)^{0.5}$，l_γ可用来预估样片的寿命。L、l_0、l_1、l_2 和 l_γ全部具有与电树枝长度相同的物理量纲，这些值可由计算得出或者直接由测量给出。

第五，生长速率参数。这些参数用于描述电树枝的生长速率，主要包括：γ 为持续增长情况下的电树枝生长速率；δ为停滞情况下的电树枝生长速率；σ为临界情况下的电树枝生长速率。这些参数取值越小，电树枝生长越慢。

第六，无量纲参数。这些参数没有量纲，仅仅用来拟合电树枝长度随时间/脉冲数变化的趋势，主要包括：B、C、D、E 和 F。一旦 B、C、D、E 和 F 已知，则方程参数 a、b、c 便已知，进而可以识别电树枝生长特性并且预测样片或绝缘结构的寿命。

上述参数中，树长参数和生长速率参数由方程参数 a、b、c 决定。反过来，知道树长参数和生长速率参数，便可反解出方程参数。以增长情况为例，$a=l_\gamma/A$、$b=2al_0$、$c=bl_0$。

2. 模型的三种情况对比

电树枝生长数学模型总共有三种解，每种解分别对应电树枝生长的一种情况，分别为持续增长情况、停滞情况和临界情况。每种情况代表了不同的物理机制，表 3-5 总结了电树枝生长数学模型三种解的表达式、电树枝生长特性和物理本质。需要说明的是，对于持续增长情况，电树枝的寿命有限，对应的寿命公式可用来预测样片或绝缘结构的寿命。对于停滞情况和临界情况，电树枝的寿命无限，对应的寿命公式在实际绝缘设计中具有重要理论价值。

表 3-5　电树枝生长数学模型三种解的表达式、电树枝生长特性和物理本质

不同电树枝生长情况	持续增长情况	停滞情况	临界情况
方程的解 $dl/dt=al^2-bl+c$	$\Delta<0$	$\Delta>0$	$\Delta=0$
	$\tan(t)$形式	$1-1/[\exp(t)-1]$形式	$1-1/t$ 形式
	$l_\gamma \tan(At-B)+l_0$	$l_1-\dfrac{C}{D\exp(\delta t-E)-1}$	$l_0\left(1-\dfrac{1}{\sigma t+F}\right)$

续表

不同电树枝生长情况	持续增长情况	停滞情况	临界情况
生长特性	电树枝一直生长直到击穿发生	电树枝生长到 l_1 后便停滞不前	电树枝生长停滞，但可能再次生长
物理本质	$E_{loc}>E_c$	$E_{loc}\geqslant E_c$ 和 $E_{loc}<E_c$	$E_{loc}\geqslant E_c$
	$dl/dt>0$	$dl/dt\geqslant 0$ 和 $dl/dt<0$	$dl/dt\geqslant 0$

3. 模型的适用性

在模型构建的过程中，首先假设在单位时间内电介质内部仅有一个电子引起雪崩，由这个假设得出放电中雪崩电子数目为 N_e。这个假设过于理想，因为在给定的区域内，可能同时有 n_0 个初始电子能够引起雪崩。因此，在该区域内的雪崩电子数目应为 n_0N_e。如果再考虑将频率为 f 的交流电压作用到该电介质上，该交流电压每半个周期有 n_1 次放电，则在 Δt 的步长时间内，总共有 $2fn_1\Delta t$ 次放电，进而对应有 $2fn_0n_1\Delta tN_e$ 个雪崩电子。因此，在该区域内，单位时间内产生的倍增电子数目为 $2fn_0n_1N_e$[41]。这意味着对于给定的电介质，由放电产生的破坏速率与交流电压频率 f、种子电子数目 n_0 和放电频率 $2n_1$ 有关。对于本书所提出的电树枝生长模型，仅当这些参数为定值时才成立，否则应该对其进行修正，以体现这些因素对电树枝生长的影响。

当脉冲作用时间在纳秒量级，所提出的电树枝生长模型无需修正。因为一次放电的时长不会超过 100ns[23, 52-53]。在数十纳秒脉宽时间内，仅会有一个电子雪崩形成。同时，一旦一处位置形成电子雪崩，其他位置将无法形成电子雪崩，因为能量只会从一处位置释放。因此，一个纳秒脉冲仅会形成一个电子雪崩。此时，电树枝生长速率仍为 dl/dN，其中 N 为脉冲数。

还需说明的是，该模型仅适合描述在电介质为各向同性时电树枝的生长特征，如有机玻璃、环氧等。这是因为各向同性环境才能提供对电树枝生长没有选择性的条件。当电介质为各向异性时，电树枝生长会受到电介质内部微观结构的影响，如晶粒、晶轴等因素。在此条件下，应该对描述电树枝生长的数学模型方程(3-9)进行修正。

3.4 累积击穿中的热效应

电树枝的生长一方面可能引发于电极表面，这是因为电极表面存在微观凸起。同时，也可以引发于电介质内部，这是因为电介质内部存在微观裂隙和气泡(本书将两者合称气隙)等不连续结构。不连续结构产生电场增强效应，导致局部放电发生，促使放电通道增长。

本节专门论述由气隙局放引起的放电通道增长现象。

3.4.1　气隙充放电模型

1. 气隙充电过程

文献[7]和[23]中报道了直流/交流条件下气隙充放电的模型，如图 3-38 所示。参考该模型，对脉冲条件下气隙充放电的过程进行论述。

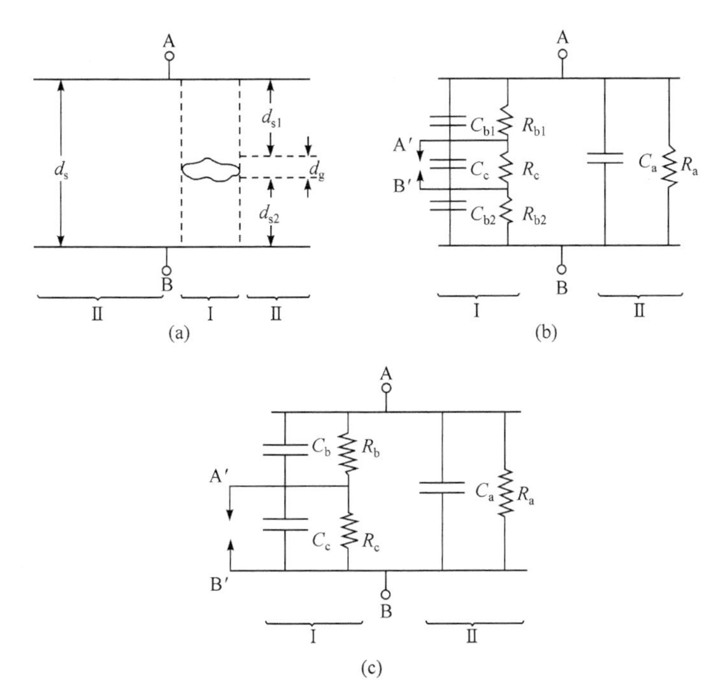

图 3-38　文献[7]和[23]中给出的直流/交流条件下气隙充放电模型

d_{s1} 为第一层电介质厚度；d_{s2} 为第二层电介质厚度；C_{b1}、R_{b1}、C_{b2}、R_{b2} 分别为气隙圆柱内上部分和下部分电介质的等效电容和电阻；C_b、R_b 分别为气隙圆柱内电介质部分的等效电容和电阻；C_c、R_c 分别为气隙等效电容和电阻；C_a、R_a 分别为除去气隙圆柱后电介质的等效电容和电阻

气隙分布具有随机性，经过简化，充放电模型中只有表示气隙的等效回路(C_c、R_c)，表示气隙圆柱内电介质的等效回路(C_b、R_b)，以及表示除去气隙圆柱的电介质等效回路(C_a、R_a)。当外施电压为 $U(t)$时，气隙等效回路上分得的电压 $U_c(t)$在频域中可表示为

$$U_c(s)=\frac{U(s)}{s}\frac{\dfrac{R_b}{1+sR_bC_b}}{\dfrac{R_b}{1+sR_bC_b}+\dfrac{R_c}{1+sR_cC_c}} \tag{3-24}$$

式中，$U_c(s)$、$U(s)/s$ 分别为 $U_c(t)$和 $U(t)$在频域中对应的值。将式(3-24)变换到

时域，得

$$U_c(t)=U(t)\left\{\frac{R_c}{R_b+R_c}\left[1-\exp\left(-\frac{t}{\tau_c}\right)\right]+\frac{C_b}{C_b+C_c}\exp\left(-\frac{t}{\tau_c}\right)\right\} \tag{3-25}$$

式中，τ_c为回路充电的时间常数，具体可表示为

$$\tau_c=\frac{R_b R_c\left(C_b+C_c\right)}{R_b+R_c} \tag{3-26}$$

气隙不放电时 R_c 为气隙的表面电阻，R_b 为电介质的体电阻，所以 $R_c \gg R_b$；同时气隙的电容远大于圆柱内电介质的电容($C_c \gg C_b$)，进而τ_c可化简为

$$\tau_c \approx R_b C_c=\frac{\varepsilon_0}{\sigma}\frac{d_s}{d_g} \tag{3-27}$$

式中，ε_0为真空介电常数，$\varepsilon_0=8.85\times10^{-12}\mathrm{C\cdot m^{-1}}$；$\sigma$为电介质的电导率。

因为σ一般取值在$(1\sim10)\times10^{-17}\mathrm{S\cdot m^{-1}}$，所以对于取 d_g=1μm、d_s=1cm 的情况，τ_c的取值为 30～50s。根据这一结果，如果 $U(t)$为微秒或纳秒脉冲，则可认为 t=0。将上述结果代入式(3-25)，有

$$U_c(t)=U_{op}\left(\frac{C_b}{C_b+C_c}\right)=U_{op}\left(\frac{\varepsilon_r d_g}{d_s+\varepsilon_r d_g}\right) \tag{3-28}$$

式中，U_{op}为纳秒脉冲电压幅值。

在外施电场均匀的前提下，$U_{op}=E_{op}d_s$，所以式(3-28)可进一步化简为

$$U_c(t)=E_{op}\left(\frac{\varepsilon_r d_g}{1+\varepsilon_r d_g/d_s}\right)\approx E_{op}\varepsilon_r d_g \tag{3-29}$$

式(3-29)显示，一次脉冲后气隙上的电压与外施电场幅度 E_{op}、电介质厚度 d_g，以及电介质的相对介电常数ε_r有关。根据式(3-29)，可以对气隙的充电过程进行计算。

2. 气隙放电过程

假设气隙的放电电压为 U_g，则气隙发生放电应满足以下关系：

$$E_{op}d_g\varepsilon_r \geqslant U_g \tag{3-30}$$

气隙放电电压 U_g 与气隙厚度 d_g 有关，两者关系近似满足帕邢定律(Paschen Law)[21, 23, 54]。根据二次碰撞电离数据[55-56]，研究者同样得出了 U_g～d_g 近似满足帕邢定律。当气隙沿电场方向的尺寸远大于垂直于电场方向的尺寸时，可以认为气隙的放电电场 E_g 与 U_g 近似满足 $E_g=U_g/d_g$[23]，根据这一结果，可以推出 E_g 随 d_g 的变化趋势，如图 3-39 所示。

结合图 3-39 以及纳秒脉冲下常见聚合物的击穿阈值 1～4MV · cm^{-1}，有 $(\varepsilon_r E_{BD})_{max}$ 近似约为 10MV · cm^{-1}(ε_r 取 2.5)，进而可以估算出气隙放电先于聚合物

发生局部击穿的特征尺寸，约为 1μm(当 E_g=10MV · cm^{-1}，对应 d_g≈1μm)。当气隙尺寸大于 1μm 时，随着外施电压由低到高变化，首先发生气隙放电。

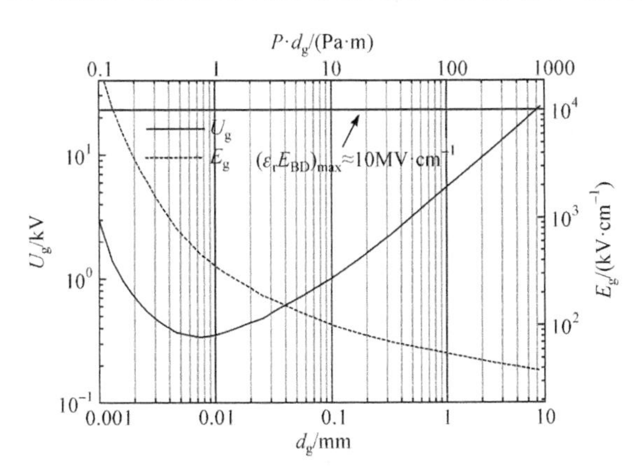

图 3-39　E_g 随 d_g 的变化趋势(1 个大气压)

该曲线见文献[23]，推导过程见文献[21]

当气隙尺寸小于 1μm，因为要保证聚合物不发生击穿，E_{op} 应小于 E_{BD}，进而 $(\varepsilon_r E_{op})_{max} < (\varepsilon_r E_{BD})_{max}$=10MV · cm^{-1}，该值小于气隙在 1μm 条件下的放电电场，所以式(3-30)不再成立。相应地，尺寸小于 1μm 的气隙不会发生放电。据此可以将 1μm 看作是气隙放电的一个特征尺寸，仅当气隙尺寸大于 1μm 时，气隙才可能发生局部放电，引起放电通道增长。实际中较为普遍的一种情况是气隙尺寸大于 1μm，但由于外施电场幅值较小，式(3-30)仍然不能成立。此时，如果施加脉冲数为 1，则气隙不发生放电；但如果连续施加脉冲，根据式(3-30)的计算结果，电荷泄露的时间常数非常大，所以在下一个脉冲作用之前，气隙上的电压基本维持不变，进而连续施加脉冲会导致气隙上的电压随脉冲数以阶梯方式增加。当气隙上的电压大于气隙放电电压时，气隙仍会发生放电，如图 3-40 所示。图 3-40 同时给出了放电电流的波形，不同文献指出，放电电流的上升沿 τ_r 在 0.2～1ns，下降沿 τ_d 在 100ns 量级，对应脉宽接近百纳秒量级[23, 52-53]，所以在重复频率较低的情况下，上一次放电不会影响到下一次气隙的充电过程。

以上分析显示，对于尺寸大于 1μm 的气隙，当外施电场幅值较大时，单个脉冲作用时就可以发生放电；当外施电场幅值较小时，经过多个脉冲累积充电，气隙也会发生放电。气隙放电需要的累积充电脉冲数 ΔN 可估算如下：

$$\Delta N = \frac{U_g}{E_{op}\varepsilon_r d_g} = \frac{E_g}{E_{op}\varepsilon_r} \tag{3-31}$$

以 100kV · cm^{-1} 的外施电场和 2μm 的气隙为例，有 E_g(2μm)=3.6MV · cm^{-1}，取 ε_r=2，则 ΔN=180 个。如果外施电场幅值增大或 E_g 减小(对应气隙尺寸增大)，

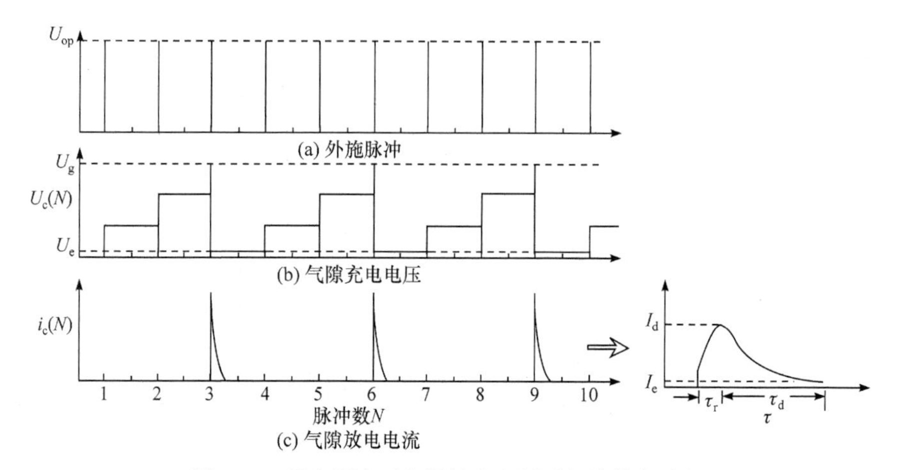

图 3-40　当电压大于气隙放电电压时气隙放电过程

U_e为放电熄灭电压；I_d为放电电流；I_e为放电熄灭电流；τ_r为放电电流上升沿；τ_d为放电电流下降沿

则所得 ΔN 会变小，表现为气隙放电变得频繁，电树枝生长加快。需要强调两点：①一次放电结束后气隙上的电压并不会降为 0，而是降低到放电熄灭电压 U_e，考虑 U_e之后，式(3-31)应修正为

$$\Delta N = \frac{U_g - U_e}{E_{op}\varepsilon_r d_g} \tag{3-32}$$

对式(3-32)需要补充的是，实际中由于 U_e相对 U_g很小[23]，所以引入 U_e后对 ΔN 的估算结果不会带来显著影响；②上述结果是在均匀电场的前提下得到的，当外施电场非均匀时，由于局部场增强效应，即便对于特征尺寸小于 1μm 的气隙，也可能会发生放电。

3.4.2　气隙放电导致的放电通道增长

1. 一次放电引起的温升

一次放电后会在气隙壁上沉积能量，沉积的能量对气隙壁起到加热作用，使得气隙壁升温。连续的加热会使得气隙表层软化、汽化和蒸发。材料的热特征扩散系数可表示为[57]

$$D = \frac{\kappa}{\rho c'} \tag{3-33}$$

式中，D 为材料的热特征扩散系数，单位为 $m^{-2} \cdot s$；κ 为材料的热导率(导热系数)，单位为 $W \cdot m^{-1} \cdot K^{-1}$；$\rho$ 为密度，单位为 $kg \cdot m^{-3}$；c' 为比热容，单位为 $J \cdot kg^{-1} \cdot K^{-1}$。

结合热扩散系数及脉冲作用时间，可以得出热量在材料内的特征扩散长度Λ：

$$\Lambda = \sqrt{D\Delta t} \tag{3-34}$$

气隙放电时的脉宽一般接近百纳秒，取 Δt=100ns，则可以估算出不同聚合物的热特征扩散系数和特征扩散长度，如表 3-6 所示。计算结果显示，一次放电的能量会沉积在聚合物表层数十至百纳米的区域。

表 3-6 Δt=100ns 时不同聚合物的基本参数及计算出的热特征扩散系数和特征扩散长度[58]

材料	PTFE	PMMA	PS	Nylon(1010)
热导率/($W \cdot m^{-1} \cdot K^{-1}$)	0.24～0.27	0.17～0.25	0.02	0.16～0.4
密度/($\times 10^3 kg \cdot m^{-3}$)	2.1～2.3	1.18～1.19	1.05	1.04～1.06
比热容/($\times 10^3 J \cdot kg^{-1} \cdot K^{-1}$)	1.0	1.5	1.34	1.6
热特征扩散系数/($\times 10^{-9} m^{-2} \cdot s$)	104～128	95～140	14.2	94～240
特征扩散长度/nm	102～113	97～118	37.7	97～155

以特征尺寸为 1μm 的气隙为例，为计算放电产生的能量沉积和温升，将气隙等效成底面直径和高度均为 1μm 的圆柱，并假设放电产生的电荷只沉积在圆柱的上、下底面，如图 3-41 所示。

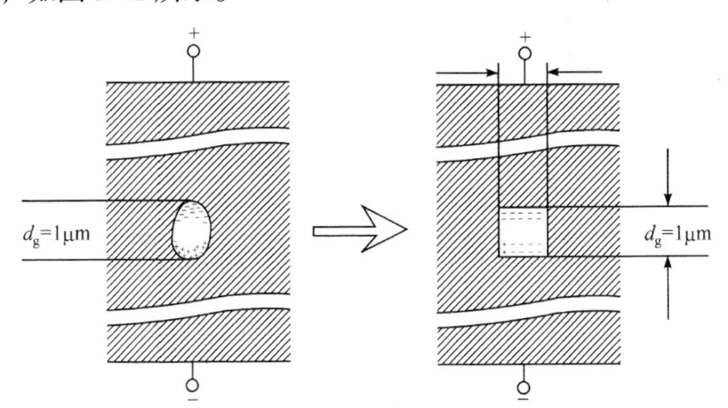

图 3-41 气隙特征尺寸为 1μm 的圆柱等效示意图

结合图 3-41，一次放电产生的能量为

$$W = \frac{1}{2}CU_g^2 = \frac{\varepsilon_0 S U_g^2}{2d_g} \tag{3-35}$$

根据帕邢定律，$U_g|_{d_g=1\mu m}$=3kV，将该值代入式(3-35)，得 $W=3.1\times 10^{-11}$J。由于能量沉积，气隙上、下的表层电介质会产生温升。根据能量与温升的关系[57]：

$$\Delta T = \frac{W}{2S\rho c'\Lambda} \tag{3-36}$$

再结合表 3-6 中的数据，可以计算出特征尺寸内的温升，如表 3-7 所示。从该表看出，对于特征尺寸为 1μm 的气隙，一次放电可以在气隙表层产生约百开尔文量级的温升，这与文献[52]和[59]所给出的计算结果基本相符。

表 3-7　气隙放电在聚合物表层产生的温升(特征尺寸为 1μm)

材料	PTFE	PMMA	PS	Nylon(1010)
平均温升/K	84～85	95～114	375	77～120

2. 温升导致的放电通道增长

考虑到温升会引起气隙表层蒸发、汽化和软化，气隙内的压强 P 可表示为

$$P = n'k_{\mathrm{B}}T \tag{3-37}$$

式中，n' 为气隙内的原子密度，单位为 m^{-3}；k_{B} 为玻尔兹曼常量，k_{B}=1.38×$10^{23}\mathrm{J}\cdot\mathrm{K}^{-1}$。

根据式(3-37)，温升和原子密度的增加会导致气隙内压强增大，同时温升还会使得气隙表层结构强度发生改变，图 3-42 给出了两种聚合物的杨氏模量随温度变化的曲线[60]。图 3-42 显示，随着温度升高，杨氏模量显著降低。结合式(3-37)和图 3-42，随着温度增加，气隙内的压强会大于介质壁的杨氏模量，这将导致气隙发生扩张。因为气隙放电产生的能量主要沉积在其上、下表面，所以扩张主要发生在该区域，这使得气隙沿电场方向生长。从宏观角度看，放电通道沿着电场方向生长。

图 3-43 是实验中观察到的有机玻璃样片放电通道内的释气现象。图 3-43 显示在尖电极附近，随着放电通道增长，在通道口有气隙排出。这个细节说明放电通道内气压增大，并且支撑了气隙扩张促使放电通道增长的事实。

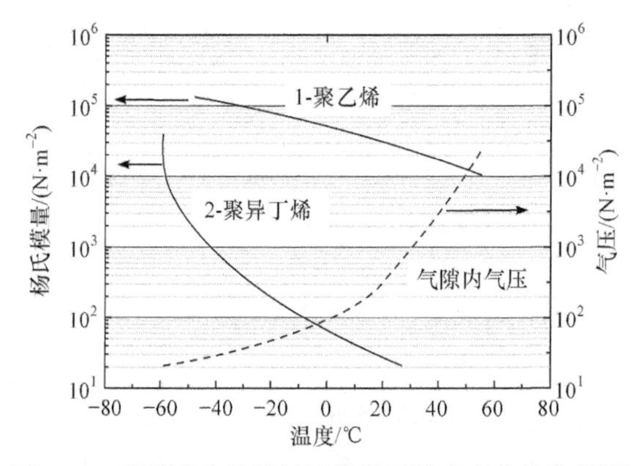

图 3-42　两种聚合物的杨氏模量随温度变化的曲线[60]

3.4.3　重频脉冲下的放电通道增长

1. 重频条件下的温升计算

当重频脉冲作用时，气隙放电产生的热量不断累积并向电介质内部扩散，在

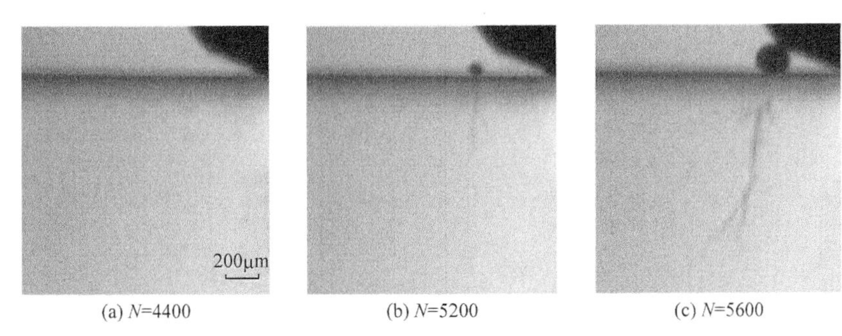

(a) N=4400　　(b) N=5200　　(c) N=5600

图 3-43　实验中观察到的有机玻璃样片放电通道内的释气现象(后附彩图)

脉冲间隔 Δt_p 内，对应的热传导方程为[57, 61]

$$\frac{\partial T}{\partial t} = D\nabla^2 T \tag{3-38}$$

式中，T 为电介质与外界环境的温差，单位为 K。因为热量主要沿电场方向发展，所以方程(3-38)可简化为一维热传导方程：

$$\frac{\partial T}{\partial t} = D\frac{\partial^2 T}{\partial x^2} \tag{3-39}$$

文献[61]引入如下假设：①初始温度呈抛物线分布，即 $T|_{t=0} = T_0\left(1 - x^2/L^2\right)$；②热量从 x=0 位置处传入，即 $T|_{x=L} = 0$；③x=0 处绝热，即 $\partial T/\partial x|_{x=0} = 0$，求得

$$T\left(\Delta t_p\right)|_{x=0} \approx \frac{32}{\pi^3}T_0 \exp\left(-\frac{\pi^2 D}{4L^2}\cdot\Delta t_p\right) \tag{3-40}$$

式中，T_0 为初始时刻气隙与电介质分界面处的最高温差，可取表 3-7 中的数据；L 为导热区域的特征尺寸，单位为 m。

以本章实验中的有机玻璃材料为例，对于 100Hz 重频(Δt_p=0.01s)，L 取 30μm 时，计算得 $T(\Delta t_p)$=20～30K，即在脉冲间隔内，气隙表层温升达 20～30K，所以重频脉冲会使有机玻璃表层温度显著上升；鉴于有机玻璃的软化温度为 57～68℃，流动温度为 160℃，温升的直接后果是使有机玻璃局部软化甚至液化。表 3-8 总结了常见聚合物的软化温度和熔点，从该表看出，当温度达到 100～300℃时，大部分聚合物会软化甚至转变为液态。

表 3-8　常见聚合物的软化温度和熔点

材料	软化温度/℃	熔点/℃
PMMA	57～68[62]	160(流动温度)[62]
PS	81[62]	240[62]
PVC	80[23]	220[23]
Nylon(66)	47[62]	250[62]

续表

材料	软化温度/℃	熔点/℃
PTFE	127[23]	327[62]
PE	—	112(LDPE) 132～135(HDPE)[62]
Nylon(6)	—	220[62]
Nylon(1010)	—	194[62]

注：HDPE 表示高密度聚乙烯。

2. 重频条件下的放电通道增长

软化或液化后的聚合物，其电气性能会发生改变，图 3-44 是文献[63]给出的几种常见聚合物击穿阈值随温度的变化趋势。该图显示，当温度超过 0℃时，聚合物击穿阈值随温度升高会以较快速率下降。此时，如果施加脉冲，则软化或液化区域会成为聚合物的薄弱环节，使得局部击穿由此发生。这种局部击穿是热量不断累积而引起的，称其为局部热击穿。局部热击穿同样会熔毁聚合物的分子结构，导致聚合物局部碳化，并留下永久性的导电通路。碳化后的放电通道具有导电性，下个脉冲作用时，导电通路又为局部电击穿或热击穿的发生提供了条件。

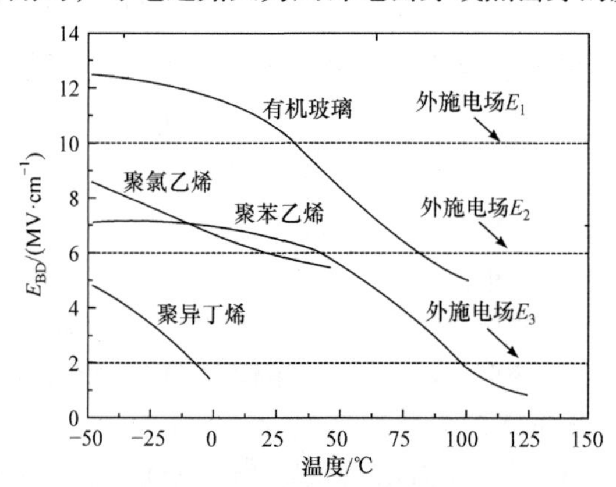

图 3-44 文献[63]给出的几种常见聚合物击穿阈值随温度的变化趋势

图 3-45 是有机玻璃样片放电通道形成之后的图像。图 3-45 显示，随着时间增加，主放电通道的颜色逐渐变得透明，同时分支通道也逐渐“消失”。这是沉积在通道壁上的碳颗粒逐渐向外扩散的缘故[8]。碳颗粒是聚合物局部熔化降解的产物，图 3-45 间接说明了局部热击穿和电击穿对聚合物的破坏作用。综上所述，聚合物内气隙放电会在电介质壁上沉积能量并产生温升。温升带来两个作用，一是使得气隙沿着电场方向扩张；二是使得气隙近层发生局部热击穿。气隙扩张和局部热击穿同时促使放电通道沿电场方向增长。聚合物内气隙尺寸各异并且分布随机，当沿着电场方向的放电通道贯穿两极时，聚合物将以体击穿方式失效。

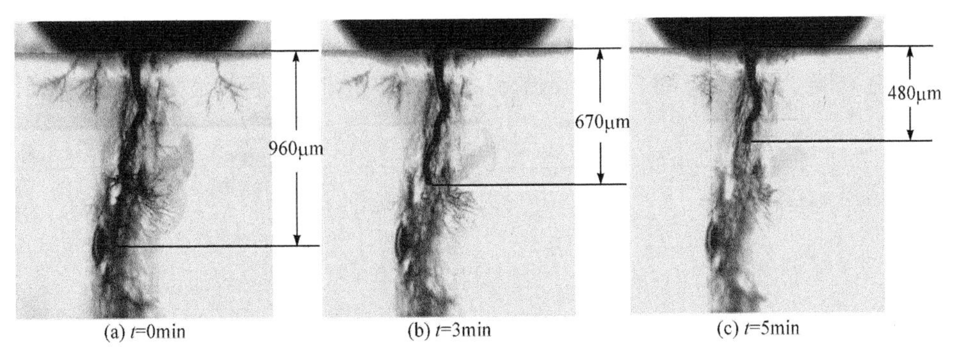

图 3-45 有机玻璃样片放电通道形成之后的图像(后附彩图)

3.4.4 气隙充放电模型的讨论

第一，本节的一个主要理论基础是帕邢定律，该理论基于 Townsend 电子繁流模型，适用于两个电极间的气体击穿过程。对于电介质内部的气隙放电，因为没有电极存在，所以应用条件发生改变。尽管如此，实验结果已经证实，气隙上的击穿电压随气隙长度和气压两者乘积的变化也基本服从帕邢定律，见文献[21]、[23]和[54]。在这些文献中，主要采用人造气隙代替了真实气隙，进而可以测量击穿电压。

第二，在计算气隙放电能量 W 的过程中，假设所有能量均沉积在圆柱气隙的上、下表面。这个假设过于粗糙，因为只有一部分能量能转化为热量，其他能量会转化为化学能或者损耗在电介质中。对于总能量 W，存在一个能量转化系数，即能量沉积系数。文献[64]～[67]对这一问题有过专门研究。对于不同电介质，能量沉积系数不同。但无论如何，这个系数不会影响电介质内温升的估算方法。

第三，对于气隙内的气态成分，本节假设其为 1atm(1atm=1.01325×10^{5}Pa)的大气，并且在图 3-39 中采用了 1atm 空气的数据进行了计算。当气隙发生第一次放电后，气隙内的气压和成分均会发生改变，因为此时气隙已经变成了原始气体和蒸发气体的混合物。从这一角度来看，本节的定量分析仅适合电介质内气隙的第一次放电。但是杨氏模量和热击穿电压随气压变化的基本趋势仍然成立。

3.5 长、短脉冲累积击穿对比

为了清楚认识纳秒脉冲下聚合物电介质的累积击穿特性，本节还完成了微秒脉冲下绝缘材料的累积击穿实验。

3.5.1 长脉冲下的累积击穿图像

基于 3.1 节中的实验装置，对 TPG200 稍做改动，将其主开关短路，则 TPG200

可以输出半高宽为 6μs 的长脉冲，如图 3-46 所示。从图中看出，当样片发生击穿时，电压被“斩”波，电流幅度迅速扩大，从 200A 的位移电流变为 5.4kA 的传导电流。

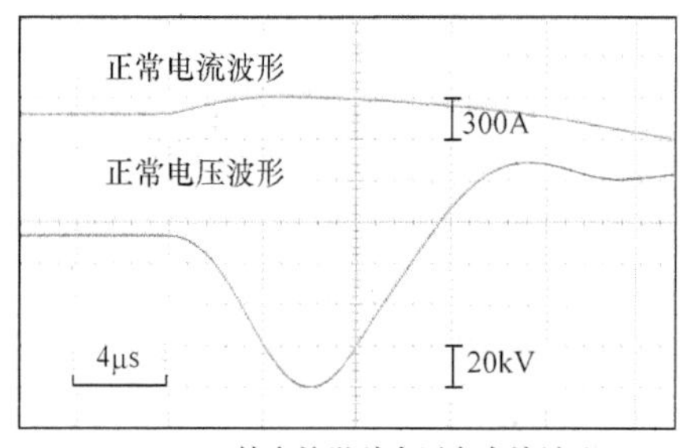

(a) TPG200输出的微秒电压和电流波形

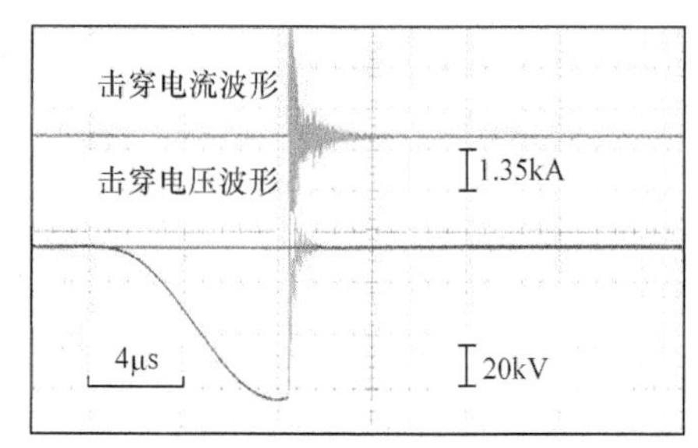

(b) 样片发生击穿时的电压和电流波形

图 3-46　TPG200 输出的 6μs 长脉冲波形

长脉冲累积击穿实验采用针电极作为负高压电极，而非短脉冲下的尖电极，见图 3-47(a)；除此之外，电极与样片的布放方式也做了调整，在本节中，电极采用内陷-插入的方式与样片接触，如图 3-47(b)所示，内陷深度约为 500μm。图 3-47(b)所示的电极布放方式能够避免样片发生沿面闪络，见图 3-47(c)和(d)。测试样片选择 PMMA，样片尺寸仍然为(2×2×25)mm^3。由于样片总厚为 2mm，所以电树枝生长的最大长度约为 1.5mm。

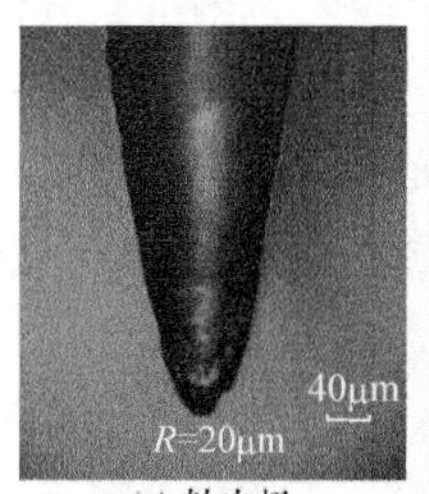

(a) 针电极

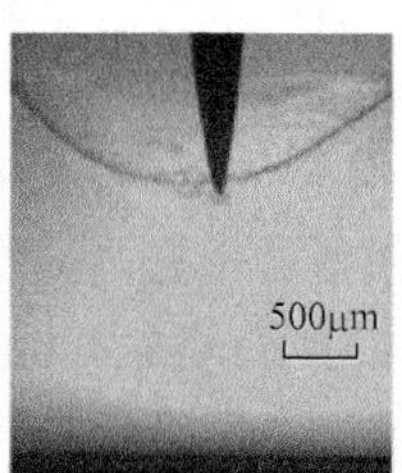

(b) 内陷-插入方式

(c) 无内陷插入

(d) 无内陷插入时的闪络

图 3-47　长脉冲累积击穿实验中的针电极及布放(后附彩图)

测试步骤与 3.1 节中的类似，即加载一个样片后，对其施加一个脉冲，同时记录放电通道发展的图片；再次施加脉冲、记录电树枝通道……直到最终击穿发生。

图 3-48 给出了一组微秒脉冲下尖板电极中有机玻璃内部放电通道发展的完整图像。从图 3-48 中看出，电树枝引发于针电极；随着脉冲数增加，电树枝长度增加；当脉冲数增加到一定值时，测试样片以体击穿方式失效。

同时，从图 3-48 中还观察到了微秒脉冲下累积击穿的一些特殊现象。

第一，电树枝多呈现为树丛状。

第二，针电极前端出现黑色阴影区域，如图 3-48 中 N=70～650 的照片；又如图 3-49 所示的其他样片。一定脉冲数后，针电极前端还有释气现象出现，见

图 3-50。

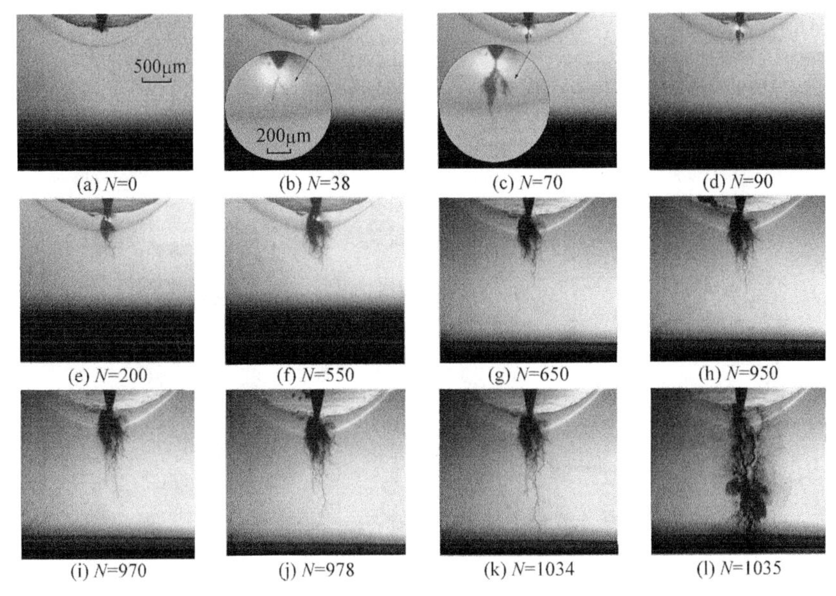

图 3-48　微秒脉冲下尖板电极中有机玻璃内部放电通道发展的完整图像(后附彩图)

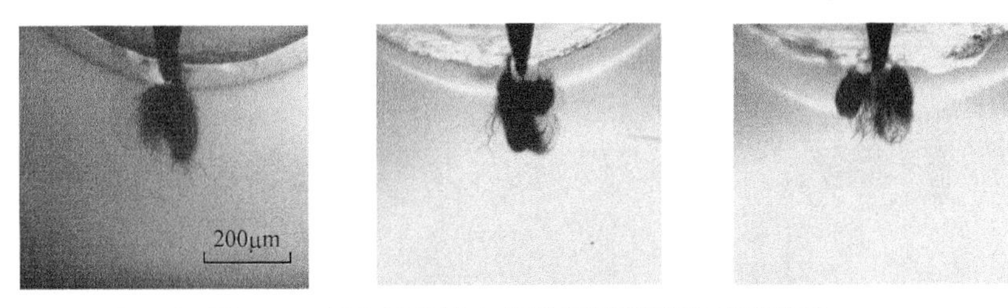

图 3-49　针电极前端出现黑色阴影区域(后附彩图)

图 3-50　针电极前端的释气现象(后附彩图)

第三，在针电极前端，以针尖为中心，出现了年轮状裂纹，该裂纹会随着脉冲数增加而扩大，见图 3-51。年轮状裂纹在其他样片中也被观测到，见图 3-52。

3.5.2　长、短脉冲下累积击穿图像的异同点

将上述长脉冲下的累积击穿特征与 3.1.2 小节中短脉冲下的累积击穿特征进行对比，可以得出两者的相似点和不同点。

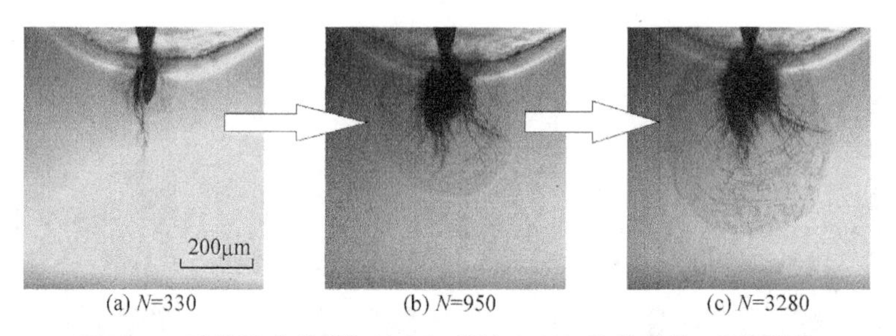

(a) N=330　(b) N=950　(c) N=3280

图 3-51　随着脉冲数增加针电极前端出现年轮状裂纹(后附彩图)

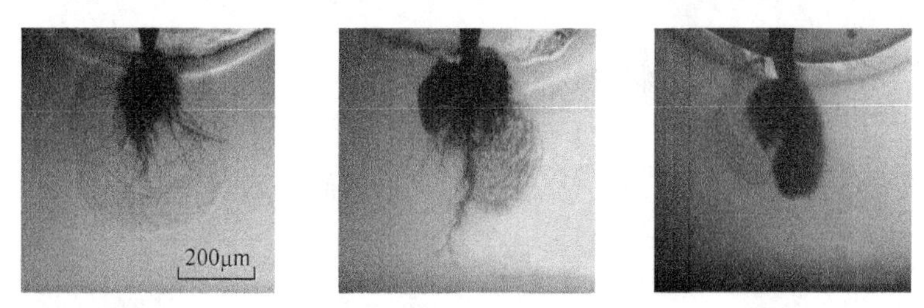

图 3-52　其他样片中针尖电极前端的年轮状裂纹(后附彩图)

1. 相似点

1) 次级电树枝引发

无论在长脉冲条件下还是在短脉冲条件下，次级放电通道均生长于第一个放电通道末端，而非电极表面，见图 3-53。

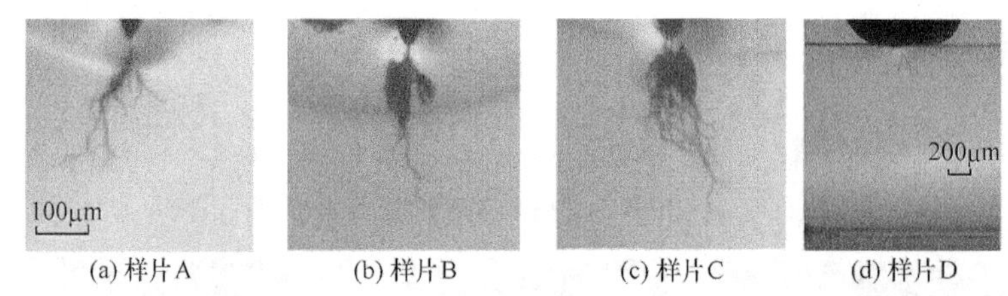

(a) 样片 A　(b) 样片 B　(c) 样片 C　(d) 样片 D

图 3-53　长脉冲和短脉冲下次级放电通道均生长于第一个放电通道末端的照片(后附彩图)

样片 A、样片 B 和样片 C 是在长脉冲条件下获得，样片 D 是在短脉冲条件下获得

2) 虫孔状击穿通道

无论是在长脉冲条件下还是在短脉冲条件下，当击穿发生后，样片内均留下了虫孔状击穿通道，见图 3-54。需要说明的是，样片 A 中的击穿通道是分别采用透射式显微镜和反射式显微镜获得的。

2. 不同点

1) 电树枝形状

在长脉冲条件下，样片中的电树枝生长多呈树丛状；在短脉冲条件下，电树枝生长多呈树枝状。

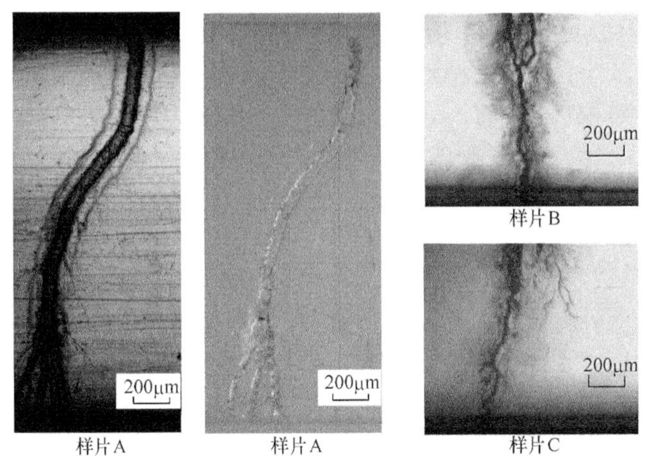

图 3-54　长、短脉冲下样片内留下的虫孔状击穿通道(后附彩图)

样片 A 是在短脉冲条件下获得，样片 B 和样片 C 是在长脉冲条件下获得

2) 释气和裂缝

同样，在长脉冲条件下，样片中的电树枝生长有年轮状裂纹和明显的释气现象，而在短脉冲条件下电树枝生长没有这两种特征。

3.5.3　长脉冲下绝缘材料的累积击穿机理

1. 电场结构

本节认为电场的不均匀度导致了长、短脉冲下电树枝生长外形的不同。图 3-55 给出了两种电极结构对比。图 3-55(a)是根据非均匀电场计算式(3-7)计算出的两个电极系统的电场增强系数。电场增强系数 f 是用来描述电场不均匀度的参数，f 越大说明电场越不均匀。从图 3-55(a)中看出，在高压电极前端，微秒脉冲下针板电极系统的电场增强系数远大于纳秒脉冲下的平头电极系统的电场增强系数。对于针板非均匀电极系统，f 由大到小变化得非常快，所以电树枝生长速率下降得

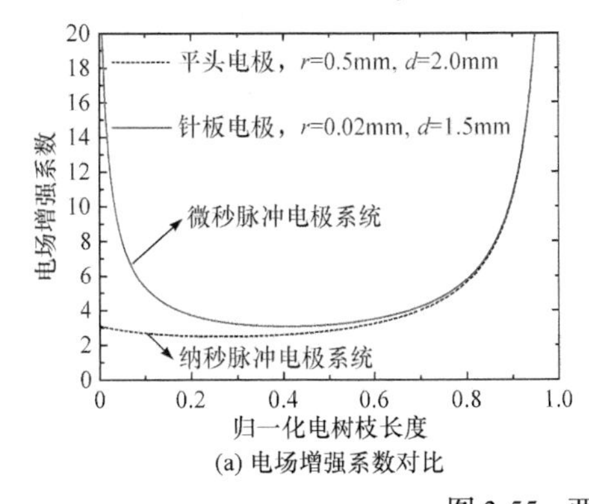

(a) 电场增强系数对比

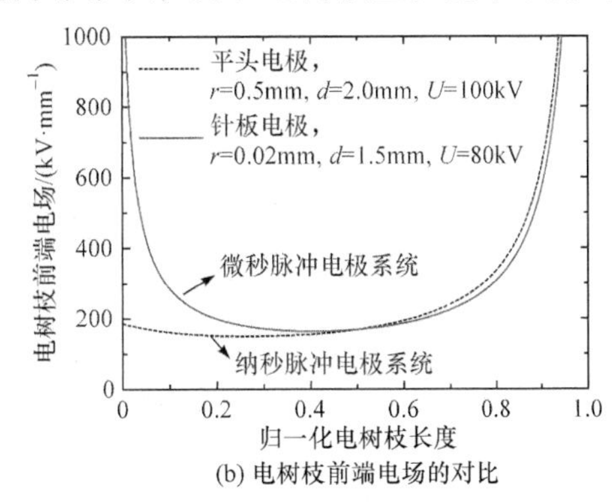

(b) 电树枝前端电场的对比

图 3-55　两种电极结构对比

也非常快，进而电树枝生长表现出树丛状；反之，对于平头电极构成的准均匀电极系统，f 较小且下降速率较小，所以电树枝基本以相同速率增长，进而电树枝生长表现出树枝状。同时，图 3-55(b)给出了两种电极结构下电树枝前端电场的对比，从图中看出，该图反映的趋势与图 3-55(a)相似，即在电树枝生长的前半段，针板电极下的电场要远高于平头电极下的电场。

2. 能量沉积

除电极因素外，脉冲因素也是造成电树枝在微秒和纳秒两种情况下表现出不同生长特性的原因。这里做一个直观的计算，假设一个脉冲在电介质内的沉积能量与脉冲自身能量成正比。采用如下公式进行计算：

$$\Delta W' = \eta \int_0^{\tau} U(t) I(t) \mathrm{d}t \approx UI\tau \tag{3-41}$$

式中，$\Delta W'$ 为一个脉冲在电介质中沉积的能量；τ 为脉冲宽度；$U(t)$和 $I(t)$分别为电压和电流；η 为能量沉积系数。

长、短脉冲下的 $U(t)$、$I(t)$和 τ 取值如下：对于微秒脉冲，$U(t)$=80kV，$I(t)$=300A，τ=6μs，如图 3-46 所示；对于纳秒脉冲，$U(t)$=100kV，$I(t)$=1kA，τ=10ns，如图 2-3 所示。对于能量沉积系数，假设其为一个常数。根据文献[64]～[67]的描述，η 取值在 1%～2%，这里取 1%。表 3-9 列出了长、短脉冲下一个脉冲在电介质中所沉积的能量。从表 3-9 看出，长脉冲下一个脉冲在电介质中所沉积的能量比短脉冲下所沉积的能量高约 2 个量级。

表 3-9　长、短脉冲下一个脉冲在电介质中所沉积的能量[38]

条件参数	长脉冲(微秒脉冲)	短脉冲(纳秒脉冲)
波形参数	$U(t)$=80kV, $I(t)$=300A, τ=6μs	$U(t)$=100kV, $I(t)$=1kA, τ=10ns
条件	1 个脉冲	1 个脉冲
沉积的能量	1.44J	0.01J

这些能量主要沉积在电极前端，能量沉积引起温升，根据 3.4 节和本节的分析，温升产生两方面的作用：第一，导致电极前端形成年轮状的机械裂纹；第二，导致电极附近电介质的体击穿阈值降低。

对于第一种作用，以尖板电极为例，电极附近不可避免地存在一些微裂纹和气隙，由于局放的作用，当电介质局部温升增加时，电介质的杨氏模量会首先下降。在此条件下，微裂纹更容易扩大。当连续施加脉冲时，不同的微裂纹会在电极前端连成一片。此时，尖板电极相当于一个能够提供扩张动力的源泉。每施加一个脉冲，裂纹会扩大一点。最终，在尖板电极附近形成了年轮状的机械裂纹。

同时，气隙内的气压会增大。当气隙延伸至电介质分界面时，气隙中的气体便从电介质中排出，即实验中所观测的释气现象。在短脉冲条件下，一个脉冲所沉积的能量相对较低，进而电介质温升不如长脉冲下的温升明显，相应地，机械裂纹和释气现象也不如长脉冲条件下的明显，以致观察不到。

对于第二种作用，电介质体击穿阈值的降低有两方面原因，第一，因杨氏模量 Y 降低而引起的体击穿阈值 E_{BD} 降低，根据 Stark 等[68]所提出的机械击穿理论，E_{BD} 与 Y 的关系可表述如下：

$$E_{BD} = 0.6\sqrt{\frac{Y}{\varepsilon_0 \varepsilon_r}} \tag{3-42}$$

式中，ε_r 为电介质的相对介电常数。根据式(3-42)，当 Y 降低时，E_{BD} 降低。第二，因温度升高所引起的体击穿阈值降低，根据脉冲热击穿理论[63]：

$$E_{BD} = \sqrt{\frac{3C_V}{\sigma_0 \beta_T t_c} T \exp\left(-\frac{\beta_T}{2T}\right)} \tag{3-43}$$

式中，C_V、σ_0 和 β_T 均为与电介质特性相关的物理量，可以看作是常数；t_c 可以认为是脉冲宽度。依据式(3-43)，当温度 T 升高，E_{BD} 减小。E_{BD} 的减小意味着局部电介质的击穿更容易发生。相应地，电树枝将生长得更快。

图 3-56 总结了微秒长脉冲条件下聚合物电介质累积击穿的直接动因、物理机制和击穿特征。

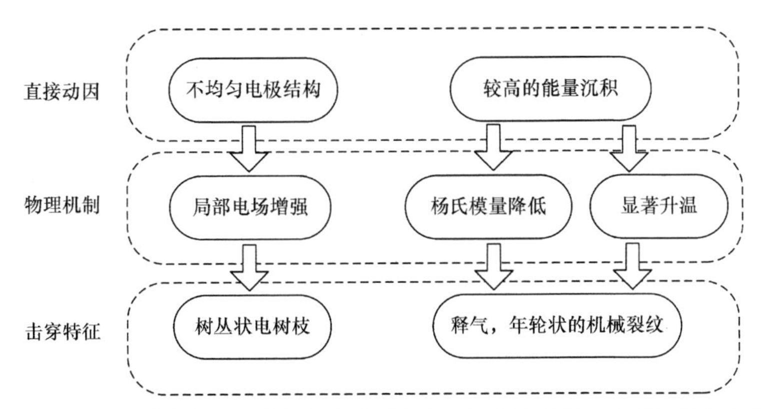

图 3-56　微秒长脉冲条件下聚合物电介质累积击穿的直接动因、物理机制和击穿特征

3.6　小　　结

纳秒脉冲下近似均匀场中有机玻璃、聚苯乙烯等材料内部放电通道发展具有呈树枝状、沿电场方向生长、击穿后的通道呈孔洞状等特点，并且放电通道生长

速率具有先快、后慢、再快的特点。绝缘材料的电树枝击穿主要包含两个基本过程：电树枝引发和电树枝增长。

对于电树枝引发，其形成机制可概括如下：电极向聚合物中注入电子，在聚合物表面形成自由基，自由基群聚形成低浓度域。低浓度域的存在使得电子碰撞电离判据容易满足，经过一定时间或脉冲数后首个放电通道从电极表面引发。

对于电树枝增长，建立了电树枝生长数学模型，并分别得到了电树枝生长的三种情况：持续增长情况、停滞情况和临界情况。电树枝是否生长取决于电树枝前端局部电场与临界电场的对比：当局部电场大于临界电场时，电树枝生长速率大于零，电树枝持续增长；当局部电场小于或等于临界电场时，电树枝生长速率小于或等于零，电树枝将停止生长。从实验角度证实了电树枝生长的这三种情况。

电树枝除了引发于电极表面外，还会从电介质内部开始生长。连续脉冲对电介质内的气隙不断充电，导致气隙放电。放电在气隙壁上沉积能量引起温升，温升又导致电介质壁软化以及体击穿阈值降低。多方面因素共同促成了电介质内的放电通道增长。

长、短脉冲下聚合物累积击穿在电树枝形状、是否释气和是否形成年轮状的机械裂纹等方面存在差异。长脉冲下的累积击穿表现出树丛状，并且伴有释气和出现年轮状的机械裂纹等现象，其直接动因是长脉冲下电极结构非均匀，并且脉冲沉积能量较高。短脉冲下在近似均匀场中，累积击穿则呈树枝状，并且几乎观察不到释气和年轮状的机械裂纹等现象。

参考文献

[1] BOGGS S, SHU W. Theoretical basis of "track" morphology in the growth region of a water tree[J]. IEEE Transactions on Dielectrics and Electrical Insulation, 2019, 26: 235-239.

[2] CHANG C K, LAI C S, WU R N. Decision tree rules for insulation condition assessment of pre-molded power cable joints with artificial defects[J]. IEEE Transactions on Dielectrics and Electrical Insulation, 2019, 26: 1636-1644.

[3] SCHNEIDER L, REED K, HARJES H, et al. Status of repetitive pulsed power at Sandia National laboratories[C]. The 12th IEEE International Pulsed Power Conference, Monterey, USA, 1999: 523-526.

[4] BUDENSTEIN P P. On the mechanism of dielectric breakdown of solids[J]. IEEE Transactions on Electrical Insulation, 1980, EI-15: 225-240.

[5] IEDA M, NAWATA M. DC treeing breakdown associated with space charge formation in polythene[J]. IEEE Transactions on Electrical Insulation, 1977, EI-12: 19-25.

[6] KAO K C. New theory of electrical discharge and breakdown in low-mobility condensed insulators[J]. Journal of Applied Physics, 1984, 55: 752-755.

[7] MORSHUIS P H F, SMIT J J. Partial discharges at DC voltage: Their mechanism, detection and analysis[J]. IEEE Transactions on Dielectrics and Electrical Insulation, 2005, 12: 328-340.

[8] CHEN X, XU Y, CAO X, et al. Effect of tree channel conductivity on electrical tree shape and breakdown in XLPE

cable insulation samples[J]. IEEE Transactions on Dielectrics and Electrical Insulation, 2011, 18: 847-860.
[9] RAWAT A, GORUR R S. Electrical Strength Reduction of Porcelain Suspension Insulators on AC Transmission Lines[C]. Annual Report Conference on Electrical Insulation and Dielectric Phenomena, Quebec, Canada, 2008: 245-248.
[10] PARK J H, CONES H N. Puncture tests on porcelain distribution insulators using steep-front voltage surges[J]. Transactions of the American Institute of Electrical Engineers, 1953, 72: 737-746.
[11] MILLER D B, LUX A E, GRZYBOWSKI S, et al. The effects of steep-front, short-duration impulses on power distribution components[J]. IEEE Transactions on Power Delivery, 1990, 5: 708-715.
[12] WEBER H J, SEE BEGER R E, STOLPE G. Field measurements of partical discharges in potential transformer[J]. IEEE Electrical Insulation Magazine, 1986, 2: 34-38.
[13] KUDO K. Impulse treeing breakdown in polyethylene under non-uniform and quasi-uniform fields[C]. Annual Report Conference on Electrical Insulation and Dielectric Phenomena, Leesburg, USA, 1989: 259-264.
[14] SEKII Y. Initiation and growth of electrical trees in LDPE generated by impulse voltage[J]. IEEE Transactions on Dielectrics and Electrical Insulation, 1998, 5: 748-753.
[15] 李盛涛, 郑晓泉. 聚合物电树枝化[M]. 北京: 机械工业出版社, 2006.
[16] 任浩, 王珏, 严萍. 重频纳秒脉冲下有机玻璃电树枝老化特性的实验研究[J]. 电工电能新技术, 2008, 27: 32-35.
[17] 欧阳文敏, 王珏, 张东东, 等. 重复频率脉冲下环氧树脂电树枝引发特性[J]. 强激光与离子束, 2010, 22: 1378-1382.
[18] 张伟, 王珏, 张东东, 等. 纳秒脉冲下聚合物电树枝引发实验方法[J]. 强激光与离子束, 2011, 23: 1117-1125.
[19] 王珏, 任成燕, 严萍, 等. ns 脉冲下有机玻璃电树枝的引发特性[J]. 高电压技术, 2009, 35: 120-124.
[20] ZHAO L, PAN Y F, SU J C, et al. A Tesla-type repetitive nanosecond pulse generator for solid dielectric breakdown research [J]. Review of Scientific Instruments, 2013, 84: 105114.
[21] DISSADO L A, FOTHERGILL J C. Electrical Degradation and Breakdown in Polymers[M]. London: The Institution of Engineering and Technology, 1992.
[22] KAO K C. Electrical conduction and breakdown in insulating polymers[C]. Proceedings of the 6th International Conference on Properties and Applications of Dielectric Materials, Xi'an, China, 2000: 1-17.
[23] KAO K C. Dielectric Phenomenon in Solid[M]. Amsterdam: Elsevier Academic Press, 2004.
[24] MURAOKA Y. Observations on the intermittent electron emission in liquefied nitrogen[J]. Journal of Applied Physics, 1977, 48: 136-142.
[25] FORSTER E O, WONG P. High speed laser schlieren strudies of electrical breakdown in liquid hydrocarbons[J]. IEEE Transactions on Electrical Insulation, 1977, EI-12: 435-442.
[26] SUEDA H, KAO K C. Schlieren images observed in electrically stressed dielectric liquids [J]. Applied Optics, 1980, 19: 2538-2546.
[27] SUEDA H, KAO K C. Prebreakdown phenomena in high-viscosity dielectric liquids[J]. IEEE Transactions on Electrical Insulation, 1982, EI-17: 221-227.
[28] XIE H K, KAO K C. A Study of the low-density domain developed in liquefied polyethylene under high elelctric fields[J]. IEEE Transactions on Electrical Insulation, 1985, EI-20: 293-297.
[29] JONEST H M, KUNHARDT E E. Development of pulsed dielectric breakdown in liquids[J]. Journal of Physics D: Applied Physics, 1994, 28: 178-188.
[30] FORSTER E O. Progress in the field of electric properties of dielectric liquids[J]. IEEE Transactions on Electrical

Insulation, 1990, EI-25: 45-53.

[31] LIUFU D, WANG X S, TU D M, et al. High-field induced electrical aging in polypropylene films [J]. Journal of Applied Physics, 1998, 83: 2209-2214.

[32] LI Z, YIN Y, WANG X, et al. Formation and inhibition of free radicals in electrically stressed and aged insulating polymers[J]. Journal of Applied Polymer Science, 2003, 89: 3416-3425.

[33] 姚宗熙, 郑德修, 封学民. 物理电子学[M]. 西安: 西安交通大学出版社, 2002.

[34] 胡盘新. 大学物理手册[M]. 上海: 上海交通大学出版社, 1999.

[35] 窦菊英, 朱长纯, 谢涛. 金属热-场电子发射特性研究[J]. 西安交通大学学报, 2001, 35: 655-657.

[36] MORITA K, SUZUKI Y. Study on electrical strength of suspension insulators in steep impulse voltage range[J]. IEEE Transactions on Power Delivery, 1997, 12: 850-856.

[37] GORUR G R. Dielectrics in Electric Fields[M]. New York: Marcel Dekker, 2003.

[38] 于威廉. 高分子电介质化学[M]. 北京: 机械工业出版社, 1979.

[39] NIEMEYER L, PIETRONERO L, WIESMANN H J. Fractal dimension of dielectric breakdown [J]. Physical Review Letters, 1984, 52: 1033-1036.

[40] WIESMANN H J, ZELLER H R. A fractal model of dielctric-breakdown and prebreakdown in solid dielectrics[J]. Journal of Applied Physics, 1986, 60: 1770-1773.

[41] DISSADO L A, SWEENEY P J J. Physical model for breakdown structures in solid dielectrics[J]. Physical Review B, 1993, 48: 16261-16268.

[42] CHAMPION J V, DODD S J, STEVENS G C. Analysis and modeling of electrical tree growth in synthetic resins over a wide range of stressing voltage[J]. Journal of Physics D: Applied Physics, 1994, 27: 1020-1030.

[43] DISSADO L A. Deterministic chaos in breakdown. Does it occur and what can it tell us?[J]. IEEE Transactions on Dielectrics and Electrical Insulation, 2002, 9: 752-762.

[44] SHIBUYA J, NITTA T. Calculation of electric-field in rod gaps and effect of nearby objects[J]. Electrical Engineering in Japan, 1971, 91: 177-179.

[45] MASON J H. Breakdown of insulation by discharges[J]. Proceedings of IEE- Part A: Insulating Materials, 1953, 100: 149-158.

[46] ZHENG X Q, CHEN G, DAVIES A E. Study on growing stages of electrical tree in XLPE[J]. Advanced Technology of Electrical Engineering and Energy, 2003, 22: 24-27.

[47] BLUHM H. Pulsed Power Systems[M]. Karlsruhe: Springer, 2006.

[48] ZHAO L, LIU G Z, SU J C, et al. Investigation of thickness effect on electric breakdown strength of polymers under nanosecond pulses[J]. IEEE Transactions on Plasma Science, 2011, 39: 1613-1618.

[49] PAI S T, ZHANG Q. Introduction to High Power Pulse Technology[M]. Singapore: World Scientific, 1995.

[50] ADLER R J. Pulsed Power Formulary[M]. New Mexico: North Star Research Corporation, 1989.

[51] 李祥伟. 基于环氧玻纤板的横向 S 型固态平板折叠线特性研究 [D]. 绵阳: 中国工程物理研究院, 2013.

[52] MASON J H. The deterioration and breakdown of dielectrics resulting from internal discharges[C]. Proceedings of Institution of Electrical Engineers, London, UK, 1951: 44-59.

[53] AUSTEN A E W, HACKETT W. Internal discharges in dielectrics: Their observation and analysis[J]. Journal of Institution of Electrical Engineers, 1944, 91: 298-290.

[54] HALL H C, RUSSEK R M. Discharge inception and extinction in dielectric voids[J]. Proceeding of IEE - Part Ⅱ: Power Engineering, 1954, 101: 47-55.

[55] MARIC D, SAVIC M, SIVOS J, et al. Gas breakdown and secondary electron yields[J]. The European Physical Journal D, 2014, 68: 155.

[56] PHELPS A V, PETROVIC Z L. Cold-cathode discharges and breakdown in argon: Surface and gas phase production of secondary electrons[J]. Plasma Sources Science and Technology, 1999, 8: R21-R44.

[57] CARSLAW H S, JAEGER J C. Conduction of Heat in Solids[M]. New York: Oxford University Press, 1986.

[58] 严萍. 脉冲功率绝缘设计手册(修订版)[R]. 北京: 中国科学院电工研究所, 2007.

[59] 李翰如. 电介质物理导论[M]. 成都: 成都科技大学出版社, 1990.

[60] 陈季丹, 刘子玉. 电介质物理学[M]. 北京: 机械工业出版社, 1982.

[61] 常超. HPM 馈源介质窗击穿机理研究及其应用[D]. 北京: 清华大学, 2010.

[62] 李世瑨. 高分子电介质[M]. 上海: 上海科学技术出版社, 1958.

[63] WHITEHEAD S. Dielectric Breakdown of Solid[M]. Oxford: Clarendon Press, 1951.

[64] KISSHEK R, LAU Y, VALFELLS A, et al. Multipactor discharge on metals and dielectrics: Historical review and recent theories[J]. Physics of Plasma, 1998, 5: 2120-2126.

[65] KISSHEK R, LAU Y. Multipactor discharge on a dielectrics: Historical review and recent theories[J]. Physical Review Letter, 1998, 80: 193-196.

[66] ANG L, LAU Y, KISSHEK R, et al. Power deposit on a dielectrics by a multipactor[J]. IEEE Transactions on Plasma Science, 1998, 26: 290-295.

[67] CHANG C, SHAO H, CHEN C H, et al. Single and repetitive short-pulse high-power microwave window breakdown [J]. Physics of Plasma, 2010, 17: 053301.

[68] STARK K H, GARTON G C. Electrical strength of irradiation polymers[J]. Nature, 1955, 176: 1225-1226.

第 4 章　纳秒脉冲下绝缘结构的寿命

在实际应用中最关心的是绝缘结构的寿命。在尺寸和耐压给定的前提下，希望绝缘结构具有满足要求的使用寿命[1-4]，这是设计者和研究者共同关心的问题。本章从寿命的定义出发，首先给出绝缘结构的理论寿命公式；其次给出高可靠度寿命公式和多物理场寿命公式，结合这些公式，提出了绝缘结构寿命的评估方法；最后指出绝缘结构寿命与尺寸效应之间存在的联系。

本章针对实际应用，围绕绝缘结构的寿命展开论述，提出绝缘结构寿命评估的依据和方法，本章各节之间的关系如图 4-1 所示。

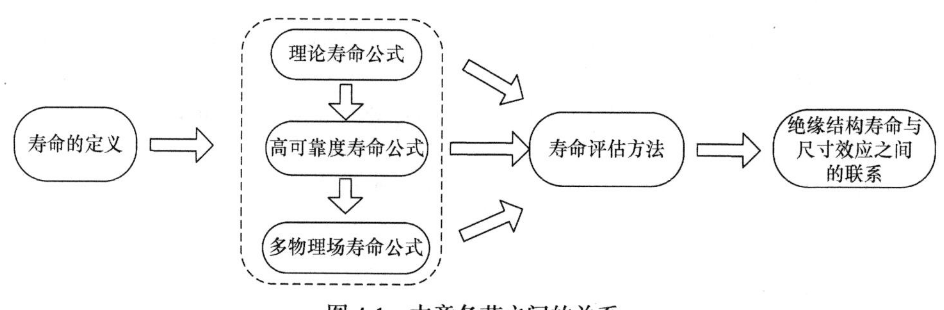

图 4-1　本章各节之间的关系

4.1　概　　述

4.1.1　寿命的定义和指标

寿命(lifetime)是指产品或零部件从投入使用到失效的整个时间[5]。它是评估产品或零部件可靠性的重要参数之一。可靠性是指元器件、零部件、设备或系统在规定时间和规定条件下能够实现预定功能而不失效或不出故障的能力[5]。

以寿命指标来考察纳秒脉冲下固体绝缘结构的可靠性时，因为绝缘结构承受的电压为脉冲方式，所以时间 t 应改为脉冲数 N；同时因为绝缘结构处于一定的外施电场中，所以寿命主要受外施电场因素影响。

除外施电场外，影响寿命的因素还包括机械应力、材料种类、绝缘结构外形、应用环境(气压、温度、辐射)等[5]，本章重点论述外施电场对寿命的影响，其次论述如应力等因素对寿命的影响。

寿命常用的指标有平均寿命和可靠度寿命，前者指大量零部件寿命的平均值；后者指可靠度取一定值时对应的寿命，如可靠度取 0.5 时对应的寿命为中位寿命。可靠度(reliability)定义为零部件维持一定功能的概率，通常用 R 表示。R 值越大，说明零部件的可靠性水平越高。

与寿命相比，可靠度是描述产品或零部件可靠性的另一重要参数，它与寿命既有区别又相互关联。本节在给出理论寿命公式之前，先给出可靠度公式。

4.1.2　可靠度公式

零部件的可靠状态和失效状态互补完备，如果以 F 表示失效概率，则有 $R+F=1$。可靠度一般是时间或脉冲数的函数，同时也受到外施电场、应力、温度等外界因素的影响[5]。关于可靠度的相关公式，最早报道的是 Barkin 和 Ushakov 的研究成果[6-8]，给出如下判据：

$$E_{BD} \geqslant K_c E_{op} \tag{4-1}$$

式中，K_c 为比率因子，对于均匀电场，$K_c=2$；对于极不均匀电场，$K_c=1.88$。根据 Barkin 等的研究，在均匀场中若 $K_c=2$，则绝缘件具有 99.7%的可靠度。除此之外，在超导容器设计方面，研究者通常取 99.9%的可靠度作为标准进行绝缘设计[9-10]。

在 2.1 节中曾提到：对于两参数 Weibull 分布，当 $E=\eta_0^{1/m}$ 时，击穿概率 $F(E)=63.2\%$，定义此时的电场为特征电场或击穿电场，记为 E_{BD}。将该值代入 Weibull 击穿概率表达式中，有

$$F(E)=1-\exp\left[-\left(\frac{E}{E_{BD}}\right)^m\right] \tag{4-2}$$

在进行水利、土木、机械等工程设计时，定义材料受力部分的极限应力与许用应力之比为安全系数。参考上述相关知识，对于绝缘设计，材料的击穿阈值与极限应力概念类似，外施电场与许用应力可以类比，因此本书定义击穿阈值与外施电场之比为绝缘件的安全系数，用 β_s 表示，即 $\beta_s=E_{BD}/E_{op}$，β_s 值越大，表明绝缘设计的安全余量越大。将 β_s 和 $R+F=1$ 代入式(4-2)，可得

$$R=\exp\left(-\frac{1}{\beta_s^m}\right) \tag{4-3}$$

图 4-2 给出了可靠度随 $1/\beta_s(E_{op}/E_{BD}$，归一化外施电场)的变化曲线。

从图 4-2 中看出，对于 m 为 8 的绝缘材料，当 β_s 取值为 2 时，可得到 99.6%的可靠度，这与 Barkin 的结论基本相符；当绝缘材料纯净度较差时($m<8$)，所得可靠度会低于上述值，这与实际情况相符；当绝缘材料纯净度极高时($m\to\infty$)，在击穿阈值范围内，可靠度取值为 1，变为与外施电场无关的常数，这也与一般常

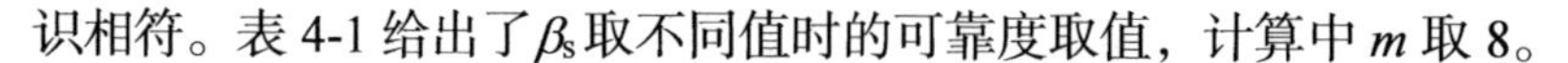

识相符。表 4-1 给出了β_s取不同值时的可靠度取值，计算中 m 取 8。

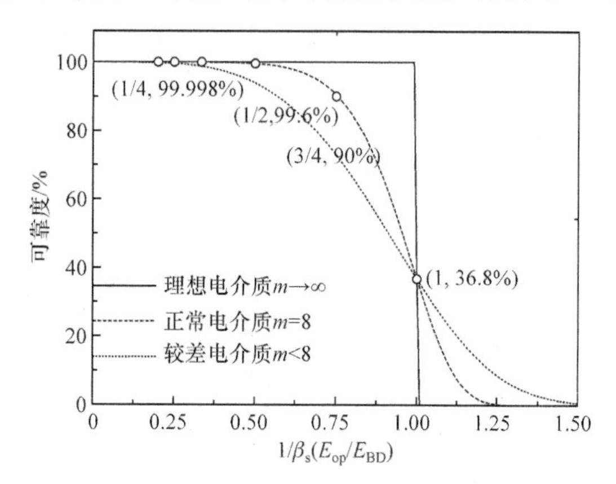

图 4-2　可靠度随 $1/\beta_s$ 的变化曲线

表 4-1　β_s 取不同值时的可靠度取值(m=8)

安全系数β_s	可靠度 R/%
1.78	99
2.06	99.7
2.37	99.9
3.16	99.99
4.22	99.999

因为通常情况下可靠度取值较高(如 99.7%)，所以要求β_s值较大，进而$1/\beta_s^m$趋近于零；在零点对式(4-3)进行泰勒展开并忽略高次项，得

$$R \approx 1 - \frac{1}{\beta_s^m} \tag{4-4}$$

再将反映绝缘材料厚度效应的表达式 $E_{BD}=E_1 d^{-1/m}$ 代入β_s的定义式中，同时考虑准均匀电场的条件 $E_{op}=U/d$，则得

$$\beta_s = \frac{E_1}{d^{1/m}}\left(\frac{U}{d}\right)^{-1} = \frac{E_1}{U} d^{1-\frac{1}{m}} \tag{4-5}$$

式中，E_1为单位厚度(如 1mm)对应的击穿阈值，具体取值见表 4-2。再将式(4-5)代入式(4-4)中，便可得到以 d、E_1 和 U 表示的纳秒脉冲下绝缘结构的可靠度表达式：

$$R = 1 - \left(\frac{U}{E_1}\right)^m d^{1-m} \tag{4-6}$$

特别地，对于大多数纯净度较好的绝缘材料，m=8，则式(4-6)变为

$$R=1-\left(\frac{U}{E_1}\right)^8 d^{-7} \tag{4-7}$$

表 4-2　E_1 为 1mm 时对应的击穿阈值

电介质	$E_1\vert_{d=1\text{mm}}/(\text{MV}\cdot\text{cm}^{-1})$
PE	1.23
Nylon	1.58
PTFE	1.77
PMMA	1.71

根据式(4-7)，分别计算出可靠度 R 随厚度 d 和电压 U 变化的趋势，见图 4-3。图 4-3 中四种聚合物 E_1 的数据见表 4-2。从图 4-3 中可以看出，当可靠度增加时，厚度需要增加或者电压需要减小，这与一般常识相符。更精确的计算表明，当 R 增加小数点后一位(或 R 增加一个“9”)时，厚度需要扩大为原来的 1.4 倍，或者电压需要降为原来的 3/4。另外从图 4-3 中还可以看出，绝缘材料的击穿阈值越大，可靠度越高。

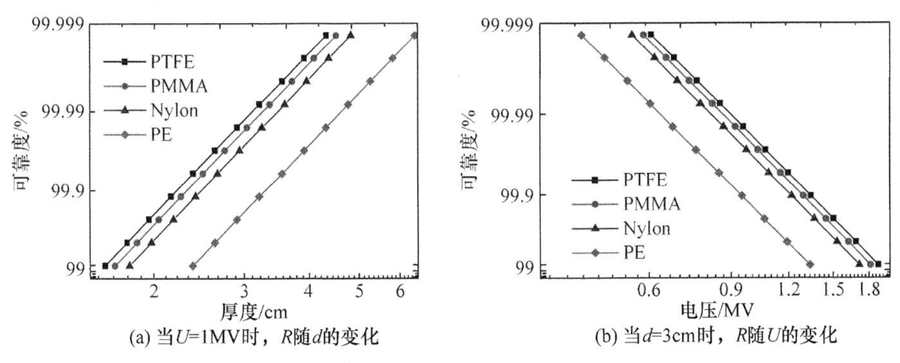

(a) 当U=1MV时，R随d的变化　(b) 当d=3cm时，R随U的变化

图 4-3　可靠度 R 随厚度 d 和电压 U 变化的趋势

根据式(4-7)，能够得出指导绝缘结构设计的建议。图 4-4 给出了归一化厚度随可靠度变化的曲线。从图 4-4 中看出，曲线斜率随可靠度增加而增大，这表示可靠度增加对应的厚度增量越来越大，因此绝缘结构的可靠度取值不宜过高，否则付出的尺寸代价过大；考虑到适当大的可靠度是绝缘结构可靠工作的前提，所以绝缘结构可靠度取值存在一个最佳范围。

图 4-5 是电压和可靠度一定时，归一化厚度随绝缘材料击穿阈值的变化(图中 U=1MV，R=99.9%，并以 PE 的厚度为参考厚度)。图 4-5 显示，对于同样的可靠度和电压要求，采用聚四氟乙烯(PTFE)材质所设计的厚度仅为聚乙烯厚度的 2/3。这就意味着在实际的绝缘设计中，应首选击穿阈值较高的材料，这对高电压装置

的小型化具有现实意义[11]。对图 4-4 和图 4-5 需要补充说明的是，上述结果是针对准均匀电场得出的，当电场非均匀时，应该采用可靠度公式(4-3)进行计算，同时外施电场应当由仿真给出。

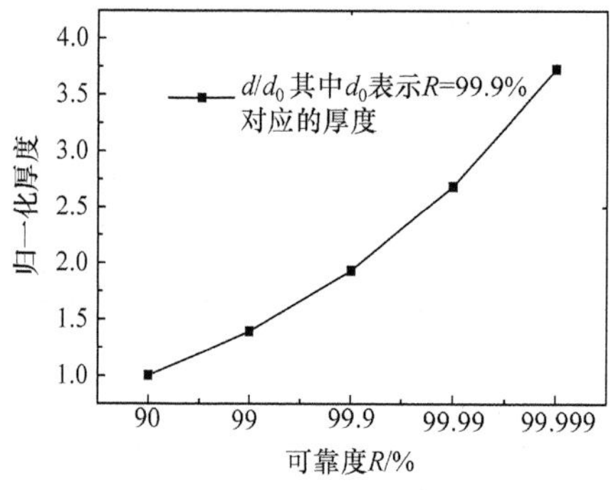

图 4-4　归一化厚度随可靠度的变化

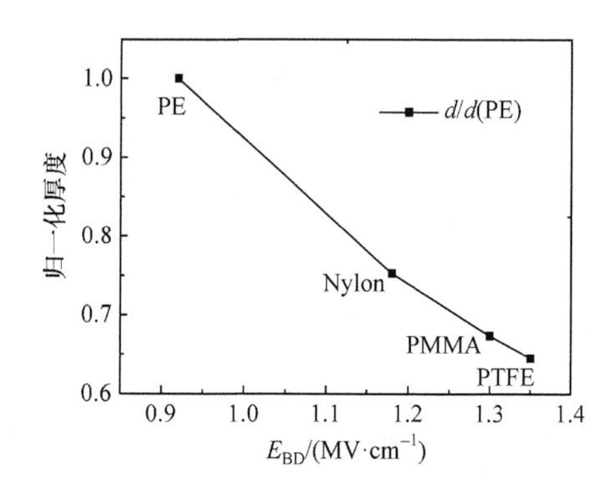

图 4-5　归一化厚度随绝缘材料击穿阈值的变化

4.2　寿 命 公 式

4.2.1　引言

20 世纪 90 年代以来，英国原子武器研究中心的 Martin 完成了大量的短脉冲固体击穿实验，并总结了 Martin 经验公式[12-13]，其中包括寿命经验公式[12-13]：

$$N_{\mathrm{L}}=\left(\frac{E_{\mathrm{BD}}}{E_{\mathrm{op}}}\right)^{7.5} \tag{4-8}$$

式中，N_{L} 为脉冲数或寿命；E_{op} 为外施电场。本节将文献[13]中的数据重绘于图 4-6，并进行拟合，得到斜率为 7.5。对于 Mylar 胶膜，Martin 建议式(4-8)中

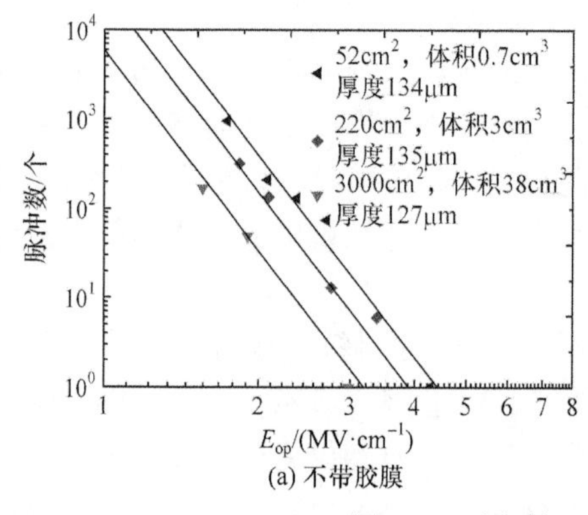

(a) 不带胶膜

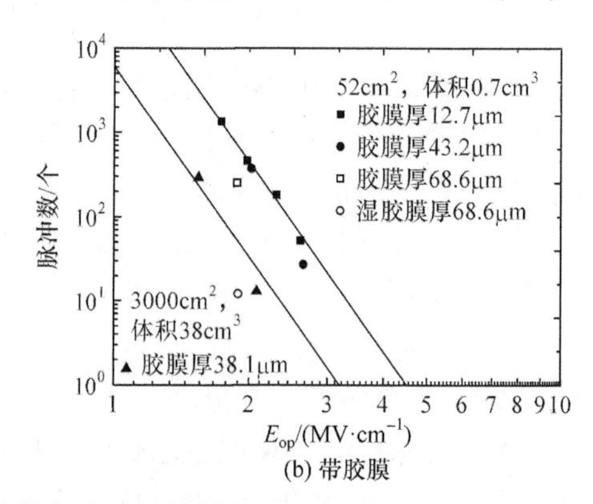

(b) 带胶膜

图 4-6　对文献[13]中数据的重新绘制[13]

的指数取 16 或更高[12]。

除 Martin 外，其他研究者也测试了不同条件下不同绝缘材料的脉冲数。例如，文献[14]测试了 30μs 脉冲下陶瓷电容器的寿命。表 4-3 汇总了文献中微秒、直流和交流条件下的寿命公式。从表 4-3 中可以看出，这些寿命公式均符合负幂指数关系。然而文献中并没给出理论方面的报道。本节将重点围绕寿命公式的理论依据展开论述。

表 4-3　文献中微秒、直流和交流条件下的寿命公式

寿命公式	研究者	材料	实验条件
$N_{\mathrm{L}} \propto U_{\mathrm{op}}^{-7.6}$	Dakin 等[15-16]	油浸绝缘纸板	1.5/40μs
$N_{\mathrm{L}} = \dfrac{C'}{U_{\mathrm{op}}^{6.2}}$	Mesyats[17]	电缆	0.8/3μs
$N_{\mathrm{L}} = 7.2 \cdot 10^{10} \left(\dfrac{k' U_{\mathrm{c}}}{U_{\mathrm{op}}} \right)^{8.4}$	Howard 等[18-21]	PE 电缆	直流和交流
$N_{\mathrm{L}} = \left(\dfrac{E_{\mathrm{BD}}}{E_{\mathrm{op}}} \right)^{9}$	李祥伟等[22]	FR-4 环氧玻璃丝布	0.5Hz 毫秒脉冲

注：表中 k'、U_{c}、C' 均可视为常数；U_{op} 为工作电压；N_{L} 为寿命。

4.2.2　理论寿命公式

1. 基于 Weibull 分布得出的公式

对于固体电介质击穿，变形后的两参数 Weibull 分布表达式(4-2)应该是三参数 Weibull 分布表达式的一个特例(N 取值为 1)，为叙述方便，这里写出以脉冲数 N 为自变量的三参数 Weibull 分布表达式：

$$F(N,E) = 1 - \exp\left(-cN^{a}E^{b}\right) \tag{4-9}$$

因为式(4-2)是式(4-9)的一个特例(N 取值为 1)，所以两式的参数应该取值相同。通过比较两式，得出 $b=m, c=E_{\mathrm{BD}}^{-m}$。将其代入式(4-9)，并考虑 $E_{\mathrm{BD}}/E_{\mathrm{op}}=\beta_{\mathrm{s}}$，得

$$F(N) = 1 - \exp\left(-\frac{N^{a}}{\beta_{\mathrm{s}}^{m}}\right) \tag{4-10}$$

式中，a 定义为 Weibull 分布的时间形状参数。根据式(4-10)，当 $F(N)$=63.2%时，可以得到绝缘结构特征寿命的完全表达式：

$$N_{\mathrm{L}} = \beta_{\mathrm{s}}^{\frac{m}{a}} \tag{4-11}$$

因为可靠度 $R=1-F$，所以绝缘结构的特征寿命代表了可靠度为 36.8%的寿命，即

当 $N=N_L$ 时，绝缘结构具有 36.8%的可靠度。

根据式(4-11)，要确定 N_L 的具体表达式，首先得确定参数 m 和 a 的取值。对于参数 m，根据第 2 章的结论，m 由电介质种类和品质决定，$m=8$ 表示电介质具备较优质量水平。

对于参数 a，可以从电介质的失效率及失效机制角度进行论述。失效率定义为工作到某一时刻尚未失效的产品或零部件在该时刻后单位时间内发生失效的概率，常用$\lambda(t)$表示，单位为 s^{-1}，$\lambda_f(t)$的定义式为[5]

$$\lambda_f\left(t\right)=\frac{dF\left(t\right)/dt}{R\left(t\right)} \tag{4-12}$$

参考式(4-12)，脉冲情况下的失效率$\lambda_f(N)$可表示为

$$\lambda_f\left(N\right)=\frac{dF\left(N\right)/dN}{R\left(N\right)} \tag{4-13}$$

将式(4-10)代入式(4-13)，并考虑 $R(N)=1-F(N)$，则可得失效率随脉冲数 N 的表达式：

$$\lambda_f\left(N\right)=a\beta_s^m N^{a-1} \tag{4-14}$$

根据式(4-14)，在安全系数β_s和形状参数 m 确定的前提下，$\lambda_f(N)$仅由时间形状参数 a 确定。a 的取值方法与 m 类似，即在 Weibull 坐标系下绘出由 $\lg(\ln(1/(1-F(N))))\sim\lg N$ 数据点所确定的直线，其斜率就是 a。图 4-7 为在 Weibull 坐标系下重新绘出了不同研究者关于击穿概率 $F(N)$随脉冲数 N 的变化，图 4-7 中的斜率分别为 0.8(Marzinotto 等[23])、1.7(Sekii[24])和 3.4(Bartsch[25])。上述结果是在纳秒至微秒时间范围内获得的，当电介质承受连续电压时，击穿概率 $F(t)$随时间 t 变化的实验结果如图 4-8 所示[26]。

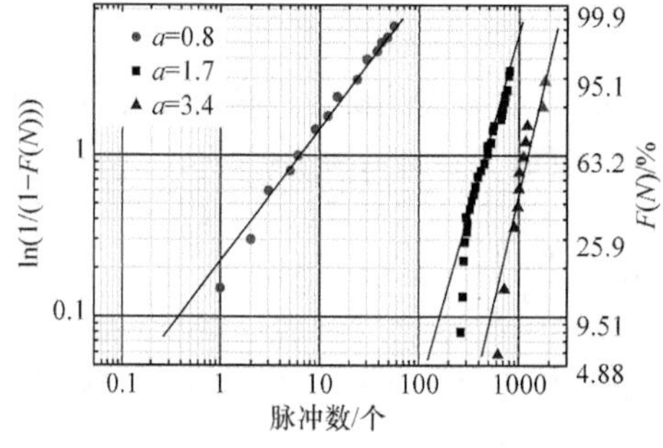

图 4-7　击穿概率 $F(N)$随脉冲数 N 的变化

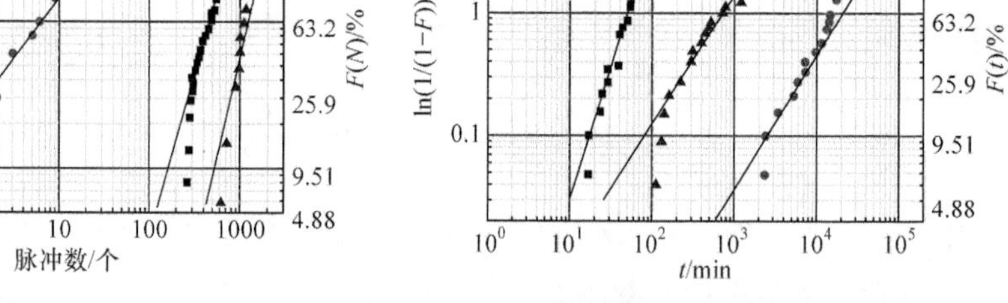

图 4-8　击穿概率 $F(t)$随时间 t 的变化

从图 4-7 和图 4-8 中可以看出，无论电介质承受脉冲电场还是连续电场，a 的取值均在 0.8～3.4。同时，Dissado 等[27]总结得出：a 常见的取值为 0.5～3；a

取不同值时，击穿概率式(4-9)所代表的电介质失效率及失效机制也不尽相同[27]。图 4-9 绘出了当 a=0.5、1、1.5、2 和 3 时，归一化失效率随归一化脉冲数的变化曲线。从图 4-9 中看出，根据 a 取值的不同，图 4-9 中的曲线可以分为三类：①a<1，$\lambda_f(N)$单调递减；②a=1，$\lambda_f(N)$为常数；③a>1，$\lambda_f(N)$单调递增。以上$\lambda_f(N)$的三种变化趋势与一般产品或零部件的三个不同使用阶段相对应。图 4-10 给出了一般产品或零部件从投入使用到发生故障阶段其失效率的大致趋势，该曲线又称“浴盆曲线”。从图 4-10 中看出，该曲线有快速衰减、保持稳定和迅速增加三个阶段。浴盆曲线的三个阶段分别与 a<1、a=1 和 a>1 相对应。

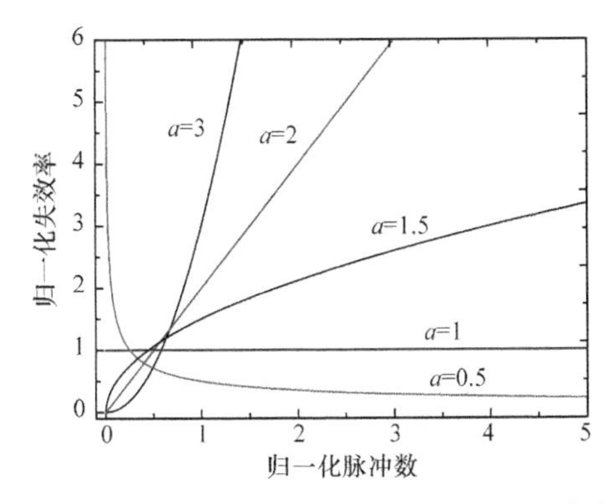

图 4-9　归一化失效率随归一化脉冲数的变化曲线

$\lambda_f(t)$或$\lambda_f(N)$
正常使用阶段
早期失效阶段
随机失效阶段
疲劳阶段
归一化时间或脉冲数

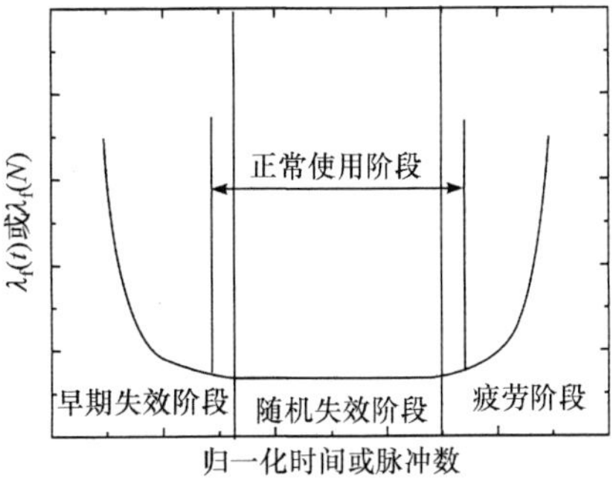

图 4-10　浴盆曲线

对于固体电介质击穿现象，表 4-4 总结了当 a 取不同值时浴盆曲线每个阶段对应的失效机制。从表 4-4 中看出，当 a=1 时绝缘结构处于正常使用阶段，其失效原因是材料存在弱点或缺陷，失效机制为气隙或缺陷击穿，并且该阶段的绝缘设计被认为是最佳设计。以 m=8 为例，图 4-11 绘出了 a 取不同值时 N_L 的计算结果，从图 4-11 中看出，随着归一化外施电场的增大，绝缘结构寿命减小。图 4-12 给出了不同安全系数下 N_L 随 a 的变化曲线。从图 4-12 中看出，随着 a 增大，N_L 显著减小。

表 4-4　当 a 取不同值时浴盆曲线每个阶段对应的失效机制[5, 27]

三个阶段	第一阶段 ——早期失效阶段	第二阶段 ——随机失效阶段	第三阶段 ——疲劳阶段
时间形状参数取值范围	a<1	a=1	a>1
失效率变化趋势	失效率高且随时间减小	失效率低且近似为常数	失效率随时间迅速增长
失效原因	设计不合理； 原材料品质差	由材料弱点、缺陷引起； 不正当使用	老化； 损耗
在电介质击穿中的表现特征	存在预击穿现象； 前次预击穿“阻碍”后续预击穿	无记忆性和随机性； 两次击穿间没有必然联系	存在预击穿现象； 前次预击穿“加速”后续预击穿

续表

三个阶段	第一阶段 ——早期失效阶段	第二阶段 ——随机失效阶段	第三阶段 ——疲劳阶段
在电介质击穿中对应的物理机制	电树枝/局放机制	气隙或缺陷击穿	老化击穿
评注	该阶段产品多被淘汰	正常使用阶段	应及时更换

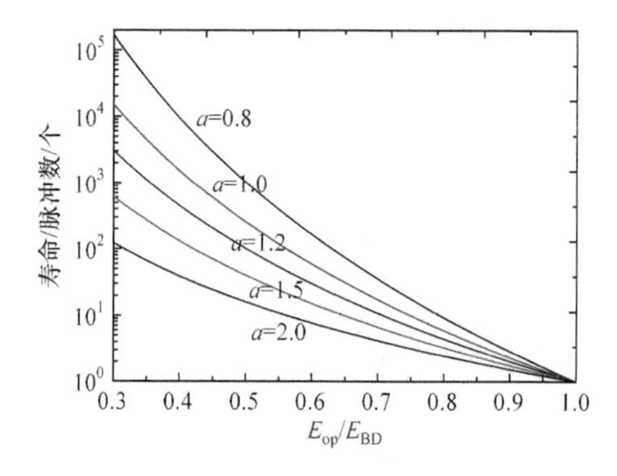

图 4-11　a 取不同值时 N_L 的计算结果

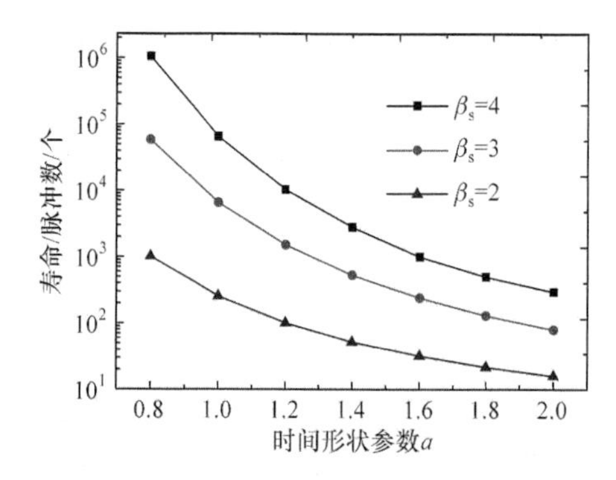

图 4-12　不同安全系数下 N_L 随 a 的变化曲线

图 4-11 和图 4-12 均说明绝缘结构应工作在 a 取值较小的情况，但因为实际中 $a<1$ 的情况很难出现(当 $a<1$ 时，绝缘结构多因设计不合理或材料品质较差而被淘汰)，所以 $a=1$ 是绝缘结构工作的最佳阶段。

综上所述，$a=1$ 意味着绝缘结构处于正常使用阶段，研究该阶段绝缘结构的寿命具有实际意义。将 $m=8$ 和 $a=1$ 代入寿命公式(4-11)中，得

$$N_{\mathrm{L}} = \beta_{\mathrm{s}}^{8} = \left(\frac{E_{\mathrm{BD}}}{E_{\mathrm{op}}}\right)^{8} \tag{4-15}$$

式(4-15)与由 Martin 给出的寿命公式一致。这说明 Martin 公式仅适合描述绝缘材料质量较优且绝缘结构处在正常使用阶段的寿命，因此 Martin 公式仅是一个特例。根据式(4-15)，还可以解释 Martin 实验中有关聚酯膜的结果(对于聚酯膜，Martin 寿命公式中 $m=16$；而对于一般材料，$m=7.5$)。聚酯膜为薄膜材料，因为其中包含的杂质和气隙含量相对较少，所以薄膜纯净度较高，相应 m 值较大；又因为聚酯膜是在正常条件下测试的，对应 $a\approx1$，所以聚酯膜的寿命指数(m/a)取值较大。

2. 从脉冲串联模型得出的公式

每个脉冲对绝缘结构所产生的影响在时间上存在先后顺序，即局部放电在时

间上满足串联关系。假设绝缘结构总的可靠度是每个脉冲下可靠度的串联，即

$$1-F_N=\prod_{i=1}^{N}\left(1-F_i\right) \tag{4-16}$$

式中，F_N为 N 个脉冲之后总的击穿概率；F_i为第 i 个脉冲对应的击穿概率。这个模型与 2.1 节中绝缘材料的厚度效应类似，只不过厚度效应是击穿在空间上的串联，而脉冲效应是击穿在时间上的串联，称这种模型为脉冲串联模型。文献[28]针对这种脉冲串联模型分析了两种情况：一种是独立情况，即每个脉冲对绝缘结构产生的影响彼此相互独立；另一种是非独立情况，即后一个脉冲对绝缘结构产生的影响与前一个脉冲产生的影响相关联。对于第一种情况，假设绝缘结构的寿命为 N_L，并假设每个脉冲对应的击穿概率可表示为 $F_i=1/N_L$，将 $F_i=1/N_L$ 代入式(4-16)，有

$$F_N=1-\left(1-\frac{1}{N_L}\right)^N \tag{4-17}$$

考虑到 $N_L\gg 1$，当 N 接近 N_L 时，根据极限法则，式(4-17)可变为

$$F_N=1-\exp\left(-\frac{N}{N_L}\right) \tag{4-18}$$

再考虑由三参数 Weibull 分布得出的击穿概率表达式(4-10)，当 a=1 时，式(4-10)变为

$$F\left(N\right)=1-\exp\left(-\frac{N}{\beta_s^m}\right) \tag{4-19}$$

通过比较式(4-18)和式(4-19)，可得到绝缘结构特征寿命的直接表达式：

$$N_L=\beta_s^m \tag{4-20}$$

当 a=1 时，式(4-11)与式(4-20)完全相同。

这里需要说明的是，两个公式的出发前提相同，均是基于表 4-4 中所总结的 a=1 的击穿特征和机理，包括：击穿表现为无记忆性和随机性；击穿由气隙或缺陷所引发。

3. 幂指数 m 的物理含义

在寿命公式(4-20)中，安全系数β_s的含义是清楚的，是击穿电场与外施电场的比值，即 E_{BD}/E_{op}，但指数 m 的物理含义尚不明确。在 2.2 节中曾指出 m 的物理含义与 E_{BD} 的分布相关，此处继续探究 m 的物理含义。

尺寸相同的一批绝缘试样或绝缘结构，其击穿阈值通常不是一个定值，而是呈现出一种分布。无论这种分布如何，通过选取合适的参数 m 和 η (或 α 和 β)，

都能通过 Weibull 分布准确将其描述。同时，任何一种分布都存在数学期望和标准差，以 Weibull 分布描述的击穿阈值分布同样也存在数学期望 E_{BD0} 和标准差 E_σ，如图 4-13 所示。

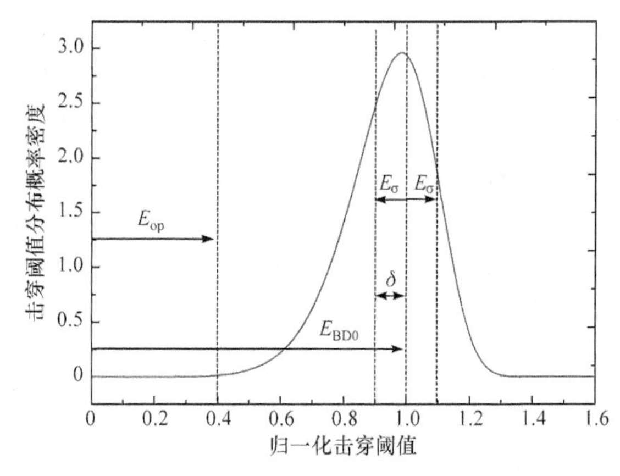

图 4-13　以 Weibull 分布描述的击穿阈值对应的数学期望 E_{BD0} 和标准差 E_σ

如第 2 章所述，定义 E_σ与 E_{BD0}之比为归一化标准差或相对分散度，记为δ。结合 Weibull 分布，δ可表示如下：

$$\delta(m)=\left[\Gamma\left(1+\frac{2}{m}\right)-\Gamma^2\left(1+\frac{1}{m}\right)\right]^{\frac{1}{2}}\Bigg/\Gamma\left(1+\frac{1}{m}\right) \tag{4-21}$$

根据式(4-21)，绘出了δ随 m 的变化曲线，如图 4-14 所示。

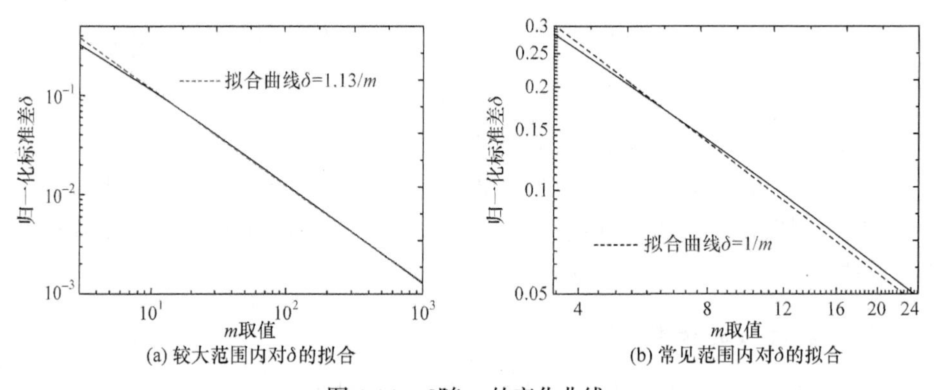

图 4-14　δ随 m 的变化曲线

从图 4-14(a)中看出，在双对数坐标系下δ和 m 近似呈直线关系，并且近似有δ= 1.13/m。实际中，m 取值范围在 8 附近，因此在常见的 m 取值范围内对两者重新进行了拟合，见图 4-14(b)，发现两者近似满足δ=1/m，即两者近似满足倒数关系。

从这个角度再来考察寿命公式(4-20)，则可以发现 m 的物理含义为 E_{BD} 分布的相对分散度的倒数。此时寿命公式(4-20)可以写为

$$N_{\mathrm{L}} \approx \beta_{\mathrm{s}}^{1/\delta} \tag{4-22}$$

式中，绝缘结构的寿命仅取决于两个量：①外施电场 E_{op} 与击穿电场 E_{BD} 之比，两者比值越小(或安全系数β_{s}越大)，寿命越长；②击穿阈值的相对分散度δ越小，寿命越长，参见图 4-15。从图 4-15 中还可以看出，要使寿命 N_{L} 增加，减小δ比增加β_{s} 更为有效，这是因为δ在指数项，而β_{s} 在底数项。这就提示，在实际绝缘结构设计中，减小击穿阈值的相对分散度比降低外施电场更为有效。

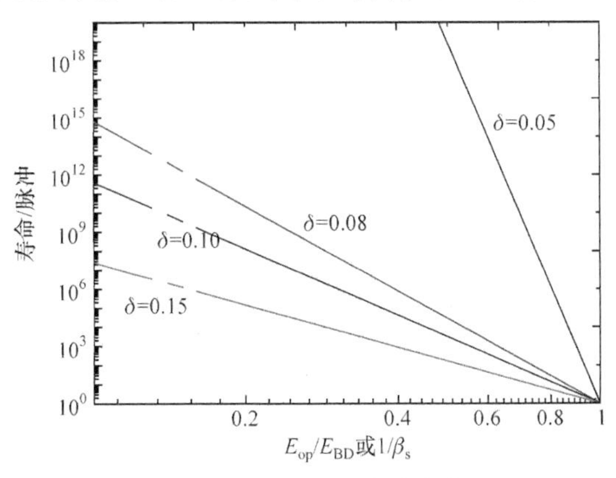

图 4-15　不同δ对应的寿命

4. 关于寿命公式的计算

当 a=1 且 m=8 时，安全系数β_{s}可以写成如下形式：

$$\beta_{\mathrm{s}} = \frac{E_{\mathrm{BD}}}{E_{\mathrm{op}}} = \frac{E_1}{U} d^{\frac{7}{8}} \tag{4-23}$$

将式(4-23)代入寿命公式(4-20)，得

$$N_{\mathrm{L}} = d^7 \left(\frac{E_1}{U} \right)^8 \tag{4-24}$$

式(4-24)以厚度、电压和击穿阈值表示绝缘结构寿命，并且是材料纯净度较好且处在正常使用阶段绝缘结构的寿命。根据式(4-24)，可以对寿命的变化趋势进行分析。图 4-16(a)给出了当脉冲电压幅值一定(U=1MV)时的寿命-厚度曲线。从图 4-16(a)中看出，厚度越大，寿命越长，并且近似存在当厚度扩大为原来的 1.4 倍时，寿命增加一个量级的趋势。令厚度一定(d=3cm)，则可得到脉冲电压幅值对寿命影响的曲线，如图 4-16(b)所示。从图 4-16(b)中看出，随着电压减小，寿命增加；并且存在当电压减小为原来的 3/4 时，寿命增加一个量级的趋势。图 4-6 重

新绘制了 Martin 的实验结果，其实验对象为不同厚度的薄膜，对这些数据进行重新分组，并考察脉冲数随厚度的变化，如图 4-17 所示。从图 4-17 中看出，对于不同的电压等级，脉冲数 N 与 d^7 近似满足线性关系，这进一步证实了寿命公式(4-24)的正确性。

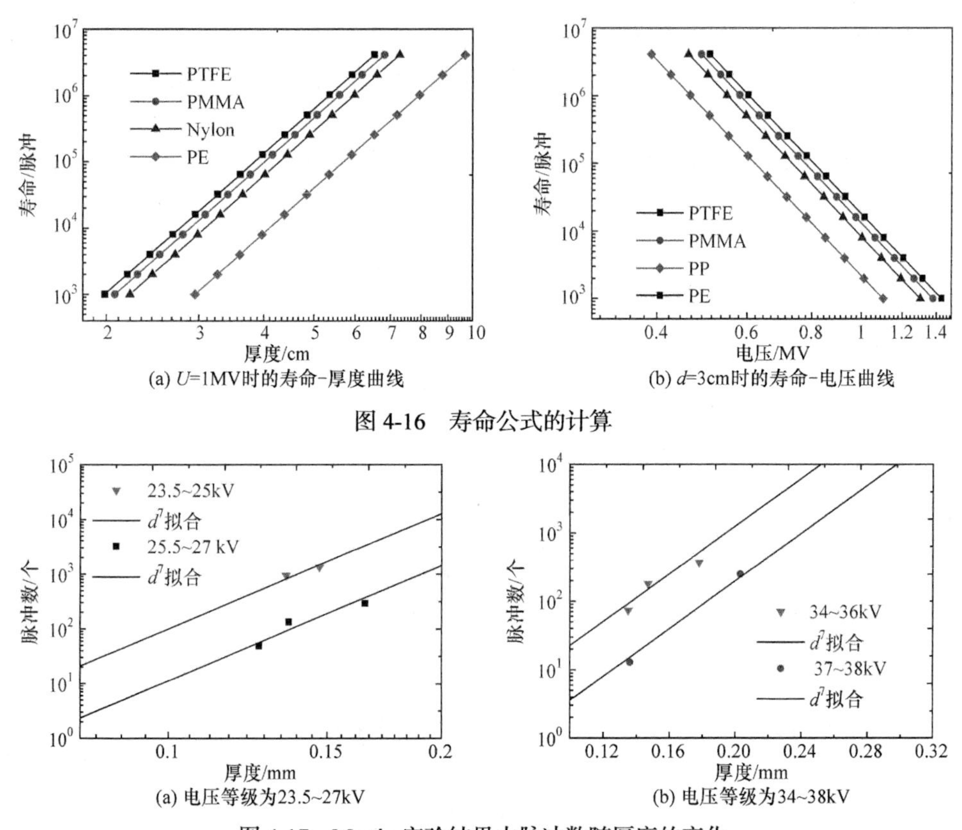

(a) U=1MV时的寿命-厚度曲线　　(b) d=3cm时的寿命-电压曲线

图 4-16　寿命公式的计算

(a) 电压等级为23.5~27kV　　(b) 电压等级为34~38kV

图 4-17　Martin 实验结果中脉冲数随厚度的变化

4.2.3　寿命公式验证

完成两组 10ns 短脉冲条件下的寿命实验。

第一组实验，脉冲数随外施电场的变化，用于验证完全形式的特征寿命公式(4-11)。实验方法为选取若干厚度相同(1mm)的聚四氟乙烯实验样片，改变电压，记录不同电压下样片耐受脉冲的数目。因为实验中所用的聚四氟乙烯样片处在正常使用阶段，所以 α≈1；由表 4-2 知，样片的 m=7.1，样片寿命应近似遵循 $N \propto E_{\mathrm{op}}^{-7.1}$ 的变化趋势。图 4-18 给出了双对数坐标系下的实验结果。通过对图 4-18 中数据进行拟合，得

$$\lg N = 2.87 - 7.4 \lg E_{\mathrm{op}} \tag{4-25}$$

对式(4-25)进行变形，得

$$N = \frac{10^{2.87}}{E_{\mathrm{op}}^{7.4}} = \left(\frac{2.44}{E_{\mathrm{op}}}\right)^{7.4} \tag{4-26}$$

比较式(4-26)和式(4-11)，已知幂指数 m/a 为 7.4，这与估计值 7.1 接近，从而验证了完全形式的特征寿命公式(4-11)。

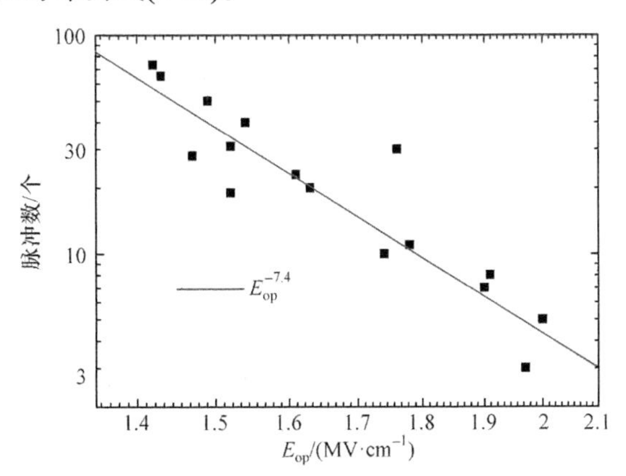

图 4-18　双对数坐标系下的实验结果

第二组实验,脉冲数随材料厚度和电压变化的实验,用于验证寿命公式(4-24)。因为有机玻璃样片的形状参数 $m\approx 8$，时间形状参数 $a\approx 1$，所以样片寿命近似满足以厚度、电压表示的寿命公式(4-24)。以有机玻璃样片为测试对象($E_1|_{d=1\mathrm{mm}}=171\mathrm{kV}\cdot\mathrm{mm}^{-1}$)，分别设定样片寿命为 100、1000 和 10000，加工不同厚度的样片，再根据寿命公式(4-24)确定电压 U。表 4-5 列出了不同设定条件(d，U)所对应的实测寿命。将表 4-5 中的实验结果与理论值进行比较，如图 4-19 所示。从图 4-19 中看出，实验结果与理论计算值基本相符，进而寿命公式(4-24)得到了证实。除短脉冲实验外，在长脉冲条件下，Dakin 得到了形如 $N_{\mathrm{L}}\propto U^{-7.6}$ [15-16]的关系，以及 Mesyats 得到了形如 $N_{\mathrm{L}}\propto U^{-6.2}$ [17, 29]的关系，这两个关系也间接验证了寿命公式(4-24)的正确性。在 Dakin 所报道的实验结果中，研究对象为油浸纸板，施加脉冲为 1.5/40μs 的微秒脉冲[16]，见图 4-20；在 Mesyats 所报道的实验结果中[17, 29]，研究对象为 IC-2 电缆，长度为 10.6m，施加脉冲为 0.8/3μs 的微秒脉冲，见图 4-21。

表 4-5　不同设定条件(d，U)所对应的实测寿命

样片序号	100 (3mm, 250kV)	1000 (3mm, 190kV)	10000 (2mm, 100kV)
1	62	1200	16000*
2	65	700	7400
3	53	1540	6620
4	90	3240	13200*
5	30	560	7820

续表

样片序号	100 (3mm, 250kV)	1000 (3mm, 190kV)	10000 (2mm, 100kV)
6	—	—	25140*
平均寿命	60	1174	12750

*表示并未获得测试样片的最终寿命，该值是通过测量电树枝长度并根据寿命公式(3-13)预测而得的。

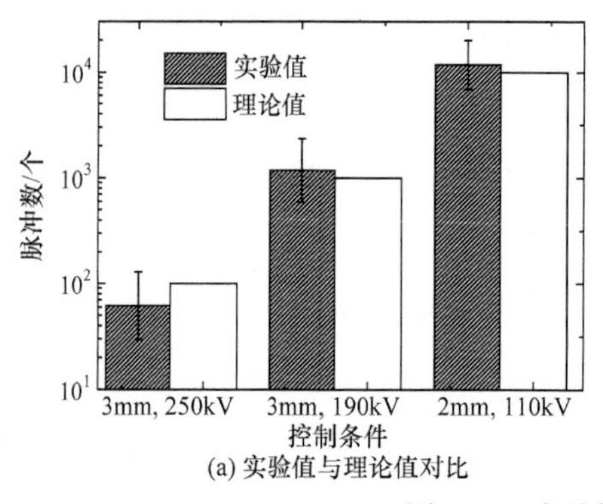

(a) 实验值与理论值对比

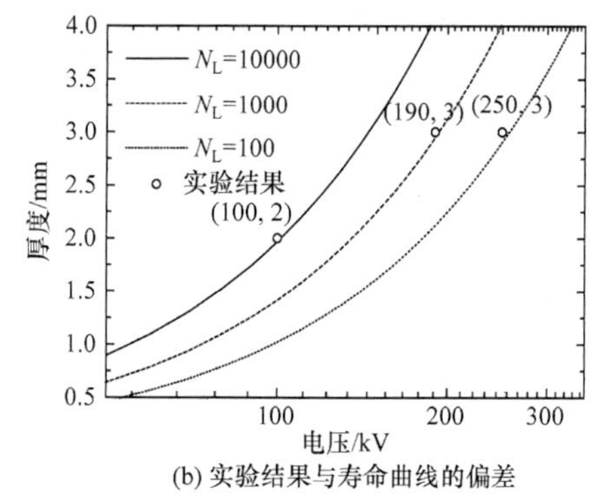

(b) 实验结果与寿命曲线的偏差

图 4-19 实验结果与理论值比较

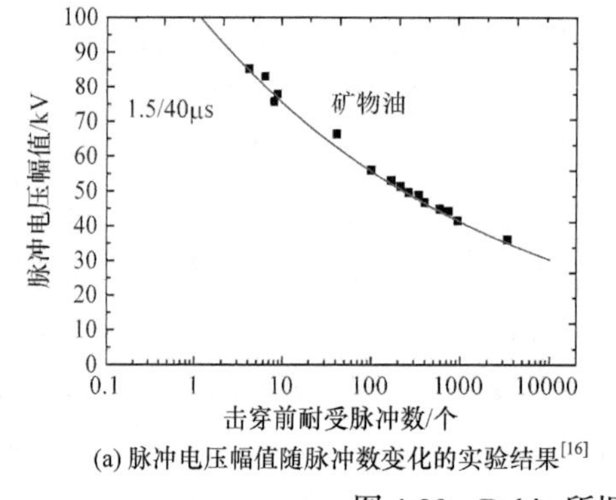

(a) 脉冲电压幅值随脉冲数变化的实验结果[16]

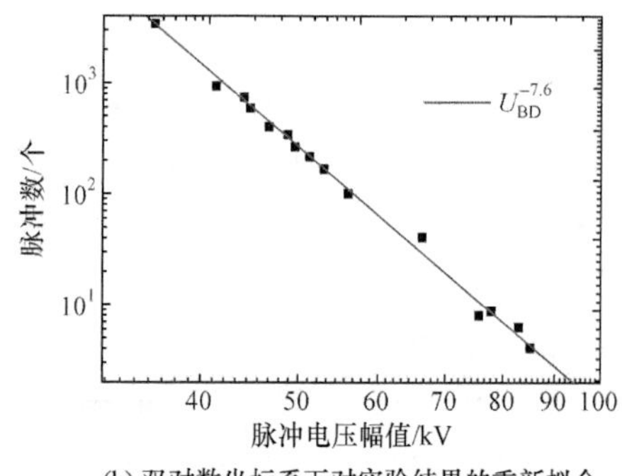

(b) 双对数坐标系下对实验结果的重新拟合

图 4-20 Dakin 所报道的实验结果再分析

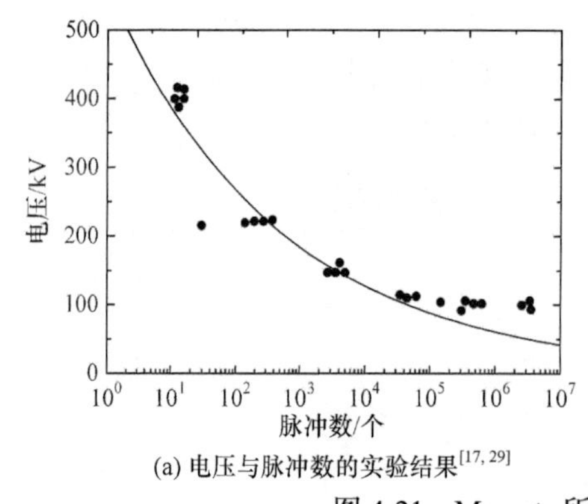

(a) 电压与脉冲数的实验结果[17, 29]

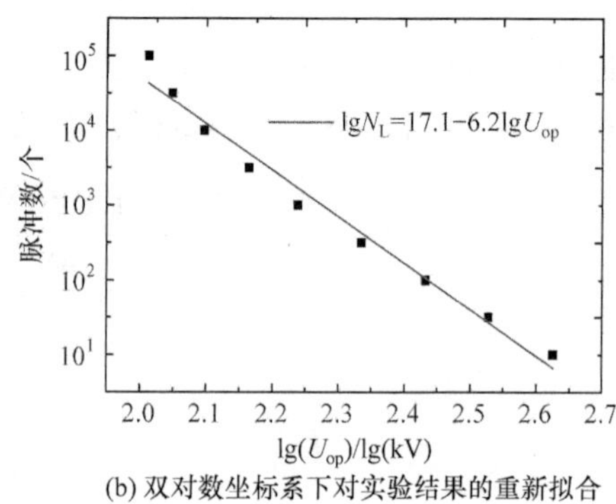

(b) 双对数坐标系下对实验结果的重新拟合

图 4-21 Mesyats 所报道的实验结果再分析

4.3　高可靠度寿命公式

实际中固体绝缘材料多被加工成具有一定形状的结构，对于纯净度较好且处在正常使用阶段的绝缘结构，可以确定出三参数 Weibull 分布表达式(4-9)中各个参量的取值，分别为 a=1、b=8 和 $c=E_{\mathrm{BD}}^{-8}$。将其代入以脉冲数为自变量的击穿概率表达式(4-10)中，并考虑 $R+F=1$，得

$$R\left(N,E_{\mathrm{op}}\right)=\exp\left[-N\left(E_{\mathrm{op}}/E_{\mathrm{BD}}\right)^{8}\right]=\exp\left(-N/\beta_{\mathrm{s}}^{8}\right) \tag{4-27}$$

根据式(4-27)，可以计算出不同安全系数下脉冲数对绝缘结构可靠度的影响，如图 4-22 所示。从图 4-22 中看出，随着脉冲数增加，绝缘结构的可靠度降低。实际应用中，需要绝缘结构的可靠度高于一定值。例如，对于 Atlas 加速器，R>95%[25]。当可靠度低于该值时，绝缘结构需停止使用。定义 N_{R} 为绝缘结构的高可靠度寿命，根据式(4-27)还可以得出 N_{R} 与特征寿命 N_{L} 的关系：

$$N_{\mathrm{R}}=\beta_{\mathrm{s}}^{m/a}\ln\left(1/R\right)=N_{\mathrm{L}}\ln\left(1/R\right) \tag{4-28}$$

进一步地，当 a=1 时，绝缘结构的寿命一般可表示为

$$N_{\mathrm{R}}=\beta_{\mathrm{s}}^{m}\ln\left(1/R\right) \tag{4-29}$$

根据式(4-29)，可以计算出不同可靠度下 N_{R} 与特征寿命 N_{L} 的比例关系，如表 4-6 所示。

表 4-6　不同可靠度下 N_{R} 与特征寿命 N_{L} 的比例关系

可靠度/%	$N_{\mathrm{R}}/N_{\mathrm{L}}$/%	可靠度/%	$N_{\mathrm{R}}/N_{\mathrm{L}}$/%
36.8	100	90	11
50	69	99	1
60	51	99.9	0.1
70	36	99.99	0.001
80	22	99.999	0.0001

特别地，当可靠度超过 90%，式(4-29)可以简化为

$$N_{\mathrm{R}}=N_{\mathrm{L}}\ln\left(1/R\right)\approx\left(1-R\right)N_{\mathrm{L}} \tag{4-30}$$

表 4-6 右侧的数据证实了上述公式的正确性。另外，图 4-23 绘出了当 m=8 时，归一化高可靠度寿命随可靠度的变化曲线。从图 4-23 中看出，随着可靠度增加，归一化高可靠度寿命急剧减小。

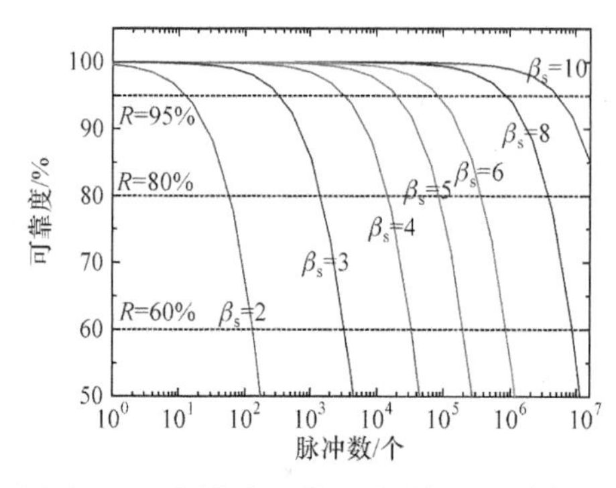

图 4-22　不同安全系数下脉冲数对绝缘结构可靠度的影响

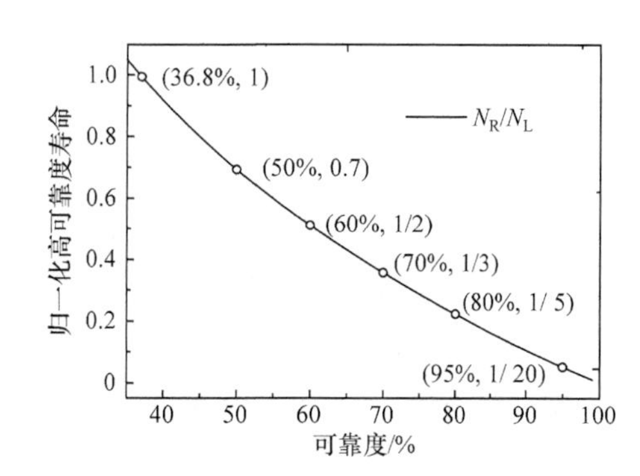

图 4-23　归一化高可靠度寿命随可靠度的变化曲线

结合式(4-29)，还可以得出与绝缘结构设计相关的结论。

第一，在安全系数和可靠度给定的前提下，对于已完成设计的绝缘结构，其寿命应该为定值(如当 m=8、β_s=5、R=95%时，有 $N_R=2\times10^4$)。实际应用中，绝缘结构的耐受脉冲数应不超过该值。

第二，在设计确定的前提下，要增加绝缘结构的寿命，可行的方法如下：①选用纯净度较好的绝缘材料进行设计；②采用击穿阈值较高的绝缘材料进行加工；③优化绝缘结构所承受的电场。前两个方法意味着绝缘结构击穿阈值的相对分散度较低，进而 m 值较大；优化电场意味着安全系数β_s增加。如前所述，m 和 β_s 的增加均会使 N_L 增加，进而 N_R 增大。

4.4　多物理场寿命公式

在 4.1 节和 4.2 节中仅论述了绝缘结构寿命只受到电场一个因素影响的情况。实际上，绝缘结构的寿命还可能受到机械应力、温度、辐照等因素的影响。其中，机械应力是除电场外对绝缘结构寿命产生影响的重要因素。因为在大量绝缘结构的实际应用过程中，发现如果绝缘结构耐受应力较大，则其寿命较短。目前尚无这方面公式的报道。本节基于有关电场的研究结果，对机械应力因素进行论述。

4.4.1　平均电场对寿命的影响

表 4-7 总结了表 4-5 和图 3-12 所获得的有机玻璃样片寿命及测试条件。根据表 4-7 中的数据，可以进一步论述寿命与平均电场之间的关系。这里再次写出 4.1 节中获得的绝缘材料寿命公式的一般表达式：$N_L=(E_{BD}/E_{op})^m$，m 为 7.4～16，平均值取 8。该式的主要变量为外施电场 E_{op}，在均匀电场中，因为电场增强系数 f 接近于 1，如在第 2 章中，所采用的球面–平板电极的 f 值为 0.95～1.05，所以 E_{op}

近似等于平均电场 E_{av}，鉴于此，可以将该寿命公式改写如下：

$$N_L = \left(\frac{E_{BD}}{E_{av}}\right)^m \tag{4-31}$$

对式(4-31)两边做对数变换，得

$$\lg N_L = C_1 - m\lg E_{av} \tag{4-32}$$

式中，$C_1=m\lg E_{BD}$，对于固定的电场而言，C_1 可看作常数。根据式(4-32)，对表 4-7 中的数据重新进行拟合，见图 4-24。从图 4-24 中看出，拟合斜率为 9.4，与平均值 8 接近，这就说明平均电场对绝缘材料的寿命影响近似可用式(4-31)来描述。需要说明的是，平均电场对寿命影响的本质还是外施电场对寿命的影响，前提是外施电场须均匀分布。这个条件是比较容易满足的，因为在实际绝缘结构设计中，设计者尽可能规避了电场集中区域，参见 4.5 节对 TPG700 加速器真空绝缘子的改进。

表 4-7　有机玻璃样片寿命及测试条件

电压/kV	样片厚度/mm	样片数量	平均电场/(kV · cm^{-1})	寿命/脉冲
250	3	5	833	30、53、62、65、90
190	3	5	633	560、700、1200、1540、3240
100	2	7	500	6620、6770、7170、7400、13200 (预估)、16000 (预估)、24140 (预估)
170	2.5	1	680	383

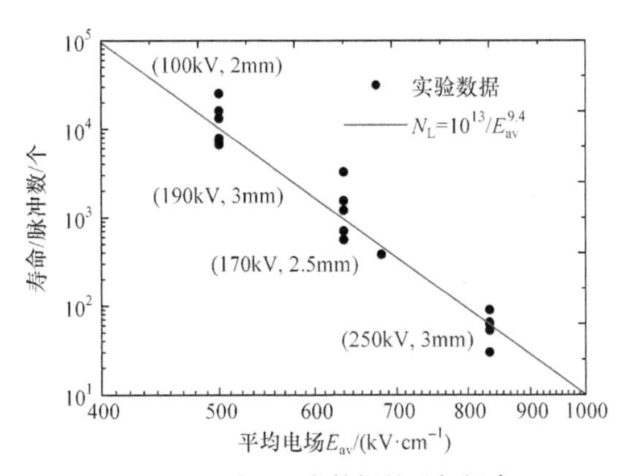

图 4-24　表 4-7 中数据的重新拟合

4.4.2 机械应力对寿命的影响

关于机械应力对寿命的影响，有很多定性的分析，这些分析多从电树枝生长的角度展开，见文献[30]～[33]。除此之外，有关机械应力与寿命的定量研究也有见报道，见文献[34]。文献[34]中研究了不同机械应力下相同样片的测试寿命，本小节根据这些实验结果，对寿命与机械应力之间的关系进行论述。

1. 机械应力对寿命影响的实验研究

在文献[34]的实验中，Arbab 等将 14 根钢针同时插入一块聚酯样片中，该样片尺寸为 340mm×35mm×15mm(长×宽×高)，如图 4-25 所示。14 个针电极与 14 个输出电压幅值相同的电压源相连接，与 14 个针电极相对的是 14 个球形电极。因为测试样片事先设计有约 5mm 的凹槽，所以样片可以很好地被固定于针电极与球电极之间。实验前通过调节针尖的插入深度来保证针-球间的距离为 2.5mm± 0.1mm。球形电极被放置在两个容纳屉中，容纳屉接地，两端用两个紧固螺钉支撑。

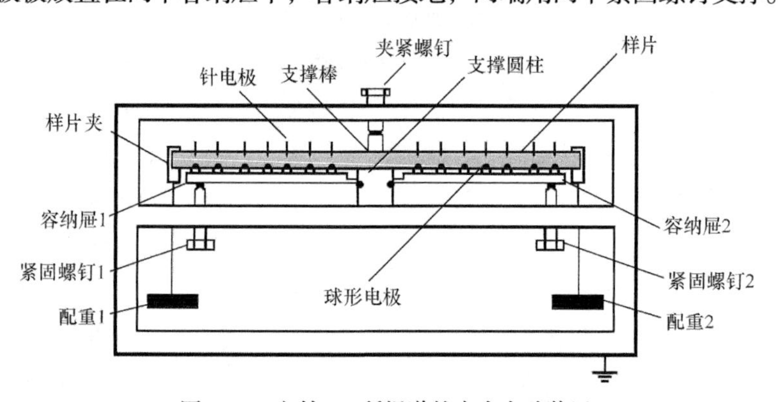

图 4-25　文献[34]所报道的应力实验装置

为了对样片施加机械应力，样片中心通过一个夹紧螺钉和一个支撑棒固定，样片两边通过两个样片夹与两个配重相连接。因为球形电极被固定，所以配重可以对样片施加弯曲应力，认为每个针-球电极间的机械应力与弯曲应力成正比。因此，可一次获得 14 组相同实验条件下的寿命-应力实验数据。关于该实验装置的更多描述见文献[34]。

实验方法为在不同应力下，对每个针电极施加 50Hz、7kV 的交流电压，施加应力为 0～34.5MPa。

2. 实验结果分析

图 4-26 给出了 Arbab 等获得的不同应力下电树枝的生长数据点。结合第 3 章有关累积击穿电树枝生长的研究结果，可以判断出这些曲线均属于增长情况，因

此还可以采用电树枝增长公式(3-11)对这些数据点进行拟合，为了方便，这里再次写出该公式：

$$l(t)=l_\gamma \tan(At-B)+l_0 \tag{4-33}$$

式中，l_0、l_γ、A、B 均为拟合参数，图 4-26 中同样给出了拟合结果。

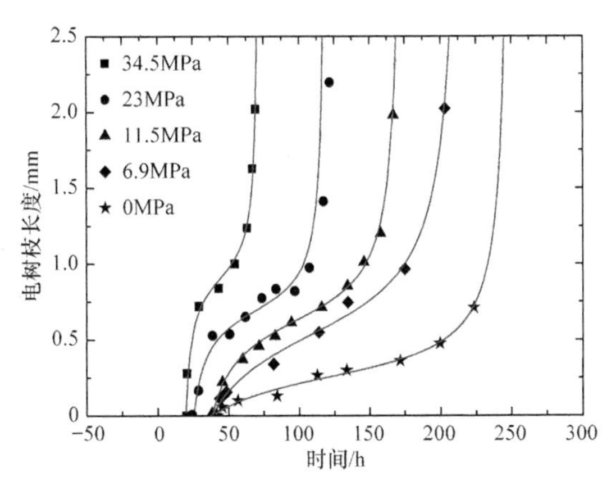

图 4-26　Arbab 等获得的不同应力下电树枝的生长数据点和拟合曲线

表 4-8 给出了 Arbab 等实验数据的拟合结果。因为图 4-26 中的个别样片还未击穿，所以采用以下公式对最终击穿寿命进行了预测：

$$N_{\mathrm{L}}=\frac{1}{A}\left(\arctan\frac{L-l_0}{l_\gamma}+B\right) \tag{4-34}$$

预测结果同样列于表 4-8。

表 4-8　Arbab 等实验数据的拟合结果

机械应力 S_t/MPa	拟合参数				寿命 N_{L}/h
	l_0/mm	l_γ/mm	$A\times10^{-2}$	B	
34.5	0.91	0.20	5.57	2.46	70.1(预估)
23	0.69	0.18	3.05	2.09	117
11.5	0.63	0.24	2.02	1.97	169(预估)
6.9	0.54	0.33	1.44	1.57	206(预估)
0	0.26	0.16	1.22	1.49	245(预估)

以机械应力为横轴，寿命为纵轴，将表 4-8 中寿命与机械应力的数据点绘制于该坐标系中，见图 4-27。

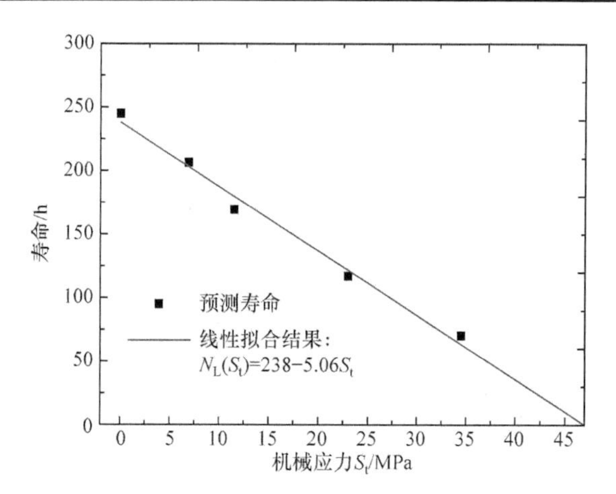

图 4-27　寿命与机械应力之间的拟合关系

从图 4-27 中可以看出，各个数据点基本保持线性，其线性拟合结果为

$$N_L\left(S_t\right)=238-5.06S_t \tag{4-35}$$

需要说明的是，式(4-35)并没有坚实的物理基础，仅仅是根据实验结果拟合而得。为了得出结论，做出大胆的假设：认为绝缘材料的寿命与机械应力保持线性关系，即

$$\frac{\partial N_L}{\partial S_t}=-k \tag{4-36}$$

式中，k 为一个正常数，k 的取值由电压或外施电场的幅度决定。

4.4.3　外施电场和机械应力场下的多物理场寿命公式

现在考虑外施电场和机械应力场共同作用下绝缘材料的寿命。从机械应力对寿命影响的式(4-36)出发，考虑到 k 由外施电场的幅度决定，再考虑到外施电场对寿命影响的公式 $N_L=(E_{BD}/E_{op})^m$，可以定义 $k\left(E_{op}\right)=K/E_{op}^m$，将其代入式(4-36)，有

$$\frac{\partial N_L\left(S_t,E_{op}\right)}{\partial S_t}=-\frac{K}{E_{op}^m} \tag{4-37}$$

考虑到外施电场 E_{op} 与机械应力 S_t 彼此相互独立，对式(4-37)两边积分，得

$$N_L\left(S_t,E_{op}\right)=k_1-\frac{KS_t}{E_{op}^m} \tag{4-38}$$

或

$$N_L\left(S_t,E_{op}\right)=\frac{K\left(S_0-S_t\right)}{E_{op}^m} \tag{4-39}$$

式中，$k_1=KS_0/E_{op}^m$；k_1、S_0 和 m 均为常数；S_0 定义为临界应力，当 S_t=S_0 时，绝

缘材料不能承受任何机械应力，直接失效。

式(4-39)为外施电场和机械应力场共同作用下的多物理场寿命公式。需要说明：①当机械应力 S_t 固定时，通过定义 $E_{BD}^{m}=K\left(S_0-S_t\right)$，式(4-39)便退化为外施电场对寿命影响的表达式(4-31)；②当外施电场固定时，K/E_{op}^{m} 为一个常数，此时式(4-39)就退化为机械应力对寿命影响的表达式(4-38)。因此，式(4-39)能够同时反映外施电场和机械应力对固体绝缘结构寿命的影响。

4.4.4 应用举例

某 Tesla 型驱动源次级线圈基筒为锥状聚酰亚胺薄壁筒，并且表面刻槽，其小端示意图见图 4-28[35]。为了固定，在基筒小端设计 8 个凸起，每个凸起高度为 0.7mm，对应包络半径为 141.8mm；该包络尺寸小于形成线内导体外表面半径为 142mm。因此，当线圈安装后 8 个凸起会产生机械变形，并且产生局部应力集中，参见图 4-29。

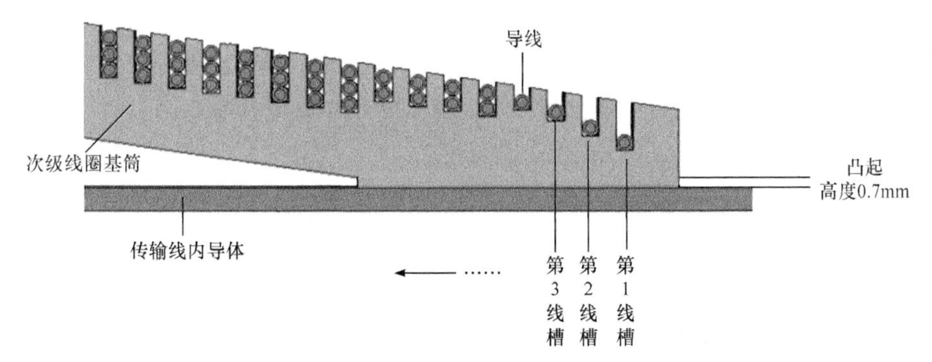

图 4-28　某 Tesla 型驱动源次级线圈基筒小端示意图

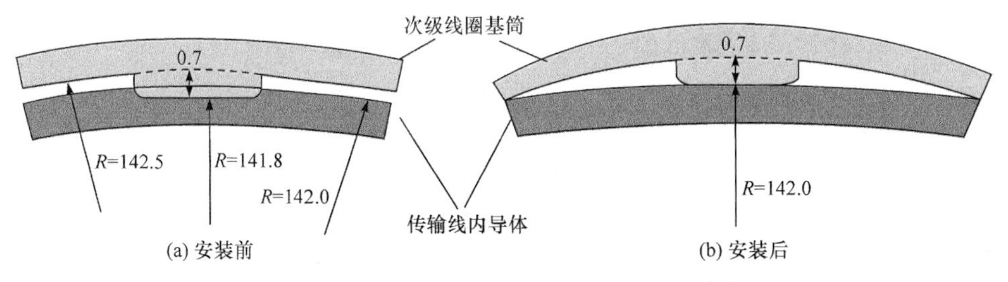

图 4-29　线圈安装后 8 个凸起会产生机械变形(单位：mm)

凸起导致两方面影响：第一，导致第 1 线槽内导线表面电场增加，力学仿真表明，当凸起高度为 0.7mm 时，导电表面电场为 240kV · cm^{-1}，而当凸起高度变为 0.5mm 时，电场降为 210kV · cm^{-1}，见图 4-30(a)。第二，导致凸起区域应力集中，力学仿真表明，该处应力可达 13.1MPa，与聚酰亚胺的弯曲强度 90MPa

在同一量级，参见图 4-30(b)。电场和应力的增加均会导致该处的寿命缩短，实际应用中，该次级线圈寿命仅为 20 万脉冲，并且击穿位置正好在凸起附近。

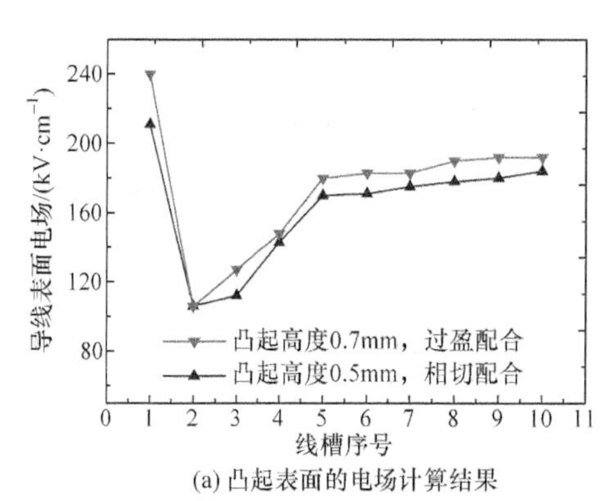

(a) 凸起表面的电场计算结果

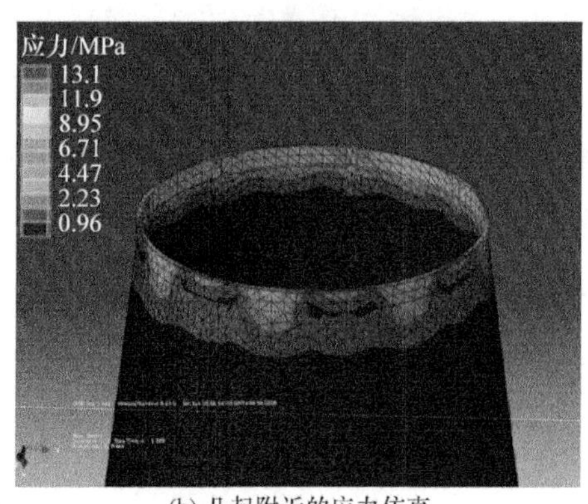

(b) 凸起附近的应力仿真

图 4-30　8 个凸起产生的机械变形和局部应力集中

20 万次的寿命不能满足应用需求。为此，对线圈凸起位置进行了结构优化，将凸起高度由 0.7mm 改为 0.5mm，参见图 4-31。此时，第 1 匝槽顶导线表面电场降为 210kV/cm，如图 4-30(a)所示，并且该处应力降为 0MPa。

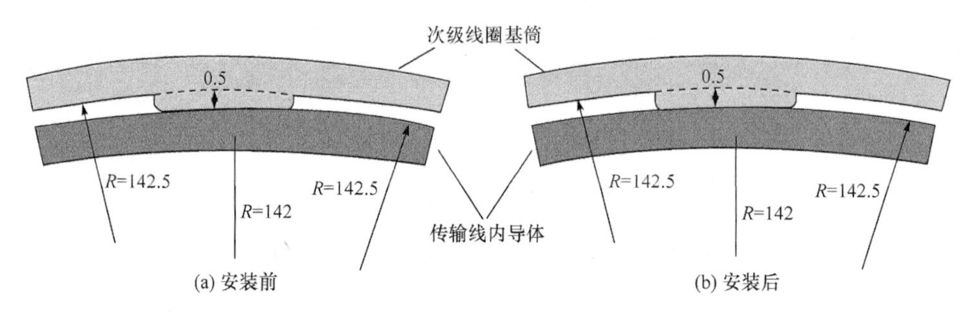

图 4-31　凸起高度由 0.7mm 改为 0.5mm 时的安装前后示意图(单位：mm)

应用多物理场寿命公式(4-39)对优化前后的次级线圈寿命提高系数λ进行了计算，具体如下：

$$\lambda=\frac{N_L'}{N_L}=\left(\frac{S_0-S_t'}{S_0-S_t}\right)\Bigg/\left(\frac{E_{av}'}{E_{av}}\right)^m \tag{4-40}$$

式中，N_L为线圈寿命；S_0为聚酰亚胺的临界应力，取 90MPa；S_t为局部应力；E_{av}为平均电场；带“′”表示优化后的物理量，$S_t'=0\text{MPa}$，$E_{av}'=210\text{kV}\cdot\text{cm}^{-1}$；不带“′”表示优化前的物理量，$S_t$=13.1MPa，$E_{av}$=240kV · cm^{-1}；$m$ 为寿命公式的指数，取值为 7～10。将以上各值代入式(4-40)，得λ=2.98～4.48。实际上，优化后的线圈寿命实测为 80 万脉冲，所以实际寿命提高系数为 4，在理论预测范围内，这说明了多物理场寿命公式的正确性。

本节虽然给出了评估机械应力场和外施电场下绝缘结构寿命的多物理场公式(4-40)，但并未给出机械应力与寿命关系的理论基础。即便如此，有一些理论公式值得参考，其中，机械应力 S_t 的表达式[36-37]：

$$S_{\mathrm{t}}=\frac{1}{2}\varepsilon_{\mathrm{r}}E_{\mathrm{op}}^{2}-Y\ln\frac{d_0}{d} \tag{4-41}$$

式中，ε_r 为电介质的相对介电常数；Y 为杨氏模量；d_0、d 分别为电介质的原始厚度和被压缩或拉伸后的厚度。式(4-41)等号右边第一项表示 Maxwell 应力，第二项表示变形力。因为 ε_r 和 Y 均为张量，所以 S_t 共有三个分量：S_{t1}、S_{t2} 和 S_{t3}。根据 Jones 等[37]的研究，S_{t1} 为平行于电场的分量，对电介质起到拉伸作用；而 S_{t2} 和 S_{t3} 为垂直于电场的分量，对电介质起到压缩作用。因为每个分量均随电场满足二次方关系，所以这些分量将随着电场增加呈现出非线性关系。在后续研究中，将以此为出发点，进行理论研究。

4.5 寿命评估

对于完成设计的绝缘结构，需要评估其寿命。建议可遵循以下步骤来完成评估。

第一步，获得参数 m。参考 2.1 节中的实验，对于已加工的绝缘结构，选取同种材料、厚度不等的 4～5 组小样片，每组样片数目在 6～10 个；完成厚度效应实验，并在双对数坐标系下对实验结果进行拟合，从而得到 m 参数的取值。

第二步，根据 E_{op} 固定时，$\lg\left[\ln\dfrac{1}{1-F(N)}\right]$ 与 $\lg N$ 呈线性关系的结论，开展外施电场固定时击穿概率随脉冲数变化的实验，在 Weibull 坐标系下对实验结果进行拟合，从而可以得出时间形状参数 a 的取值。根据参数 m 和 a，便可写出绝缘结构的寿命公式：

$$N_{\mathrm{L}}\left(d,U,E_1\right)=\left[\frac{E_{\mathrm{BD}}(d)}{E_{\mathrm{op}}(d)}\right]^{\frac{m}{a}} \tag{4-42}$$

式中，d、U、E_1 分别为绝缘结构的厚度、耐受电压和单位厚度击穿阈值；$E_{op}(d)$ 为外施电场，一般需要由仿真得出；$E_{BD}(d)$为击穿阈值，具体表达式为 $E_{BD}(d)=E_1d^{-1/m}$。

第三步，对绝缘结构进行电场仿真，获得整体电场的二维分布，并提取出绝缘结构内部的电场分布，进而获得 $E_{op}(d)$。

第四步，对绝缘结构进行分段处理，获得不同段的厚度、内部电场，应用式(4-42)逐段进行寿命评估；各段寿命中最低的就代表绝缘结构的寿命。一般而言，电场最高区域就是寿命最短区域。

从理论上，需要通过实验来获得上述第一步、第二步中的参数 m、a 取值，但这两步工作量大，而且对设备的条件要求较高。因此，作为一般估计，可以取 m=8、a=1，之后再根据第三步和第四步开展评估。

以下结合 TPG700 加速器真空绝缘子的设计和改造举例说明。TPG700 加速器是西北核技术研究所于 2004 年研制的一台 Tesla 型脉冲功率装置[38-39]。2009 年对该装置进行性能提升和改造。内容之一是对真空绝缘子进行重新设计以实现其长寿命稳定工作。TPG700 加速器改造前后的输出电压指标分别为 700kV 和 800kV。TPG700 加速器改造前后真空绝缘子的结构设计如图 4-32 所示。

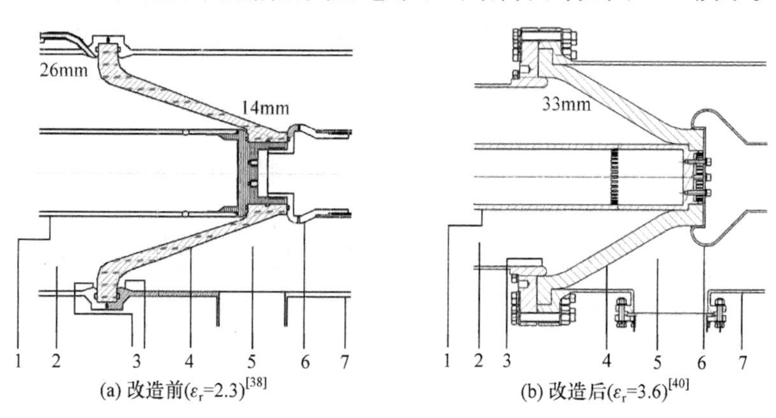

(a) 改造前(ε_r=2.3)[38]　(b) 改造后(ε_r=3.6)[40]

图 4-32　TPG700 加速器改造前后真空绝缘子的结构设计图

1 为内导体；2 为变压器油；3 为阳极屏蔽；4 为真空绝缘子；5 为真空；6 为阴极屏蔽；7 为外导体

对于改造前的真空绝缘子，采用了聚乙烯(PE)材料，真空绝缘子厚度非均匀，最大厚度为 26mm、最小厚度为 14mm；对于改造后的真空绝缘子，采用尼龙(Nylon)材料，真空绝缘子厚度均匀，为 33mm。

改造完成后需要对真空绝缘子的寿命和可靠度进行评估。按照以上步骤，评估前首先需知真空绝缘子各段的耐受电场，为此，分别对两个真空绝缘子进行瞬态场仿真，获得了界面最大电场分布，见图 4-33。

根据图 4-33，从中提取出了真空界面和变压器油界面的电场分布，见图 4-34。从图 4-34 中看出，改造前的真空绝缘子在靠近外拐点附近的电场出现了最大值，为 75kV · cm^{-1}，而改造后该处电场降到 40kV · cm^{-1}。

对改造前后的真空绝缘子进行分段处理，各段近似看成等厚度，根据可靠度公式(4-7)和寿命公式(4-42)，分段进行评估，见图 4-35。

表 4-9 列出了改造前后 TPG700 加速器真空绝缘子的可靠度和估算的寿命。

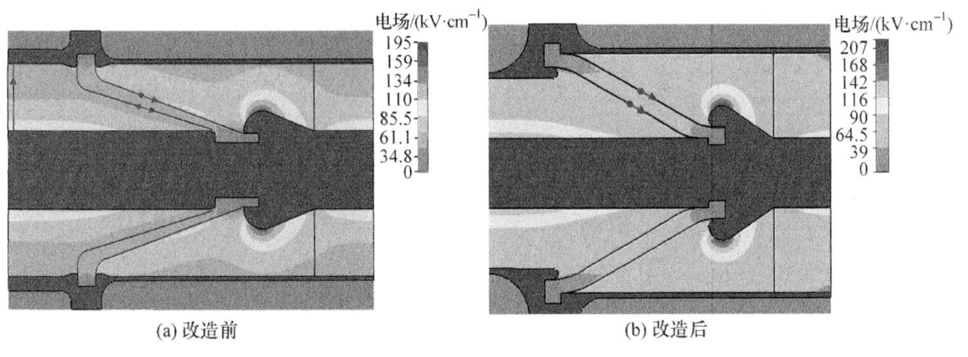

(a) 改造前　　(b) 改造后

图 4-33　TPG700 加速器改造前后对两个真空绝缘子的瞬态场仿真

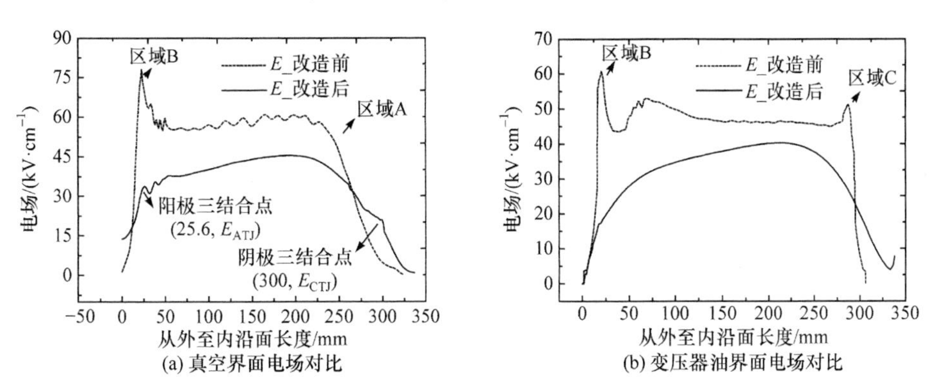

(a) 真空界面电场对比　　(b) 变压器油界面电场对比

图 4-34　真空界面和变压器油界面的电场分布

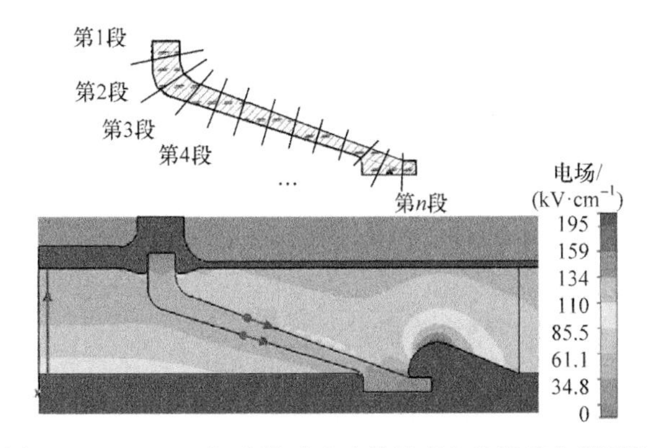

图 4-35　TPG700 加速器对改造前的真空绝缘子分段评估

表 4-9　改造前后 TPG700 加速器真空绝缘子的可靠度和估算的寿命

改造前真空绝缘子，$E_1\|_{d=1,\ \mathrm{PE}}$=1230kV · cm^{-1}，$E_1\|_{d=26,\ \mathrm{PE}}$=818kV · cm^{-1}，$E_{\mathrm{op}}$=75kV · cm^{-1}		改造后真空绝缘子，$E_1\|_{d=1,\ \mathrm{Nylon}}$=1580kV · cm^{-1}，$E_1\|_{d=33,\ \mathrm{Nylon}}$=1010kV · cm^{-1}，$E_{\mathrm{op}}$=45kV · cm^{-1}	
可靠度/%	寿命/脉冲	可靠度/%	寿命/脉冲
36.8	2.0×10^8	36.8	6.4×10^{10}

续表

改造前真空绝缘子，$E_1\|_{d=1,\text{PE}}$=1230kV · cm^{-1}, $E_1\|_{d=26,\text{PE}}$=818kV · cm^{-1}, E_{op}=75kV · cm^{-1}		改造后真空绝缘子，$E_1\|_{d=1,\text{Nylon}}$=1580kV · cm^{-1}, $E_1\|_{d=33,\text{Nylon}}$=1010kV · cm^{-1}, E_{op}=45kV · cm^{-1}	
可靠度/%	寿命/脉冲	可靠度/%	寿命/脉冲
90	2.1×10^7	90	7.7×10^9
99	2.0×10^6	99	6.4×10^8
99.9	2.0×10^5	99.9	6.4×10^7
99.99	2.0×10^4	99.99	6.4×10^6

从表 4-9 中可以看出，改造后真空绝缘子的输出电压有所提高，在相同可靠度的前提下其寿命提升了约两个数量级，这说明改造措施有效。目前，改造的真空绝缘子运行良好，未出现击穿现象。

需要说明的是，在应用可靠度公式和寿命公式时，应注意两个公式的使用背景为纳秒脉冲。这是由于寿命公式所依赖的条件是在纳秒脉冲下获得的。

4.6　寿命与尺寸效应之间的相互联系

本节主要论述绝缘结构的寿命与尺寸效应之间的相互联系。

4.6.1　理论关联

在第 2 章中得到，纳秒脉冲下绝缘材料尺寸对击穿阈值影响的统一公式：

$$E_{BD}(\zeta)=\frac{k}{\zeta^{\frac{1}{m}}} \tag{4-43}$$

式中，E_{BD}为击穿阈值；k为常数；ζ为绝缘材料的厚度、面积或体积；m为 Weibull 分布的形状参数。

在 4.3 节中给出了绝缘结构寿命的一般表达式：

$$N_L=\left(\frac{E_{BD}}{E_{op}}\right)^m \tag{4-44}$$

式中，E_{op}为外施电场。

比较式(4-43)和式(4-44)，发现纳秒脉冲下绝缘材料的尺寸效应与绝缘结构的寿命公式通过 m 参数彼此相互联系。

进一步，根据本章和第 2 章中的结论，m 的物理含义与击穿阈值 E_{BD}分布的归一化标准差(或相对分散度)δ相关，并且有 $m\approx1/\delta$。将这一结果分别代入式(4-43)

和式(4-44)，则以上两式可改写为

$$E_{\mathrm{BD}}(\zeta) \approx \frac{k}{\zeta^{\delta}} \tag{4-45}$$

和

$$N_{\mathrm{L}} \approx \left(\frac{E_{\mathrm{BD}}}{E_{\mathrm{op}}}\right)^{\frac{1}{\delta}} \tag{4-46}$$

根据式(4-45)和式(4-46)，还可以得出结论：纳秒脉冲下绝缘材料尺寸效应与绝缘结构寿命通过击穿阈值 E_{BD} 的相对分散度 δ 相互关联。

图 4-36 对式(4-43)～式(4-46)进行了简单概括。该图可以直观地反映绝缘材料尺寸效应与绝缘结构寿命之间的相互关系。

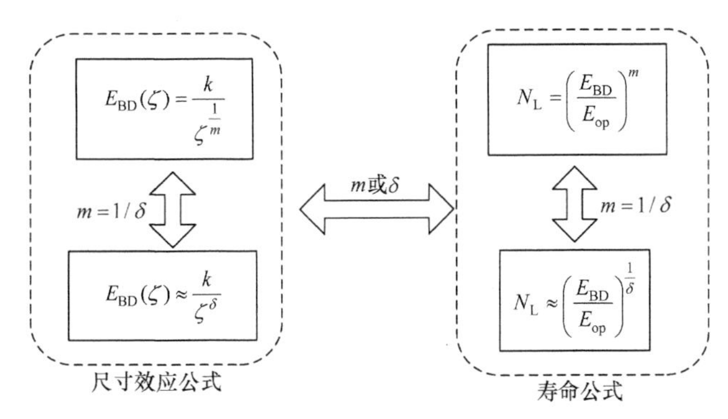

图 4-36　通过相对分散度 δ 所关联的绝缘材料尺寸效应和绝缘结构寿命

4.6.2　*m* 参数的取值

1. 从尺寸效应中获得的 *m* 参数值

2.3 节对绝缘材料尺寸效应的典型实验结果进行了总结，这里列出了不同研究者获得的 *m* 参数取值，如表 4-10 所示。从表中发现：*m* 平均取 8，并且典型取值范围为 7～10；对于薄膜材料，*m* 取值要高一些。

表 4-10　不同研究者获得的 *m* 参数取值

聚合物种类	体积效应	厚度效应	面积效应
PMMA	7.9	7.4	—
PTFE	—	7.1	—
PP	8.2	—	—

续表

聚合物种类	体积效应	厚度效应	面积效应
Nylon	—	7.7	—
Tedlar	8.5	—	—
PE	8.1	8.2	—
PET	—	—	8.4～16(薄膜)
Mylar	16(薄膜)	—	—
环氧玻璃丝布	—	—	10

2. 从寿命公式中获得的 *m* 参数值

根据寿命公式(4-44)，*m* 参数的取值还可以从相关寿命公式中获得。图 4-6 对 Martin 的实验结果在双对数坐标系下重新进行了线性拟合，得到 m=7.5。Martin 的实验结果是在纳秒脉冲下完成的，并且以外施电场 E_{op} 为变量。本节对微秒脉冲下与脉冲数/寿命相关的实验数据也进行了总结和分析，如图 4-37 所示。同样将实验数据绘制于双对数坐标系下并对数据点进行线性拟合，发现对于 Howard[19, 41]的实验结果，m=8.4；对于 Dakin 等[16]的实验结果，m=7.6；对于 Mesyats[17]的实验结果，m=6.2；对于李祥伟[22]的实验结果，m=9.0。表 4-11 汇总了不同寿命公式中 *m* 参数的取值。从表 4-11 可以看出，在纳秒至微秒甚至直流条件下，寿命公式的幂指数取值在 6.2～9。

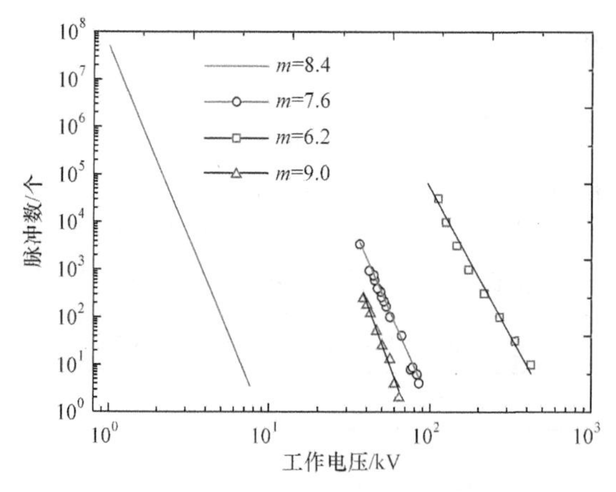

图 4-37　微秒脉冲下与脉冲数相关的实验数据总结和分析

表 4-11　不同寿命公式中 m 参数的取值

幂指数	寿命公式	研究者
7.5	$N_L = \left(\dfrac{U_{mean}}{U_{op}}\right)^{7.5}$	Martin 等[13]
7.6	$N_L \propto U_{op}^{-7.6}$	Dakin 等[15-16]
6.2	$N_L = \dfrac{C'}{U_{op}^{6.2}}$	Mesyats[17]
8	$N_L = d^7 \cdot \left(\dfrac{U}{E_1}\right)^{-8}$	Zhao 等[3]
8.4	$N_L = 7.2 \cdot 10^{10}\left(\dfrac{k'U_c}{U_{op}}\right)^{8.4}$	Howard[18-21]
9	$N_L = \left(\dfrac{E_{BD}}{E_{op}}\right)^{9}$	李祥伟[22]

注：表中 U_{mean}、k' 、U_c、C' 和 E_1 均可视为常数；U_{op} 为工作电压；N_L 为寿命；d 为电介质厚度。

结合表 4-10 和表 4-11 得出结论：在纳秒脉冲至微秒脉冲范围，m 的平均值取 8 是比较合理的。

4.6.3　m 参数的影响因素

因为 m 与击穿阈值 E_{BD} 分布的相对分散度 δ 相关，所以凡是能影响到 δ 的因素均会影响到 m。

可以从两个层面对这些参数进行划分：①材料层面，具体包括由绝缘材料种类、纯净度和成型工艺(浇筑、挤塑)等因素引起的击穿阈值偏差；②加工工艺层面，是指当绝缘材料被加工成绝缘结构时带来的击穿阈值偏差，包括工艺、刀具、是否去除应力等因素。上述每一个因素若选择或处理不当，都会导致绝缘结构寿命缩短，以致整体绝缘失效。

首先，分析材料层面的纯净度因素。这里结合两组实验数据来说明这个问题。第一组，采用两种不同的有机玻璃样片完成了纳秒脉冲下绝缘材料的厚度效应实验，其中一种气隙较多，另一种气隙较少。图 4-38 给出了两种 PMMA 样片显微照片对比。

两种 PMMA 样片击穿阈值实验结果如图 4-39 所示，从图 4-39 中看出，对于气隙较纯净的样片，m 参数取值为 7.4，接近 m 的平均值；对于多气隙样片，其 m 参数为 3.8，小于 m 的平均取值。图 4-39 反映的一个基本事实是绝缘材料质量

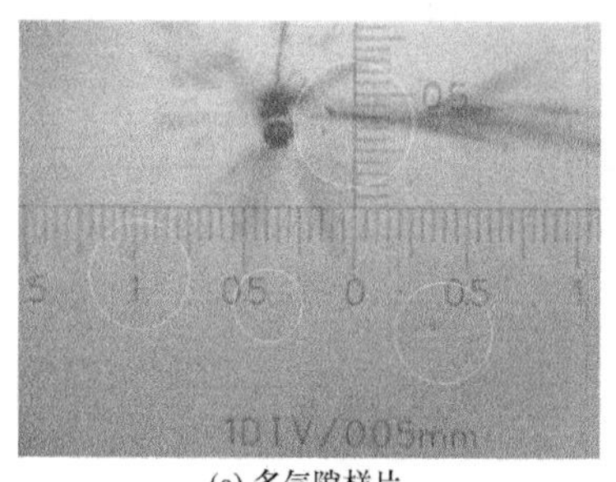

(a) 多气隙样片

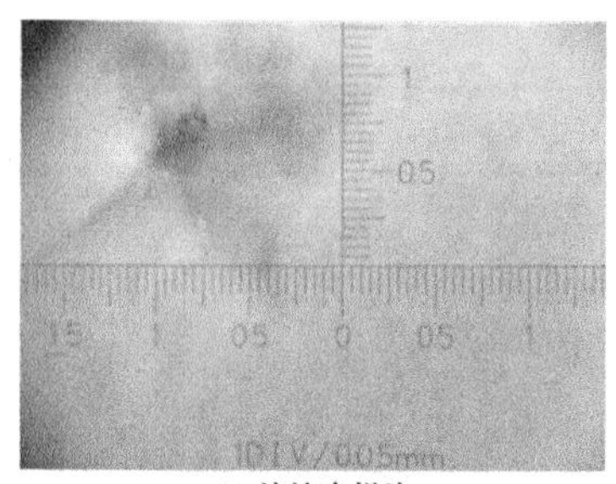

(b) 较纯净样片

图 4-38　两种 PMMA 样片显微照片对比

越差，其 m 参数取值越小。第二组实验来自 Martin 等[13]，主要以 Mylar 膜为实验对象，并且研究的是体积效应对击穿阈值的影响。同样将实验结果重新绘制于双对数坐标系下，并且对各组实验数据进行线性拟合，见图 4-40。从图 4-40 中看出，Mylar 膜越薄，m 参数取值越大，对应纯净度越高。这是由于当薄膜厚度较小时，单位体积内气隙的数目较少，特征尺寸大于膜厚的气隙都被排除在外。

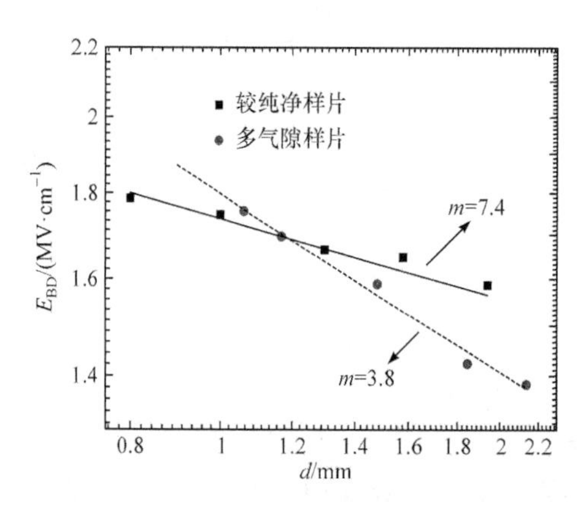

图 4-39　两种 PMMA 样片击穿阈值实验结果

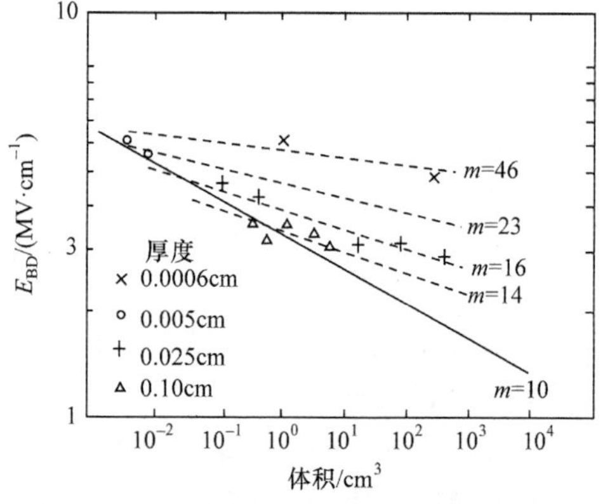

图 4-40　Mylar 膜体积效应对击穿阈值的影响[13]

根据图 4-39 和图 4-40 可以得出一个基本结论：绝缘材料的质量(纯净度)显著影响 m 参数的取值，纯净度越高，m 参数越大。基于以上结果，定义 m 为描述绝缘材料纯净度的参数，m 参数取值越大，绝缘材料纯净度越高；并且当 $m=8$ 时，表示绝缘材料具有较优质量水平。

其次，从加工层面分析。当一批绝缘结构被加工出来时，由于原料及工艺因素，其击穿阈值并不相等，同样也存在一个分布。对于累积失效概率，其形状越“陡”，绝缘结构的寿命越长，参见图 4-41(a)；对于失效概率密度，其形状越“瘦”，绝缘结构的寿命越长，参见图 4-41(b)。

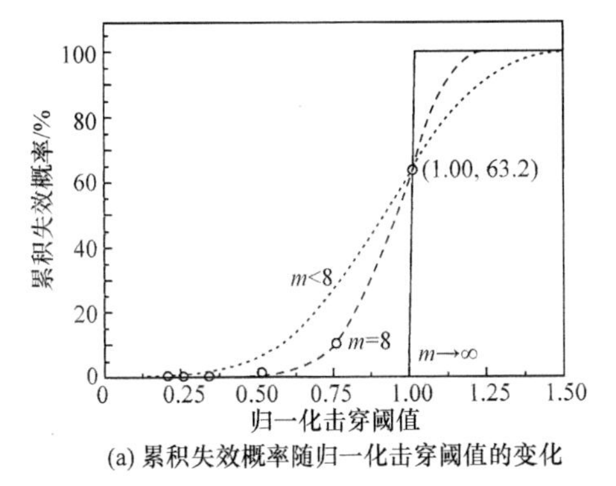

(a) 累积失效概率随归一化击穿阈值的变化

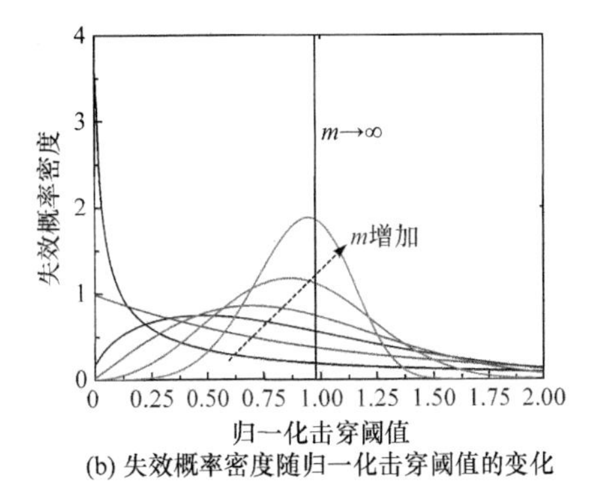

(b) 失效概率密度随归一化击穿阈值的变化

图 4-41 *m* 取不同值时累积失效概率和失效概率密度随归一化击穿阈值的变化

4.6.4 两点讨论

1. 对 Martin 原著的解读

Martin 在 *J. C.Martin on Pulsed Power* 一书中曾指出，应用观察到的击穿阈值斜率 1.18，当体积变化倍数为 4 时，可以产生 13.5%的理论标准差(即相对分散度 δ)，并给出了体积变化对可靠度的影响，参见文献[13]，此处直接引用，见图 4-42。其中，击穿阈值斜率指的是电场变化倍数；理论标准差指的是相对分散度 δ。

本书以 δ 为切入点，可以解读其中的含义。图 4-43 给出了不同 *m* 值对应的击穿阈值相对分散度，从中看出，若 δ=13.5%，则反推出 *m*=7.4，这一数值与 Martin 寿命公式中 *m*=7.5 的结果相近。同时，当 δ=13.5%时，若体积变化倍数取 4，则击穿电场变化倍数为 $4^{0.135}$=1.20，这个值与 Martin 所提到的 1.18 这个值相近。

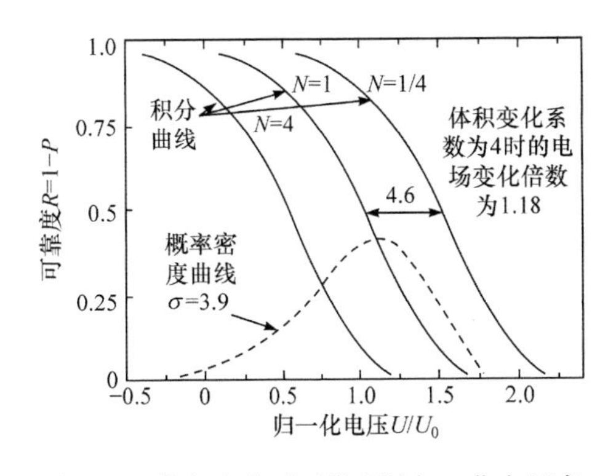

图 4-42 体积变化对可靠度随归一化电压变化曲线的影响[13]

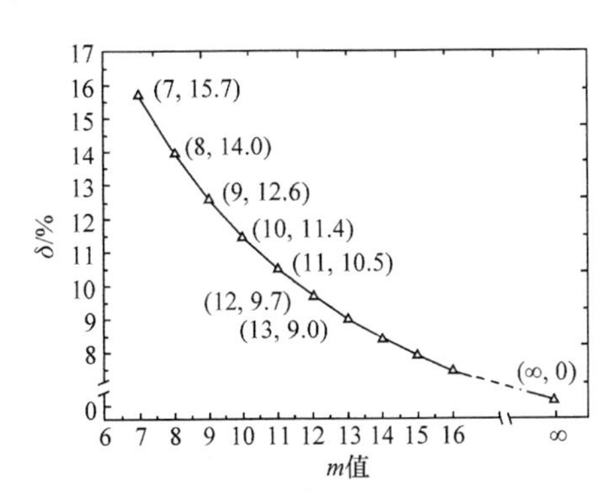

图 4-43 不同 *m* 值对应的击穿阈值相对分散度

2. *m* 参数对于绝缘设计的意义

以上研究结果显示，无论从尺寸效应角度，还是从寿命角度，增大 *m* 都意味着绝缘结构能够展现出更优异的绝缘性能，因此增大 m 参数取值对于绝缘结构具有实际意义。

4.7 小　　结

纳秒脉冲下绝缘结构的可靠性可以用可靠度和寿命等指标进行描述。可靠度和寿命与绝缘结构的厚度相关。本章提出了绝缘结构可靠度的一般表达式 $R = \exp(-1/\beta_s^m)$。绝缘结构的可靠度存在最佳取值范围，并且采用击穿阈值较高的绝缘材料进行设计，可以显著减小绝缘结构的尺寸，这对高压装置的小型化具有现实意义。在纳秒脉冲电场下，绝缘结构的寿命可近似表达为 $N_L = \beta_s^m$，即寿命 N_L 与安全系数 β_s 和形状参数 m 有关，m 的物理含义为击穿阈值相对分散度的倒数。当 m=8 时，该公式就退化为 Martin 寿命公式。

绝缘结构的高可靠度寿命公式为 $N_R = (1-R)\beta_s^m$。可靠度越高，对绝缘结构所施加的脉冲数应越少。除外施电场外，机械应力也显著影响绝缘结构的寿命，当绝缘结构处在机械应力和电场综合作用的多物理场中时，其寿命公式为 $N_L = K(S_0 - S_t)/E_{av}^m$，其中 S 为机械应力，E_{av} 为平均电场。

绝缘结构寿命的评估步骤：①在条件允许的前提下，通过完成相关实验，获得参数 m 和 a 的取值，如果仅作为一般估计，可以选取 m=8 和 a=1 直接进行评估；②根据 m 和 a，写出寿命公式；③对绝缘结构进行电场仿真，获得绝缘结构内部的电场分布；④对绝缘结构进行分段处理，应用寿命公式逐段进行寿命评估，各段中寿命最低的即为绝缘结构的整体寿命。

绝缘结构的寿命与绝缘材料的尺寸效应通过 Weibull 分布中的形状参数 m 相互关联。除受到绝缘材料种类影响外，m 参数还受到材料纯净度影响；绝缘材料纯净度越高，m 取值越大；m=8 可表示绝缘材料具备较优的纯净度。本书定义 m 为反映绝缘材料纯净度的参数，增大 m 参数取值对于实际绝缘设计具有重要意义。

参 考 文 献

[1] ZENG B, SU J C, ZHANG X B, et al. Lifetime Investigation of Vacuum Surface Flashover Switch[C]. Annual Report Conference on Electrical Insulation and Dielectric Phenomena, Shenzhen, China, 2013: 460-463.

[2] ZHAO L, SU J C, LI R, et al. A multifunctional long-lifetime high-voltage vacuum insulator for HPM generation[J]. IEEE Transactions on Plasma Science, 2020, 48: 1993-2001.

[3] ZHAO L, SU J C, ZHANG X B, et al. Research on reliability and lifetime of solid insulation structures in pulsed power systems[J]. IEEE Transactions on Plasma Science, 2013, 41: 165-172.

[4] ZHOU Z, MACKEY M, CARR J, et al. Multilayered polycarbonate/poly(vinylidene fluoride-co-hexafluoropropylene)

for high energy density capacitors with enhanced lifetime[J]. Journal of Polymer Science Part B: Polymer Physics, 2012, 50: 993-1003.

[5] 石培忠. 可靠性原理及应用[M]. 贵阳: 贵州教育出版社, 1991.

[6] BARKIN B B, USHAKOV V Y. Research into breakdown strength of dielectric in high voltage devices[J]. Electronics, 1972, 1: 76-79.

[7] 范方吼. 高压毫微秒脉冲技术中的绝缘特性[J]. 绝缘材料通讯, 1981, 2: 42-49.

[8] 严萍. 脉冲功率绝缘设计手册(修订版)[M]. 北京: 中国科学院电工研究所, 2007.

[9] BAEK S M, JOUNG J M, KIM S H. Electrical insulation design and withstand test of model coils for 6.6 kV Class HTSFCL [J]. IEEE Transactions on Applied Superconductivity, 2004, 14: 843-846.

[10] CHOI J W, CHEON H G, CHOI J H, et al. A study on insulation characteristics of laminated polypropylene paper for an HTS cable[J]. IEEE Transactions on Applied Superconductivity, 2010, 20: 1280-1284.

[11] 孙目珍. 电介质物理基础[M]. 广州: 广州理工大学出版社, 2000.

[12] MARTIN J C. Nanosecond pulse techniques[J]. Proceedings of IEEE, 1992, 80: 934-945.

[13] MARTIN T H, GUENTHER A H, KRISTIANSEN M, et al. J C Martin on Pulsed Power[M]. New York: Plenum Publishers, 1996.

[14] YU B X, SU J C, LI R, et al. A 100kV, 50 Hz repetitive high-voltage pulse lifetime test platform[J]. Review of Scientific Instruments, 2021, 92: 044707.

[15] DAKIN T W, HENRY E N, MULLEN G A. Life testing of electronic power transformers-part Ⅱ [J]. IEEE Transactions on Electrical Insulation, 1968, EI-3: 13-18.

[16] DAKIN T W, WORKS C N. Impulse dielectric strength characteristics of liquid impregnated pressboard[J]. Transactions of the American Institute of Electrical Engineers, 1952, 71: 321-328.

[17] MESYATS G A. Pulsed Power[M]. New York: Kluwer Academic/Plenum Publishers, 2005.

[18] HOWARD P R. The effect of electric stress on the life of cables incorporating a polythene dielectric[J]. Journal of Institution of Electrical Engineers, 1951, 7: 236.

[19] HOWARD P R. Impulse puncture characteristics of mass-impregnated paper-insulated cables with special reference to testing procedures[J]. Journal of Institution of Electrical Engineers, 1953, 1953: 234.

[20] HOWARD P R. Insulation properties of compressed electronegative gases[J]. Proceedings of the IEE - Part A: Power Engineering, 1957, 104: 123-137.

[21] HOWARD P R, BROWNING D N. Stranding effect in cables[J]. Journal of Institution of Electrical Engineers, 1955, 1: 653-653.

[22] 李祥伟. 基于环氧玻纤板的横向 S 型固态平板折叠线特性研究[D]. 绵阳: 中国工程物理研究院, 2013.

[23] MARZINOTTO M, MAZZETTIL C, POMPILIL M, et al. EPR Lifetime under Impulsive Voltage Stress[C]. Annual Report Conference on Electrical Insulation and Dielectric Phenomena, Nashville, USA, 2005: 26-29.

[24] SEKII Y. Initiation and growth of electrical trees in LDPE generated by impulse voltage[J]. IEEE Transactions on Dielectrics and Electrical Insulation, 1998, 5: 748-753.

[25] BARTSCH R R. Atlas reliability analysis[C]. Proceedings of the 10th IEEE International Pulsed Power Conference, Albuquerque, USA, 1995: 417-442.

[26] STONE G C, KURTZ M. The statistical analysis of a high voltage endurance test on an epoxy[J]. IEEE Transactions on Dielectrics and Electrical Insulation, 1979, EI-14: 315-326.

[27] DISSADO L A, FOTHERGILL J C. Electrical Degradation and Breakdown in Polymers[M]. London: The Institution

of Engineering and Technology, 1992.

[28] SU J C, ZHAO L, QIU X D, et al. Theoretical studies of the cumulative effects related to the application of strong electric fields on the lifetime of solid Insulation structures[J]. IEEE Transactions on Plasma Science, 2021, 49: 1201-1206.

[29] MESYATS G A. 高压毫微秒脉冲的形成[M]. 方波, 译. 北京: 原子能出版社, 1975.

[30] WANG Y T, ZHENG X Q, CHEN G. Influence of polymer congregating state and survival mechanical stress to electrical treeing in XLPE[J]. Transactions of China Electrotechnical Society, 2004, 19: 44-48.

[31] ZHENG X Q, CHEN G. The influence of residual mechanical stress and voltage frequency on electrical tree in XLPE [J]. High Voltage Engineering, 2003, 29: 6-8.

[32] ZHENG X Q, CHEN G, DAVIES A E. Study on growing stages of electrical tree in XLPE [J]. Advanced Technology of Electrical Engineering and Energy, 2003, 22: 24-27.

[33] ZHOU Y X, ZHANG Y X, CHEN Z Z. Effects of mechanical stress on electrical tree initiation in silicone rubber[J]. Insulation Materials, 2017, 50: 53-56.

[34] ARBAB M N, AUCKLAND D W. Growth of electrical trees in solid insulation[J]. IEE Proceedings A, 1989, 136: 73-78.

[35] ZHAO L, SU J C, LI R, et al. A compact multi-wire-layered secondary winding for Tesla transformer[J]. Review of Scientific Instruments, 2017, 88: 055112.

[36] HIKITA M, TAJIMA S, KANNO I, et al. High field conduction and electrical breakdown of polyethylene at high temperature[J]. Japanese Journal of Applied Physics, 1985, 24: 988-996.

[37] JONES J P, LLEWELLYN J P, LEWIS T J. The contribution of field-induced morphological change to the electrical aging and breakdown of polyethylene[J]. IEEE Transactions on Dielectrics and Electrical Insulation, 2005, 12: 951-966.

[38] ZHAO L, PENG J C, PAN Y F, et al. Insulation analysis of a coaxial high-voltage vacuum insulator[J]. IEEE Transactions on Plasma Science, 2010, 38: 1369-1374.

[39] SONG X X, LIU G Z, PENG J C, et al. A repetitive high-current pulsed accelerator—TPG700[C]. Proceedings of the 17th International Conference on High-Power Particle Beams, Xi'an, China, 2008: 75-79.

[40] ZHAO L, SU J C, PENG J C, et al. Design, simulation, and experiments for an improved coaxial high voltage vacuum insulator in TPG700 for high-power microwave generation[J]. IEEE Transactions on Electron Device, 2014, 61: 1883-1889.

[41] HOWARD P R. The effect of electric stress on the life of cables incorporating a polythene dielectric[J]. Proceedings of the IEE - Part Ⅱ: Power Engineering, 1951, 98: 365-370.

第 5 章　纳秒脉冲下固体绝缘结构的失效

纳秒脉冲下固体绝缘结构的失效通常表现为体击穿，其痕迹类似于被虫子咬过的小孔。虫孔效应特指短脉冲下固体绝缘结构以体击穿方式失效的现象，该现象是国际上的研究热点[1]。关于虫孔效应的发生机制，目前还未达成共识。结合第 2～4 章的研究内容，本章分别对固体-变压器油界面(油-固界面)、固体-真空界面和固-气界面的虫孔效应现象进行论述，其中固-气界面的虫孔效应现象又称为“穿刺”现象。

本章同时还提出一个与绝缘设计相关的重要概念——临界脉宽[2-4]。固体绝缘失效一般有两方面原因：沿面闪络和体击穿。在直流、交流和微秒脉冲下，沿面闪络阈值低于体击穿阈值；但随着脉宽减小，如在纳秒脉冲下，体击穿阈值会小于沿面闪络阈值，加上重频脉冲作用，体击穿阈值会更低。对于特定的绝缘结构，本书定义体击穿阈值与沿面闪络阈值相等时所对应的脉宽为临界脉宽。临界脉宽受多个因素影响，因而并非一个定值。

虫孔效应及临界脉宽意味着在纳秒短脉冲下固体绝缘设计的重点应该为如何抑制体击穿，而非传统意义上的沿面闪络。

本章首先对与虫孔效应相关的研究报道进行回顾并开展实验验证。其次对固体-变压器油界面的虫孔效应现象，以及固体-真空界面的虫孔效应现象和固-气界面的穿刺现象进行论述，并且对临界脉宽及其影响因素进行系统性的归纳。最后结合虫孔效应及临界脉宽，给出短脉冲条件下固体绝缘设计的一般原则。本章各节之间的关系如图 5-1 所示。

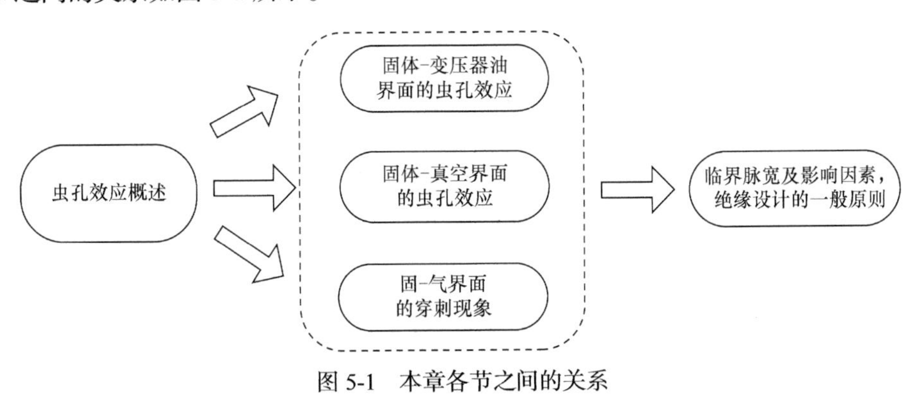

图 5-1　本章各节之间的关系

5.1 概　　述

5.1.1 早期工作

Roth 等在 Pithon 脉冲功率装置中观察到了体击穿引起绝缘环(insulator rings)失效的现象，称为虫孔效应，如图 5-2 所示[5-6]。他认为第一个绝缘子发生沿面闪络，致使后面绝缘子承受的电压增大，第二个绝缘子也发生沿面闪络，依次类推，对于最后一个绝缘子，如果外施电场大于体击穿阈值，则虫孔效应发生。在 Roth 等的实验中，脉冲宽度为 20ns。

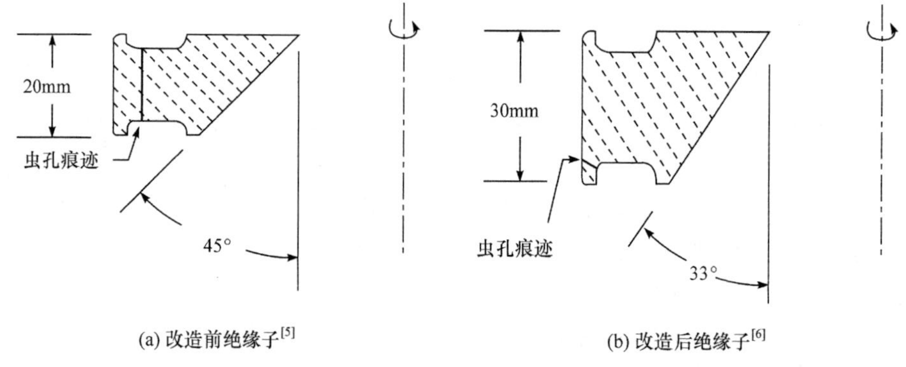

(a) 改造前绝缘子[5]　　(b) 改造后绝缘子[6]

图 5-2　Roth 在 Pithon 脉冲功率装置中的绝缘子上观察到的虫孔效应现象[5-6]

中国科学院电工研究所的王珏等在进行油浸圆台型绝缘样片沿面闪络实验时，发现部分样片是以体击穿方式失效，如图 5-3 所示；并且体击穿的发生对应一个临界尺寸，当样片厚度小于 3mm 时，体击穿发生的概率升高。图 5-3(a)是发生体击穿样片的照片，图 5-3(b)是实验电极及测试样片布放[7-8]，实验脉宽约为 30ns。

中国科学院电工研究所的黄文力等在进行油浸同轴型绝缘样片沿面闪络实验时，也发现了类似现象。设计的闪络距离(内外半径差)为 3mm，文献[9]和[10]中给出了同轴型绝缘样片的外形及体击穿照片，见图 5-4。黄文力发现在外施电压幅值较大和重频数较高时(重频为 1000Hz，脉宽约为 30ns)，体击穿发生的概率较大。

英国斯特拉思克莱德大学的 Wilson 等[11-15]在研究变压器油中沿面闪络特性时，发现部分样片上有针孔状刺穿(pinhole puncture)痕迹，见图 5-5。他采用的脉冲为三角波，前沿为 100ns，后沿为 700ns。

西北核技术研究所的研究者在进行纳秒和亚纳秒脉冲高功率微波产生实验时发现，当脉冲产生装置运行几十万甚至上百万脉冲后，绝缘支撑是以体击穿方式失效的，而非沿面闪络。纳秒脉冲下绝缘支撑的击穿照片见图 1-1，脉宽为 30ns；

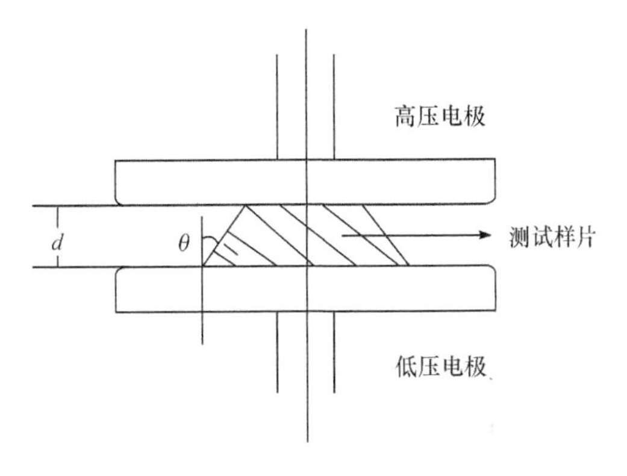

(a) 体击穿样片照片　　(b) 实验电极及测试样片布放

图 5-3　王珏等观察到的因体击穿而失效的绝缘样片及实验装置[7-8]

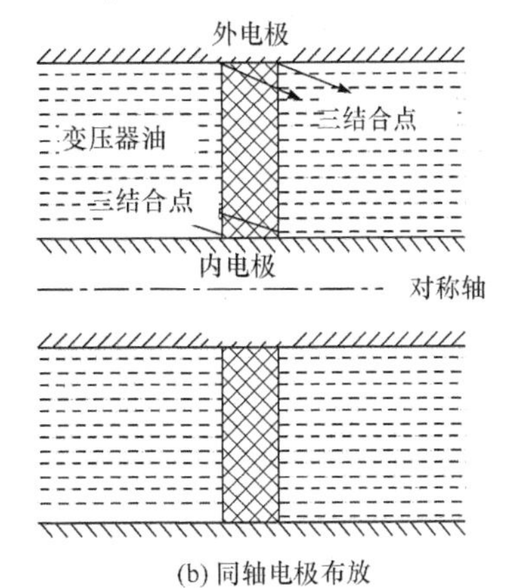

(a) 体击穿照片　　(b) 同轴电极布放

图 5-4　黄文力等观察到的因体击穿而失效的同轴型绝缘样片及电极布放[9-10]

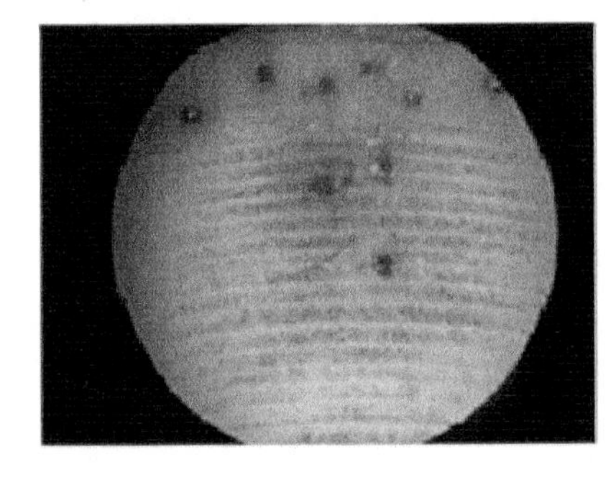

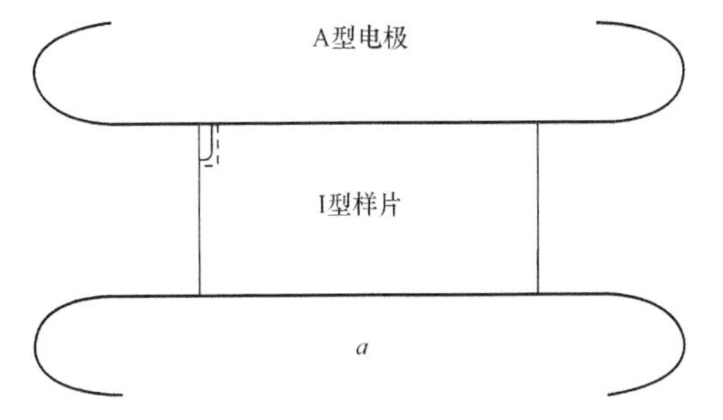

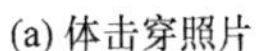

(a) 体击穿照片　　(b) 同轴电极布放

图 5-5　Wilson 等观察到的针孔状刺穿痕迹及同轴电极布放[11]

亚纳秒脉冲下绝缘支撑的体击穿照片见图 5-6，脉宽为 0.6ns[16]。

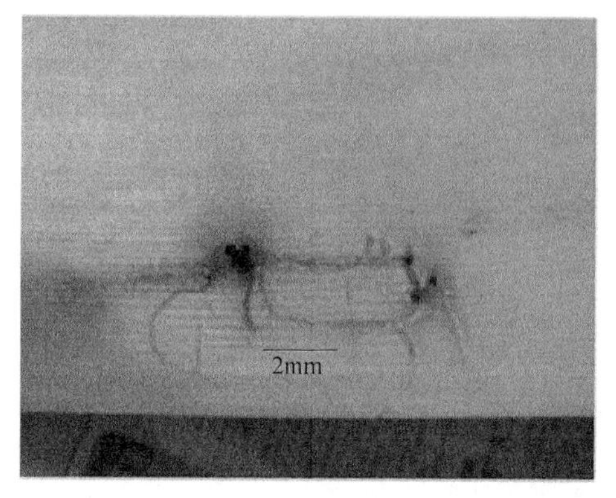

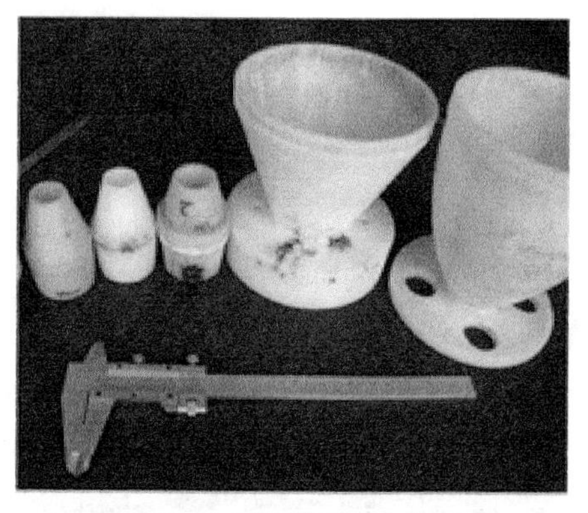

(a) 聚四氟乙烯绝缘支撑体击穿照片　　(b) 各类同轴型绝缘支撑的体击穿照片

图 5-6　亚纳秒脉冲下绝缘支撑的体击穿照片

Rawat 等[17]在研究悬挂式陶瓷绝缘子时，发现有部分绝缘子是以穿刺方式失效，如图 5-7(a)所示。Rawat 给出的分析如下：绝缘子中存在大尺寸的气隙，这些气隙为穿刺的发生提供了条件，如图 5-7 所示。Morita 等[18-19]也观察到了类似的现象，如图 5-8 所示，其给出的解释与 Rawat 的一致。

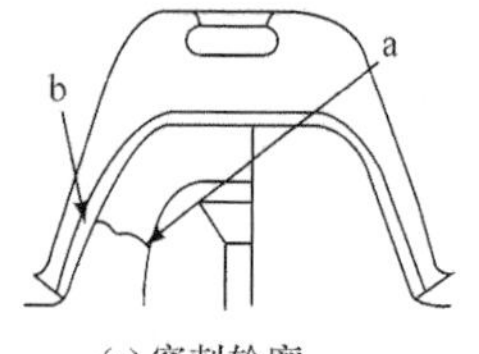

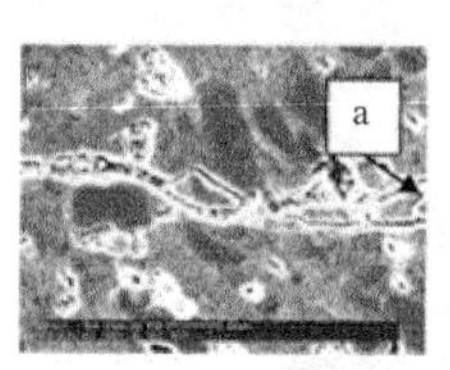

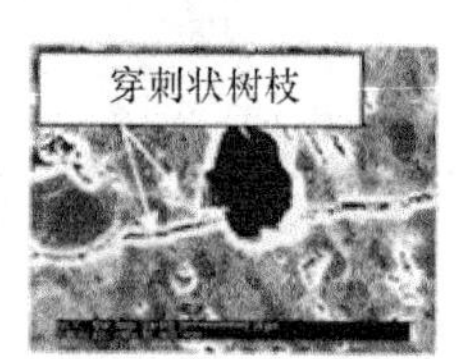

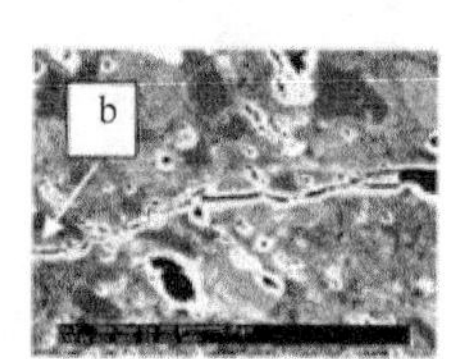

(a) 穿刺轮廓　　(b) 穿刺始发位置　　(c) 穿刺路径　　(d) 穿刺结束位置

图 5-7　Rawat 等[17]观察到的悬挂式陶瓷绝缘子发生的穿刺现象(60Hz/AC)

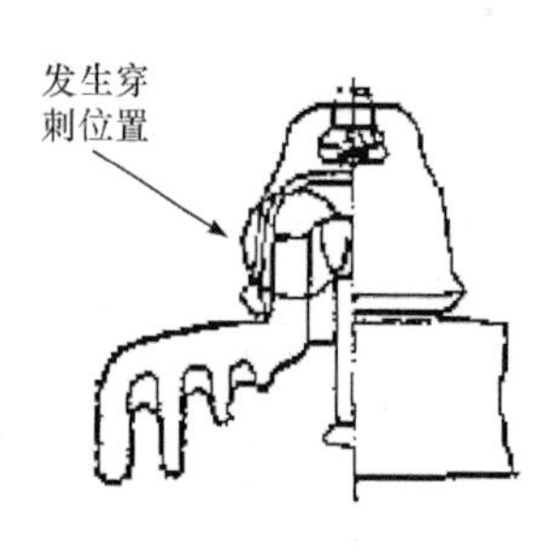

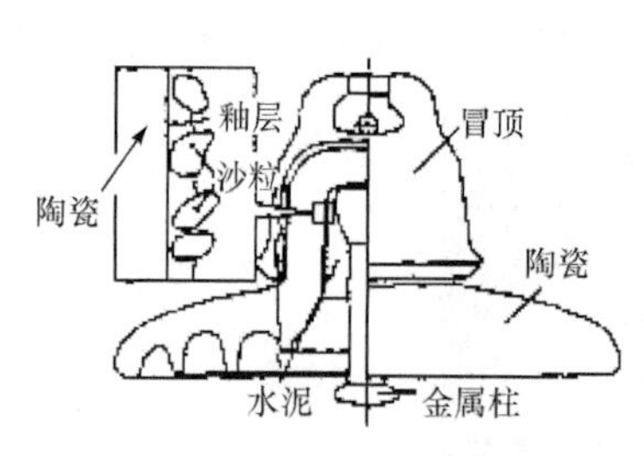

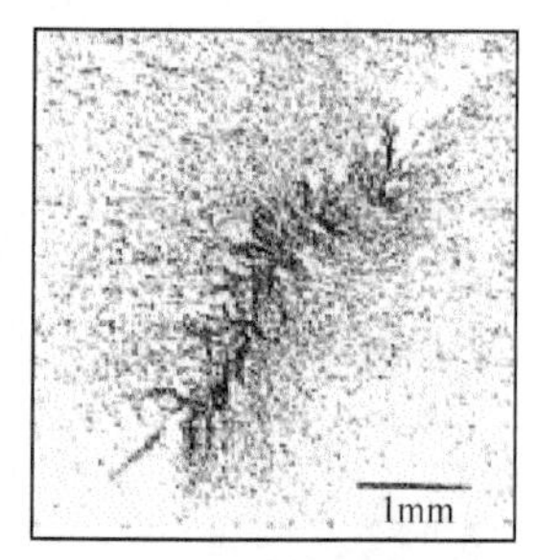

(a) 发生穿刺的绝缘子　　(b) 穿刺微观结构　　(c) 局部放电通道

图 5-8　Morita 等[19]观察到的穿刺现象(1.2μs/50μs)

通过以上回顾总结如下：

第一，体击穿引起绝缘失效的现象多见于纳秒、亚纳秒条件，在微秒、交流等条件下也有见报道；

第二，该现象在固体-变压器油界面、固体-真空界面和固-气界面都曾有观察到；

第三，该现象的发生对应一个临界尺寸，当绝缘尺寸小于该值时，体击穿发生的概率明显增大；

第四，运行脉冲数足够多时，该现象发生的概率明显增高。

5.1.2 实验验证

5.1.1 小节中提到的现象是在不同条件下观察到的，具体绝缘结构和所施脉冲波形也不尽相同，相同绝缘结构在不同脉宽下的对比实验未见报道。因此，有必要开展实验研究，以获得该现象的发生条件。

采用第 3 章中的累积击穿实验装置，样片厚度均固定为 2mm，脉冲宽度为 10ns，根据脉冲数的要求，测试电压幅值有 170kV、130kV 和 100kV 三个等级。以 100kV 为例，图 5-9 给出了有机玻璃样片在 y=0 截面上的电场分布。根据图 5-9，绘出了有机玻璃内部和沿面的电场分布，如图 5-10 所示，该图显示，二者电场约在 500kV · cm^{-1} 水平，这说明该实验条件下样片内部电场和沿面电场可比拟。

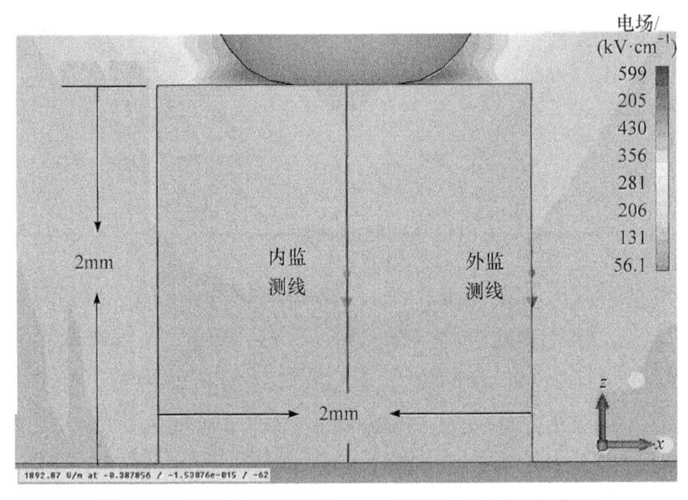

图 5-9 有机玻璃样片在 y=0 截面上的电场分布图

在上述条件下对有机玻璃样片和聚苯乙烯样片施加不同幅值电压，测试结果显示：尽管不同电压下样片绝缘失效的脉冲数不尽相同，但失效方式均为体击穿，并非沿面闪络。表 5-1 列出了 10ns 脉冲下的外施电压、测试样片数目、失效脉冲数和失效方式。

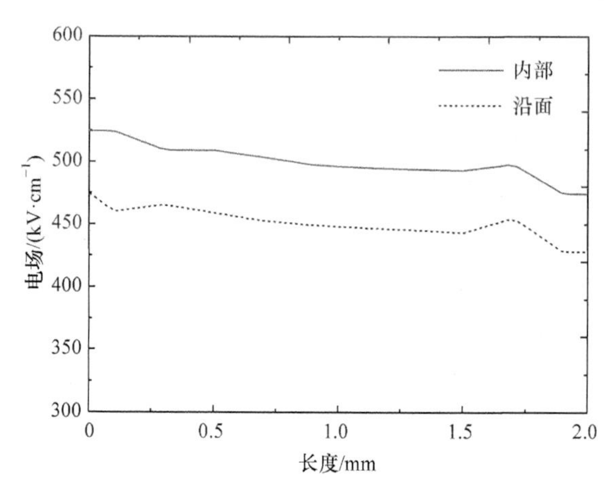

图 5-10　有机玻璃内部和沿面的电场分布

表 5-1　10ns 脉冲下的外施电压、测试样片数目、失效脉冲数和失效方式

样片种类	外施电压/kV	测试样片数目/个	失效脉冲数/个	失效方式
PMMA	170	9	约 300	体击穿
PMMA	130	2	约 1000	体击穿
PMMA	100	3	约 10000	体击穿
PS	170	1	328	体击穿
PS	130	2	约 2000	体击穿
PS	100	1	57453	体击穿

将实验装置的输出脉宽调节至 6μs，观察长脉冲条件下绝缘材料的失效方式。需要说明的是，长脉冲是通过将 TPG200 主开关短路并去掉吸收负载而获得的，波形见图 3-46。同样以有机玻璃和聚苯乙烯的绝缘材料为测试样片，实验中逐步提高外施电压，当外施电压接近 80kV 时，样片以沿面闪络方式失效。表 5-2 列出了微秒脉冲下的样片种类、电压幅值、测试样片数目和失效方式。

表 5-2　微秒脉冲下的样片种类、电压幅值、测试样片数目和失效方式

样片种类	电压幅值/kV	测试样片数目/个	失效方式
PMMA	80	2	沿面闪络
PS	85	3	沿面闪络

图 5-11 给出了纳秒及微秒脉冲下有机玻璃样片失效后的照片。图 5-11 中显示，体击穿痕迹连贯、呈孔洞状、颜色为黑色；而沿面闪络痕迹不连贯、杂乱、

接近透明。这是因为体击穿发生在样片内部，碳化后的痕迹很难扩散到变压器油中；而沿面闪络发生在样片表面，因为液体的流动性，碳化后的痕迹很快会消失，所以单次闪络后的痕迹并不显著。图 5-12 是纳秒及微秒脉冲下聚苯乙烯样片失效

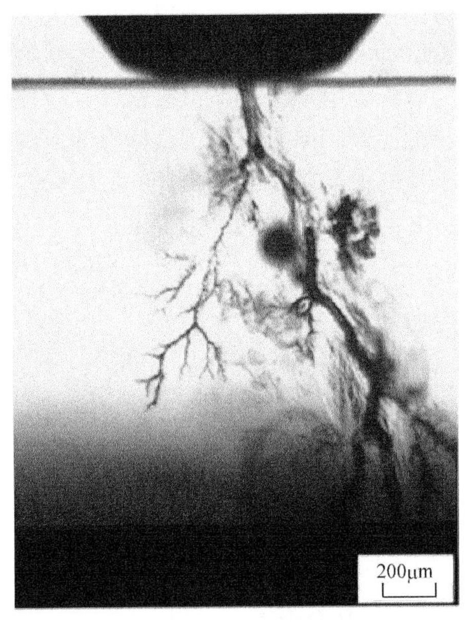

(a) 10ns、100kV时的体击穿照片

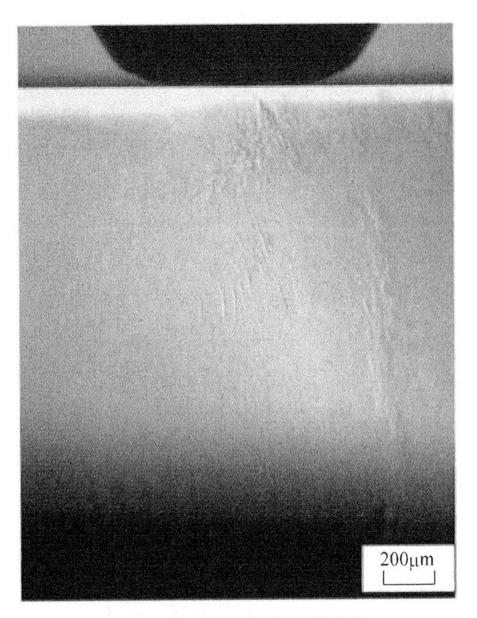

(b) 6μs、80kV时的沿面闪络照片

图 5-11　纳秒及微秒脉冲下有机玻璃样片失效后的照片

(a) 10ns、170kV时的体击穿照片

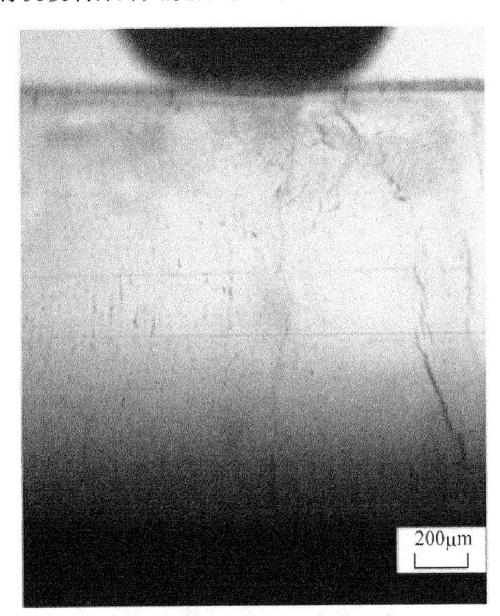

(b) 6μs、85kV时的沿面闪络照片

图 5-12　纳秒及微秒脉冲下聚苯乙烯样片失效后的照片

后的照片，图 5-12 中反映的情况与图 5-11 基本一致，即体击穿痕迹连贯、不透明，而沿面闪络痕迹杂乱、接近透明。以上两组实验结果清楚地显示出，在纳秒脉冲下绝缘材料以体击穿方式失效；而在微秒脉冲下绝缘材料以沿面闪络方式失效。这证实了绝缘材料在短脉冲条件下容易以体击穿方式失效的事实。

从本节的实验结果还可以看出：在微秒脉冲下，外施电压较低时绝缘材料便以沿面闪络方式失效；而在纳秒脉冲下，尽管外施电压较高，绝缘材料却没发生沿面闪络现象。这说明纳秒脉冲下绝缘材料的沿面闪络阈值高于微秒脉冲下的沿面闪络阈值，同时说明沿面闪络阈值和体击穿阈值随脉宽变化趋势不尽相同，这可能是虫孔效应发生的潜在原因。

5.2 油-固界面的虫孔效应

虫孔效应的发生涉及固体绝缘材料的体击穿和沿面闪络现象。在对该效应开展论述之前，先对体击穿阈值和沿面闪络阈值随不同因素变化的趋势进行归纳。

5.2.1 体击穿阈值和沿面闪络阈值变化趋势

第 2 章中论述了固体绝缘材料体击穿阈值随脉宽的变化趋势，得出在一定脉宽范围(t_{f_max})内，击穿阈值随脉宽增加而减小；当脉宽大于 t_{f_max} 时，击穿阈值基本不随脉宽增加而改变，参见图 2-29 和图 2-43，这一趋势可用公式表述如下：

$$E_{BD}(\tau)=\begin{cases}E_{BD1}\tau^{-s}\left(\tau\leqslant t_{f\_max}\right)\\ E_{BDc}\quad\left(\tau>t_{f\_max}\right)\end{cases}\tag{5-1}$$

式中，t_{f_max} 并不是一个常数，取值约为 100ns；s 取值为 0.17～0.4，作为近似估计，可以取 s=1/5。

在第 2 章中还论述了固体绝缘材料体击穿阈值随厚度的变化趋势，得出两者近似服从 $E_{BD}\propto d^{-1/8}$ 的关系。因为脉宽与厚度是两个相互独立的变量，所以体击穿阈值随这两个因素变化的关系可以表示如下：

$$E_{BD}(d,\tau)=\frac{E_{BD1}}{d^{\frac{1}{8}}\tau^{\frac{1}{5}}}\left(\tau\leqslant t_{f\_max}\right)\tag{5-2}$$

式中，E_{BD1} 定义为单位厚度绝缘材料在单位脉宽下的体击穿阈值。对于有机玻璃，根据之前的实验结果，有 $E_{BD}|_{d=1mm,\tau=10ns}=1.71MV\cdot cm^{-1}$。

图 5-13 总结了有机玻璃-变压器油界面的沿面闪络阈值随脉宽 τ 的变化[20-22]。从图 5-13 中看出，在纳秒至数微秒脉宽范围内，沿面闪络阈值随脉宽变化近似服从 $E_f\propto\tau^{-1/4}$ 的关系。参阅文献[23]，图 5-14 总结了 30ns 脉宽下固体-变压器油界

面沿面闪络阈值随绝缘距离 l 变化的实验数据，通过拟合，发现两者近似服从 $E_f \propto l^{-0.8}$ 的关系。

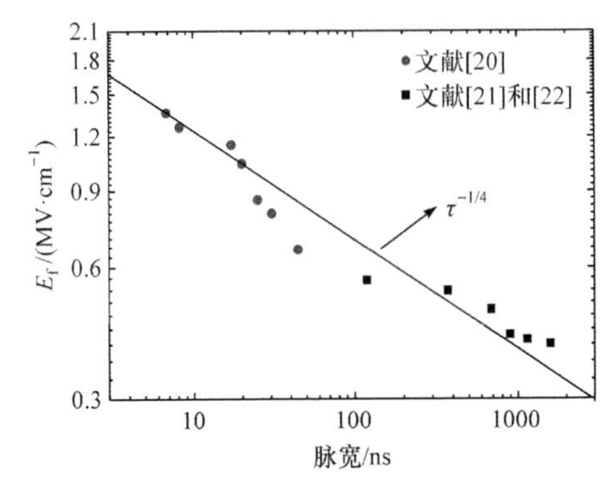

图 5-13　沿面闪络阈值随脉宽 τ 的变化[20-22]

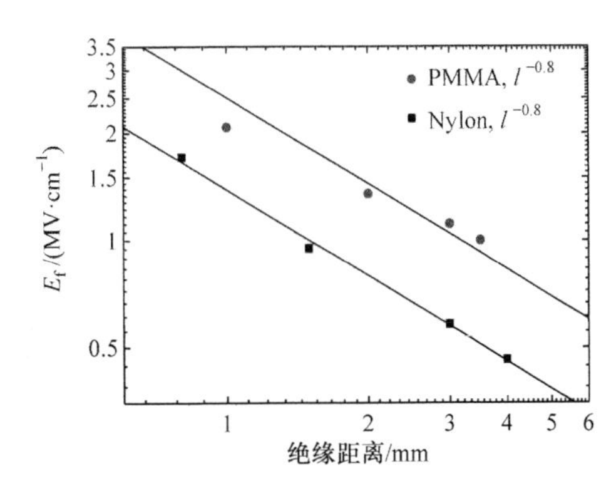

图 5-14　沿面闪络阈值随绝缘距离 l 的变化

同样因为绝缘距离和脉宽两者相互独立，所以油-固界面的沿面闪络阈值随绝缘距离和脉宽的变化关系可近似表示为

$$E_f(l,\tau)=\frac{E_{f1}}{l^{0.8}\tau^{1/4}} \tag{5-3}$$

式中，E_{f1} 定义为单位长度、单位脉宽下固体-变压器油界面的沿面闪络阈值，具体可以从实验结果中获得，如根据文献[23]，在有机玻璃-变压器油界面 $E_f|_{d=2\text{mm},\ \tau=30\text{ns}}=1.4\text{MV}\cdot\text{cm}^{-1}$。

5.2.2　油-固界面的临界脉宽

通过应用式(5-1)和式(5-3)，可以在同一坐标系下绘出 E_{BD} 和 E_f 随脉宽 τ 的变化趋势，如图 5-15(a)所示。鉴于有机玻璃的实验数据较为充分，图 5-15(a)中固体绝缘材料选为有机玻璃，厚度为 2mm，电极样片布放方式如图 5-15(b)所示，圆台锥角 θ 取 0°。从图 5-15(a)看出，体击穿阈值曲线与沿面闪络阈值曲线存在一个交叉点，对应的脉宽约为 33ns。这说明当脉宽 τ 取 33ns、样片厚度取 2mm 时，体击穿阈值与沿面闪络阈值相等；但当脉宽偏离 33ns 或者厚度偏离 2mm 时，体击穿阈值与沿面闪络阈值此消彼长，导致绝缘样片既可能以体击穿方式失效，也可能以沿面闪络方式失效，实验中表现为一定概率。定义沿面闪络阈值与体击穿阈值相等时对应的脉宽为临界脉宽，用 τ_c 表示，如图 5-16 所示。同时，认为纳秒脉冲下绝缘结构以体击穿方式失效是由临界脉宽的存在导致的。

具体而言，对于特定的固体绝缘结构，存在一个固定的临界脉宽 τ_c。当所施加脉宽 τ 大于临界脉宽 τ_c 时，沿面闪络阈值小于体击穿阈值，这将导致绝缘结构以沿面闪络方式失效；当 τ 小于 τ_c 时，沿面闪络阈值大于体击穿阈值，这将导致绝缘结构以体击穿方式失效。5.1 节曾提到，Wang 等[7]在进行油浸圆台型绝缘子

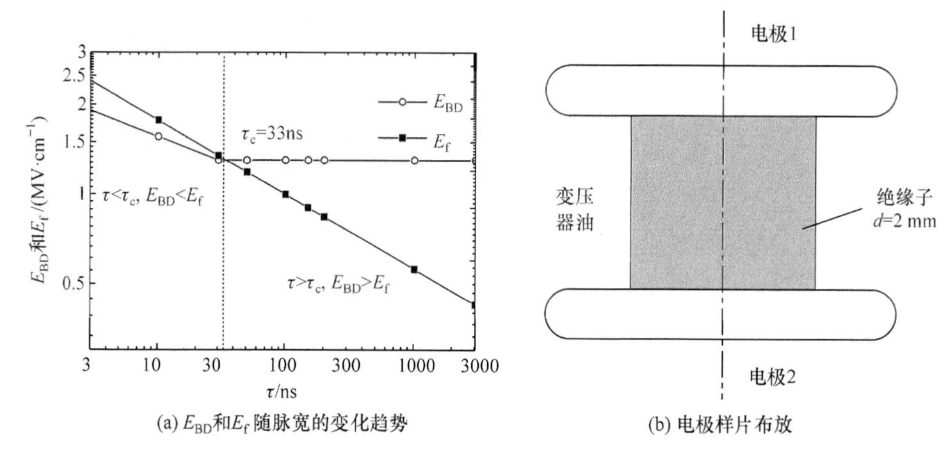

(a) E_{BD}和E_f随脉宽的变化趋势　　(b) 电极样片布放

图 5-15　有机玻璃-变压器油界面 E_{BD} 和 E_f 随脉宽变化的趋势和电极样片布放

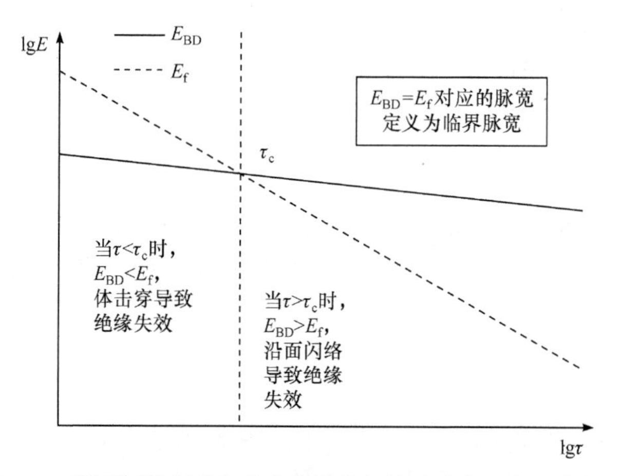

图 5-16　沿面闪络阈值与体击穿阈值相等时对应的临界脉宽 τ_c[2]

对于 2mm 厚的油浸有机玻璃绝缘子，$\tau_c \approx$ 33nm，并且 $E(\tau_c) \approx 1.2\text{MV} \cdot \text{cm}^{-1}$

沿面闪络实验时，发现有部分绝缘子以体击穿方式失效。该实验所用的脉冲半高宽接近 33ns，并且样片材料包括 PMMA 和 Nylon。所以本章引用文献[7]中的部分实验数据来证实临界脉宽的存在，所引数据见表 5-3。

表 5-3　文献[7]中的部分实验数据

测试样片	锥角	厚度/mm	体击穿概率%	测试样片	锥角	厚度/mm	体击穿概率%
Nylon	0°	<1	—	PMMA	0°	<1	75.7
		1.0～1.5	9.5			1.0～1.5	4.4
		1.5～3.0	7.7			1.5～3.0	2.6
		>3	3.8			>3	0.4

根据表 5-3，图 5-17 绘出了 PMMA 样片和 Nylon 样片体击穿概率随样片厚度变化的直方图。从图 5-17 中看出，当样片厚度在 1～3mm 范围时，部分样片以体击穿方式失效，并且随着样片厚度减小，体击穿概率减小。这说明该条件下的临界脉宽约为 33ns，这一实验充分证实了临界脉宽的存在。

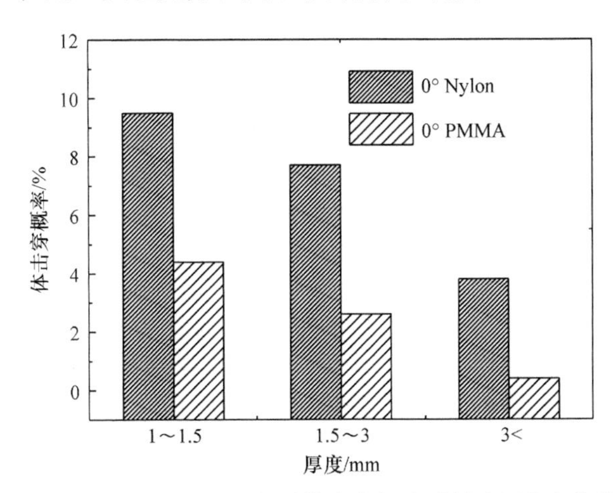

图 5-17　PMMA 样片和 Nylon 样片体击穿概率随样片厚度变化的直方图

值得一提的是，图 5-17 中显示的趋势还可以对虫孔效应的临界尺寸问题进行说明。根据图 5-14，沿面闪络阈值随绝缘距离近似服从 $E_f \propto l^{-0.8}$ 的关系，而 2.2 节的厚度实验结果显示 $E_{BD} \propto d^{-1/8}$，对比这两个关系，发现随着绝缘距离的减小，沿面闪络阈值会以较快的速率增大，这将导致沿面闪络阈值-厚度曲线也存在交叉点，这个交叉点即为临界尺寸。当样片厚度小于临界尺寸时，沿面闪络阈值会高于体击穿阈值，使得样片多以体击穿方式失效。同时样片厚度越小，沿面闪络阈值相对体击穿阈值越高，体击穿的发生概率也越大。

5.2.3　累积脉冲下的临界脉宽

第 4 章得出了短脉冲下绝缘材料寿命的估算公式：

$$N_L = \beta_s^{\frac{m}{a}} = \left(\frac{E_{BD}}{E_{op}}\right)^{\frac{m}{a}} \tag{5-4}$$

考虑一般情况 a=1 和 m=8，以脉冲数 N 为自变量，可以反解得出 E_{op}，用 $E_{BD}(N)$ 来代替 E_{op}，得到

$$E_{BD}(N) = \frac{E_{BD}}{N^{1/8}} \tag{5-5}$$

称 $E_{BD}(N)$为考虑脉冲数 N 之后的体击穿阈值，以区别于单脉冲击穿阈值 E_{BD}。因

为脉冲数与厚度、脉宽等变量相互独立，所以可以联合式(5-2)和式(5-5)，得到体击穿阈值 E_{BD} 随脉冲数 N、厚度 d 和脉宽 τ 的变化关系式：

$$E_{BD}(d,\tau,N)=\frac{E_{BD1}}{d^{\frac{1}{8}}\tau^{\frac{1}{5}}N^{\frac{1}{8}}}\left(\tau\leqslant t_{f\_max}\right) \tag{5-6}$$

式中，E_{BD1} 定义为单位厚度的绝缘材料在单位脉宽及单个脉冲数下的体击穿阈值。

再来考虑脉冲数对沿面闪络阈值的影响，不同文献中的实验结果表明[11-15, 24]，在样片不发生沿面闪络的前提下，脉冲数增加对沿面闪络阈值影响不明显。这就预示着可以忽略沿面闪络的累积效应。据此，油-固界面沿面闪络阈值随脉冲数 N、绝缘距离 l 和脉宽 τ 的变化关系仍然可以用式(5-3)表示，即

$$E_{BD}(l,\tau,N)=\frac{E_{BD1}}{l^{\frac{1}{8}}\tau^{\frac{1}{5}}} \tag{5-7}$$

根据描述体击穿阈值的式(5-6)，以及描述沿面闪络阈值的式(5-7)，可以绘制出不同脉冲数下有机玻璃体击穿阈值和沿面闪络阈值随脉宽的变化曲线，如图 5-18 所示，图 5-18 中仍然以 2mm 圆柱形有机玻璃样片为模型。

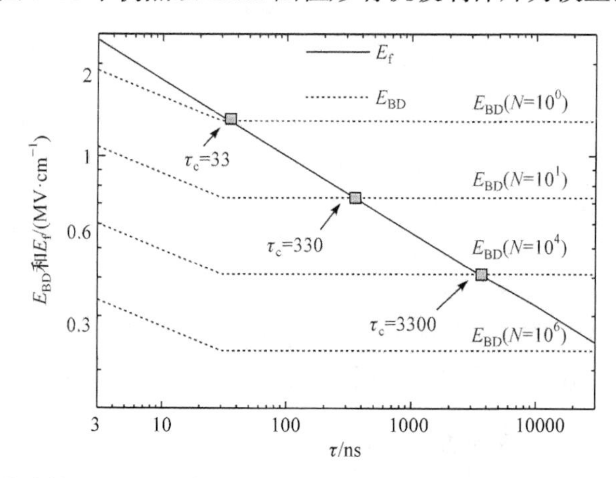

图 5-18　不同脉冲数下有机玻璃体击穿阈值和沿面闪络阈值随脉宽的变化曲线(d=2mm)

从图 5-18 中看出，随着脉冲数增加，体击穿阈值减小，临界脉宽增大。这意味随着脉冲数增加，在更宽的脉宽范围内绝缘材料会以体击穿方式失效。这就能够对绝缘子运行足够多脉冲数后容易以体击穿方式失效的现象给出合理解释：绝缘子运行足够多脉冲数后体击穿阈值降低，临界脉宽增大，所以在更宽的脉宽范围内观察到了绝缘子的体击穿现象。

5.2.4　短脉冲下固体绝缘结构的失效

虫孔效应与短脉冲下绝缘结构的累积击穿相联系。在展开论述之前，首先对

长脉冲下绝缘结构的失效方式和绝缘设计的要点进行回顾。在长脉冲下，沿面闪络是限制绝缘设计的主要因素，为保证较大的安全余量，设计中通常取一定的安全系数，如 3～5，即 E_{op} 是 E_f 的 1/5～1/3。以安全系数取 3 为例，结合图 5-15 中沿面闪络阈值和体击穿阈值随脉宽变化的趋势可以对该问题进行说明。图 5-19 是长脉冲下 E_{BD} 和 E_f 随脉宽 τ 的变化。从图 5-19 中看出，当 $E_{op}=1/3E_f$ 时，对应 E_{op} 在 0.1～0.3MV · cm^{-1}(0.3～10μs)。此时，因为外施电场小于沿面闪络阈值，并且沿面闪络阈值小于体击穿阈值，所以绝缘结构既不以沿面闪络方式失效，又不以体击穿方式失效；同时，根据式(5-4)，在微秒脉冲作用下，取 $a=1$，$m=8$～11，对于 $E_{BD}=1.3$MV · cm^{-1}，$E_{op}=0.2$MV · cm^{-1} 的情况，寿命 N_L 的估算值为 3×10^6～8×10^8，可见绝缘结构具有非常高的寿命值，换言之，绝缘结构以体击穿方式失效的可能性很小。但是当外施电场逐渐提高时，安全系数减小，此时绝缘结构以沿面闪络方式失效的概率大大增加。因为沿面闪络是在一个脉冲内完成的，所以一旦沿面闪络发生，绝缘结构便不能继续被使用，这意味着沿面闪络使得较高电场下的累积击穿过程无法建立。

但对于短脉冲情况，如果仍沿用长脉冲条件下的设计思路，即把沿面闪络作为绝缘风险来考虑，则会使体击穿问题暴露出来。仍然以图 5-15 中的数据进行分析。图 5-20 给出了短脉冲下 E_{BD} 和 E_f 随脉宽 τ 的变化。图 5-20 显示，如果以沿面闪络阈值为基准，取安全系数为 3，则有 $E_{op}=1/\beta_s E_f=1/3E_f$，对应 E_{op} 在 0.5～1.2MV · cm^{-1}。

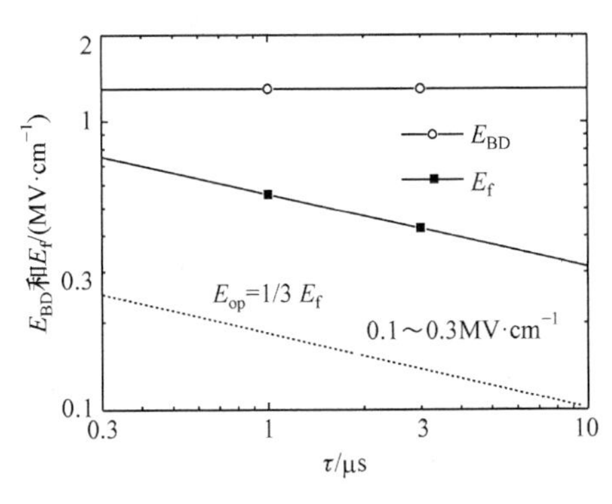

图 5-19　长脉冲下 E_{BD} 和 E_f 随脉宽 τ 的变化

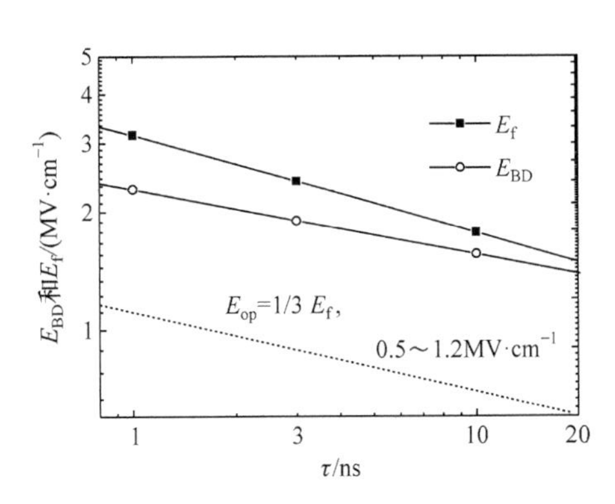

图 5-20　短脉冲下 E_{BD} 和 E_f 随脉宽 τ 的变化

结合图 5-20 考虑短脉冲下绝缘结构的寿命，假设脉宽为 4ns，则 E_{BD}=1.8MV · cm^{-1}，E_{op}=0.8MV · cm^{-1}，并且 $N_L=(E_{BD}/E_{op})^8=656$，即样片在耐受不到 1000 个脉冲数后便以体击穿方式失效。上述计算是在 4ns 的脉宽情况下得到的，当脉宽减小时，E_{BD} 与 $1/\beta_s E_f$ 之间的“矛盾”会变得越来越突出，导致绝缘结构在耐受更少的脉冲数后便以体击穿方式失效。这说明在短脉冲条件下，绝缘设计中应当首先考虑体击穿的问题，而不是沿面闪络问题。具体而言，应该通过绝缘结构所要求的寿命推算出理论安全系数，然后结合体击穿阈值计算出相应的外施电场取值。

从累积击穿角度可以对短脉冲下绝缘结构以体击穿方式失效的现象做深入分析，在纳秒脉冲下，假设以 $E_{op}=1/\beta_s E_f$ 作为标准进行绝缘设计，则根据电子注入的 Fowler-Nordheim 公式[25-27]：

$$j(T)=\frac{1.54\times10^{-6}E^2}{\phi_m}\exp\left(-\frac{6.83\times10^7\phi_m^{1.5}}{E}\theta(y)\right)\times g(E,\phi_m,T) \tag{5-8}$$

式中，ϕ_m 为电极材料的逸出功，单位为 eV；$\theta(y)$、y 均为中间变量，其中 $\theta(y)=0.956\sim1.06y^2$，$y=3.8\times10^{-4}\sqrt{E}/\phi_m$。

根据式(5-8)，对于铜电极(ϕ_m=4.5eV)，可以计算出长、短脉冲下不同电场条件的电子注入密度。短脉冲条件下，E_{op}=0.8MV · cm^{-1}，电子注入密度约为 10^8A · cm^{-2}；长脉冲条件下，E_{op}=0.2MV · cm^{-1}，电子注入密度约为 10^{-4}A · cm^{-2}，所以相较于长脉冲条件，短脉冲条件下的电子注入密度提高了约 12 个数量级，如图 5-21 所示。电子注入密度的显著提高使得电子对聚合物长链的破坏作用明显加强，造成自由基浓度升高。图 5-22 是将文献[28]中的实验数据外延得到的聚合物中自由基浓度随外施电场的变化。图 5-22 显示，当 E_{op} 从 0.2MV · cm^{-1} 升高到 0.8MV · cm^{-1} 时，自由基浓度将提高 10 个数量级，这与图 5-21 中的数据相符。自由基浓度的显著提高使得低浓度域更容易形成于聚合物表面，为局部击穿的发生创造了条件，一旦绝缘结构表面发生局部击穿，则电树枝开始从绝缘结构表面引发并开始生长，导致绝缘结构最终以体击穿方式失效，并形成孔洞状的击穿通道。这就解释了短脉冲下绝缘材料多以体击穿方式失效的实验现象，以及击穿痕迹多表现为孔洞状的现象。

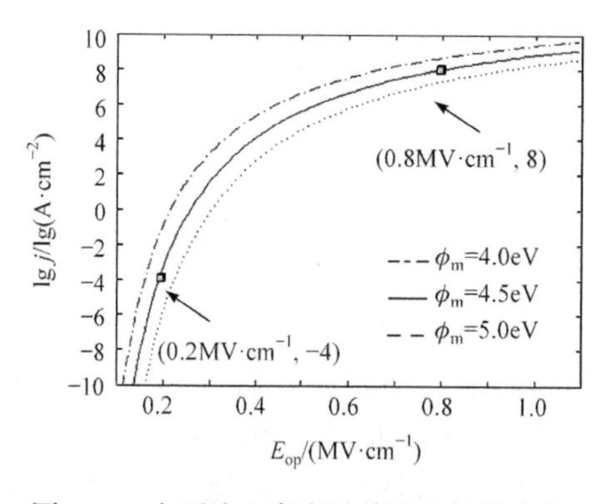

图 5-21　电子注入密度随外施电场的变化

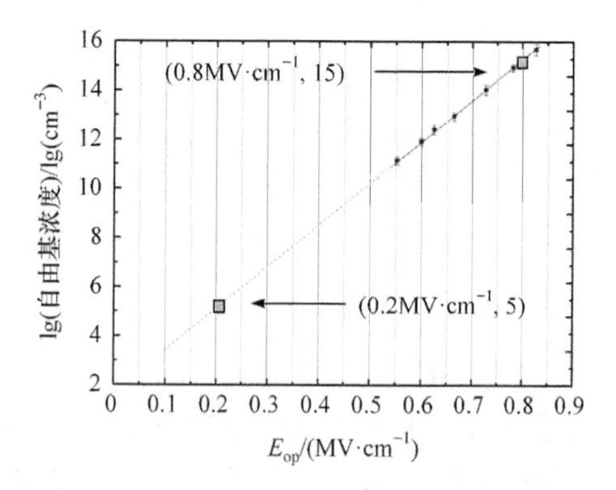

图 5-22　自由基浓度随外施电场的变化[28]

值得一提的是，上述分析虽然是针对固体–变压器油界面，但是对固体–真空界面和固–气界面仍然成立。

5.3　固体–真空界面的虫孔效应

本节同样从阈值–脉宽角度对固体–真空界面的虫孔效应现象展开论述。

5.3.1　真空沿面闪络阈值变化趋势

图 5-23 是真空沿面闪络阈值随长度变化的实验结果[29-30]，图 5-24 是真空沿面闪络阈值随脉宽变化的实验结果[31-33]。式(5-9)和式(5-10)分别是拟合后的经验公式：

$$E_{\mathrm{f}}(l)=\frac{500}{l^{0.6}},\quad 1\leqslant l\leqslant 20\mathrm{mm}\quad (\mathrm{kV\cdot cm^{-1}}) \tag{5-9}$$

$$E_{\mathrm{f}}(\tau)=\begin{cases}\dfrac{240}{\tau^{1/3}}, & 1<\tau\leqslant 50\mathrm{ns}\\ \dfrac{125}{\tau^{1/6}}, & 50<\tau\leqslant 4000\mathrm{ns}\end{cases}\quad (\mathrm{kV\cdot cm^{-1}}) \tag{5-10}$$

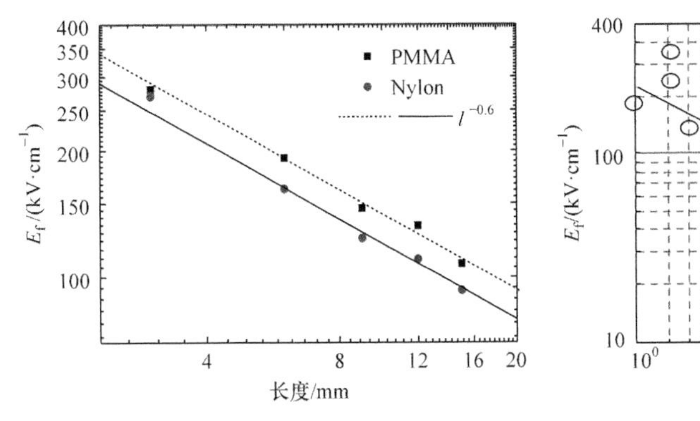

图 5-23　真空沿面闪络阈值随长度的变化

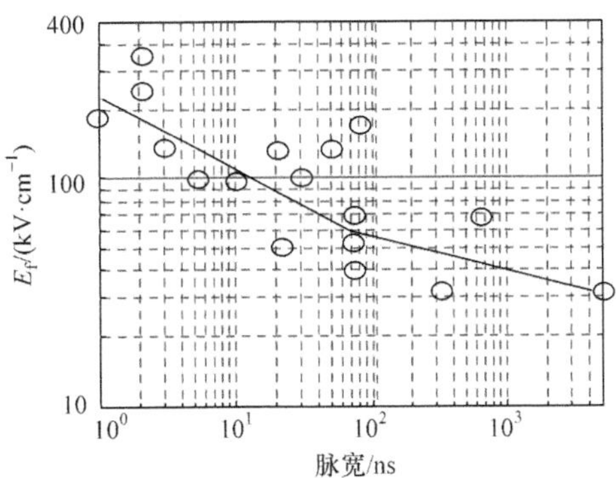

图 5-24　真空沿面闪络阈值随脉宽的变化[31-33]

图 5-25 是真空沿面闪络阈值随绝缘子半锥角的变化趋势[34-39]。图 5-25 显示，当绝缘子半锥角在−10°～0°时，沿面闪络阈值最小。图 5-26 是真空沿面闪络电压随脉冲数变化的实验结果[40]，图中反映出脉冲数对沿面闪络阈值影响不大。

在短脉冲下，固体–真空界面的闪络特性相较于固体–变压器油界面的闪络特性有两大不同点：①纳秒脉冲真空沿面闪络阈值在百千伏每厘米量级，远低于变压器油界面的沿面闪络阈值(数百千伏每厘米至兆伏每厘米)；②绝缘子半锥角对真空沿面闪络阈值的影响更为显著，具体表现为正、负 45°半锥角绝缘子的真空沿面闪络阈值相对于 0°半锥角绝缘子真空沿面闪络阈值提高 2～5 倍。

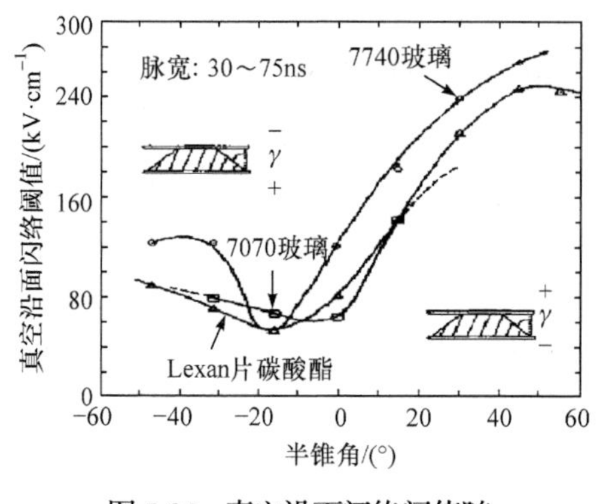

图 5-25　真空沿面闪络阈值随绝缘子半锥角的变化[34]

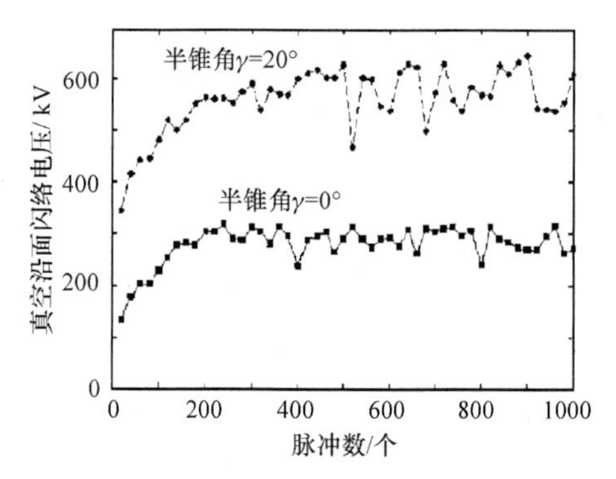

图 5-26　真空沿面闪络电压随脉冲数的变化[41]

5.3.2　真空界面虫孔效应的发生条件

表 5-4 归纳了固体击穿阈值和真空沿面闪络阈值的影响因素及趋势。从表 5-4 可以看出：①在真空界面，因为 E_f 相对 E_{BD} 较小，所以即使 $E_{op}=E_f$，寿命的理论值也极大($N_L=(E_{BD}/E_f)^8=10^6$～10^8)，导致在真空条件下虫孔效应很难发生；②窄脉宽和薄电介质会使得 E_f 迅速提高，使得极限条件下的寿命缩短，进而虫孔效应会较早发生；③在绝缘结构尺寸、外施电场不变的前提下，凡是能促进沿面闪络阈值提高的措施均阻碍虫孔效应的发生，如绝缘结构半锥角±45°设计、真空界面刻槽等；④在不施加任何措施的前提下，随着固体绝缘结构寿命的耗尽，虫孔效应仍然会发生。

表 5-4　固体击穿阈值和真空沿面闪络阈值的影响因素及趋势

影响因素	E_{BD}	真空界面的 E_f	评注
d 或 l	$E_{BD} \propto d^{-1/8}$	$E_f \propto l^{-0.6}$	E_f 随 l 减小而增大得更快；因为 E_{BD} 远大于 E_f，所以仅减小厚度不会导致 $E_{BD}<E_f$
τ	$E_{BD} \propto \tau^{-1/5}\ (\tau \leqslant t_{f\_max})$ $\tau>t_{f\_max}$ 时，τ 几乎不对 E_{BD} 产生影响	$E_f \propto \tau^{-1/3}\ (1<\tau \leqslant 50ns)$ $E_f \propto \tau^{-1/6}\ (50<\tau \leqslant 4\mu s)$	E_f 随 τ 减小而增大得更快；同样因为 E_{BD} 远大于 E_f，所以仅减小脉宽也不会导致 $E_{BD}<E_f$
电介质形状	电介质形状对体击穿阈值影响微弱	θ=±45°设计 E_f 会提升 2～5 倍	对电介质外形进行设计是提高 E_f 的重要手段
N	$E_{BD} \propto N^{-1/8}$	E_f 基本不随 N 发生变化	E_{BD} 随脉冲数 N 增大而减小，当 N 大到一定程度，会导致 $E_{BD}<E_f$

根据以上结论，因为脉冲数增加会导致体击穿阈值显著降低，所以在计算真空界面虫孔效应的发生条件时，以脉冲数 N 为自变量，进行以下两组计算。

1) 脉冲数对阈值-厚度曲线的影响

固体电介质的击穿阈值采用式(5-2)，真空沿面闪络阈值采用式(5-9)，脉宽固定为 10ns。图 5-27 绘出了两类绝缘子在不同脉冲数下的阈值-厚度曲线。图 5-27(a)是圆柱形绝缘子的阈值-厚度曲线。从图 5-27(a)中可以看出，随着脉冲数增加，体击穿阈值逐步降低。假设绝缘子的寿命 $N_L=10^6$ 个脉冲，则从图 5-27(a)中看出，绝缘子的临界厚度 d_c 为 3.5mm。当绝缘结构厚度 $d<3.5$mm 时，因为 $E_{BD}(N_L)\leqslant E_f$，所以绝缘结构会以体击穿方式失效，导致虫孔效应发生。图 5-27(b)是+45°绝缘子的阈值-厚度曲线，图中沿面闪络数据以 $l=\sqrt{2}\,d$ 进行归一化处理，并假设沿面闪络阈值提高 2 倍。从图 5-27(b)中可以看出，+45°半锥角设计使得绝缘子可工作的电场水平提高并且临界厚度增大。同样假设绝缘子的寿命 $N_L=10^6$ 个脉冲，从图 5-27(b)中看出，绝缘子的临界厚度 d_c 增大为 10mm。当绝缘结构厚度 $d<10$mm 时，因为 $E_{BD}(N_L)\leqslant E_f$，所以绝缘结构仍然会以体击穿方式失效，导致虫孔效应发生。

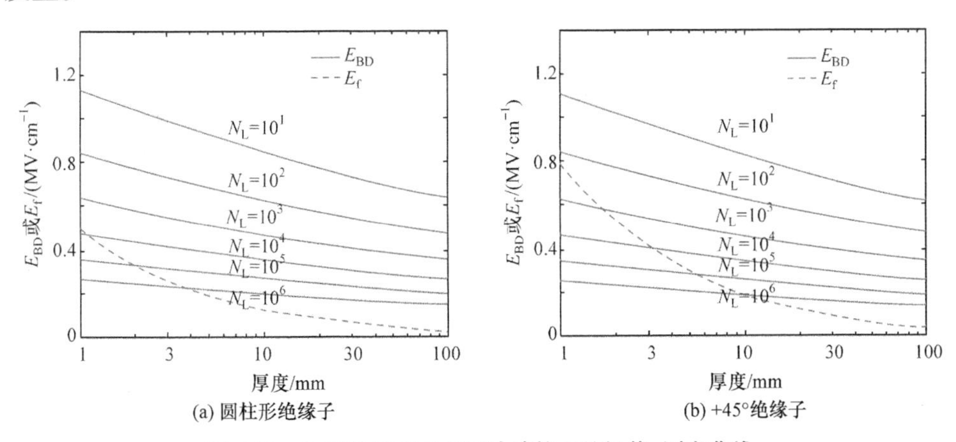

(a) 圆柱形绝缘子　(b) +45°绝缘子

图 5-27　两类绝缘子在不同脉冲数下的阈值-厚度曲线

2) 脉冲数对阈值-脉宽曲线的影响

固体电介质的击穿阈值采用式(5-6)计算，真空沿面闪络阈值采用式(5-10)计算，电介质厚度固定为 3mm。图 5-28 给出了两类绝缘子在不同脉冲数下的阈值-脉宽曲线。图 5-28 反映的规律与图 5-27 的规律类似。具体而言，图 5-28(a)所示的圆柱形绝缘子，当 $N_L=10^6$ 且脉宽 $\tau<1.2$ns 时，有 $E_{BD}(N_L)\leqslant E_f$，此时虫孔效应将会发生；对于图 5-28(b)所示的+45°绝缘子，当 $N_L=10^6$ 时，临界脉宽增大，从 1.2ns 增加到 30ns，当 $\tau<30$ns 时，虫孔效应仍然会发生。

以上计算证实了真空界面虫孔效应的发生条件：①薄电介质和窄脉冲条件下

虫孔效应容易发生；②+45°半锥角设计有助于提高绝缘子的整体绝缘性能，但工作场强不宜过高，否则电介质仍然会以虫孔效应方式失效；③重频条件下脉冲数随时间增加得更快，因此重频条件会促进虫孔效应的发生。

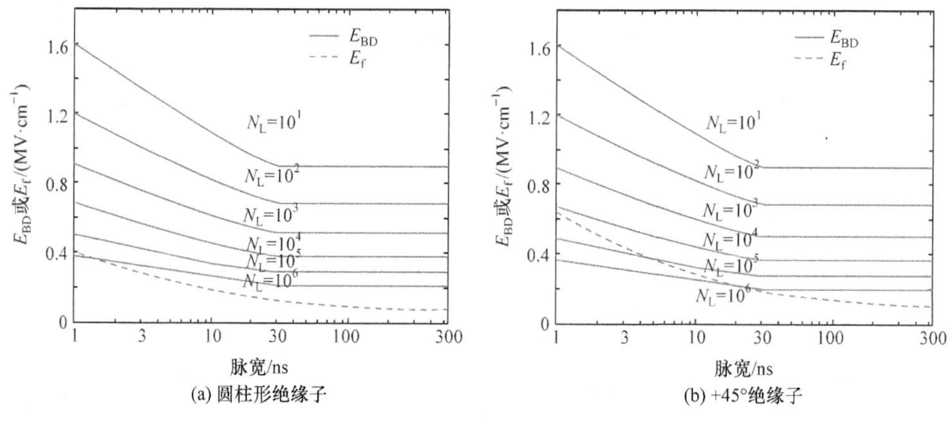

(a) 圆柱形绝缘子　　(b) +45°绝缘子

图 5-28　两类绝缘子在不同脉冲数下的阈值-脉宽曲线

5.3.3　实例分析

应用上述结论可以对 Roth 等[5]的实验结果进行分析。在该实验中，加在绝缘子上的脉冲幅度为 2.4MV，脉宽为 20ns，绝缘子材料为聚氨酯(polyurethane)，共 12 级，每级厚度为 20mm。一定脉冲数后，当 12 级绝缘子中的前 11 级绝缘子均以沿面闪络方式失效时，第 12 级绝缘子所耐受的电场为 1.2MV·cm^{-1}，该值大于聚合物材料的平均体击穿阈值，同时也大于真空沿面闪络阈值(根据式(5-6)，$\overline{E}_{BD}|_{d=19mm}$= 1MV·cm^{-1})，所以绝缘子具备体击穿和沿面闪络同时发生的条件。因为聚合物内体击穿发展的速度为 2ns·cm^{-1} 量级[42]，而真空中沿面闪络发展的速度约为 10ns·cm^{-1}[29]，所以体击穿会先于沿面闪络发生。

Chantrenne 等[6]首先通过增加绝缘子厚度的方法来消除虫孔效应，如图 5-29 所示。首先将绝缘子厚度从 20mm 增加到 30mm(对应外施电场降到 0.8MV·cm^{-1}，小于$\overline{E}_{BD}$)。该方法虽然消除了主绝缘子上的击穿痕迹，如图 5-29(a)所示，但是却在附近较薄的舌状凸起上发生了虫孔效应，如图 5-29(b)和(c)所示。进一步，Chantrenne 等通过舍弃舌状凸起来消除虫孔效应，如图 5-29(d)所示。结果显示，绝缘子的寿命提高了 50%。

以上措施证明了两点：①纳秒脉冲条件下虫孔效应容易发生；②在小尺寸条件下虫孔效应容易发生。

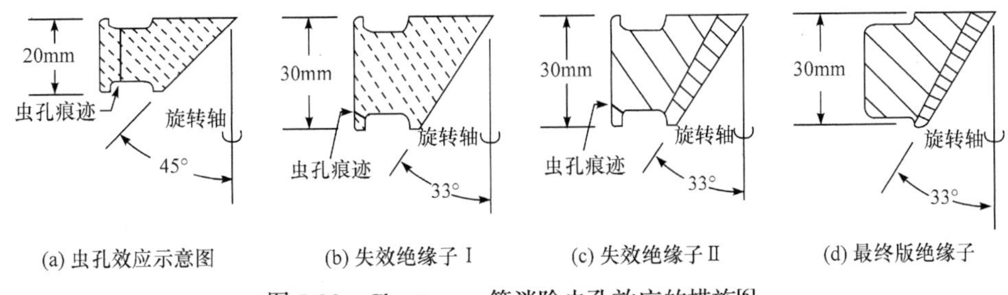

图 5-29　Chantrenne 等消除虫孔效应的措施[6]

5.4　固–气界面的穿刺现象

5.4.1　穿刺现象发生的条件

与纳秒时间量级下的名称不同，微秒或毫秒时间量级下的虫孔效应现象被称为穿刺现象[17]。该现象常见于大气环境[17-19, 43]。穿刺现象的发生同样可归结为体击穿阈值小于沿面闪络阈值所导致。

首先考虑固体表面为气体时沿面闪络的发生过程：从场增强区域发射的电子在电场中加速运动，与气体层发生碰撞电离产生电子崩，并且崩头向阳极推进，最终形成沿面闪络。与真空沿面闪络不同的是，固–气界面已经存在使电子碰撞电离倍增发生的气体氛围，所以在固体表面不需要发生气体解吸附过程。同时随着气压增大，碰撞电离频率不断增加并且电子自由程不断减小，导致沿面闪络阈值呈现出先减小后增大的趋势，其规律与帕邢曲线类似。实验结果表明，当气压从真空升至标准大气压时，固–气界面的沿面闪络电压规律与气体击穿电压(阈值)的规律类似，并且沿面闪络阈值与气体击穿阈值也近似相等，如图 5-30 所示[30, 44]。

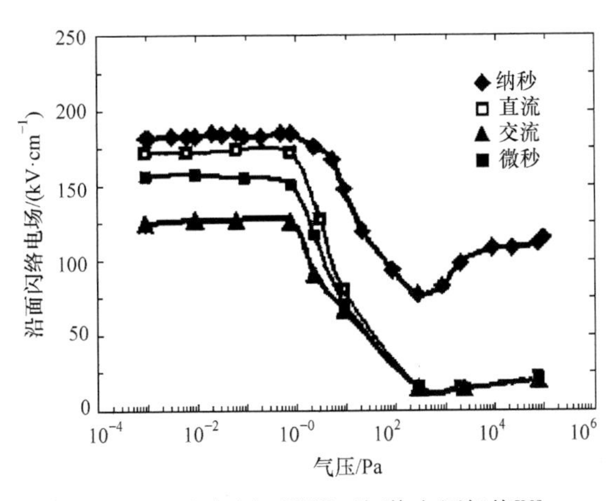

图 5-30　固–气界面的沿面闪络电压规律[30]

5.4.2 实例分析

微秒至毫秒时间量级下空气的体击穿阈值约为 30kV·cm^{-1}，该值远低于同时间量级下固体电介质的体击穿阈值(200～500kV·cm^{-1})，所以穿刺现象发生的条件更为严苛。同样以 $N_L=(E_{BD}/E_{op})^8$ 进行估算，取 $E_{op}=E_f=30$kV·cm^{-1}，则 $N_L=10^7$～10^{11} 个脉冲。但是当电介质中含有较多气隙或杂质时，其体击穿阈值将大幅降低。根据 $N_L=(E_{BD}/E_{op})^8$，电介质寿命大幅缩短，此时将容易观察到穿刺现象。

如 5.1 节所述，文献[17]～[19]中提到了悬挂式陶瓷绝缘子发生的穿刺现象。当陶瓷绝缘子含较多孔洞或气隙时，该现象极易被观察到。图 5-31 给出了钛酸锆陶瓷(zirconate titanate)体击穿阈值随气隙含量及气隙尺寸的变化[45]。从图 5-31 中可以看出，①钛酸锆的体击穿阈值在 70kV·cm^{-1} 以内，与空气体击穿阈值接近；②气隙含量的增加会使钛酸锆的体击穿阈值大幅度减小，见图 5-31(a)；③气隙尺寸增大也会使钛酸锆体击穿阈值大幅度减小，见图 5-31(b)。当钛酸锆陶瓷绝缘子中气隙含量和气隙尺寸大到一定值时，因为体击穿阈值小于沿面闪络阈值，所以会发生穿刺现象。以钛酸锆陶瓷绝缘子含 250μm 气隙的情况为例，当气隙含量大于 15%时，钛酸锆的体击穿阈值仅为 20kV·cm^{-1}，小于空气的体击穿阈值，从而体击穿先于沿面闪络发生，导致绝缘失效。如果对钛酸锆陶瓷绝缘子的外形进行复杂设计，则沿面闪络阈值会提高，钛酸锆的体击穿阈值相对更低，体击穿更容易发生。换言之，将更容易观察到穿刺现象。

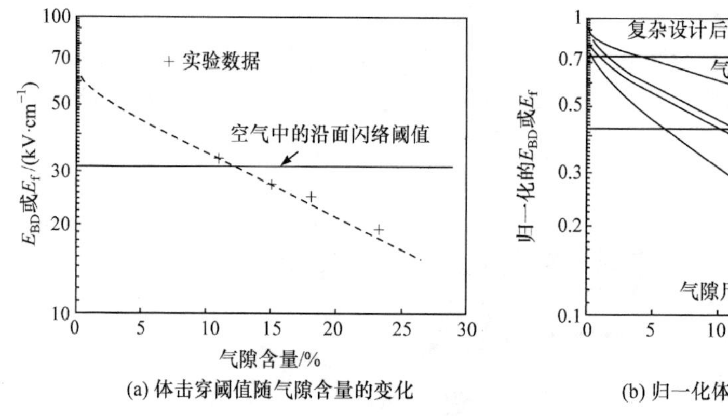

(a) 体击穿阈值随气隙含量的变化

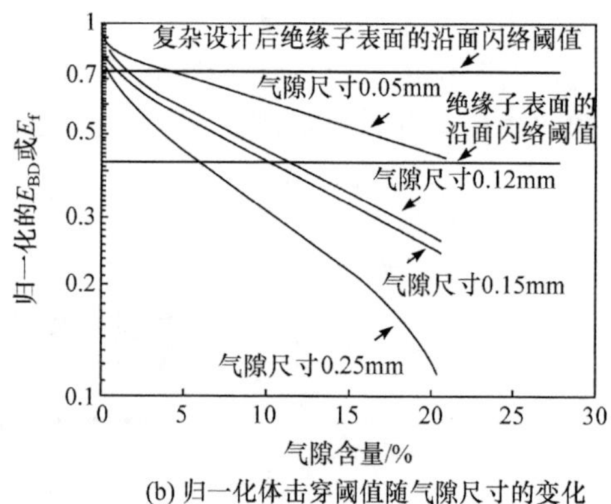

(b) 归一化体击穿阈值随气隙尺寸的变化

图 5-31 钛酸锆陶瓷体击穿阈值随气隙含量及气隙尺寸的变化[45]

应用以上结论对 5.1 节中 Morita 和 Rawart 等的实验结果进行分析。因为实验中陶瓷绝缘子的外形十分复杂，并且绝缘子中均含有较多且尺寸较大的气隙和沙眼(void and sand hole，尺寸可达 25μm)，所以沿面闪络阈值较高，体击穿阈值较低，这两方面因素共同导致穿刺现象容易发生。

5.5　临界脉宽对固体绝缘设计的意义

本章在论述虫孔效应的发生机制时，提出了临界脉宽的概念，但并未给出临界脉宽这一概念的物理机制及影响因素，本节就这两个问题展开论述。

5.5.1　引言

如 5.1 节所述，王珏等在开展油浸绝缘子沿面闪络实验时，发现有部分样片是以体击穿方式失效[7-8]。在该实验中，临界脉宽约为 30ns，这一实验证实了临界脉宽的存在。除了王珏的报道，Boev 等[46-47]在研究脉冲放电对大理石、混凝土的破坏作用时，也注意到了临界脉宽的存在，他们绘制了三种固体浸没于两种液体时放电电压随脉冲宽度的变化趋势，如图 5-32 所示。发现不同材料的阈值变化趋势不同，并且发现阈值曲线存在交叉点，但是并未对这些交叉点做深入研究。为了更清楚地看到临界脉宽的存在，本书在双对数坐标系下重新绘制并拟合了图 5-32 中的数据，如图 5-33 所示。

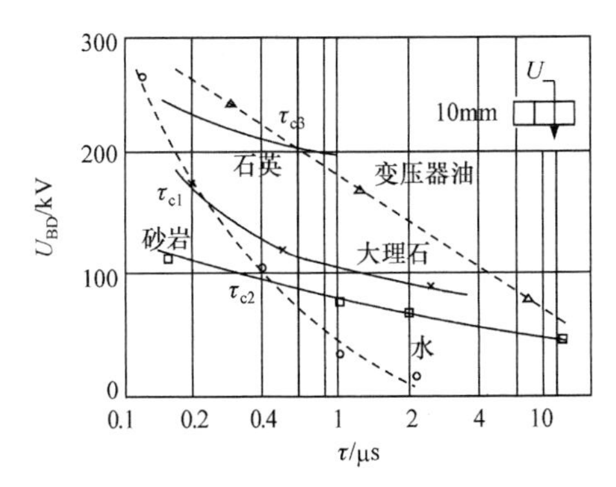

图 5-32　三种固体浸没于两种液体时的 U_{BD}[46]

$\tau_{c1}\approx 200$ns，$\tau_{c2}\approx 400$ns，$\tau_{c3}\approx 500$ns

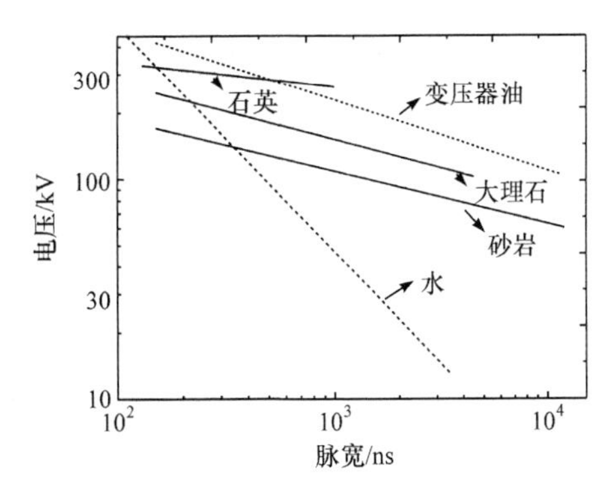

图 5-33　在双对数坐标系下重新绘制的数据

通过对比发现：①两种液体(虚线)的放电电压随脉宽增加而降低的速率明显快于三种固体(实线)的放电电压降低速率；②在短脉冲条件下，液体电介质的放电电压高于固体电介质的放电电压；③大理石-水的临界脉宽约为 200ns、砂岩-水的临界脉宽约为 400ns、石英-变压器油的临界脉宽约为 500ns。

通过对比图 5-16 和图 5-33，可以看出以下几点：

第一，对于三种固体电介质，相同脉宽下，其放电电压关系为 U_{BD}(石英)>U_{BD}(大理石)>U_{BD}(砂岩)；

第二，对于两种液体电介质，相同脉宽下，其放电电压关系为 U_{BD}(变压器油)>U_{BD}(水)；

第三，如果希望固体击穿首先发生，则可以利用临界脉宽左半支的阈值-脉宽特性。

值得一提的是，在 Boev 的研究中，正是希望固体电介质首先发生放电，以达到碎石的目的，所以利用了交叉点左半支曲线。在纳秒脉冲绝缘设计中，研究者同样利用了交叉点的左半支曲线，但目的是抑制体击穿发生，而非促成体击穿发生，这是两者最大的区别点。

5.5.2　临界脉宽的物理机制

以下从阈值和时延两个角度对临界脉宽的物理机制进行阐述。

1. 体击穿阈值的上限及单位长度时延

在纳秒或更短的脉冲下，当种子电子从阴极注入介质中并与原子或分子发生碰撞电离时，会引起电子雪崩；当雪崩到达阳极时，击穿发生。碰撞电离发生的前提条件是满足碰撞电离判据 $\Delta I=qE_{op}\lambda$，击穿发生时 E_{op} 即为 E_{BD}。

从能带角度，该判据意味着一个电子从价带顶跃迁到导带底时，需要跨过 ΔE_g 的禁带宽度，如图 5-34 所示。

文献[28]总结了一般聚合物的特征参数：①ΔE_g 一般不小于 4eV；②λ一般在 5～20Å。根据这两个参数，可以计算出 E_{BD} 在 20～80MV · cm^{-1}。这是最严苛的条件，事实上，由于杂质能级及气隙的存在，E_{BD} 通常会小于该值。

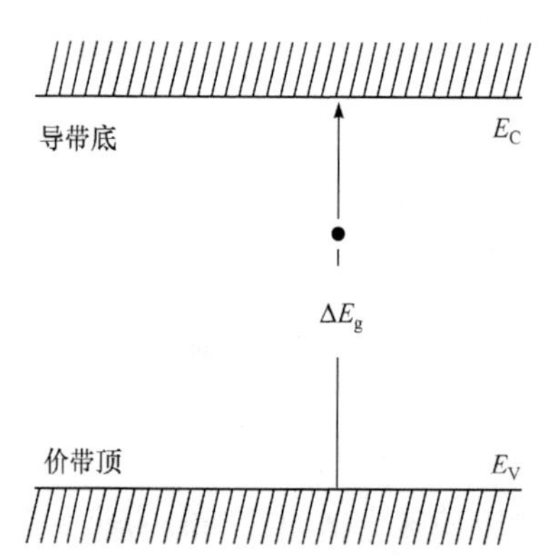

图 5-34　电子跃迁时需要跨的禁带宽度图

除此之外，5.2 节还得出 E_{BD} 随电介质厚度 d 和脉宽的变化关系，见式(5-2)。根据 $E_{BD}|_{d=1mm,\tau=10ns}=1.5$MV · cm^{-1}，可以估算出 E_{BD} 的上限，前提是需要知道最小电介质厚度和最小脉宽。同样从电子碰撞电离判据出发，电子平均自由程λ可以认为是电介质厚度的极小值，λ可取 1nm。与λ相对应的时延 t_d 可以认为是脉宽的最小值 τ_{min}。因为若脉宽短于 τ_{min}，电子碰撞电离将无法完成。根据 Bradwll 等[42]的实验结果，对于 1cm 厚的介质，t_d 为 2ns，进而单位长度时延 t'_d 为 0.2ns · mm^{-1}。又根据 Whitehead[48]，对于 0.1mm 厚的电介质，t_d 为 0.01～0.1ns，这意味着单位长度时延 t'_d=(0.1～1)ns · mm^{-1}。综合 Bradwll 与

Whitehead 的结果，t'_d平均可以取 0.2ns · mm^{-1}。电介质厚度取最小厚度 1nm，则可求出最小脉宽 t_d，为 2×10^{-7}ns。把最小电介质厚度 1nm、最小脉宽 2×10^{-7}ns 连同 $E_{BD}|_{d=1mm,\tau=10ns}$=1.5MV · cm^{-1}代入式(5-2)，可以计算出固体电介质体击穿阈值的上限，为 75MV · cm^{-1}，这与由电介质参数得到的阈值上限——80MV · cm^{-1}接近。

最后，在 Martin 总结的广域体积范围内固体电介质的体击穿阈值见图 5-35。从图中看出，E_{BD}的上限接近 80MV · cm^{-1}。

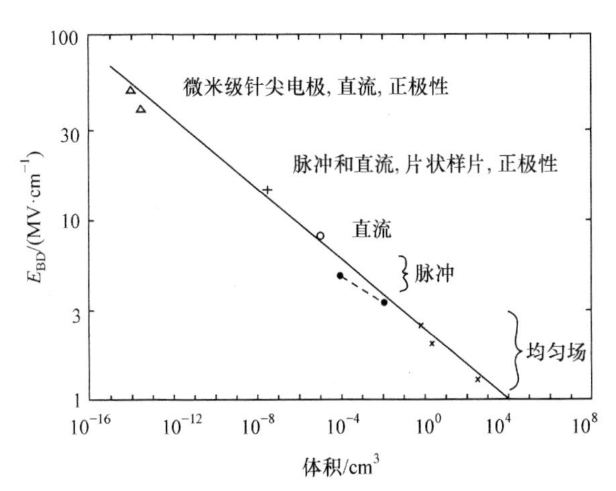

图 5-35 广域体积范围内固体电介质的体击穿阈值[49]

综合以上三方面，可以确认 E_{BD} 的上限约为 80MV · cm^{-1}。同时，体击穿的单位长度时延 t'_d=(0.1～1)ns · mm^{-1}。

2. 沿面闪络阈值的上限及单位长度时延

对于短脉冲下的真空沿面闪络现象，研究者提出了二次电子雪崩(secondary electron emission avalanche，SEEA)的沿面闪络机理[30, 50-56]。该理论认为：种子电子从阴极三结合点(固体电介质、金属、气体或真空相结合的区域，cathode triple junction，CTJ)发射，沿着介质分界面倍增，导致介质表面气体脱附、电离并形成贯穿性通道，此时沿面闪络发生。该过程意味着沿面闪络也存在时延。因为沿面闪络必须在一个脉宽内完成，所以随着脉宽缩短，沿面闪络时延也会相应缩短。文献[57]给出了沿面闪络阈值 E_f与闪络时延 t_d的关系：

$$E_f = \frac{k}{t_d^{\alpha}} \tag{5-11}$$

式中，k 和α 均为常数。对于 PMMA 和 Nylon，拟合结果见图 5-36(a)，从图 5-36(a)中可以看出，E_f随着 t_d的减小迅速增加。并且 E_f增加的速率远高于 E_{BD}随 τ 增加的速率，这就保证了在一定脉宽内，E_f会比 E_{BD}大。E_f的最大取值与最小脉宽 τ_{min}和单位长度时延 t'_d有关。以油-固界面为例，图 5-36 给出了纳秒脉冲下变压器油中两种绝缘材料的闪络时延 t_d[57]。图 5-36(a)是 E_f随 t_d变化的数据拟合。图 5-36(b)是基于图 5-36(a)计算出的单位长度时延 t'_d，从图 5-36(b)中看出，t'_d取值在 1～4ns · mm^{-1}。这里采用其平均值(3ns · mm^{-1})进行计算，对于 1nm 的最小电介质厚度，t_d为 30× 10^{-7}ns，该值远大于相同厚度下固体电介质的最小脉宽 τ_{min}(2×10^{-7}ns)。这意味着当 $\tau=\tau_{min}$时，沿面闪络不会发生。换言之，沿面闪络阈值 E_f将趋于无穷。根据以上分析，可从以下两点对临界脉宽的机理进行阐述：第一，从阈值角度，随着脉宽减小，E_{BD}存在上限而 E_f没有上限，又因为在长脉冲条件下，E_{BD}一般高于 E_f，所以在 E_{BD}和 E_f随 τ 变化的曲线上存在交叉点；第二，从单位长度时延角度，固体电介质体击穿的单位长度时延为 0.2ns · mm^{-1}，而油-固界面闪络的单位长度时延为 3ns · mm^{-1}，这意味着在有限的脉宽条件下，体击穿容易发生而沿面闪络难以发生，所以沿面闪络阈值会高于体击穿阈值，即油-固界面存在临界脉宽。

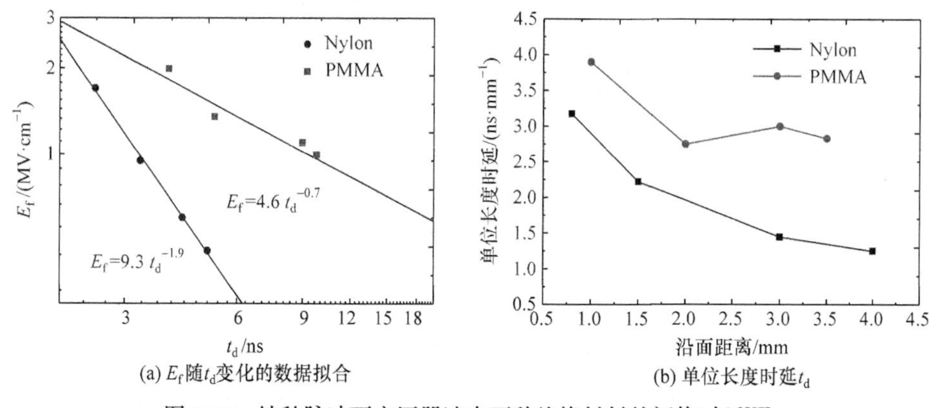

(a) E_f随t_d变化的数据拟合　　(b) 单位长度时延t_d

图 5-36　纳秒脉冲下变压器油中两种绝缘材料的闪络时延[57]

采用类似的分析方法，可以得出固体-真空界面、固-气界面也存在临界脉宽。

5.5.3　临界脉宽的影响因素

一般情况下，临界脉宽 τ_c并非一个定值，而是由 E_{BD}和 E_f共同决定的变量。因此凡是能够影响 E_{BD}和 E_f的因素都会影响到 τ_c的取值。这些因素包括：电介质种类、绝缘长度、电介质厚度、绝缘结构外形、外施脉冲数、液体纯度、气体压强等。这里仅讨论能够导致 τ_c增大的情况，导致 τ_c减小的情况可以从反向条件推出。简单而言，根据 E_{BD}和 E_f的变化情况，总共有三种情况可以导致 τ_c增大，如图 5-37 所示。情况一，E_{BD}减小而 E_f保存不变，其示意图见图 5-37(a)；情况二，E_f增大而 E_{BD}保存不变，其示意图见图 5-37(b)；情况三，E_{BD}和 E_f均增大，但 E_f比 E_{BD}增大得快一些，其示意图见图 5-37(c)。以下分别对三种情况进行论述。

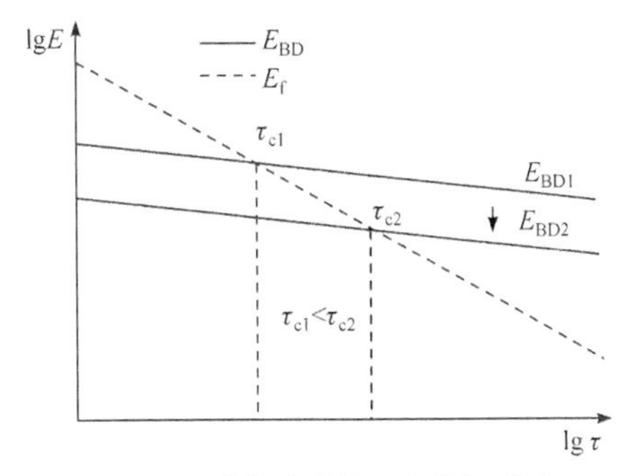

(a) E_{BD}减小而E_f保存不变导致τ_c增大

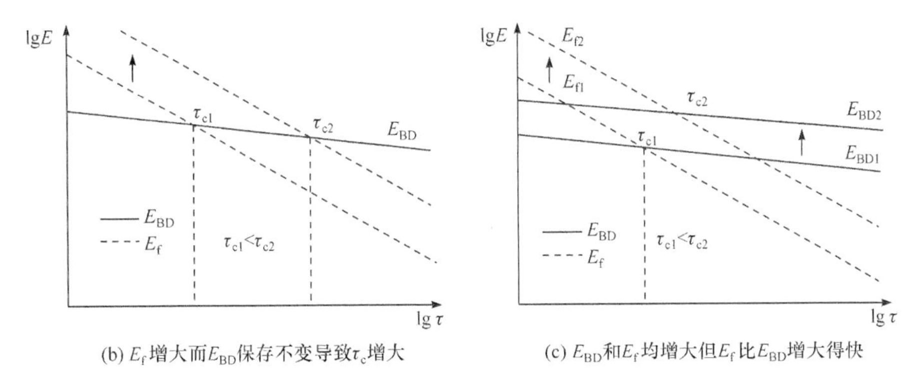

(b) E_f增大而E_{BD}保存不变导致τ_c增大　(c) E_{BD}和E_f均增大但E_f比E_{BD}增大得快

图5-37　E_{BD}和E_f的变化导致τ_c增大的三种情况

1. 情况一：仅体击穿阈值减小而导致τ_c增大

情况一又分两种子情况。

第一种是由脉冲数增加导致体击穿阈值E_{BD}减小。根据多脉冲下体击穿的阈值公式$E_{BD}(N)=E_{BD}N^{-1/m}$，当其他条件不变时，随着脉冲数增加，固体电介质内所累积的损伤逐渐增多，体击穿阈值逐渐降低，临界脉宽也逐渐增加，参见图5-27和图5-28。第二种是电介质纯净度降低，导致击穿阈值E_{BD}减小。考虑相同外形的绝缘结构A和B，B的体击穿阈值低于A的体击穿阈值，当A和B都浸没于相同绝缘液体中时，对于绝缘结构B，其E_{BD}随脉宽τ变化的曲线会低于A的曲线，所以B的临界脉宽将大于A的临界脉宽，如图5-15(b)所示。有两个例子可以证明这个结论，第一个例证来自Boev的实验结果，对于三种固体，有U_{BD}(石英)>U_{BD}(大理石)>U_{BD}(砂岩)，当这三种固体浸没于水中时，三者对应的临界脉宽依次增大，分别为153ns、220ns、345ns，见图5-38。第二个例证是基于王珏等的实验数据，见文献[7]，两种类型的聚合物PMMA和Nylon分别被加工为圆台型，圆台半锥角在–45°～+45°变化、厚度在1～5mm变化。当这些样片被放置于两个圆形平板电极之间，浸没于纯净变压器油中，并外施脉宽约30ns的脉冲时，部分样片是以体击穿方式失效，部分样片是以沿面闪络方式失效。图 5-39 给出了 0°绝缘子体击穿概率 P_b 随厚度 d 的变化趋势。从图 5-39 中看出，随着厚度增大，两种样片的体击穿概率均减小，但 Nylon 的击穿概率明显高于 PMMA 的击穿概率，这是由于 E_{BD}(PMMA)>E_{BD}(Nylon)。当绝缘材料 E_{BD} 较小时，其临界脉宽 τ_c 较大，较大的 τ_c 会导致更多的样片以体击穿方式失效，所以 Nylon 的体击穿概率较高。

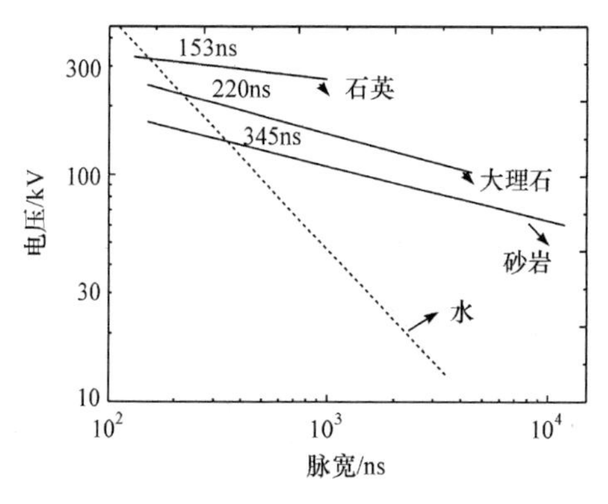

图 5-38　三种固体浸没于水中时对应的 τ_c

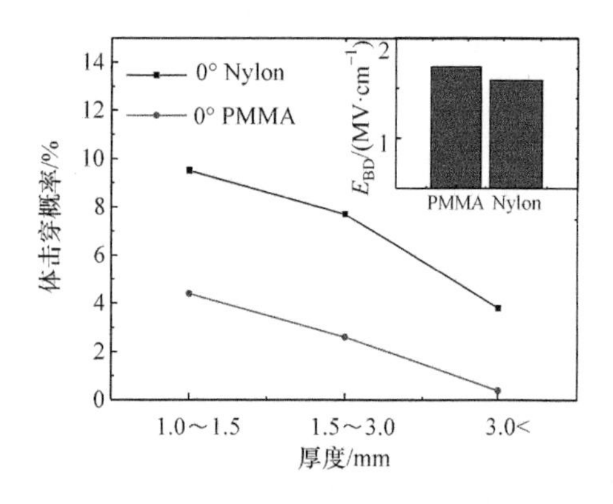

图 5-39　0°绝缘子 P_b 随 d 的变化趋势

2. 情况二：仅沿面闪络阈值增加而导致 τ_c 增大

情况二也分两种子情况。

第一种是将绝缘子浸没于绝缘能力更强的液体中。这个情况也可以通过 Boev 的实验加以证实。图 5-40 给出了石英分别浸没于水和变压器油中的放电电压变化趋势，从图中明显看出，因为变压器油的放电电压高于水的放电电压，所以石英在变压器油中的临界脉宽(546ns)大于在水中的临界脉宽(153ns)。

第二种是绝缘子外形复杂设计引起的沿面闪络阈值增大。一般而言，如果对绝缘子外形进行复杂设计，则沿面闪络阈值 E_f 会提高。同时，若绝缘子厚度固定，则其体击穿阈值 E_{BD} 将保持不变。一种简单的方法是仅改变绝缘子的半锥角 θ 而不改变其厚度，如对绝缘子外形做 45°设计。研究结果表明，无论在真空环境下[29, 34, 36, 38, 58]，还是在变压器油中[21-22, 59-60]，当绝缘子半锥角偏离 0°时，沿面闪络阈值都会提高，参见图 5-41。随着半锥角 θ 增大，沿面闪络阈值 E_f 增大，又因为绝缘子厚度固定，所以绝缘子体击穿阈值 E_{BD} 不变，这将导致临界脉宽增大。在其他条件不变时，临界脉宽的增大意味着更多绝缘子将以体击穿方式失效，即体击穿概率 P_b 增大。图 5-41 同样给出了这种变化趋势，并且体击穿概率随半锥角的变化趋势与沿面闪络阈值随半锥角的变化趋势完全一致，这就证明了上述分析的正确性。

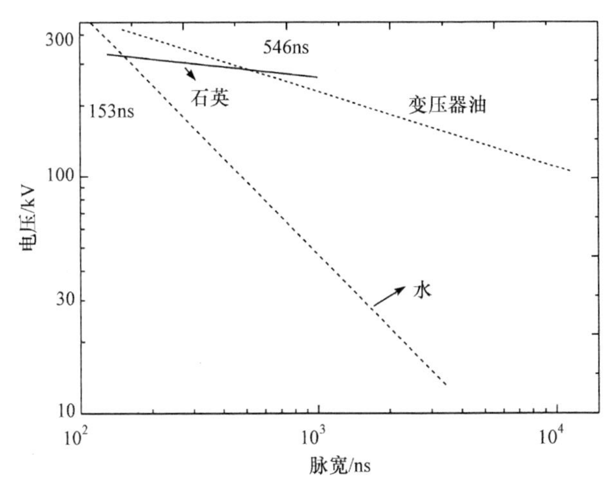

图 5-40　石英分别浸没于水和变压器油中的放电电压变化趋势

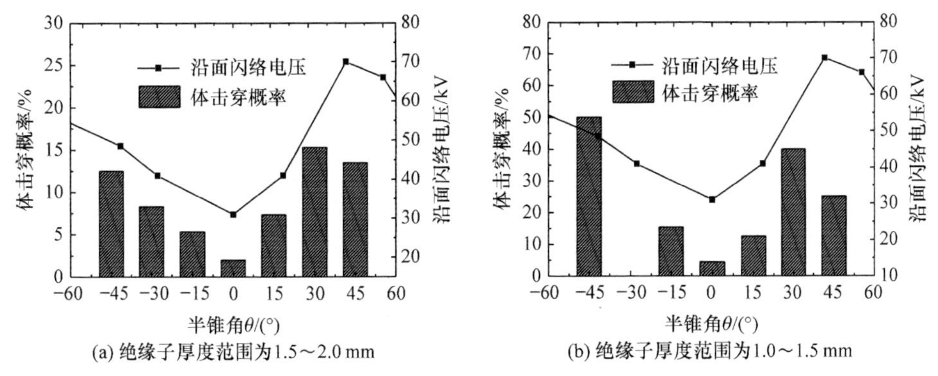

(a) 绝缘子厚度范围为1.5～2.0 mm　(b) 绝缘子厚度范围为1.0～1.5 mm

图 5-41　当绝缘子半锥角偏离 0°时沿面闪络电压和体击穿概率的变化

3. 情况三：体击穿阈值和沿面闪络阈值同时增大

情况三同样有两种子情况。

第一种是直接采用沿面闪络阈值更高的液体代替原有液体，并且采用体击穿阈值更高的固体代替原有固体，这种情况仍然可以通过 Boev 的实验结果加以证实。图 5-42 给出了砂岩浸于水中的放电电压与石英浸于变压器油中的放电电压对比。从图 5-42 中看出，两种固体的放电电压存在如下关系：U_{BD}(石英)>U_{BD}(砂岩)；两种液体的击穿电压存在如下关系，U_{BD}(变压器油)>U_{BD}(水)。首先考虑砂岩浸于水中的临界脉宽，约为 220ns；其次考虑石英浸于变压器油中的临界脉宽，为 546ns。后者大于前者，这与预测相符。

第二个是直接减小固体绝缘材料的厚度，此时沿面闪络距离也会相应减小。因为固体绝缘材料的体击穿阈值随厚度变化服从 $E_{BD}\propto d^{-1/8}$ 规律，沿面闪络阈值

随闪络长度 l 变化服从 $E_f \propto l^{-0.8}$ 规律，所以当 d 和 l 减小时，E_{BD} 和 E_f 均会增大。E_{BD} 和 E_f 增大会导致临界脉宽的增加，临界脉宽增加，体击穿概率升高。这种情况可以通过王珏等的实验数据加以证实。图 5-43 给出了 PMMA 样片浸于变压器油时体击穿概率随绝缘子厚度的变化。从图 5-43 中看出，不论绝缘子半锥角如何，随着厚度减小，绝缘子体击穿概率升高。

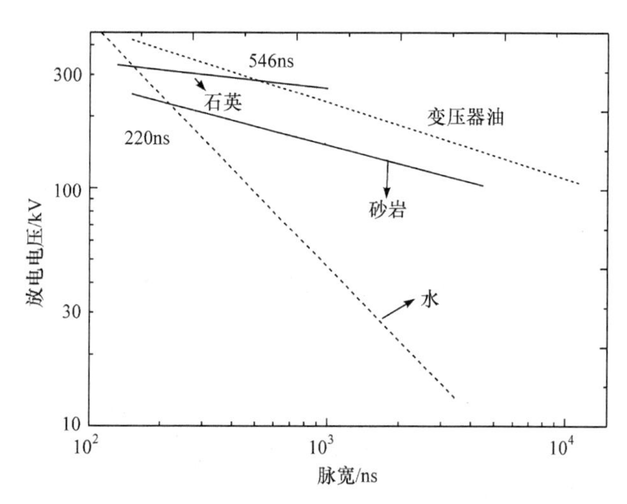

图 5-42　砂岩浸于水中的放电电压与石英浸于变压器油中的放电电压对比

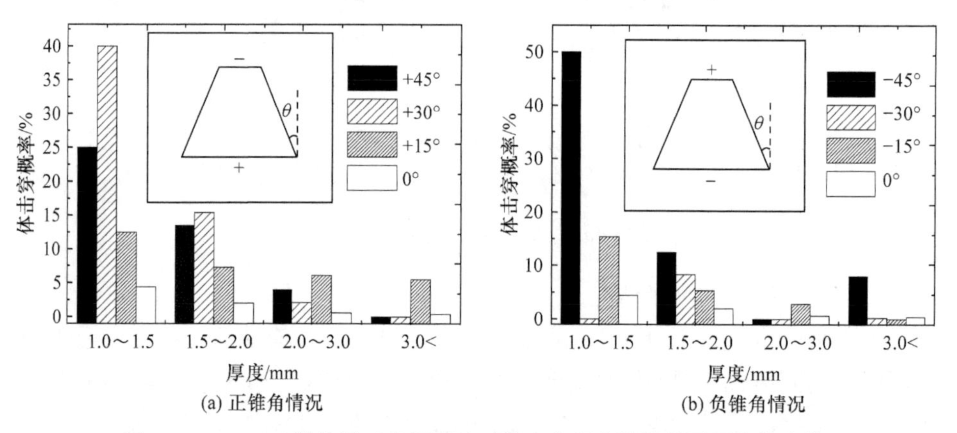

图 5-43　PMMA 样片浸于变压器油时体击穿概率随绝缘子厚度的变化

本节阐述了临界脉宽的物理机制和影响因素。加深有关临界脉宽的认识有两方面意义。

第一，对于纳秒短脉冲，固体绝缘设计具有重要意义。在短脉冲下，体击穿阈值小于沿面闪络阈值，所以固体绝缘设计的重点是如何抑制体击穿，而非沿面闪络。

第二，对于固体材料的电脉冲破碎具有重要意义。脉冲功率的一项重要应用是钻探及电脉冲碎石，即将固体材料浸于液体中使其破碎。此时如果沿面闪络先发生，则固体电介质破碎的目的将无法实现。托木斯克理工大学的研究者正是结合临界脉宽实现了这一目的。他们将待破碎的石块放置于具有较高沿面闪络阈值的液体中，通过调节电压幅度，达到了粉碎大理石、砂岩等材料的目的。关于这方面更多的研究见文献[46]、[47]、[61]～[63]以及 Bluhm 所著书籍的第 12.2 节[26, 27]，这里不再赘述。

5.5.4　固体绝缘设计的一般原则

临界脉宽对固体绝缘设计具有指导意义：对于一定脉宽 τ 下的绝缘结构，若要求其寿命为 N_0，则根据一定脉冲数后的击穿阈值公式 $E_{BD}(N_0)=E_{BD}N_0^{-1/8}$，能够计算出该条件下的体击穿阈值 $E_{BD}(N_0)$；再根据场强/阈值-脉宽曲线，可以找出 $E(N_0)$对应的临界脉宽 τ_c；如果 $\tau<\tau_c$，则说明沿面闪络阈值高于体击穿阈值，此时体击穿是限制绝缘的主要因素，在实际绝缘设计中应以抑制体击穿为主，具体做法为提高绝缘材料的体击穿阈值；如果 $\tau>\tau_c$，则说体击穿阈值高于沿面闪络阈值，此时沿面闪络是限制绝缘的主要因素，在绝缘设计中应提高沿面闪络阈值。以上为固体绝缘结构设计的一般原则，如图 5-44 所示。

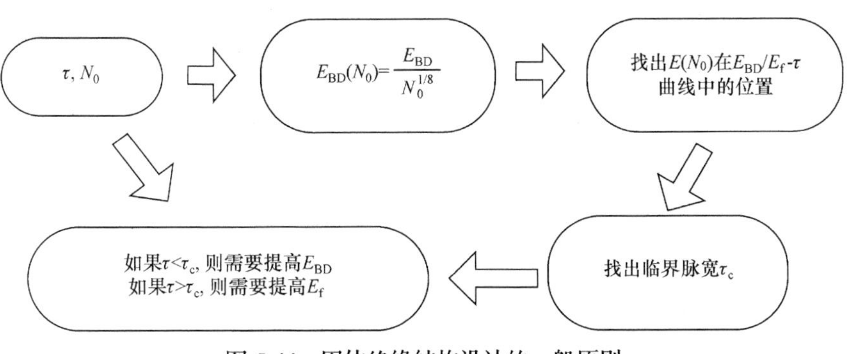

图 5-44　固体绝缘结构设计的一般原则

5.6　小　　结

虫孔效应现象多见于纳秒、亚纳秒等短脉冲条件，在微秒、交流等条件也有见报道。该现象对应一个临界脉宽，当外施脉冲宽度小于临界脉宽时，虫孔效应的发生概率明显增大；当绝缘结构耐受足够多脉冲时，这一现象也会发生。

虫孔效应与固体绝缘材料的体击穿阈值和沿面闪络阈值相关，即随着脉宽减小，体击穿阈值将小于沿面闪络阈值，这为虫孔效应的发生提供了条件。从累积击穿角度出发，在短脉冲条件下，外施电场取值较大，电极向电介质注入电子的能力增强，导致自由基数目大幅上升，继而电介质的累积击穿过程更容易建立，绝缘结构的寿命更短，最终以体击穿方式失效，并且在外观上表现出虫孔状的击穿痕迹。

虫孔效应现象不仅在油-固界面发生，在固体-真空界面和固-气界面也会发生，但所需脉冲数更多，这是因为真空沿面闪络阈值和气体界面的沿面闪络阈值远低于固体绝缘材料的体击穿阈值。

油-固、固-气和固体-真空等混合绝缘结构都存在临界脉宽。临界脉宽的物理机制在于固体电介质的体击穿阈值存在上限，而沿面闪络阈值没有上限。当脉宽缩短时，沿面闪络阈值增加的速率高于体击穿阈值增加的速率，所以阈值-脉宽曲线会存在交叉点。临界脉宽并非定值，而是受电介质种类、绝缘长度、电介质厚度、绝缘外形、外施脉冲数、液体纯净度等诸多因素的影响。

基于虫孔效应和临界脉宽的概念，提出了固体绝缘结构设计的一般原则：在短脉冲条件下，固体绝缘设计应当以抑制体击穿为主，而非传统意义的沿面闪络。

需要说明的是，本章对虫孔效应现象的阐述是建立在体击穿与沿面闪络阈值对比的基础上。有研究者认为，虫孔效应的发生是由于绝缘材料在短脉冲下呈脆性。当短脉冲作用于聚合物材料时，绝缘材料尤其是聚合物材料的一些缺陷会更加凸显，导致体击穿发生，具体参见《脉冲功率绝缘设计手册》[64]。但这仅仅是一种假说，尚没有直接的实验支撑。关于这种假说，还有待后续研究。

参考文献

[1] ZHAO L, SU J C, ZHANG X B, et al. An experimental and theoretical Investigation into the ‘worm-hole’ effect[J]. Journal of Applied Physics, 2013, 114: 063306.

[2] ZHAO L, SU J C, LI R, et al. Mechanism and influencing factors on critical pulse width of oil-immersed polymer insulators under short pulses[J]. Physics of Plasma, 2015, 22(4): 042133.

[3] ZHAO L, SU J, ZHANG X, et al. The critical pulse width for surface flashover and bulk breakdown in oil-immersed polymers[C]. Annual Report Conference on Electrical Insulation and Dielectric Phenomena, Shenzhen, China, 2013: 854-857.

[4] ZHAO L, SU J C, LIU C L. Review of recent developments on polymers’ breakdown mechanisms and characteristics on a nanosecond time scale[J]. AIP Advance, 2020, 10: 035206.

[5] ROTH I S, SINCERNY P S, MANDELCORN L, et al. Vacuum insulator coating development[C]. Proceedings of 11th IEEE International Pulsed Power Conference, Baltimore, USA, 1997: 537-542.

[6] CHANTRENNE S, SINCERNY P. Update of the lifetime performance of dependence vacuum insulator coating[C]. Proceedings of 12th IEEE International Pulsed Power Conference, Monterey, USA, 1999: 1403-1407.

[7] WANG J, YAN P, ZHANG S C, et al. Study on abnormal behavior of bulk and surface breakdown in transformer oil under nanosecond pulse[C]. Proceedings of 15th IEEE International Pulsed Power Conference, Monterey, USA, 2005:

939-941.

[8] 王珏. 变压器油击穿特性的研究[R]. 北京：中国科学院电工研究所, 2006.

[9] 黄文力, 王珏. 纳秒脉冲同轴结构电极变压器油中闪络特性的研究[R]. 北京：中国科学院电工研究所, 2006.

[10] 黄文力, 孙广生, 刘顺新, 等. 纳秒脉冲下同轴内电极直径改变时闪络特性分析[J]. 电工电能新技术, 2009, 28: 28-31.

[11] WILSON M P, MACGREGOR S J, GIVEN M J, et al. Surface flashover of oil-immersed dielectric materials in uniform and non-uniform fields[J]. IEEE Transactions on Dielectrics and Electrical Insulation, 2009, 16: 1028-1036.

[12] WILSON M P, GIVEN M J, TIMOSHKIN I V, et al. Impulse-breakdown characteristics of polymers immersed in insulating oil[J]. IEEE Transactions on Plasma Science, 2010, 38: 2611-2619.

[13] WILSON M P, TIMOSHKIN I V, GIVEN M J, et al. Effect of applied field and rate of voltage rise on surface breakdown of oil-immersed polymers[J]. IEEE Transactions on Dielectrics and Electrical Insulation, 2011, 18: 1003-1010.

[14] WILSON M P, GIVEN M J, TIMOSHKIN I V, et al. Impulse-driven surface breakdown data: A Weibull statistical analysis[J]. IEEE Transactions on Plasma Science, 2012, 40: 2449-2457.

[15] WILSON M P,TIMOSHKIN V I, MARTIN J G, et al. Breakdown of mineral oil: Effect of electrode geometry and rate of voltage rise [J]. IEEE Transactions on Dielectrics and Electrical Insulation, 2012, 19: 1657-1664.

[16] 樊亚军. 高功率亚纳秒电磁脉冲的产生[D]. 西安：西安交通大学, 2004.

[17] RAWAT A, GORUR R S. Electrical strength reduction of porcelain suspension insulators on ac transmission lines[C]. Annual Report Conference on Electrical Insulation and Dielectric Phenomena, Quebec, Canada, 2008: 245-248.

[18] MORITA K, IMAKOMA T, NISHIKAWA M, et al. Study of steep impulse voltage characteristics of suspention insulators[J]. IEEJ Transactions on Power and Energy, 1994, 114: 60-66.

[19] MORITA K, SUZUKI Y, NOZAKI H. Study on electrical strength of suspension insulators in steep impulse voltage range[J]. IEEE Transactions on Power Delivery, 1997, 12: 850-856.

[20] 范方吼. 高压毫微秒脉冲技术中的绝缘特性[J]. 绝缘材料通讯, 1981, 2: 42-49.

[21] SHARMA A, ACHARYA S, NAGESH K V, et al. Surface flashover in spacer at vacuum/oil interface[C]. IEEE 20th International Symposium Discharges and Electrical Insulation in Vacuum, Monterey, USA, 2002: 219-222.

[22] SHARMA A, NAGESH K V, SETHI R C, et al. Surface flashover phenomena at vacuum/oil interface[C]. Third IEEE International Vacuum Electronics Conference, Monterey, USA, 2002: 232-233.

[23] 李光杰. 纳秒脉冲下变压器油中绝缘介质沿面闪络特性的实验研究[D]. 北京：中国科学院研究生院, 2006.

[24] 章勇华, 杨志强, 李平, 等. 同轴电缆头和转接头 HPM 击穿现象初步分析[J]. 强激光与粒子束, 2005, 17: 233-237.

[25] 姚宗熙, 郑德修, 封学民. 物理电子学[M]. 西安：西安交通大学出版社, 2002.

[26] BLUHM H. 脉冲功率系统的原理与应用[M]. 张驰, 译. 北京：清华大学出版社, 2009.

[27] BLUHM H. Pulsed Power Systems[M]. Karlsruhe: Springer, 2006.

[28] KAO K C. Dielectric Phenomenon in Solid[M]. Amsterdam: Elsevier Academic Press, 2004.

[29] YAN P, SHAO T, WANG J, et al. Experimental investigation of surface flashover in vacuum using nanosecond pulses [J]. IEEE Transactions on Dielectrics and Electrical Insulation, 2007, 14: 634-642.

[30] 高巍. 高压纳秒脉冲下真空绝缘沿面闪络特性研究[D]. 北京：中国科学院研究生院, 2005.

[31] SAMPAYAN S, CAPORASO G, CARDER B, et al. High gradient insulator technology for the dielectric wall

accelerator[C]. Proceedings of 1995 Particle Accelerator Conference, Dallas, USA, 1995: 1269-1271.

[32] SAMPAYAN S E, CAPORASO G J, SANDERS D M, et al. High-performance insulator structures for accelerator applications[C]. Proceedings of 1997 Particle Accelerator Conference, Vancouver, Canada, 1997: 1308-1310.

[33] SAMPAYAN S E, VITELLO P A, KROGH M L, et al. Multilayer high gradient insulator technology[J]. IEEE Transactions on Dielectrics and Electrical Insulation, 2000, 7: 334-339.

[34] WASTON A. Pulsed flashover in vacuum[J]. Journal of Applied Physics, 1967, 38: 2019-2023.

[35] WANG M, DENG J J, DAI G S. Experimental investigations of surface flashover characteristics of some common used insulation mediums under impulse voltage in vacuum[C]. Proceedings of 20th International Symposium on Discharges and Electrical Insulation in Vacuum, Tours, France, 2002: 547-551.

[36] MILTON O. Pulsed flashover of insulators in vacuum[J]. IEEE Transactions on Electrical Insulation, 1972, EI-7: 9-11.

[37] MILLER H C. Flashover of insulators in vacuum: Review of the phenomena and techniques to improved holdoff voltage[J]. IEEE Transactions on Electrical Insulation, 1993, 28: 512-527.

[38] MILLER H C. Surface flashover of insulators[J]. IEEE Transactions on Electrical Insulation, 1989, 24: 765-786.

[39] LATHAM R V. High Voltage Vacuum Insulation-Basic Concepts and Technological Practice[M]. London: Academic Press Harcourt Brace & Company, 1995.

[40] GINN J W, BUTTRAM M T. repetitively pulsed vacuum insulator flashover[C]. Proceedings of 7th IEEE International Pulsed Power Conference, Arlington, USA, 1987: 643-646.

[41] ZENG B, SU J C, ZHANG X B, et al. Investigation into the operating characteristics of fused quartz vacuum surface flashover switch[J]. IEEE Transactions on Plasma Science, 2015, 43: 1999 - 2004.

[42] BRADWELL A, PULFREY D L. Time of breakdown in solid dielectrics [J]. Journal of Physics D: Applied Physics, 1968, 1: 1581-1583.

[43] MILLER D B, LUX A E, GRZYBOWSKI S, et al. The effects of steep-front, short-duration impulses on power distribution components[J]. IEEE Transactions on Power Delivery, 1990, 5: 708-715.

[44] PILIAI A S, HACKAM R. Surface flashover of solid insulators in atmospheric air and in vacuum[J]. Journal of Applied Physics, 1985, 58: 146-153.

[45] GERSON R, MARSHALL T C. Dielectric breakdown of porous ceramics[J]. Journal of Applied Physics, 1959, 30: 1650-1653.

[46] BOEV S, VAJOV V, LEVCHENKO B, et al. Electropulse technology of material destruction and boring[C]. Proceedings of 11th IEEE International Pulsed Power Conference, Baltimore, USA, 1997: 220-225.

[47] BOEV S, VAJOV V, JGUN D, et al. Destruction of granite and concrete in water with pulse electric discharge[C]. Proceedings of 12th IEEE International Pulsed Power Conference, Monterey, USA, 1999: 1369-1371.

[48] WHITEHEAD S. Dielectric Breakdown of Solid[M]. Oxford: Clarendon Press, 1951.

[49] MARTIN T H, GUENTHER A H, KRISTIANSEN M, et al. J. C. Martin on Pulsed Power[M]. New York: Plenum Publishers, 1996.

[50] CHANG C, FANG J Y, ZHANG Z Q, et al. Experimental verification of improving high-power microwave window breakdown thresholds by resonant magnetic field[J]. Applied Physics Letter, 2010, 97: 141501.

[51] CHANG C, LIU G Z, TANG C X, et al. Suppression of high-power microwave dielectric multipactor by resonant magnetic field[J]. Applied Physics Letter, 2010, 96: 111502.

[52] CHANG C, LIU Y S, OUYANG X P, et al. Demonstration of Halbach-like magnets for improving microwave

window power capacity[J]. Applied Physics Express, 2014, 7: 097301.

[53] CHANG C, LIU G Z, TANG C X, et al. Review of recent theories and experiments for improving high-power microwave window breakdown thresholds[J]. Physics of Plasma, 2011, 18: 055702-055712.

[54] CHANG C, ZHU M, VERBONCOEUR J, et al. Enhanced window breakdown dynamics in a nanosecond microwave tail Pulse[J]. Applied Physics Letter, 2014, 104: 253504.

[55] 汤俊萍. 高压纳秒脉冲下真空沿面闪络特性研究[D]. 西安: 西安交通大学, 2009.

[56] 丁立健. 真空中绝缘子沿面预闪络和闪络现象的研究[D]. 北京: 华北电力大学, 2001.

[57] LI G J, WANG J, YAN P, et al. Experimental study on statistical characteristics of surface flashover under nanosecond pulse in transformer oil[C]. Proceedings 27th International Symposium on Power Modulator, Washington D. C., USA, 2006: 97-99.

[58] PILLAI A S, HACKAM R. Surface flashover of conical insulators in vacuum[J]. Journal of Applied Physics, 1984, 56: 1374-1381.

[59] SHARMA A, ACHARYA S, NAGESH K V, et al. Oil-solid surface flashover phenomena with sub-microsecond pulse excitation[C]. The 31st IEEE International Conference on Plasma Science, Baltimore, USA, 2004: 376.

[60] SHARMA S C, TEWARI A. Effect of plasma parameters on growth and field emission of electrons from cylindrical metallic carbon nanotube surfaces[J]. Physics of Plasma, 2011, 18: 083503.

[61] GOLDFATI V, BUDNY R, DUNTON A. Removal of surface layer of concrete by a pulse-periodical discharge[C]. Proceedings of 12th IEEE International Pulsed Power Conference, Monterey, USA, 1999: 1078-1084.

[62] LISITSYN I V, INOUE H, KATSUKI S. Drilling and demolitiion of rocks by pulsed power[C]. Proceedings of 12th IEEE International Pulsed Power Conference, Monterey, USA, 1999: 169-172.

[63] LISITSYN I V, INOUE H, NISHIZAWA I, et al. Breakdown and destruction of heterogeneous solid dielectrics by high voltage pulses [J]. Journal of Applied Physics, 1998, 84: 6262-6267.

[64] 严萍. 脉冲功率绝缘设计手册(修订版)[R]. 北京: 中国科学院电工研究所, 2007.

第 6 章　纳秒脉冲固体电介质击穿机理

本章重点论述纳秒脉冲作用下固体电介质的击穿机理。这一机理可用电子碰撞电离倍增击穿模型来表征，即通常所说的电子雪崩击穿模型[1-4]。该模型不同于 Zener 等提出的场致发射雪崩击穿模型，但与 38 代电子理论有相似之处。

本章从电子碰撞电离判据出发，首先分析固体电介质内部局部放电和体击穿的异同点；其次给出改进的电子雪崩击穿模型，由该模型得到了一个包含碰撞电离参数、电子倍增参数、电介质参数的击穿阈值公式；最后给出电子雪崩击穿的形成时延公式。本章各节之间的关系如图 6-1 所示。

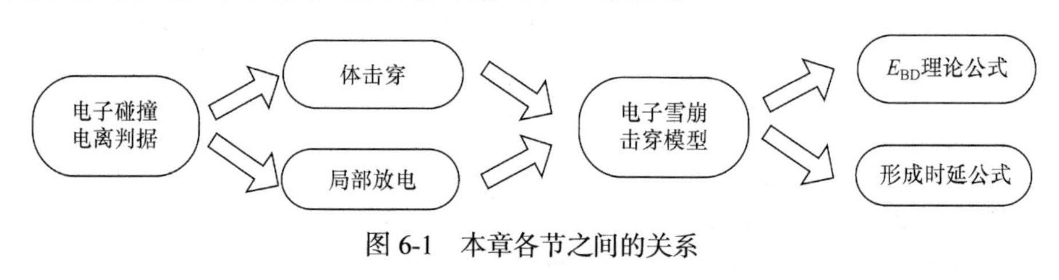

图 6-1　本章各节之间的关系

6.1　局部放电和体击穿

6.1.1　电子碰撞电离判据

电介质内部的绝大多数电子为束缚电子，被约束在原子核附近，并且处于平稳状态。当电介质被放置于强电场中，电极会向电介质注入电子，这些电子在电场中迁移，沿着电场方向被加速，并且获得能量。在加速过程中，电子与原子发生碰撞，引起束缚电子逃离原子核，成为自由电子。这个过程被称为电子碰撞电离倍增击穿模型，如图 6-2(a)所示。这一过程可用如下公式表示：

$$\vec{e} + A \longrightarrow A^{+} + 2e \tag{6-1}$$

式中，$\vec{e}$ 和 e 分别代表高能电子和低能电子；A 和 A^{+}分别代表一个原子以及它的离子形式。电子在两次碰撞间从电场中获得的能量 ΔE 为

$$\Delta E = q\lambda E_{\mathrm{op}} \tag{6-2}$$

式中，q 为元电荷电量绝对值；λ 为电子在电介质中的平均自由程；E_{op} 为外施电场。

假设束缚电子逃离原子核吸引所需要的最低能量为 ΔI，如果 $\Delta E \geqslant \Delta I$，则原子

将被电离；否则原子仍然被束缚，无法成为自由电子。从能带角度，可以认为是处在价带顶部的电子能否跨过 ΔE_{g} 的禁带，跃迁到导带底部，成为自由电子。这一过程被称为电子跃迁模型，如图 6-2(b)所示。

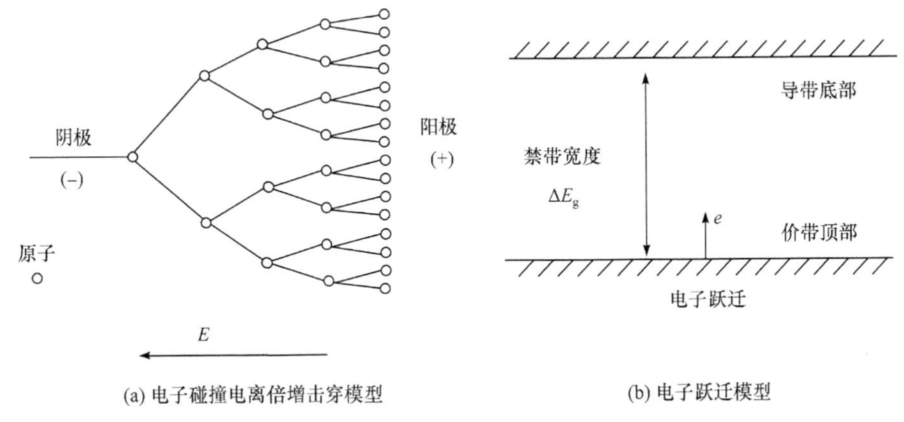

图 6-2 原子电离的两种基本模型

对于图 6-2 中的两种模型，如果认为最低碰撞电离能 ΔI 等于 ΔE_{g}，便可以做如下计算：将 ΔI 代入式(6-2)并取等号，则可以得到原子发生碰撞电离时的判据：

$$\Delta I = q\lambda E_{\mathrm{op}} \tag{6-3}$$

称式(6-3)为电子碰撞电离判据。对于常见固体电介质，ΔI 一般大于 4eV，电子平均自由程 λ 一般在 5～20Å[5]，根据式(6-3)计算得出的 E_{BD} 在 20～80MV · cm^{-1}。这个值远高于实际中所测到的固体电介质体击穿阈值。例如，第 2 章所测的几种常见聚合物，其体击穿阈值仅为 1～2MV · cm^{-1}；Whitehead 在文献[6]中多次提到的不同电介质的体击穿阈值在 1～10MV · cm^{-1}。这些值远低于 E_{BD} 的理论值，其原因在于电介质中存在许多杂质能级，这些能级又分为浅能级和深能级。根据 Teyssedre 等[7-9]的报道，聚合物浅能级为 0.15～0.3eV，浓度为 10^{21}cm^{-3}；深能级可达 1.5eV，浓度较低，仅在 10^{15}～10^{19}cm^{-3}。较多的浅能级使得电子碰撞电离判据式(6-3)变得容易满足。相应地，理论体击穿阈值也降低了约 1 个数量级，电介质中浅能级和深能级的分布如图 6-3 所示。

需要说明的是，由式(6-1)或式(6-3)所引起的电介质击穿称为电击穿，其本质是电子失稳。由电子失稳引起的电击穿与由热失稳引起的热击穿有本质区别。电击穿过程中很少涉及热效应，当电介质很薄或者脉宽很短时，便具备电击穿发生的条件。电击穿以电子碰撞电离判据式(6-3)为起点，即电子在电介质中迁移、加速、获得能量、与原子发生碰撞、产生新的电子，新的电子与原电子再次沿着电场方向迁移、与其他原子发生碰撞……这一过程称为电子碰撞倍增或电子雪崩，

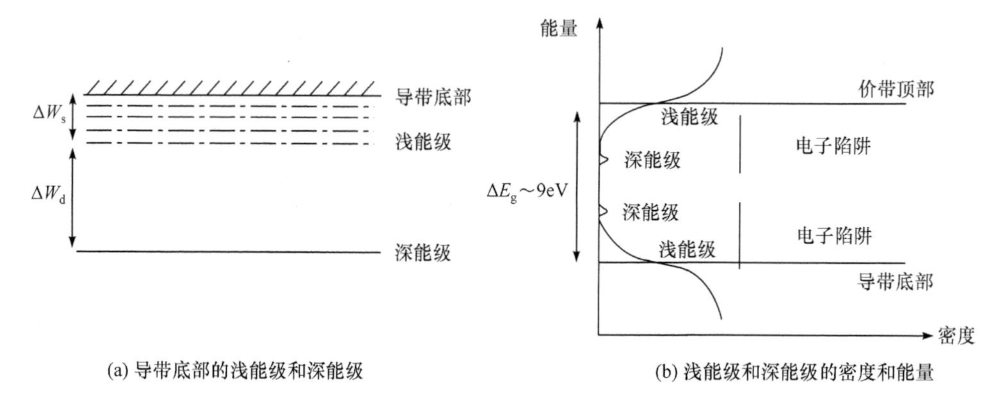

(a) 导带底部的浅能级和深能级　　(b) 浅能级和深能级的密度和能量

图 6-3　电介质中浅能级和深能级的分布

如图 6-2(a)所示。电子雪崩以非常快的速度发生，通常在数个至数十个纳秒时间内完成。电子雪崩以两种方式结束：①雪崩崩头到达阳极，电介质发生体击穿，第 2 章所研究的单次纳秒脉冲击穿就是指这一种击穿现象；②雪崩发生在局部强场环境中，当崩头超出强场区域，电子雪崩将无法维持，进而熄灭，这一过程称为局部放电(partial discharge)，简称“局放”，第 3～5 章所研究的绝缘材料累积击穿及寿命问题，均是指的这种击穿现象。

6.1.2　局部放电和体击穿的区别与联系

在较低电场下，仅局部电介质能够满足电子碰撞电离判据，如电极附近、气隙内部或缺陷附近。在这些区域内，一旦电子雪崩被引发，则局部电介质被破坏，在电介质中留下了永久性的破坏痕迹。这些痕迹通常具有导电性，当下个脉冲作用时，由于电场增强效应，局放又从该处发展，破坏区域扩大(或者增长)。如果连续施加脉冲，这将成为一个正反馈过程，不断促使放电通道增长，直到通道贯穿两极，导致电介质击穿。这一过程实际上就是第 3～5 章所论述的绝缘材料累积击穿过程。

累积击穿与外施电场幅度密切相关，外施电场越高，累积击穿所持续的时间越短，或所需的脉冲数越少。这是因为在高电场下，每个脉冲对电介质的破坏程度较大，相应电介质击穿所需的脉冲数较少。

在较高并且比较均匀的电场中，电介质仅在一个脉冲内便会因电子雪崩而击穿。考虑两个电场等级：E_1 和 $E_2(E_1>E_2)$，E_1 和 E_2 均满足电子碰撞电离判据式(6-3)。在电场 E_1 中，从施加脉冲时刻到电介质击穿时刻所对应的时间称为形成时延，记为 t_{f1}；在电场 E_2 中，相应的形成时延记为 t_{f2}，根据电子迁移率公式：

$$t = \frac{d}{\mu_e E} \tag{6-4}$$

式中，μ_e 为电子迁移率，可以认为是常数。从体击穿角度，式(6-4)可以理解为一个较短的脉冲将对应较高的击穿阈值。极限情况下，碰撞电离次数为 1，此时电子雪崩过程便退化为电子碰撞电离判据式(6-3)。

从以上分析可以总结出：对于一个承受纳秒脉冲的电介质，当外施电场较低时，电介质发生局放，对外表现出较长寿命；当外施电场逐渐升高时，寿命缩短；当外施电场等于击穿电场时，寿命为 1；当外施电场再升高时，形成时延缩短，体击穿阈值增大。这种情况的极限即电子碰撞电离判据所代表的过程。

这里对固体电介质的单脉冲击穿和局放进行对比，单脉冲下固体电介质的体击穿通常发生在较为均匀的电场中；外施电场较高；击穿路径在毫米量级，并且较为明显。局放通常发生在非均匀电场中，并且由于电场增强效应的存在，外施电场较低；又因为电场的非均匀性，所以击穿路径较短，通常在数个乃至数十个微米量级。如果将局放发生的邻域按一定比例扩大，并且引入两个虚拟电极，则局放便可等效为体击穿，两者的区别和联系见表 6-1。

表 6-1　体击穿和局放的区别和联系

区别与联系	类别	体击穿	局放
区别	电场量级	数兆伏每厘米	百千伏每厘米
	电场均匀性	近似均匀电场	非均匀电场
	击穿路径	贯穿阴阳极，毫米量级	电介质邻域，微米量级
	破坏程度	整体绝缘失效	整体绝缘保持
	有无寿命	无寿命，一次击穿	累积击穿，存在寿命
联系	始发	均始于碰撞电离并满足电子碰撞电离判据	
	过程	电子碰撞电离倍增	
	发生区域	电介质内部	
	损坏方式	电介质局部结构被破坏，留下碳化痕迹	

6.2　改进的电子雪崩击穿模型

6.2.1　引言

固体电介质击穿根据其发生机理可分为电击穿、热击穿、电机械击穿、电化学击穿和电树枝击穿(腐蚀击穿)。电击穿又可分为本征击穿和雪崩击穿。本征击穿定义电子雪崩开始为击穿；雪崩击穿定义电子雪崩发展到一定程度为击穿。本征击穿和雪崩击穿的两个过程既相互区别，又相互联系。表 6-2 对本征击穿和雪崩击穿做了简要描述和评论。

表 6-2　本征击穿和雪崩击穿的简要描述和评论

分类	机理	特征	代表理论或模型	贡献	简要评论
本征击穿	电子失稳——定义电子雪崩开始为击穿	1. 击穿与样品厚度和电极形状无关； 2. 在低温下有效； 3. 时延从皮秒至纳秒量级	低能判据[10]	$E_{BD}=\left(\dfrac{C_r\Delta I^{1/2}m}{e^2\tau}\right)^{1/2}$ $E_k=4\hbar\omega$	1. 解释了低温下 E_{BD} 和 T 的关系； 2. 给出了晶体的 E_{BD} 公式； 3. $4\hbar\omega<\Delta I$； 4. $E_{BD}(4\hbar\omega)>E_{BD}(\Delta I)$
			高能判据[11]	$E_{BD}=\left(\dfrac{C_r\Delta I^{1/2}m}{e^2\tau}\right)^{1/2}$ $E_k=\Delta I$	
			无定型及非晶体击穿理论[11]	$\ln E_{BD}=C+\dfrac{\Delta I}{2k_BT_c}$	1. 给出了高温下 E_{BD} 和 T 的关系； 2. 提出了无定型及非晶体的击穿理论
雪崩击穿	电子雪崩——定义电子雪崩发展到一定程度为击穿	1. 击穿依赖样品厚度和电极形状； 2. 在低温下有效； 3. 时延在纳秒量级	场致发射理论[12]	$E_{BD}=\dfrac{4\times10^7\Delta I^{3/2}}{\ln\left(10^{20}t_1^2\right)}$	对于 2～7eV 的 ΔI, E_{BD} 在 2.7～20MV · cm^{-1}
			38 代电子理论[13]	二次电子倍增代数不低于 38	1. 清晰地描述了电子碰撞电离倍增过程； 2. 计算了电子碰撞电离倍增过程中的二次电子代数

注：E_{BD} 为击穿阈值；ΔI 为碰撞电离能或禁带宽度；E_k 为电子动能；$4\hbar\omega$ 为最大损失动能；e 和 m 分别为元电荷量和电子质量；τ 为碰撞时间间隔；k_B 为玻尔兹曼常量；T_c 为晶格温度；t_1 为电场作用时间；C_r、C 为常数。

从表 6-2 中看出，本征击穿和雪崩击穿均是基于电子碰撞电离判据而建立，这与 6.1 节中的分析相符。同时，从表 6-2 中可以看出，每种电击穿模型或理论均给出了的击穿阈值 E_{BD} 的计算公式，这些公式中体现了与碰撞相关的参数，如碰撞电离能 ΔI、温度 T、脉冲作用时间 t_c 等。进一步，这些公式所揭示的 E_{BD} 随不同因素变化的趋势与实验现象基本相符。

对于 38 代电子理论，虽然该理论建立了关于电子雪崩发生、发展的清晰模型，并且给出了诸如二次电子倍增代数的参数。然而遗憾的是，该理论并没有给出 E_{BD} 的计算公式，因此该理论无法反映其他因素对 E_{BD} 的影响，如电介质参数、倍增参数和环境参数等。

基于这一点，有必要建立完善的电子碰撞电离倍增模型，并且给出一个能够体现不同因素的击穿阈值计算公式。

6.2.2 基本物理模型

本节在给出改进的电子碰撞电离倍增模型之前，有必要对 38 代电子理论进行回顾，一方面有助于了解早期工作，另一方面有助于加深对改进模型的认识。

1. 38 代电子理论回顾

1949 年，Seitz[13]提出了 38 代电子理论，该理论假设有一个初始电子在 $1\text{MV}\cdot\text{cm}^{-1}$ 的电场中以 $1\text{cm}^2\cdot\text{V}^{-1}\cdot\text{s}^{-1}$ 的迁移率迁移，行进距离为 1cm，行进时间为 1μs。该电子与原子发生碰撞导致原子被电离，产生两个电子。这两个电子继续在电场中被加速，与另外两个原子发生碰撞电离，产生四个电子……以此类推，形成电子雪崩。与此同时，电子雪崩崩头扩散，在 1μs 内扩散成半径为 10^{-3}cm 的圆。Seitz 认为所有的二次电子都被局限在一个高 1cm、半径为 10^{-3}cm 的圆柱内，并且电子使得圆柱内所有原子被电离。Seitz 从能量角度定义了击穿，认为当圆柱内二次电子所获得的能量与所有原子被电离所需要的能量相等时，击穿发生。容易计算出，圆柱的体积为 $\pi 10^{-6}\text{cm}^3$，固体电介质的原子密度为 10^{23}cm^{-3}，所以圆柱内总共有 $\pi 10^{17}$ 个原子被电离。假设每个原子的电离能为 10eV，则圆柱内所有原子被电离总共需要 $\pi 10^{18}\text{eV}$ 的能量。一个电子经过 n 次碰撞之后，崩头的电子数目为 2^n。由于一个电子在 $1\text{MV}\cdot\text{cm}^{-1}$ 电场中行进 1cm 所获得的能量为 10^6eV，2^n 个电子总共可以获得 $(2^n\times 10^6)\text{eV}$ 能量，这些能量均用来电离圆柱内的原子。再考虑到 Seitz 关于击穿的定义，所以电子倍增的代数 n 为 41.5，更精确的计算表明 n=38。

以上内容为 38 代电子理论，该理论给出了关于雪崩击穿的清晰模型。然而，从一定程度上，该理论过于粗糙。例如，该理论假设外施电场为 $1\text{MV}\cdot\text{cm}^{-1}$，电子迁移距离为 1cm，崩头半径为 10^{-3}cm，原子密度为 10^{23}cm^{-3}，原子的电离能为 10eV，击穿通道为圆柱形等。实际上，所有这些参数均会发生改变，并会对二次电子代数产生影响。一般而言，研究者总是希望得到一个关于体击穿阈值的计算公式，而不是仅仅获得二次电子倍增代数。鉴于此，本章提出了改进的电子碰撞电离倍增模型。因为该模型同样是基于碰撞电离雪崩机制，所以本书又称之为改进的雪崩击穿模型。

2. 改进的雪崩击穿模型

图 6-4 给出了改进的雪崩击穿模型，在该模型中，假设一群初始电子从阴极注入，向阳极运动，在电场中被加速。这些电子通过如式(6-1)所描述的电子碰撞电离过程而倍增，并形成雪崩。与 Seitz 不同，本书定义当雪崩发展到使崩头内所有原子被电离时，击穿发生。从能量角度，当崩头内的二次电子获得的能量等于崩头内所有原子被电离所需的最低能量时，击穿发生，即

$$E_{BD} = E_{op} |_{W_{gain}=W_{loss}} \tag{6-5}$$

式中，W_{gain}表示崩头内所有电子迁移时所获得的能量；W_{loss}表示崩头内所有原子被电离所需要的最低能量。

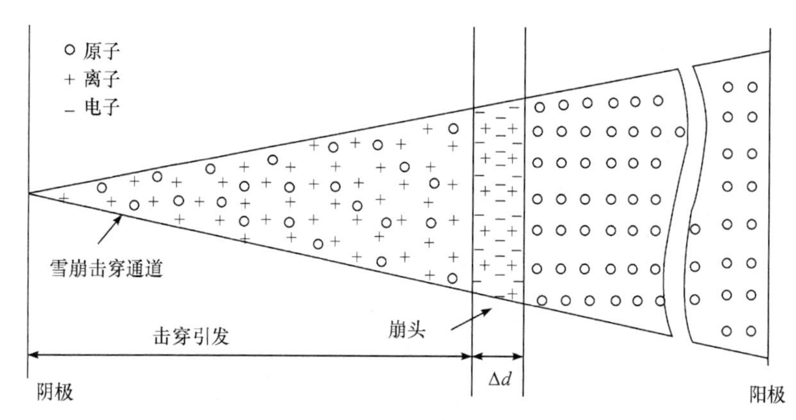

图 6-4 改进的雪崩击穿模型

与 38 代电子理论不同的是，改进的雪崩击穿模型中仅崩头内所有原子被电离，而 38 代电子理论中认为圆柱通道内所有电子被电离。第 2～5 章中开展了大量的短脉冲下聚合物电介质击穿的实验[14-16]，并且观察了大量的击穿通道图像，如图 6-5 所示。从图 6-5 中看出，击穿通道为锥状而非圆柱状，这支撑了本书所提出的改进的电子雪崩击穿模型。

(a) PTFE样片

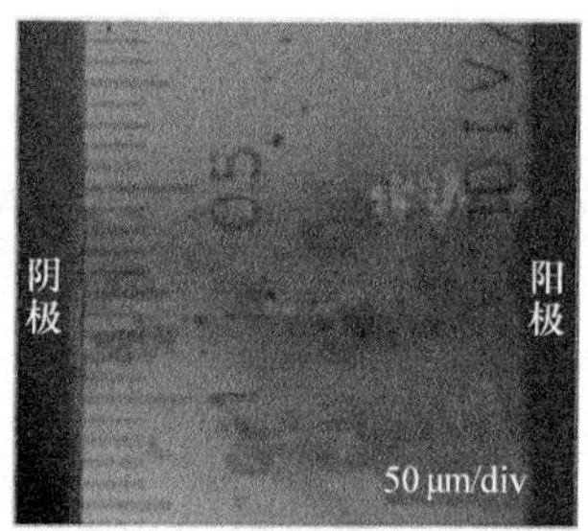

(b) PMMA样片

图 6-5 击穿通道图像

6.2.3 击穿阈值公式

1. 计算公式

根据改进的雪崩击穿模型，可以得出体击穿阈值 E_{BD} 的计算公式。假设初始数目为 N_0 的种子电子在幅值为 E 的电场中被加速，电子迁移率为μ_e，迁移距离为 d。由于电子的扩散，电子雪崩崩头将变成一个半径为 r 的圆，r 可表示如下：

$$r = \sqrt{2D_e t} = \sqrt{2D_e d / \mu_e E} \tag{6-6}$$

式中，D_e为扩散系数；t为迁移时间。

电子雪崩崩头的截面积为

$$S = \pi r^2 = \frac{2\pi D_e d}{\mu_e E} \tag{6-7}$$

式中，电子雪崩发展为一个高度为 d、底面积为 S 的圆锥。假设固体电介质的原子密度为 n_0，则崩头内的原子总数为

$$N_1 = V n_0 = \pi r^2 \Delta d\, n_0 = \frac{2\pi D_e d \Delta d}{\mu_e E} n_0 \tag{6-8}$$

如果单个原子的碰撞电离能为 ΔI，则崩头内所有原子被电离时所需要的最低能量为

$$W_{\text{loss}} = N_1 \Delta I = \frac{2\pi D_e d \Delta d}{\mu_e E} n_0 \Delta I \tag{6-9}$$

然后计算崩头内电子迁移 Δd 距离时所获得的能量。假设电子迁移到崩头时发生了 n 次碰撞电离，则第 n 代二次电子的数目为 $N_0(1+p)^n$，其中 p 为碰撞电离概率，取值为 0～1。这些电子从电场中获得的能量为

$$W_{\text{gain}} = N_0 (1+p)^n qE\Delta d \tag{6-10}$$

式中，q 表示元电荷量。

根据击穿的定义式(6-5)，令式(6-9)和式(6-10)相等，即

$$N_0 (1+p)^n qE\Delta d = \frac{2\pi D_e d \Delta d}{\mu_e E} n_0 \Delta I \tag{6-11}$$

由式(6-11)可以求解出 E 的表达式：

$$E = \sqrt{\frac{2\pi D_e d n_0 \Delta I}{q \mu_e N_0 (1+p)^n}} \tag{6-12}$$

考虑到爱因斯坦关系：

$$\frac{D_e}{\mu_e} = \frac{k_B T}{q} \tag{6-13}$$

式中，k_B=1.38×10^{-23}J · K^{-1}，为玻尔兹曼常量；T 为晶格温度。将式(6-13)代入式(6-12)可得

$$E = \sqrt{\frac{2\pi k_B T d n_0 \Delta I}{q^2 N_0 (1+p)^n}} \tag{6-14}$$

进一步，结合电子碰撞电离判据式(6-3)，迁移距离 d 可以表示为

$$d = n\lambda = \frac{n\Delta I}{qE} \tag{6-15}$$

将式(6-15)代入式(6-14)，则得到击穿阈值 E_{BD} 的最终表达式：

$$E_{\mathrm{BD}} = \left[\frac{2\pi k_{\mathrm{B}} T \Delta I^2 n_0 n}{q^3 (1+p)^n N_0}\right]^{1/3} \tag{6-16}$$

式(6-16)为由改进的雪崩击穿模型所得到的击穿阈值公式。该式体现了不同因素对 E_{BD} 的影响，具体包括：

(1) 碰撞电离参数，如碰撞电离能 ΔI 和电离概率 p；

(2) 电子倍增参数，如初始电子数 N_0 和次级电子代数 n；

(3) 电介质参数，如电介质温度 T 和电介质原子浓度 n_0。

因为 $k_0 T\Delta I^2$ 的量纲为 eV^3，n_0 的单位为 cm^{-3}，$2\pi n/(1+p)^n N_0$ 无量纲，所以公式(6-16)的量纲为 $\mathrm{V\cdot m^{-1}}$，即电场量纲。

2. 计算结果

根据式(6-16)，可以对 E_{BD} 随不同因素变化的趋势进行计算。

第一，E_{BD} 随 N_0 和 n 的变化趋势。由式(6-16)看出，E_{BD} 强烈地依赖初始电子数 N_0 和二次电子代数 n。因此计算中首先考虑这两个因素。根据文献[5]，对于一般电介质，$\Delta I \geqslant 4\mathrm{eV}$，所以取 $\Delta I = 8\mathrm{eV}$，$T = 300\mathrm{K}$，$n_0 = 10^{23}\mathrm{cm}^{-3}$，$p = 1$ 进行计算。此时，式(6-16)变为

$$E_{\mathrm{BD}} = C_1 \left(\frac{n}{2^n N_0}\right)^{1/3} = 101 \left(\frac{n}{2^n N_0}\right)^{1/3} \quad (\mathrm{MV\cdot cm^{-1}}) \tag{6-17}$$

根据式(6-17)，E_{BD} 随 N_0 的变化趋势如图 6-6(a)所示。从图中可以看出，E_{BD} 随 N_0 减小而增大，这与第 2 章电极材料对击穿阈值影响的实验结果相符，在 2.6 节中，获得了电极逸出功越高，击穿阈值越大的结论[16]。较高的逸出功意味着较少的初始电子数，而较少的初始电子数又对应较高的击穿阈值，结果自洽。本小节的计算结果与 2.6 节的实验结果对比见图 6-6(b)。

体击穿阈值 E_{BD} 随二次电子代数 n 的变化趋势如图 6-7 所示。从图 6-7 中看出，E_{BD} 随 n 增大而减小。这同样与实验中所观察到的结果相符。根据 von Hippel[10] 的结果，当 $n=1$ 时，体击穿阈值 E_{BD} 最高；当外施电场较低时，必须通过较大的二次电子代数来形成雪崩并引发击穿。

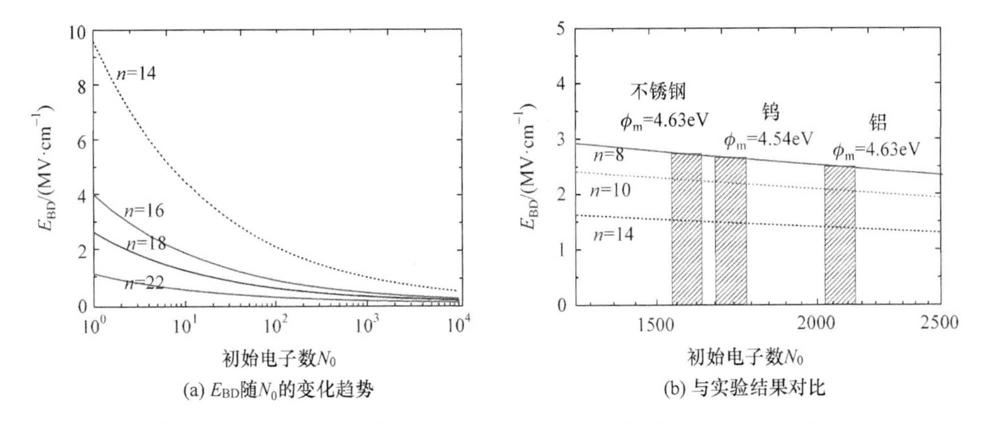

图 6-6　不同二次电子代数下体击穿阈值 E_{BD} 随初始电子数 N_0 的变化

图(b)的计算参数：ΔI=8eV，T=300K，n_0=10^{23}cm^{-3}，p=1，n=8，所得的 N_0 最佳取值范围为 1500～2500

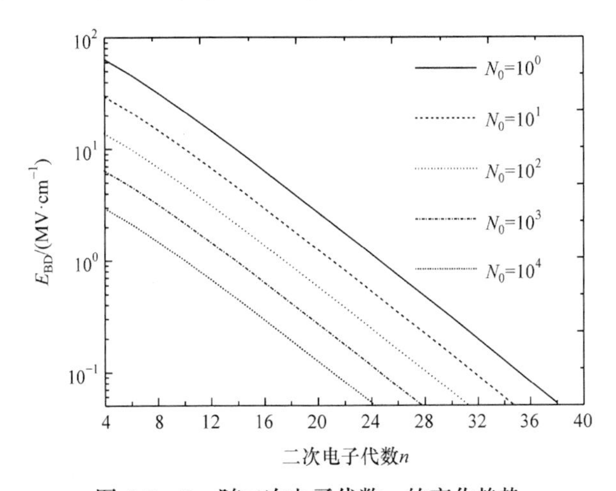

图 6-7　E_{BD} 随二次电子代数 n 的变化趋势

进一步，当击穿发生时，初始电子数 N_0 和二次电子代数 n 须满足如下关系：

$$\frac{2^n N_0}{n}=\frac{2\pi k_0 T\Delta I^2 n_0}{E_{BD}^3 e^3}=f\left(\Delta I, E_{BD}\right) \tag{6-18}$$

同样考虑 ΔI=8eV，E_{BD}=2MV · cm^{-1} 的实验值，式(6-18)可以简化为

$$\frac{2^n N_0}{n}=1.3\times10^5 \tag{6-19}$$

式中，如果 N_0 取 1，相应的 n 为 21.41，这个结果约为 38 代电子理论结果的一半。同时，雪崩建立的最短时间可以根据以下公式计算得出：

$$t_{\text{av-min}}=n\frac{\lambda}{v_a}=\frac{n\lambda}{\mu_e E} \tag{6-20}$$

式中，v_a表示电子迁移速度。根据文献[5]，电子迁移率为 $0.1\mathrm{cm}^2 \cdot \mathrm{V}^{-1} \cdot \mathrm{s}^{-1}$，电子平均自由程为 0.5～2nm。再考虑到 n=20，E_{BD}=2MV · cm^{-1}，可以计算出 $t_{av\text{-}min}$为 5～40ps，以及最短雪崩长度为 10～40nm。这与 Dissado 等[17-18]所观察到的结果(60nm)接近。对于纳秒脉冲固体电介质击穿，脉宽一般大于 $t_{av\text{-}min}$，但短于热击穿所需要的时间(约 1μs，见 6.3 节中的论述)。因此，采用式(6-17)来计算短脉冲下固体电介质的体击穿阈值是合理的。同时需要说明的是，以上是采用 ΔI=8eV 来估算 n 的取值。事实上，尽管 n 随 ΔI 增大而增大，但是这种增加趋势会越来越缓慢。例如，当 ΔI 从 4eV 增加到 10eV，n 仅仅从 19.25 增加到 22.08，因此上述 n=20 的结果是可信的。

第二，E_{BD}随 ΔI 和 n_0 的变化趋势。对于式(6-17)，如果 N_0=1，n=21，p=1，T=300K，可以获得体击穿阈值 E_{BD}随碰撞电离能 ΔI 和原子密度 n_0 的变化关系：

$$E_{BD} = C_2 \Delta I^{2/3} n_0^{1/3} = 400 \Delta I^{2/3} n_0^{1/3} \quad \left(\mathrm{MV \cdot cm^{-1}}\right) \tag{6-21}$$

根据式(6-21)，图 6-8(a)绘出了 E_{BD}随 ΔI 的变化趋势。从图中看出，E_{BD}随 ΔI 增大而增大，这与实际情况相符。因为电介质的禁带宽度越宽，电子跃迁越困难，相应的体击穿阈值越高，与文献[1]的比较见图 6-8(b)。

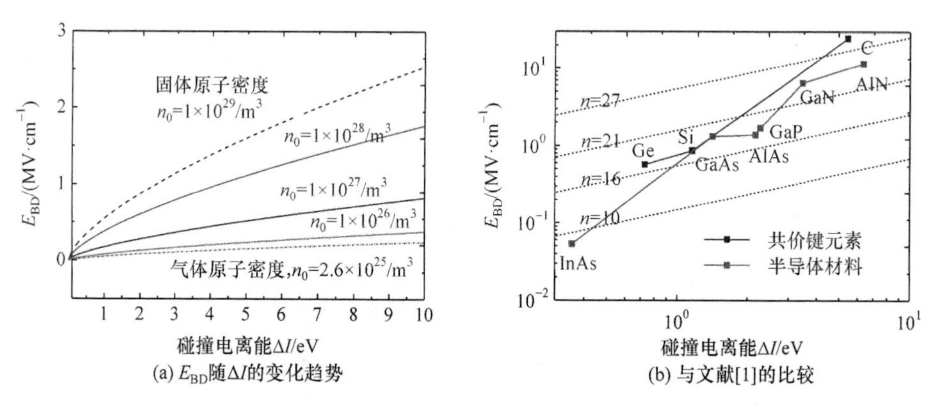

(a) E_{BD}随ΔI的变化趋势

(b) 与文献[1]的比较

图 6-8 不同原子密度下体击穿阈值 E_{BD}随碰撞电离能ΔI 的变化

图(b)中采用的计算参数：N_0=1，p=1，T=300K，当 n=27 时，C_2取值为 108；当 n=21 时，C_2取值为 400；当 n=16 时，C_2取值为 1157；当 n=10 时，C_2取值为 4000

图 6-9 给出了不同碰撞电离能下体击穿阈值 E_{BD}随固体电介质原子密度 n_0 的变化。从图 6-9 中看出，E_{BD}随 n_0 增大而增大，这也符合一般物理常识，因为原子密度越高，意味着电子迁移时的平均自由程λ越小。根据电子碰撞电离判据式(6-3)，较小的λ对应较大的击穿阈值 E_{BD}。除此之外，在第 3 章的实验中，观察到了低浓度域现象。低浓度域的存在使得局部击穿更容易发生[19]，因为低浓度域使得λ增大，进而击穿阈值较小。

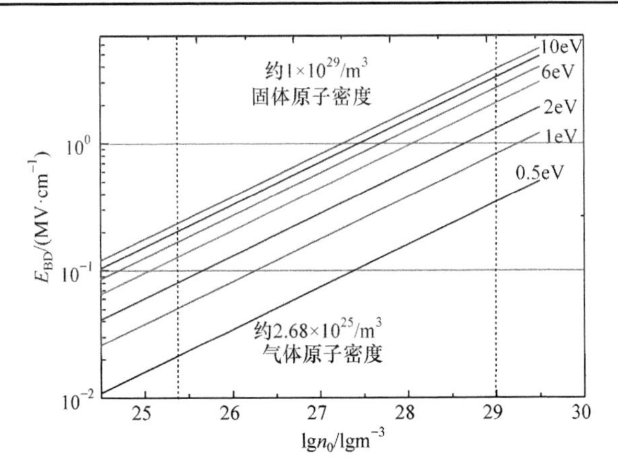

图 6-9　体击穿阈值 E_{BD} 随原子密度 n_0 的变化

需要说明的是，$10^{-25}m^{-3}$ 对应气体的原子密度，此时 E_{BD} 降低到 10～100kV · cm^{-1}，这与事实相符。因为 1 个大气压下空气的击穿电场为 30kV · cm^{-1}。此外，当碰撞电离能减小到 0.5eV 以下时，即使对于理想晶体，E_{BD} 都会降低到 1MV · cm^{-1}，这意味着 ΔI 对 E_{BD} 影响显著。

第三，E_{BD} 随 T 和 p 的变化趋势。对于式(6-17)，如果 $N_0=1$，$n=26$，则可以得到体击穿阈值 E_{BD} 随温度 T 的变化关系：

$$E_{BD}=C_3T^{1/3}=0.11T^{1/3}(\text{MV}\cdot\text{cm}^{-1}) \tag{6-22}$$

E_{BD} 随 T 的变化曲线见图 6-10(a)，图中同样绘制了 Buehl 和 Austen 等的实验数据[20]。图 6-10(b)比较了 Silica、100% NaCl、4.6%AgCl-NaCl 三种电介质实际阈值-温度曲线与理论曲线，从图 6-10(a)和(b)可以看出，在某个临界温度 T_c 以下，理论曲线与实验曲线两者趋势基本相符，即 E_{BD} 随 T 增加而增加。

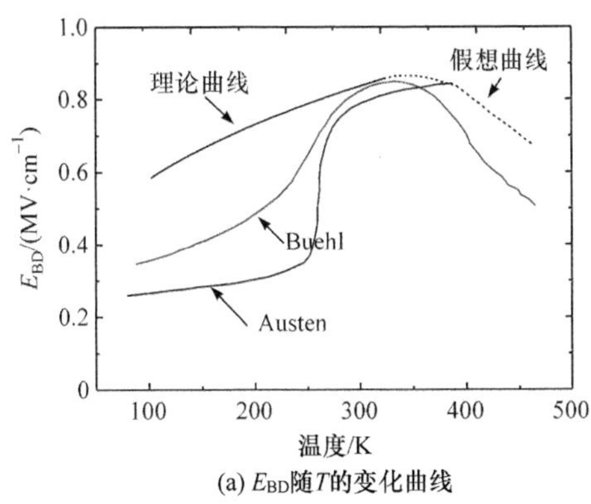

(a) E_{BD}随T的变化曲线

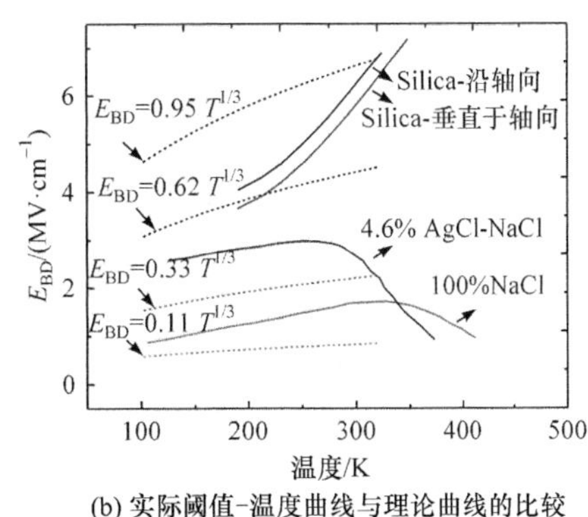

(b) 实际阈值-温度曲线与理论曲线的比较

图 6-10　温度 T 对体击穿阈值 E_{BD} 的影响

NaCl 的原始实验数据来自文献[5]，Silica 的原始实验数据来自文献[6]。在图(a)中，实线代表理论曲线和实验曲线，虚线代表假想曲线；在图(b)中，$N_0=1$，$p=1$，$\Delta I=8\text{eV}$，$n_0=10^{29}\text{m}^{-3}$。当 $n=16$ 时，$C_3=0.95$；当 $n=18$ 时，$C_3=0.62$；当 $n=21$ 时，$C_3=0.33$；当 $n=26$ 时，$C_3=0.11$

将爱因斯坦关系式(6-13)代入电子雪崩崩头内原子被电离时所需的能量式(6-9)，得到如下关系式：

$$W_{\text{loss}} = \frac{2\pi k_0 Td\Delta dn_0\Delta I}{eE} = C_{\text{T}}T \tag{6-23}$$

式中，C_{T} 为一个与温度有关的常数。根据式(6-23)，温度越高，W_{loss} 越大，这意味着在高温下电离相同数目的原子所需的能量更高。换言之，击穿变得困难，即 E_{BD} 随 T 增大而增大。从物理机制上，当温度升高时，因为晶格振动变得越来越剧烈，更多的能量将损耗到电离晶格中，所以被电离的原子数目相应减少。因此随着温度升高，击穿变得越来越困难。然而当温度超过某一临界温度 T_{c}，电介质会变软或者产生机械形变。无论何种情况发生，都意味着电介质中将出现更多的缺陷[6]，因此电子平均自由程增大，根据电子碰撞电离判据式(6-3)，击穿变得容易，即当 $T>T_{\text{c}}$ 时，E_{BD} 随 T 增大而减小。图 6-10(a)用虚线表示了这种减小趋势。

对于式(6-17)，如果 $N_0=1$，$n=21$，则可以得到体击穿阈值 E_{BD} 随电离概率 p 的变化关系：

$$E_{\text{BD}} = C_4(1+p)^{-n/3} = \frac{280}{(1+p)^{n/3}}(\text{MV}\cdot\text{cm}^{-1}) \tag{6-24}$$

图 6-11 绘出了 E_{BD} 随 p 的变化曲线。从图中看出，E_{BD} 随 p 的增大而减小。这也与实际相符，即电离概率越大，击穿越容易，体击穿阈值越低。

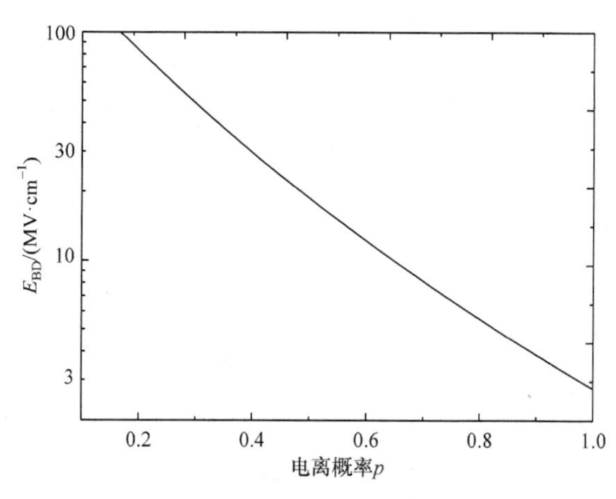

图 6-11　E_{BD} 随 p 的变化曲线

6.2.4　分析比较

从两方面对所提出的公式进行分析比较。

1. 与经典电击穿公式比较

经典电击穿公式如表 6-2 所列。现在考虑由改进的雪崩击穿模型所得的击穿公式(6-16)，因为该公式的物理基础是电子雪崩，所以该公式属于雪崩击穿公式。考虑到表 6-2 中的公式均包含碰撞电离能 ΔI，因此从 E_{BD} 与 ΔI 的关系角度，来比较经典电击穿公式和改进的雪崩击穿模型公式，如表 6-3 所示。

表 6-3　经典电击穿公式和改进的雪崩击穿模型公式的比较

电击穿分类	代表理论或模型	$\ln E_{BD}$ 和 $\ln\Delta I$ 的关系
本征击穿	低能/高能判据	$\ln E_{BD}\sim 1/4\ln\Delta I$
	无定型和非晶体的击穿理论	$\ln E_{BD}\sim\Delta I$
碰撞电离判据	$E_{BD}=\Delta I/q\lambda$	$\ln E_{BD}\sim\ln\Delta I$
雪崩击穿	场致发射雪崩模型	$\ln E_{BD}\sim 3/2\ln\Delta I$
	改进的雪崩击穿模型	$\ln E_{BD}\sim 2/3\ln\Delta I$

从表 6-3 中看出，除了无定型和非晶体的击穿理论，其余理论或模型均揭示了 $\ln E_{BD}$ 和 $\ln\Delta I$ 服从线性关系的事实，只不过各个线性关系的斜率不同。从这个角度，低能/高能判据、场致发射雪崩模型、改进的雪崩击穿模型均适合描述固体电介质的电击穿过程。图 6-12 绘出了表 6-3 中归一化 $\ln E_{BD}$ 和归一化 $\ln\Delta I$ 的关系，从图中可以看出，场致发射雪崩模型具有最大的斜率，而低能/高能判据具有最小的斜率。这揭示出在场致发射雪崩中，ΔI 对 E_{BD} 的影响最为显著，而低能/高能判据中 ΔI 对 E_{BD} 的影响最微弱。这与实际相符，因为在场致发射雪崩模型中，初始电子由电极提供；在低能/高能判据中，初始电子不仅由电极提供，还由陷阱提供[7-9]。同时，对于改进的雪崩击穿模型，其斜率介于低能/高能判据和场致发射雪崩模型之间，据此可以得出，ΔI 对 E_{BD} 的影响也介于上述两个模型的影响之间。

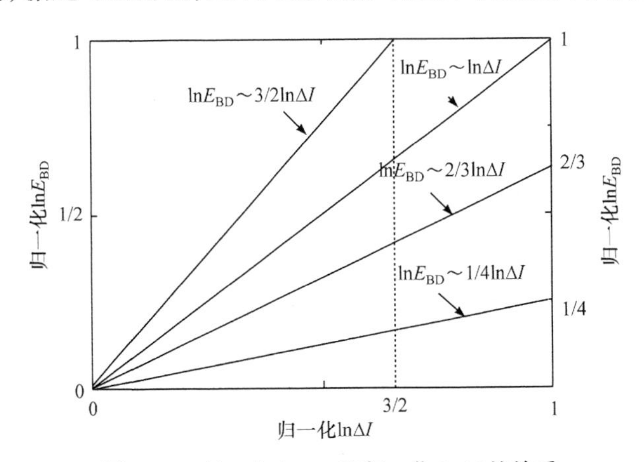

图 6-12　归一化 $\ln E_{BD}$ 和归一化 $\ln\Delta I$ 的关系

2. 与 38 代电子理论比较

从式(6-16)的推导过程可知，改进的雪崩击穿模型与 38 代电子理论非常相似。例如，它们同样基于电子碰撞电离倍增，如式(6-1)所描述。此外，它们同样定义当电子雪崩发展到一定程度时，击穿发生。然而，改进的雪崩击穿模型与 38 代电子理论有诸多不同点，如表 6-4 所示。从表 6-4 可以看出，38 代电子理论仅仅是改进的雪崩击穿模型的一个特例。同时，改进的雪崩击穿模型具有极强的适用性，可用于描述不同情况下的固体电介质的击穿现象，其中也包括固体电介质在纳秒脉冲下发生的击穿现象。值得一提的是，在文献[21]和[22]中，有研究者基于 38 代电子理论同样也得出了一个击穿阈值计算公式：$E_{BD}=\Delta I/\ln[d/(E_{BD}\mu_e n)]$。该公式确实是对 38 代电子理论的一个改进，但却无法对 E_{BD} 做显化处理，进而其结果依赖于计算机；同时，该公式在很宽的厚度范围(1μm～1mm)和很大的二次电子代数 n 范围(1～1000)内不存在解，所以该公式的合理性还有待研究。

表 6-4　改进的雪崩击穿模型与 38 代电子理论的比较

理论或模型	改进的雪崩击穿模型	38 代电子理论	简评
击穿通道外形	锥形	圆柱形	锥形的击穿通道与实验中所观测的图像相符
击穿的定义	在崩头 $W_{gain}=W_{loss}$	在整个圆柱 $W_{gain}=W_{loss}$	在雪崩开始时，不是所用原子都被电离，在改进的雪崩击穿模型中考虑到了这一点
初始电子数目	N_0	1	在改进的雪崩击穿模型中，N_0 依赖于电极形状和外施电场，这与实验情况相符。因为二次电子代数 n 与 N_0 相关，所以 n 也是一个变量
二次电子代数	n	38	
电子迁移距离	d	1cm	击穿过程受许多参数影响，假如这些参数固定，则模型的适用性将受限，进而失去实用价值
电子迁移率	μ_e	$1cm^2 \cdot V^{-1} \cdot s^{-1}$	
扩散系数	D_e	$1cm^2 \cdot s^{-1}$	
电离能	ΔI	10eV	
原子密度	n_0	$10^{23}cm^{-3}$	
击穿阈值 E_{BD}	$\left[\frac{2\pi k_0 T \Delta I^2 n_0 n}{q^3(1+p)^n N_0}\right]^{1/3}$	$1MV \cdot cm^{-1}$	E_{BD} 是击穿的一个重要指标参数，受许多因素影响，在改进的雪崩击穿模型中考虑到了这一点

6.3　电子雪崩击穿中的形成时延

6.3.1　引言

电介质击穿不是一加上电压便发生，而是存在一定延迟，这个延迟可能从 1ns 至数小时不等。根据文献[23]，由电子过程所引发的较短时间内的延迟称为时延(time lag，以 t_l 表示)。一般而言，t_l 包含统计时延 t_s 和形成时延 t_f 两部分，t_l 可用公式表示为

$$t_l = t_s + t_f \tag{6-25}$$

式中，t_s 为统计时延，表征从施加电压时刻到第一个有效电子出现时刻对应的时间，此处有效电子是指能够引发最终击穿的那个电子；t_f 为形成时延，表征有效电子完成雪崩击穿所需要的时间。统计时延 t_s 可能会非常长，从数纳秒到数十微秒，但形成时延 t_f 一般非常短，仅数个到数十个纳秒。对于纳秒脉冲击穿，时延 t_l、统计时延 t_s、形成时延 t_f 三者的关系如图 6-13 所示。

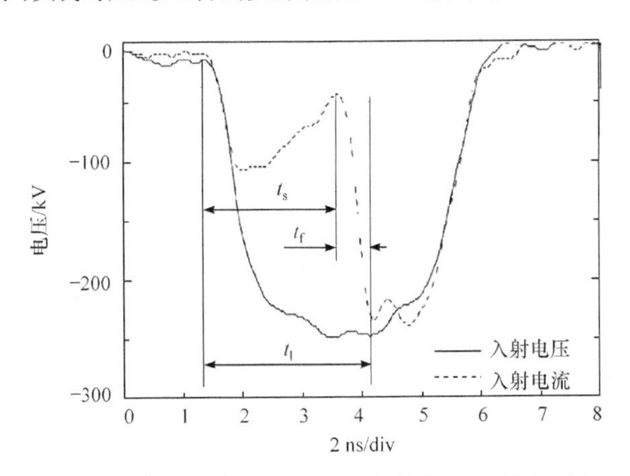

图 6-13　时延 t_l、统计时延 t_s、形成时延 t_f 三者的关系

时延对固体电介质击穿具有重要意义。因为时延一方面可以帮助研究者认识击穿的物理机制；另一方面可用于计算固体电介质的击穿阈值。在 2.5 节中，得到了 E_{BD} 随脉宽 τ 的变化关系：

$$E_{BD}(\tau) = \begin{cases} E_{BD1}\tau^{-s}\left(\tau \leqslant t_{f\_max}\right) \\ E_{BDc}\quad\left(\tau > t_{f\_max}\right) \end{cases} \tag{6-26}$$

式中，t_{f_max} 指固体电介质在纳秒脉冲下发生击穿所对应的形成时延上限。

鉴于击穿时延的重要性，不同研究者对这一问题均有过研究。例如，在文献[24]和[25]中，Malukov 等对气体击穿时延曾有研究；在文献[26]和[27]中，Given 和王珏等对变压器油中的击穿时延有过研究；国防科技大学的程国新对纳秒真空沿面闪络的击穿时延也有研究[28]。关于固体击穿的时延问题，也有不同结果被报道。

1968 年，Bradwell 等[29]研究了 KBr 和 PE 的击穿时延问题，并且测试了两种电介质的平均时延，分别为 $5\mathrm{ns\cdot cm^{-1}}$ 和 $2\mathrm{ns\cdot cm^{-1}}$。

1973 年，Kitani 等研究了 PC、LDPE、HDPE、PET、白云母和金云母的击穿时延[30-32]，发现当厚度为 11～39μm 时，形成时延在 0.2～13.5ns[30]，相应的体击穿阈值 E_{BD} 为 $5\sim10\mathrm{MV\cdot cm^{-1}}$。1974 年，他们又测试了 PE 的形成时延，发现在不同温度下，PE 的形成时延为 0.5～4ns，并且 E_{BD} 为 $4.3\sim6.0\mathrm{MV\cdot cm^{-1}}$。之后，他们又完成了分钟量级的聚合物击穿实验，发现时延根据其分布的不同可以分为两类：指数分布型和正态分布型。对于指数分布型的时延，其数值在纳秒量级，并且击穿过程与电子雪崩相联系[33]。

1980 年，Ieda 采用劳厄坐标系(Laue plot)对击穿时延进行了计算，他采用的公式如下：

$$-\ln\frac{N(t)}{N_{\mathrm{t}}}=\frac{t-t_{\mathrm{f}}}{\overline{t}_{\mathrm{s}}} \tag{6-27}$$

式中，N_{t} 为实验总次数；$N(t)$为到 t 时刻样片未发生击穿的实验次数。

2003 年，Rozhkov[34]对统计时延 t_{s} 和形成时延 t_{f} 进行了研究，并赋予了时延新的定义。t_{s} 被定义为从外施电压与击穿电压相等到电介质中流注开始形成的时间段；t_{f} 被定义为从流注开始形成到电极闭合(eletrodes get closed)的时间段。另外，他还给出了 t_{s} 和 t_{f} 的表达式：

$$t_{\mathrm{s}}=\frac{1.44\lambda_{\mathrm{fp}}\ln n_{\mathrm{crit}}}{v_{\mathrm{dis,c}}} \tag{6-28}$$

和

$$t_{\mathrm{f}}=\frac{d}{v_{\mathrm{av}}} \tag{6-29}$$

式中，d 为样片厚度；v_{av} 为平均放电速度；λ_{fp} 为两次碰撞之间的电子平均自由程；n_{crit} 为临界厚度下电子雪崩所对应的临界电子数；$v_{\mathrm{dis,c}}$ 为阴极的放电速度。

2013 年，Zheng 等[35]对亚纳秒脉冲下 PMMA 的击穿时延进行了测试，发现统计时延 t_{s} 比形成时延 t_{f} 长，t_{s} 约为 2.3ns，而 t_{f} 约为 0.59ns。

上述研究结果对开展纳秒脉冲下固体电介质击穿时延问题的研究具有重要参考价值，尤其对击穿阈值随脉宽变化的研究具有重要意义。

6.3.2　电击穿与热击穿的时间分界点

要研究纳秒脉冲固体电介质的击穿时延问题，首先需要分清电击穿和热击穿的时间分界点。这个问题又与以下两个问题相关联：①固体电介质的击穿机制；②固体电介质的极化机制。

1. 电介质击穿机制概述

第 1 章曾经对经典固体击穿理论做过简要回顾，见表 1-1 和表 1-2。为了论述不同击穿机制的作用时间，这里再次对每种机制进行归纳和总结。

1) 本征击穿

本征击穿的物理机制前面已经多次提到过，指的是电子碰撞电离过程，其击穿阈值范围在 10～100MV·cm^{-1}，这里仅对其特征时间 t_{ch} 进行论述。文献[6]指出，电子在两次碰撞电离之间的特征时间可以写作：

$$t_{ch}=t_0\exp\left(\frac{t_0}{t_\tau}\right) \tag{6-30}$$

式中，t_0 为电子在电场中迁移不短于 10nm 距离所对应的时间；t_τ 为电子松弛时间，为 10^{-13}～10^{-15}s。根据式(6-30)得到的本征击穿特征时间 t_{ch} 为 0.1ps～0.2ns。

2) 雪崩击穿

雪崩击穿类似于气体击穿中的 Townsend 繁流理论。如 6.2 节所述，雪崩击穿的阈值在 1～10MV·cm^{-1}，特征时间 t_{ch} 在数个纳秒量级。

3) 热击穿

在较宽的时间范围内，当一个电介质放置于电场中，由于极化效应的存在，电介质中会产生热。如果热耗散速率小于热产生速率，随着时间加长，电介质会由于热失稳而发生热击穿。一般情况下，热击穿的阈值小于 1MV·cm^{-1}，并且其特征时间 t_{ch} 在微秒量级或更长。热击穿的作用时间与电介质的极化机理有关，具体可见 6.3.3 节。热击穿的典型公式有

$$V_{BD}\approx\left(\frac{8KT_0^2}{\sigma_0\beta_T}\right)^{\frac{1}{2}}e^{\beta_T/2T_0} \tag{6-31}$$

和

$$E_{BD}=\left(\frac{3C_VT_0^2}{\sigma_0\beta_Tt_c}\right)^{\frac{1}{2}}e^{\beta_T/2T_0} \tag{6-32}$$

式中，K 为导热因子；T_0 为温度；σ_0 为电导率；C_V 为单位体积的比热容；t_c 为脉冲作用时间；β_T 为与温度同量纲的常数。

4) 电树枝击穿/电腐蚀击穿

在更低电场(在数十至数百千伏每厘米)的作用下，由于场增强效应，电介质中的气隙、裂缝和气孔会发生局部放电。随着时间加长，放电通道逐渐增长，即电树枝开始生长。当电树枝贯穿两个电极时，击穿发生。电树枝击穿的特征时间 t_{ch} 依赖于外施电场 E_{op}，E_{op} 越小，t_{ch} 越长。两者关系如下：

$$t_{ch} \cdot E_{op}^{m} = C \quad 或 \quad N \cdot E_{op}^{m} = C' \tag{6-33}$$

式中，N 为脉冲数，可以理解为离散的特征时间；m 为常数，一般为 7～10[22]。

5) 电机械击穿

电介质承受极高的电场，导致电介质以机械崩溃的方式失效，称该种绝缘失效方式为电机械击穿。电机械击穿的阈值计算公式为

$$E_{BD} = 0.6\sqrt{\frac{Y}{\varepsilon_0 \varepsilon_r}} \tag{6-34}$$

式中，Y 为杨氏模量；ε_0 为真空中的介电常数；ε_r 为相对介电常数。电机械击穿的特征时间可能很长，也可能很短，具有随机性。

6) 电化学击穿

在电化学击穿过程，电介质由于电化学腐蚀而击穿，电化学击穿的阈值更低，特征时间也更长。

综上，固体电介质击穿是一个极其复杂的过程，很多情况下，多种机理可能同时发挥作用。作为一个简单的概括，图 6-14 给出了各种击穿机制的阈值范围和特征时间范围。

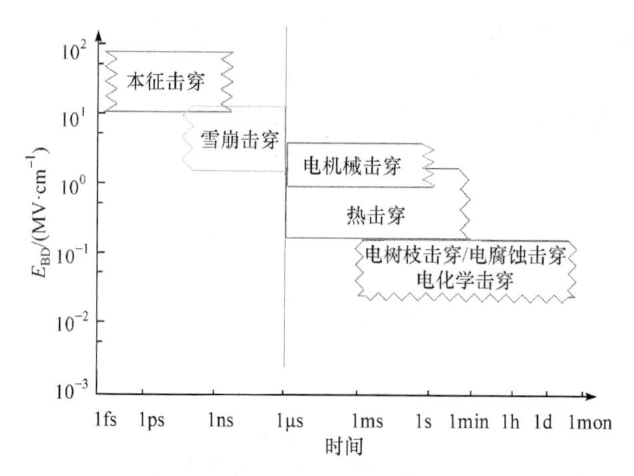

图 6-14　各种击穿机制的阈值范围和特征时间范围

2. 电介质的极化机制概述

在 2.3 节中曾经论述过电介质极化效应对体击穿阈值 E_{BD} 的影响，这里简要给出电介质内存在的三种极化机制及建立时间，如表 6-5 所示。从表 6-5 看出，在 10^{-6}～10^{-2}s 的时间范围内，极化和分子极化均能起作用，但当时间缩短到纳秒范围，仅有电子极化能起作用。这是因为电子极化不产生热，而分子极化在分子转动过程中会产生热。因此在 10^{-6}s 时间范围内，热击穿不起作用，击穿机制为电击穿。换言之，电击穿与热击穿的特征时间分界点为 10^{-6}s。又因为本征击穿的特征时间更短，所以电击穿的时间上限就是雪崩击穿的特征时间上限。由此得出雪崩击穿的时间上限为 10^{-6}s。

表 6-5　电介质内存在的三种极化机制及建立时间

种类	极化机理	建立时间/s
电子极化/光学极化	电子云中心与原子核不重合	10^{-15}～10^{-14}
转向极化/分子极化	分子排列趋向变得一致	10^{-6}～10^{-2}
空间电荷极化/界面极化	非均匀场中存在空间电荷	10^{-2}～10^{4}

3. 纳秒时间量级下电介质的击穿机理

根据以上结论，表 6-6 总结了固体电介质的不同击穿机制、击穿公式、体击穿阈值范围和特征时间范围。从表 6-6 中看出，雪崩击穿的特征时间在 10^{-10}～10^{-6}s，体击穿阈值 E_{BD} 在 1～10MV·cm^{-1}。本书在第 2 章和第 3 章中完成了大量的纳秒脉冲固体电介质击穿实验，得出 E_{BD} 在 1～2MV·cm^{-1}；同时，1960 年，Martin 也完成了大量的纳秒脉冲下聚合物击穿实验，得到了 E_{BD} 在 1～5MV·cm^{-1}。根据击穿阈值的范围，可以推断出纳秒脉冲聚合物电介质击穿的物理机制为雪崩击穿。除击穿阈值符合雪崩击穿阈值范围外，实验中所观测到现象，如击穿痕迹呈锥状，也符合雪崩击穿的特征。现在再从时间角度来考察雪崩击穿过程：第一个有效电子从阴极发射后，迁移到阳极所对应的时间，即本节最开始提到的形成时延 t_f。在以下篇幅中，将给出一个用于计算雪崩击穿形成时延 t_f 的公式。

表 6-6　固体电介质的不同击穿机制、击穿公式、体击穿阈值范围和特征时间范围

击穿机制	击穿公式	E_{BD}/(MV·cm^{-1})	t_{ch}/s
本征击穿	$\Delta E = e\lambda E_{op}$	10～100	10^{-12}～10^{-10}
雪崩击穿	$E_{BD}=\left[\dfrac{2\pi k_0 T\Delta E^2 n_0 n}{q^3(1+p)^n N_0}\right]^{\frac{1}{3}}$	1～10	10^{-10}～10^{-6}

续表

击穿机制	击穿公式	E_{BD}/(MV · cm^{-1})	t_{ch}/s
热击穿	$V_{BD}\approx\left(\dfrac{8KT_0^2}{\sigma_0\beta_T}\right)^{\frac{1}{2}}e^{\beta_T/2T_0}$ 或 $E_{BD}=\left(\dfrac{3C_VT_0^2}{\sigma_0\beta_Tt_c}\right)^{\frac{1}{2}}e^{\beta/2T_0}$	约 1	$10^{-6}\sim10^2$
电树枝击穿/电腐蚀击穿	$t\cdot E_{op}^m=C$ 或 $N\cdot E_{op}^m=C'$	0.001～0.1	$10^{-6}\sim10^2$
电机械击穿	$E_{BD}=0.6\sqrt{\dfrac{Y}{\varepsilon_0\varepsilon_r}}$	高	短
电化学击穿	—	低	长

6.3.3　形成时延公式

1. 计算公式

假设一个厚为 d 的电介质放置于阴阳两极，则有效电子从阴极迁移到阳极所用的时间为

$$t_f=\int_0^d\frac{\mathrm{d}l}{v_e(l)} \tag{6-35}$$

式中，v_e 为电子速度，与外施电场 E_{op} 和电子迁移率 μ_e 有关，并且 E 和 μ_e 均是迁移距离 l 的函数。v_e 可表示如下：

$$v_e(l)=\mu_e(l)E_{op}(l) \tag{6-36}$$

把式(6-36)代入式(6-35)，得

$$t_f=\int_0^d\frac{\mathrm{d}l}{\mu_e(l)E_{op}(l)} \tag{6-37}$$

由于外施电场的减小，阴极发射的电子迁移单位距离所获得的能量会越来越小。当能量小于一定值时，电子会被陷阱俘获，大量的俘获电子构成空间电荷，这些空间电荷会削弱与阴极之间的电场，同时提高与阳极之间的电场。更多关于空间电荷的论述见文献[36]。作为简化处理，假设空间电荷效应可以忽略，并且认为阴阳两极之间的电场为一个常数，所以式(6-37)可以简化为

$$t_f=\frac{d}{\mu_eE_{op}} \tag{6-38}$$

需要说明的是，在有关时延的计算中，均匀电场的假设被学者们广泛采用[30-31]。对于式(6-38)，μ_e同样是一个与外施电场 E_{op} 有关的量，具体可表示如下[5, 37-38]：

$$\mu_e = \frac{1}{2}\mu_0 \frac{E_c}{E_{op}}\left[\left(1+\frac{4E_{op}}{E_c}\right)^{\frac{1}{2}} - 1\right] \tag{6-39}$$

式中，μ_0为一个常数；E_c为临界电场。当 $E_{op}=E_c$时，v_e与 $E_{op}^{1/2}$ 成正比，并且电子变为热电子[39]。当外施电场极高时($E_{op} \gg E_c$)，式(6-39)可以简化为

$$\mu_e = \mu_0 \left(\frac{E_c}{E_{op}}\right)^{\frac{1}{2}} \tag{6-40}$$

将式(6-40)代入式(6-38)中，得

$$t_f = \frac{d}{\mu_0 \left(E_{op} E_c\right)^{\frac{1}{2}}} \tag{6-41}$$

考虑到击穿发生时，E_{op}即为 E_{BD}，并且击穿阈值 E_{BD}与厚度 d 存在如下关系：

$$E_{BD} = E_1 d^{-1/m} \tag{6-42}$$

式中，E_1为单位厚度电介质的击穿阈值。将式(6-42)代入式(6-41)，有

$$t_f = \frac{d^{1+\frac{1}{2m}}}{\mu_0 \left(E_1 E_c\right)^{\frac{1}{2}}} \tag{6-43}$$

式(6-43)为雪崩击穿过程的形成时延公式。式(6-43)体现了诸如电介质种类(E_1)、电介质尺寸(d)和电介质纯净度(m)等因素对形成时延 t_f的影响，这里对每种因素做如下简单讨论。

(1) 对于 E_1，其含义为单位厚度电介质的击穿阈值，不同电介质的 E_1不同。根据式(6-43)，E_1 越大，形成时延 t_f 越短，这与实际相符。因为电场越高，电子迁移越快，渡越相同距离所需要的时间越短。

(2) 对于电介质厚度 d，根据式(6-43)，d 越大，t_f越长，这也与实际情况相符。相同条件下，电极间的距离越长，电子渡越极间距离所需要的时间越长。

(3) 对于电介质纯净度 m，从式(6-43)看出，它与 d 的指数$(1+1/2m)$有关。电介质越纯净，m 越大，$(1+1/2m)$越趋向于 1，t_f也越小，这与实际情况相符。因为电介质越纯净，其中的陷阱越少，电子迁移速度也就越大，形成时延也就越短。作为一般估算，m 可平均取 8。

2. 计算结果

本节开始提到，文献[30]对厚度在 11～36μm 的几种常见电介质的形成时延进行过测试，具体包括 PC、PE、PET、白云母和金云母等；文献[31]对不同温度下 PE 的形成时延有过测试；文献[29]对 KBr 的形成时延有过测试；文献[35]对 PMMA 的形成时延有过计算。表 6-7 总结了文献中与形成时延相关的数据。根据表 6-7 中的 d 和 E_{BD} 两栏，并结合式(6-42)，可以计算出不同电介质的 E_1。根据 d、E_{BD} 和 t_f，并结合式(6-38)，可以计算出电子迁移率μ_e。再根据 d、t_f 和 E_1 并结合式(6-43)，可以计算出常数 $\mu_0 E_c^{0.5}$。

表 6-7　文献中与形成时延相关的数据和计算出的μ_e、$\mu_0 E_c^{0.5}$

电介质种类	d/μm	E_{BD}/(MV · cm^{-1})	t_f/ns	E_1/(MV · cm^{-1})	μ_e/(cm^2 · V^{-1} · s^{-1})	$\mu_0 E_c^{0.5}$/[×10^3 cm^2 · V^{-1} · s^{-1} · (MV · cm^{-1})$^{0.5}$]
PE[29]	50	6	0.8	3.1	1.0	2.55
KBr[29]	433	0.47	4.5	0.31	21.	14.1
PMMA[36]	3750	2.63	2.3	2.22	65.8	106
PC-Au[30]	11	8.4	0.3	3.58	0.49	1.41
PC-Al[30]	11	8.3	2.85	3.54	0.046	0.134
HDPE-Au[30]	32.3	5.83	2.4	2.84	0.243	0.59
LDPE-Au[30]	33	5.4	2.3	2.64	0.26	0.62
PET-Al[30]	24	7.34	2.26	3.45	0.15	0.36
白云母-Au[30]	29.6	2.65	2.9	1.28	0.48	0.73
金云母-Au[30]	32.2	2.42	3.7	1.18	0.4	0.63
LDPE-77K[31]	18	5.55	0.4	2.52	0.81	1.91
LDPE-298K[31]	28	6.0	2.5	2.90	0.27	0.62
LDPE-373K[31]	28	4.63	1.33	2.22	0.5	1.07

对表 6-7 中的结果可做进一步分析讨论，具体如下。

第一，厚度因素对形成时延的影响。从表 6-7 看出，不同电介质的 $\mu_0 E_c^{0.5}$ 不同。将其代入式(6-43)，则可以得到形成时延随厚度的变化关系，见图 6-15。图 6-15 中考察的电介质为 PE、KBr 和 PMMA。从图 6-15 中看出，在双对数坐标系下 t_f 与 d 的变化趋势为线性，这与 $\lg t_f$ 与 $\lg d$ 满足线性关系的理论预测相符，见式(6-43)。同时从图 6-15 中看出，t_f 的理论曲线穿过实验数据点，这说明了计算结果的合理性。

第二，温度因素对形成时延的影响。图 6-16 给出了不同温度下 LDPE 的形成时延计算结果。从图 6-16 中看出，t_f(373K)<t_f(298K)。这可以从电子迁移率 μ_e 随

温度 T 变化角度进行解释，$\mu_e \sim T$ 服从如下关系：

$$\mu_e = \mu_b \exp\left(-\frac{\beta_T}{T}\right) \tag{6-44}$$

式中，β_T 为常数。根据式(6-44)，μ_e 随 T 增大而增大，因此 t_f 随 T 增大而减小。

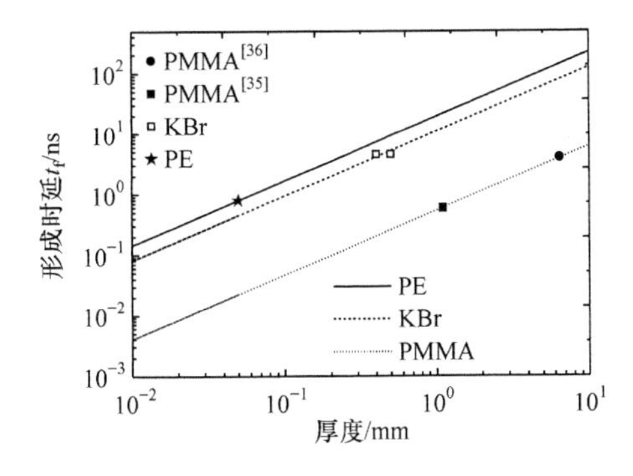

图 6-15　形成时延随厚度的变化关系

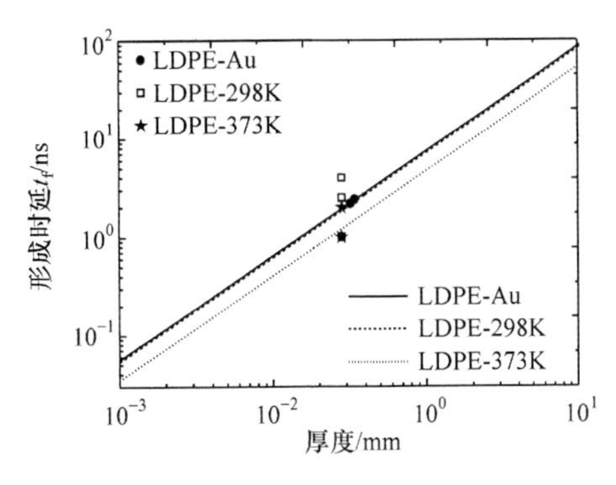

图 6-16　不同温度下 LDPE 的形成时延计算结果

第三，电极种类和聚合物种类因素对形成时延的影响。图 6-17 给出了三种电极下的形成时延计算结果。通过比较 PC-Al 和 PC-Au 的计算结果，可以看出 Au(金)电极对应的形成时延更短一些，这是因为金电极更容易发射电子，进而有利于电子雪崩的完成。通过比较 PC-Al 和 PET-Al 的计算结果，发现 PET 的形成时延更短一些，这是因为电子在 PET 中的迁移率要高于在 PC 中的迁移率。

第四，无机物电介质的形成时延。图 6-18 给出了两种云母的形成时延比较。从图 6-18 中看出，相对于有机物，无机物的形成时延更为分散一些。

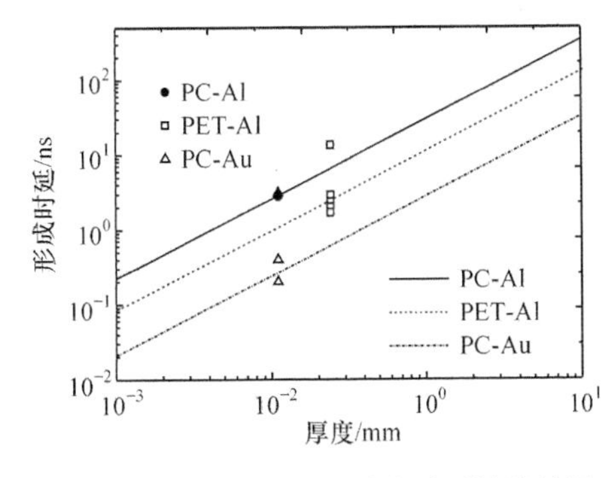

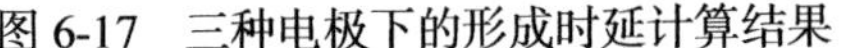
图 6-17　三种电极下的形成时延计算结果

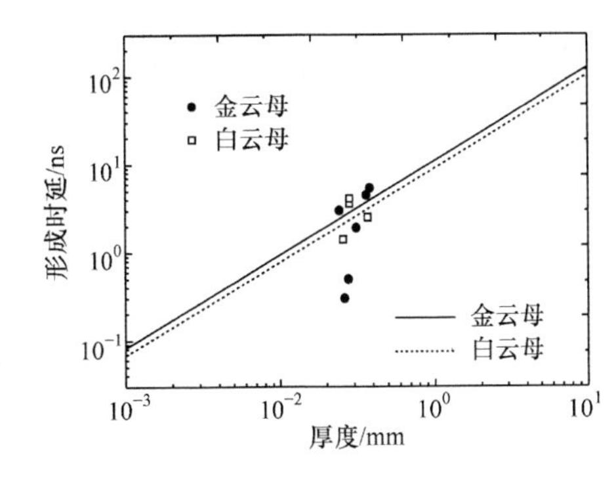

图 6-18　两种云母的形成时延比较

从以上计算可以看出，在纳秒脉冲下，不同电极、不同材料和不同厚度对应的形成时延上限 t_{f_max} 在数百纳秒量级。这一结果一方面从理论上支撑了雪崩击穿的作用时间小于 1μs 的结论；另一方面支撑了如式(6-26)所描述的聚合物脉宽效应。因为 t_{f_max} 是脉宽效应中重要的时间分界点，当脉宽 $\tau<t_{f\_max}$ 时，体击穿阈值 E_{BD} 随脉宽 τ 增大而减小；当 $\tau>t_{f\_max}$ 时，E_{BD} 随 τ 增加而不变。对于特定的绝缘结构，当计算出 t_{f_max} 取值后，就可以获得电介质击穿阈值随脉宽变化的具体趋势。

需要说明的是，在托木斯克理工大学的报道中，t_{f_max} 的一个实测值为 30ns，该值在 t_f 的理论计算结果范围内，进一步证实了本节计算结果的正确性。

6.4 小 结

在纳秒脉冲下，无论是单脉冲击穿还是累积击穿，均是基于碰撞电离而发生的，并且击穿的基本过程可以用电子碰撞电离倍增或电子雪崩来描述。在较强且较均匀的电场中，电子雪崩导致固体电介质以单脉冲方式击穿，并且外施电场越强，电子雪崩发展越快，击穿通道越明显。在较低且非均匀的电场中，电子雪崩仅能导致局部电介质被破坏，即局放发生；连续的脉冲促使局放通道加长或电树枝增长。当电树枝贯穿两个电极时，击穿发生。外施电场越强，电树枝增长速度越快，相应地，绝缘材料的寿命也越短。38 代电子理论清晰地阐述了固体电介质的雪崩击穿过程，但该模型适合描述的击穿场景固定。基于 38 代电子理论并结合实际电介质的击穿痕迹，本章提出了改进的雪崩击穿模型。该模型认为电介质内部形成了电子雪崩，并且当崩头内所有原子被电离时击穿发生。根据改进的雪崩击穿模型，得到了击穿阈值计算公式。该公式体现了碰撞电离参数、电子倍增参数和电介质参数等因素对击穿阈值的影响。相比于 38 代电子理论，由改进的雪崩击穿模型得到的击穿阈值公式更灵活，适用范围更广。

结合固体电介质的击穿机制和极化机制，得出雪崩击穿与热击穿的时间分界点为 1μs。给出了形成时延的理论公式，通过计算不同条件下纳秒脉冲固体击穿的形成时延，得到该时延一般在百纳秒量级。这个计算结果不仅为雪崩击穿的时间上限提供了支撑，还为固体绝缘材料的脉宽效应提供了支撑。

参 考 文 献

[1] SUN Y, BEALING C, BOGGS S, et al. 50+years of intrinsic breakdown[J]. IEEE Electrical Insulation Magzine, 2013, 29: 8-15.

[2] SUN Y, BOGGS S A, RAMPRASAD R. The intrinsic electrical breakdown strength of insulators from firs tprinciples[J]. Applied Physics Letter, 2012, 101: 132906.

[3] ZHAO L, SU J C, LIU C L. Review of recent developments on polymers' breakdown mechanisms and characteristics on a nanosecond time scale[J]. AIP Advance, 2020, 10: 035206.

[4] ZHAO L. A formula to calculate solid dielectric breakdown strength based on model of electron impact ionization and

multiplication[J]. AIP Advance, 2020, 10: 025003.

[5] KAO K C. Dielectric Phenomenon in Solid[M]. Amsterdam: Elsevier Academic Press, 2004.

[6] WHITEHEAD S. Dielectric Breakdown of Solid[M]. Oxford: Clarendon Press, 1951.

[7] TEYSSEDRE G, LAURENT C. Charge transport modeling in insulating polymers: From molecular to macroscopic scale[J]. IEEE Transaction on Dielectrics and Electrical Insulation, 2005, 12: 857-875.

[8] TEYSSEDRE G, LAURENT C, ASLANIDES A, et al. Deep trapping centers in crosslinked polyethylene investigated by molecular modeling and luminescence techniques[J]. IEEE Transaction on Dielectrics and Electrical Insulation, 2001, 8: 744-752.

[9] TEYSSEDRE G, LAURENT C, PEREGO G, et al. Charge recombination induced luminescence of chemically modified cross-linked polyethylene materials[J]. IEEE Transaction on Dielectrics and Electrical Insulation, 2009, 16: 232-240.

[10] VON HIPPEL A. Electric breakdown of solid and liquid insulators[J]. Journal of Applied Physics, 1937, 8: 815-832.

[11] FROHLICH H. On the theory of dielectric breakdown in solids[J]. Proceedings of The Royal Society A, 1947, 188: 521-532.

[12] ZENER C M. A theory of the electrical breakdown of solid dielectrics[J]. Proceedings of The Royal Society A, 1934, 145: 523-529.

[13] SEITZ F. On the theory of electron multiplication in crystals[J]. Physical Review, 1949, 76: 1376-1393.

[14] ZHAO L, LIU G Z, SU J C, et al. Investigation of thickness effect on electric breakdown strength of polymers under nanosecond pulses[J]. IEEE Transactions on Plasma Science, 2011, 39: 1613-1618.

[15] ZHAO L, SU J C, PAN Y F, et al. The effect of polymer type on electric breakdown strength on nanosecond time scale[J]. Chinese Physics B, 2012, 21: 033102.

[16] ZHAO L, SU J C, ZHANG X B, et al. Experimental investigation on the role of electrodes in solid dielectric breakdown under nanosecond pulses[J]. IEEE Transaction on Dielectrics and Electrical Insulation, 2012, 19: 1101-1107.

[17] DISAADO L A, SWEENEY P J J, FOTHERGILL J C. The field dependence of electrical tree growth[C]. 6th International Conference on Dielectric Materials, Measurements and Applications, London, UK, 1992: 13.

[18] DISSADO L A, SWEENEY P J J. Physical model for breakdown structures in solid dielectrics[J]. Physical Review B, 1993, 48: 16261-16268.

[19] ZHAO L, SU J C, ZHANG X B, et al. Observation of low-density domain in polystyrene under nanosecond pulses in quasi-uniform electric field[J]. IEEE Transaction on Dielectrics and Electrical Insulation, 2014, 21: 317-320.

[20] VON HIPPEL A, MAURER R J. Electric breakdown of glasses and crystals as a function of temperature[J]. Physical Review, 1941, 59: 820-823.

[21] AUSTEN A E W, WHITEHEAD S. The electric strength of some solid dielectrics[J]. Proceedings of the Royal Society in London, 1940, 176: 33-50.

[22] DISSADO L A, FOTHERGILL J C. Electrical Degradation and Breakdown in Polymers[M]. London: The Institution of Engineering and Technology, 1992.

[23] IEDA M. Dielectric breakdown process of polymers[J]. IEEE Transactions on Dielectrics and Electrical Insulation, 1980, EI-15: 206-224.

[24] MALUCKOV C A, RADOVIĆ M K, RADIVOJEVIĆ D D. Experimental investigations of time delay distributions inside a commercial gas tube[J]. IEEE Transactions on Dielectrics and Electrical Insulation, 2015, 22: 752-758.

[25] MALUCKOV C A, MLADENOVIC S A. Breakdown in low pressure Ne gas: Mechanisms and statistical analysis of time delay[J]. IEEE Transactions on Dielectrics and Electrical Insulation, 2016, 23: 202-210.

[26] GIVEN M J, WILSON M P, TIMOSHKIN I V, et al. Modifications to the von Laue statistical distribution of the times to breakdown at a polymer-oil interface[J]. IEEE Transactions on Dielectrics and Electrical Insulation, 2017, 24: 2115-2122.

[27] WANG T, TAO F, WEI C, et al. Influence mechanisms of pulse duration on transformer oil breakdown characteristics[C]. 12th IEEE International Conference on the Properties and Applications of Dielectric Matererial, Xi'an, China, 2018: 1098-1101.

[28] CHENG G, CAI D, HONG Z. Variation in time lags of vacuum surface flashover utilizing a periodically grooved dielectric[J]. IEEE Transactions on Dielectrics and Electrical Insulation, 2013, 20: 1942-1950.

[29] BRADWELL A, PULFREY D L. Time of breakdown in solid dielectrics [J]. Journal of Physics D: Applied Physics, 1968, 1: 1581-1583.

[30] ARII K, KITANI I, INUISHI Y. Ns pulse breakdown of mica and polymer[J]. IEEJ Transactions on Fundamentals and Materials, 1973, 93: 313-320.

[31] KITANI I, ARII K. Breakdown time-lags and their temperature characteristics of polymer[J]. IEEJ Transactions on Fundamentals and Materials, 1974, 94: 251-256.

[32] KITANI I, ARII K. Impusle breakdown of prestressed polyethylene films in the ns range[J]. IEEE Transactions on Electrical Insulation, 1982, EI-17: 228-233.

[33] KITANI I, ARII K. Long time range breakdown in polymeric insulating films subjected to step voltage[C]. 2nd International Conference on Properties and Applications of Properties and Applications of Dielectric Materials, Ottawa, Canada, 1988: 355-358.

[34] ROZHKOV V M. Electrical breakdown in solid insulators: duration of the discharge channel formation[J]. Technical Physics, 2003, 48: 48-51.

[35] ZHENG L, FAN Y J, ZHU S T, et al. Experimental study on breakdown characteristics of polymethylmethacrylate under fast pulse[J]. High Power Laser and Particle Beams, 2013, 25: 2453-2456.

[36] BUDENSTEIN P P. On the mechanism of dielectric breakdown of solids[J]. IEEE Transactions on Electrical Insulation, 1980, EI-15: 225-240.

[37] LAMPERT M A, MARK P. Current Injection in Solids[M]. New York: Academic Press, 1970.

[38] LAMPERT M A. Simplified theory of one-carrier currents with field-dependent mobilities[J]. Journal of Applied Physics, 1958: 1082-1090.

[39] LIMA A M N, NETO A G S B, MELCHER E U K, et al. Refined dielectric breakdown model for crystalline organic insulators: Electro-thermal instability coupled to interband impact ionization[J]. IEEE Transactions on Dielectrics and Electrical Insulation, 2011, 18: 1038-1045.

第 7 章　混合绝缘结构设计方法

固体绝缘结构通常和气体、液体与真空等绝缘形式共同使用。应该协同考虑所有绝缘形式，将其视为混合绝缘结构来进行绝缘设计；同时，一个绝缘结构中所涉及的绝缘形式应该具有相同的可靠度，以避免出现绝缘短板。为此，本书提出了基于可靠度的混合绝缘结构设计方法。

本章基于前 6 章的研究结果，首先给出了短脉冲下固体、液体、气体、真空击穿和沿面闪络阈值的统一计算公式，这是进行大尺寸绝缘设计的前提。其次提出了基于可靠度的混合绝缘设计方法，该方法的基本思路是令混合绝缘结构中不同绝缘形式的可靠度相等，以此得出绝缘设计标准。最后以一个多功能传输线绝缘子为例，对统一阈值公式及绝缘设计方法进行了说明。本章各节之间的关系如图 7-1 所示。

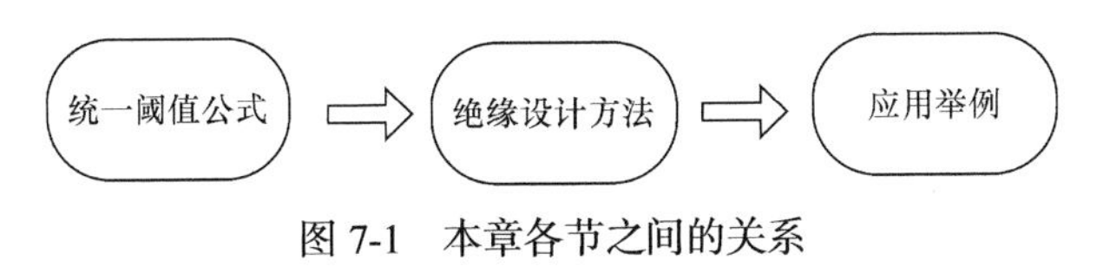

图 7-1　本章各节之间的关系

7.1　统一阈值公式

7.1.1　引言

随着脉冲功率技术的蓬勃发展，如 Z/ZR[1]、Saturn[2]、Magpie[3]、Angara-5-1[4]、PST[5]和 Yang[6]、闪光二号[7-8]和强光一号[9-10]等一大批高电压、大电流加速器问世。同时，20 世纪末至 21 世纪初，随着高功率微波(HPM)技术的迅猛发展，一大批纳秒、兆伏级重频加速器建成，具体包括俄罗斯的 Sinus[11]和 Radan[12]系列加速器，中国的 TPG[13]、CKP[14]和 CHP[15]系列加速器。脉冲功率技术的发展，大大促进了高电压绝缘技术的发展。

从 1960 年开始，英国原子武器研究中心(AWRE)的 Martin 等开展了大量短脉冲条件下的绝缘实验研究，并提出了一系列实用的击穿阈值公式[16-17]。对于均匀电场下的气体击穿，Martin 提出的公式为

$$E_{\mathrm{g}} = 24.6P + 6.7\left(P/g\right)^{0.5} \tag{7-1}$$

其中，E_g为气体击穿阈值，单位为kV · cm^{-1}；P为气压，单位为atm；g为气体间隙。对于非均匀电场下的气体击穿，该公式为

$$E_g t_{eff}^{1/6} g^{1/6} = k_{g\pm} P^n \tag{7-2}$$

其中，t_{eff}为电场有效耐受时间，单位为 μs，指耐受电场超过 89%E_g 所对应的时间；$k_{g\pm}$为常数；P的取值范围为1～5atm。对于液体击穿，所提出公式为

$$E_l t_{eff}^{1/3} A_l^{1/10} = k_{l\pm} \tag{7-3}$$

式中，E_l为液体击穿阈值；A_l为有效电极面积，单位为 cm^2，具体指耐受电场超过 90%E_l所对应的电极面积；$k_{l\pm}$为常数。对于真空沿面闪络，所提出公式为

$$E_{vf} t_{eff}^{1/6} A_{vf}^{1/10} = k_{vf} \tag{7-4}$$

式中，E_{vf}为真空沿面闪络阈值；A_{vf}为绝缘子有效面积；k_{vf}为常数。对于固体击穿，所提出公式为

$$E_s V^{1/10} = k_s \tag{7-5}$$

式中，E_s为固体击穿阈值；V为固体绝缘材料的有效体积，具体指耐受电场超过 90%E_s 的绝缘材料体积；k_s 为常数。式(7-1)～式(7-5)在短脉冲绝缘设计中得到了广泛的应用。

从 1966 年开始，俄罗斯托木斯克理工大学(TPU)的研究者报道了大量有关短脉冲绝缘材料击穿的实验研究结果[18-20]，其中包括描述固体击穿阈值的公式[20-21]：

$$\lg E_s = (K_1 - K_2 \lg d) - (K_3 - K_4 \lg d)\lg \tau \tag{7-6}$$

式中，d 为固体绝缘材料厚度，单位为 mm；τ 为脉冲宽度，单位为 ns；K_1～K_4 均为常数。

1966 年，美国北极星研究公司(North Star Research Cororation，NSRC)出版了一本《脉冲功率绝缘公式汇编手册》[22]，其中包括 500kV 短脉冲下不同电极的真空击穿阈值公式，具体如下：

$$E_v = k_v g^{-0.3} \tag{7-7}$$

式中，k_v为常数。

1999 年，美国圣地亚国家实验室(Sandia National Laboratories，SNL)提出了有关堆栈型绝缘子沿面闪络阈值的计算公式[23]：

$$E_f (t_{eff} C_m)^{1/10} \exp(-0.27/d) = 224 \tag{7-8}$$

式中，C_m为绝缘子周长，单位为 cm；d为绝缘子厚度，单位为 cm。需要说明的是，式(7-8)是基于 Martin 所给出的式(7-4)提出的。与此同时，Shipman 也提出了

一组更详细的关于堆栈型绝缘子沿面闪络阈值的计算公式[24]：

$$\begin{cases} E_{\mathrm{S}} \leqslant 5\times 10^{5} t_{\mathrm{eff}}^{-1/6} A^{-1/8.5} \\ E_{\mathrm{T}} \leqslant 1.6\times 10^{6} t_{\mathrm{eff}}^{-1/6} A^{-1/8} \\ E_{\mathrm{P}} \leqslant 5\times 10^{6} \end{cases} \tag{7-9}$$

式中，E_{S}为绝缘子沿面切向电场；E_{T}为总电场；E_{P}为阴极三结合点或阳极三结合点处的电场；以上各物理量的单位均采用 MKS(米千克秒制)。

从 2000 年开始，中国科学院电工研究所的研究者对短脉冲下真空[25]、气体[26]、变压器油的击穿[27]和沿面闪络特性[28-29]进行了系统性的研究，并且获得一系列重要结果，其中包括发现了固体电介质的虫孔效应和修正了气体击穿阈值公式：

$$\rho t_{\mathrm{d}} = A_1\left(\frac{E_{\mathrm{g}}}{\rho}\right)^{-B_1} \tag{7-10}$$

式中，ρ为气体密度，单位为 $\mathrm{g\cdot cm^{-3}}$；t_{d}为击穿时延，单位为 s；A_1和B_1均为常数，邵涛等给出 A_1=0.78 和 B_1=2.14[30]。但 Martin[31]给出 A_1=97800 和 B_1=3.44。Mankowski 等[32-33]给出 A_1=0.9 和 B_1=2.25。三组数据差异较大。

从 2010 年开始，西北核技术研究所(NINT)的研究者对短脉冲固体击穿[34]、射频条件下的真空沿面闪络[35]、长间隙真空击穿等现象开展了大量的研究，并且获得了一系列有用的结论和简洁的公式。对于真空射频击穿，该单位提出了如刻槽[36-38]、施加外磁场等[39-40]提高沿面闪络阈值的方法，并将这些结果总结在文献[35]～[46]中。对于固体击穿，如第 2 章所述，得到了如下公式：

$$E_{\mathrm{s}} = k_{\mathrm{s}}\zeta^{-1/m} \tag{7-11}$$

式中，ζ为固体绝缘材料的厚度、面积或体积；m为常数，平均取 8，一般在 7～10[34, 47-48]，同时也得到了脉宽效应对击穿阈值的影响，具体如下：

$$E_{\mathrm{s}} = k_{\tau}\tau^{-r}\quad\left(\tau \leqslant t_{\mathrm{f\_max}}\right) \tag{7-12}$$

式中，r为 0.15～0.4，平均取 1/5；$t_{\mathrm{f_max}}$为最大时延。关于长间隙真空击穿，得到了如下公式[49]：

$$E_{\mathrm{v}} = 140 g^{-0.35} \tag{7-13}$$

式中，间隙g的取值范围为 0.4cm～400cm。关于真空击穿的面积效应，则总结了出如下公式：

$$E_{\mathrm{v}} = k_{\mathrm{v}} A_{\mathrm{vb}}^{-1/6} \tag{7-14}$$

式中，A_{vb}为电极有效面积，具体指超过 $0.9E_v$ 的电极面积，单位为 cm^2，式(7-14)的使用上限为 10^5cm^2。

以上所有特性、规律、方法和公式都为绝缘设计，尤其是短脉冲条件下的绝缘设计提供了指导。然而通过对比，也发现了一些问题，其中包括：

(1) 大多数公式的适用范围并不清楚。

(2) 这些公式形式并不统一，有的甚至差别较大。例如，对于气体击穿，式(7-2)与式(7-10)并不相同；式(7-12)体现了脉宽效应，但式(7-5)并未体现脉宽效应。

(3) 公式中同一物理量的指数不尽相同。例如，对于反映气体击穿的式(7-10)，其(A_1, B_1)参数有三组，但三组参数差异较大；对于反映固体击穿的式(7-5)和式(7-11)，其幂指数也并不相同。

以上问题的存在限制了上述公式的应用。围绕上述问题，本节展开论述，提出了用于短脉冲下固体、液体、气体、真空击穿和真空沿面闪络阈值的统一计算公式，以下简称统一阈值公式。

7.1.2 统一阈值公式的推导

1. 时间效应和尺寸效应对阈值的影响

如第 2 章所述，绝缘材料击穿或闪络受多个因素影响，这些因素导致击穿阈值 E_b 或沿面闪络阈值 E_f 表现出统计特性。因此，研究者普遍采用统计的方法对击穿或沿面闪络现象进行研究[50]。其中，Weibull 统计方法应用最为广泛[28, 51-58]。为叙述方便，这里再次写出两参数 Weibull 分布：

$$F(E)=1-\exp\left(-\frac{E^m}{\eta}\right) \tag{7-15}$$

式中，m 决定着 Weibull 分布的具体形状；η 主要用来实现尺寸变换。当 $F(E)$=63.2%时，E 被定义为特征击穿电场，记为 $E_{63.2\%}$。对于击穿或沿面闪络而言，$E_{63.2\%}$为击穿阈值 E_b 或沿面闪络阈值 E_f。三参数 Weibull 分布如下：

$$F(E,t)=1-\exp\left(-ct^aE^b\right)(a,b,c>0) \tag{7-16}$$

式中，a、b、c 均为正常数。需要说明的是，式(7-16)中的 b 就是式(7-15)中的形状参数 m，即 $b=m$；c 与特征电场相关，当 t 固定为 t_c 时，式(7-16)将退化为

$$F(E)|_{t=t_c}=1-\exp\left(-ct_c^aE^b\right)=1-\exp\left(-\frac{E^b}{1/ct_c^a}\right) \tag{7-17}$$

通过对比式(7-17)与式(7-15)，发现 $1/\eta=ct_c^a$，a 则被定义为时间形状参数。

首先，考虑尺寸效应对阈值 E_b 或 E_f 的影响。当时间因子 t 固定时，以固体击穿为例，当电介质的几何尺寸从 Ω_1 扩大 N 倍变为 Ω_2 时，2.3 节中给出了证明，无论 N 个 Ω_1 是串联、并联，还是混联，Ω_2 的击穿概率 $F(E)|_{\Omega_2}$ 与 $F(E)|_{\Omega_1}$ 之间均满足如下关系：

$$1-F(E)|_{\Omega_2}=\left[1-F(E)|_{\Omega_1}\right]^N \tag{7-18}$$

并且 Ω_2 的击穿阈值 E_{Ω_2} 可表示如下：

$$E_{\Omega_2}=E_{\Omega_1}N^{-\frac{1}{b}} \tag{7-19}$$

式中，$E_{\Omega_1}=(ct_c^a)^{-1/b}$，许多实验结果证实了式(7-19)的正确性[48, 59]。对于气体、液体和真空，忽略电极因素，假设气体和真空间隙(g)、液体和真空电极面积(A)或者绝缘子表面积(A)等参数从 Ω_1 增加 N 倍变为 Ω_2 时，其特征电场也满足如式(7-19)所示的形式。事实上，一旦绝缘系统中 g、A 或 V 等参数发生改变，其可靠度 $R(=1-F)$ 也相应会发生改变，并且 Ω 越大，R 越低，特征电场 E 越小。式(7-19)正是这一事实的反映。本节末将对这一假设做较深入的讨论。

其次，考虑时间效应对其特征电场 E 的影响。对于一个尺寸为 Ω_1 的绝缘结构，当 Ω_1 的耐受时间从 t_1 增加到 t_2 时，根据 2.5 节的论述，仅考虑耐受时间增加对击穿电场的影响，时间增加前后击穿阈值 E_{t_1} 和 E_{t_2} 之间存在如下关系：

$$E_{t_2}=E_{t_1}\left(\frac{t_2}{t_1}\right)^{-\frac{a}{b}} \tag{7-20}$$

式中，因为 a、b 为正值，所以 E_{t_2} 将随着时间增加而减小，即绝缘结构耐压时间越长，击穿电场越低。这与实际情况相符。同样，大量的实验结果证实了式(7-20)的正确性[20, 60]。从这一点来看，式(7-20)适合用来反映时间效应对击穿阈值的影响。

2. 从(Ω_1,t_1)到(Ω_2,t_2)的过渡

基于式(7-19)和式(7-20)，便可以考虑某一绝缘结构从(Ω_1, t_1)转换到(Ω_2, t_2)时的阈值变化。首先在(Ω_1, t_1)到(Ω_2, t_2)之间引入一个过渡状态(Ω_2, t_1)。然后分两步来实现这个转换：第一步，绝缘结构从(Ω_1, t_1)变换为(Ω_2, t_1)；第二步，绝缘结构从(Ω_2, t_1)变换到(Ω_2, t_2)。

第一步为尺度变换，根据式(7-19)，绝缘结构在(Ω_2, t_1)时的击穿阈值 E_{Ω_2,t_1} 与 E_{Ω_1,t_1} 之间满足如下关系：

$$E_{\Omega_2,t_1}=E_{\Omega_1,t_1}N^{-\frac{1}{b}} \tag{7-21}$$

式中，E_{Ω_1,t_1} 具体如下：

$$E_{\Omega_1,t_1}=\left(ct_1^a\right)^{-\frac{1}{b}} \tag{7-22}$$

第二步为时间变换，根据式(7-20)，绝缘结构在(Ω_2, t_2)时的击穿阈值 E_{Ω_2,t_2} 与 E_{Ω_2,t_1} 之间满足如下关系：

$$E_{\Omega_2,t_2}=E_{\Omega_2,t_1}\left(\frac{t_2}{t_1}\right)^{-\frac{a}{b}} \tag{7-23}$$

现在，将式(7-21)和式(7-22)代入式(7-23)，得

$$E_{\Omega_2,t_2}=\left(ct_1^a\right)^{-\frac{1}{b}}N^{-\frac{1}{b}}\left(\frac{t_2}{t_1}\right)^{-\frac{a}{b}} \tag{7-24}$$

考虑到 $N=\Omega_2/\Omega_1$，式(7-24)可以变为

$$E_{\Omega_2,t_2}=\left(\frac{\Omega_1}{c}\right)^{\frac{1}{b}}\Omega_2^{-\frac{1}{b}}t_2^{-\frac{a}{b}} \tag{7-25}$$

可见，E_{Ω_2,t_2} 由 Weibull 分布参数 a、b、c 及初始状态(Ω_1, t_1)所决定。从式(7-25)中删除角标 2，并且令 $k=(\Omega_1/c)^{1/b}$、$\beta=b$ 和 $\alpha=a/b$，则可以得

$$Et^{\frac{1}{\alpha}}\Omega^{\frac{1}{\beta}}=k \tag{7-26}$$

式中，α和β均为正常数。式(7-26)就是短脉冲下固体、液体、气体、真空击穿和真空沿面闪络阈值的统一阈值计算公式。

7.1.3 统一阈值公式的支撑

1. 来自 AWRE 和 NINT 的支撑

如本节开始所述，AWRE 和 NINT 给出了大量有关击穿阈值的公式，这些公式为统一阈值计算公式(7-26)提供了重要的支撑。

首先考察来自 AWRE 的公式。AWRE 给出了描述气体击穿阈值 E_g 的表达式，具体如式(7-2)所示。如果气体压强固定，通过定义 $k_{g,P}=k_gP^n$，则式(7-2)可以变为

$$E_gt_{\text{eff}}^{1/6}g^{1/6}=k_{g,P} \tag{7-27}$$

此时式(7-27)与式(7-26)完全一致，并且得到 $\alpha=6$ 和 $\beta=6$。对于描述液体击穿阈值 E_l 的式(7-3)，该式与式(7-26)一致，并且有 $\alpha=3$ 和 $\beta=10$。对于描述真空沿面闪络阈值 E_{vf} 的式(7-4)，该式也与式(7-26)一致，并且有 $\alpha=6$ 和 $\beta=10$。

再来分析来自 NINT 的公式。式(7-11)和式(7-12)分别给出了尺寸效应和脉宽效应对固体击穿阈值 E_s 影响的表达式。因为尺寸和脉宽是两个独立的变量，所以式(7-11)和式(7-12)可以合写成一个公式，即

$$E_s \tau^{1/r} \zeta^{1/m} = k_s \tag{7-28}$$

式中，r 平均取 5；m 平均取 8。此外，文献[60]指出，脉宽效应的本质是形成时延或耐受脉冲时间对击穿阈值 E_s 的影响，换句话说，式(7-28)中的 τ 即为 t_{eff}。综合以上，式(7-28)可以改写为

$$E_s t_{eff}^{1/5} \zeta^{1/8} = k_s \tag{7-29}$$

通过比较式(7-29)与式(7-26)，发现两者完全一致，并且有 α=5 和 β=8。需要说明的是，式(7-29)中 t_{eff} 应该小于 100ns。

对于长间隙真空击穿，根据文献[61]，脉宽效应对真空击穿阈值受脉宽的影响趋势服从 $E_v \propto \tau^{-1/6}$ 关系，该关系成立的范围为 1ms 以内，见图 7-2。

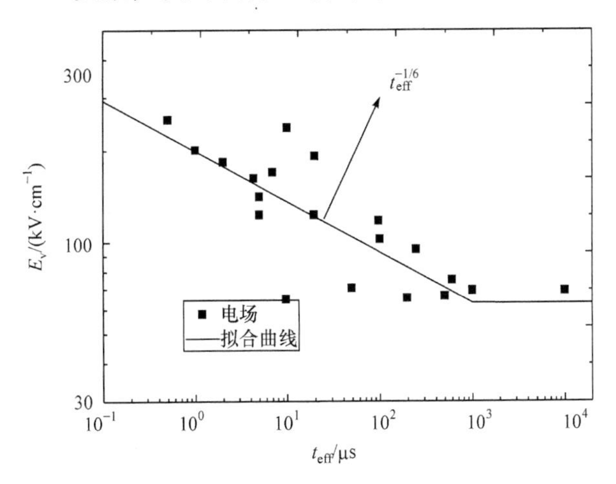

图 7-2　1ms 以内真空击穿阈值受脉宽的影响趋势
原始数据来源于文献[61]

将脉宽效应并入间隙效应对真空击穿阈值影响的表达式(7-13)中，有

$$E_v = k_{vg} g^{-0.35} \tau^{-1/6} \tag{7-30}$$

同样，考虑到 τ 可用 t_{eff} 代替，以及 0.35 近似等于 1/3，式(7-30)可以改写为

$$E_v t_{eff}^{1/6} g^{1/3} = k_{vg} \tag{7-31}$$

式(7-31)是间隙效应和时间效应对真空击穿阈值影响的表达式，通过比较式(7-31)和式(7-26)，发现两者一致，并且有 α=6 和 β=3。同样需要注意的是，式(7-31)成立的条件是在 1ms 以内。类似地，如果将脉宽效应并入面积效应对真空击穿阈值影

响的表达式(7-14)中，并且用 t_{eff} 代替 τ，则有

$$E_{\mathrm{v}} t_{\mathrm{eff}}^{1/6} A_{\mathrm{vb}}^{1/6} = k_{\mathrm{vA}} \tag{7-32}$$

式中，k_{vA} 表示与面积效应相关的真空击穿常数。通过比较式(7-32)和式(7-26)，发现两者一致，并且有α=6 和β=6。

截至目前，用于描述固体击穿、液体击穿、气体击穿、真空击穿和真空沿面闪络这五种基本绝缘失效的阈值公式均满足形如 $k=Et_{\mathrm{eff}}^{1/\alpha}\Omega^{1/\beta}$ 的形式。下一个问题是对每种具体的阈值公式，其适用范围是什么?

2. 应用条件

对于 AWRE 给出的气体击穿公式(7-2)或式(7-27)，首先其仅适用于非均匀电场；其次根据 Martin 的研究，间隙 g 的适用范围可达 10cm。对于时间因素，Martin 仅指出式(7-2)和式(7-27)适用于纳秒脉冲，并未指出具体范围。通过对 Martin[62] 报道的实验数据进行再分析，可以得出 t_{eff} 的范围为 0.1ns～10μs，如图 7-3 所示。

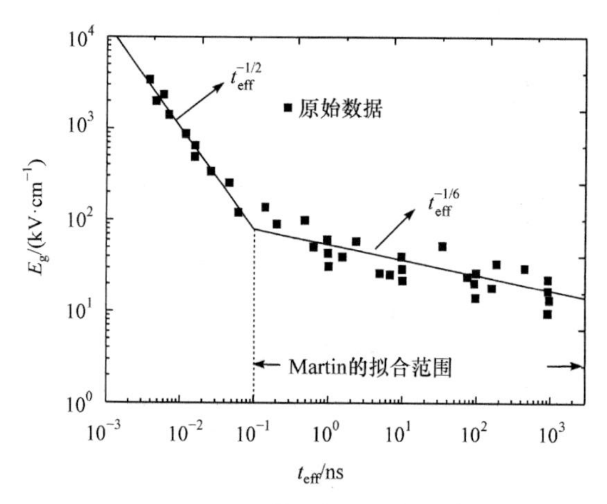

图 7-3　文献[62]中的实验数据再分析

ρ 固定为 10^{-3}g/cm^3

对于 AWRE 给出相关的液体击穿公式(7-3)，Martin 同样没有给出具体的应用范围。通过调研文献，发现 t_{eff} 的范围在 0.1ns～10μs，具体见文献[63]的 2.3 节。对于变压器油中的电极面积 A_{l}，文献[64]在 5.3 节中给出了其范围，具体为 0.1～10^5cm^2。本章对文献[64]中的实验数据进行了再分析，具体见图 7-4。

对于 AWRE 给出的真空沿面闪络公式(7-4)，Martin 也未给出明确的适用范围。然而，通过以下的文献回顾，发现根据应用对象的不同，该式的适用范围分为两种情况。第一，单体绝缘子，根据 Smith 的实验结果，t_{eff} 的适用范围为 10ns～10μs，具体见文献[65]，同时文献[17]给出了 A_{vf} 的一个上限，为 40cm^2。第二，堆栈型

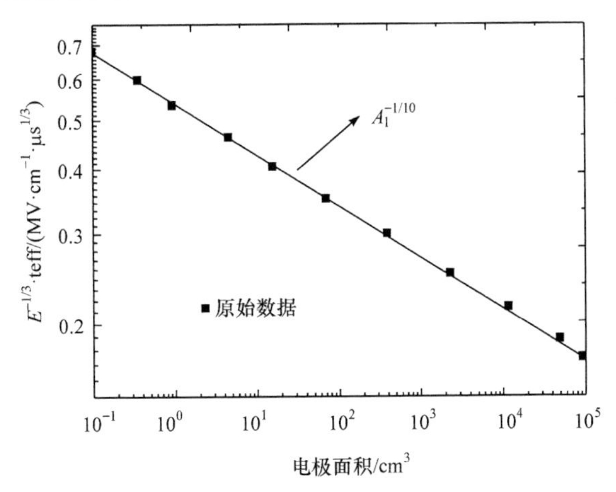

图 7-4 文献[64]中的实验数据再分析

绝缘子，t_{eff}的适用范围为 30ns～1μs，具体见文献[64]；根据 Stygar 等[23]的研究，A_{vf}的上限为 4×10^4cm^2。

对于本章总结的固体击穿阈值公式(7-29)，通过理论计算，t_{eff}上限为 100ns[60]，TPU 的研究者证实了这一结果，具体见图 2-43(a)或 6.3 节的内容。对于体积效应，其适用范围为 10^{-6}～10^4cm^3，具体见文献[59]；除此之外，Martin 也给出 10^{-1}～10^4cm^3 体积上限，见文献[17]。对于面积效应，面积上限是 10^4cm^2，具体见文献[59]；对于厚度效应，厚度从数百纳米量级可以延伸到厘米量级，具体见文献[48]。

对于本章总结的真空击穿阈值公式(7-31)和式(7-32)，t_{eff}的时间上限为 1ms，如图 7-2 所示，下限为 1ns。真空间隙 g 的范围为 0.4～400cm，具体见文献[61]。真空电极面积 A 的范围为 2×10^3～10^5cm^2，具体见文献[66]。

表 7-1 总结了五种绝缘形式的击穿阈值公式，α、β 取值及适用范围。

表 7-1 五种绝缘形式的击穿阈值公式，α、β 取值及适用范围

绝缘形式	击穿阈值公式	定义和单位	α	β	适用范围	研究单位
气体击穿	$E_g t_{eff}^{1/6} g^{1/6} = k_{g,P}$	E_g为气体击穿阈值(kV · cm^{-1})；t_{eff} 为超过 0.89E_g 的电场耐受时间(μs)；g 为气体间隙(cm)；$k_{g,P}$为与气压有关的常数	6	6	非均匀电场，0.1ns<t_{eff}<1μs[62]；g<10cm[16]	AWRE
液体击穿	$E_l t_{eff}^{1/3} A_l^{1/10} = k_l$	E_l为液体击穿阈值(MV · cm^{-1})；t_{eff} 单位为 μs；A_l 为耐受电场超过 0.9E_l 的电极面积(cm^2)；k_l 为常数	3	10	均匀电场，0.1μs <t_{eff}<1μs[63]；对于变压器油，0.1cm^3<A_l<10^5cm^3[64]	AWRE

续表

绝缘形式	击穿阈值公式	定义和单位	α	β	适用范围	研究单位
固体击穿	$E_s t_{eff}^{1/5} \zeta^{1/8} = k_s$	E_s为固体击穿阈值($MV \cdot cm^{-1}$)；t_{eff}单位为ns；ζ为固体电介质厚度、面积或体积，单位分别为cm、cm^2、cm^3；k_s为常数	5	8	均匀电场，t_{eff}<100ns [60]；对于体积效应，V<10^4cm^3；对于面积效应，A<10^3cm^2；对于厚度效应，d从纳秒量级到厘米量级[59]	NINT
真空沿面闪络	$E_{vf} t_{eff}^{1/6} A_{vf}^{1/10} = k_{vf}$	E_{vf}为真空闪络阈值($kV \cdot cm^{-1}$)；t_{eff}单位为 μs；A_{vf}为耐受电场超过$0.9E_{vf}$的绝缘子表面积(cm^2)；k_{vf}为与电极间隙相关的常数	6	10	对于闪络开关，10ns<t_{eff}<10 μs[65]，A_{vf}< 40cm^2[17]；对于堆栈型绝缘子，30ns<t_{eff}<1 μs [64]，A_{vf}<$4\times10^4cm^2$[23]	AWRE
真空击穿	$E_v t_{eff}^{1/6} g^{1/3} = k_{vg}$	E_v为真空击穿阈值($kV \cdot cm^{-1}$)；t_{eff}单位为μs；g为真空间隙(cm)；k_{vg}为与电极面积相关的常数；k_{vA}为与电极间隙有关的常数	6	3	1ns<t_{eff}<1ms [61]；	NINT
	$E_v t_{eff}^{1/6} A_{vb}^{1/6} = k_{vA}$		6	6	对于平板电极，0.4cm <g<400cm[49]；对于同轴电极，g<10cm，$2\times10^3cm^2$<A_{vb}<10^5cm^2[66]	

7.1.4　统一阈值公式与其他绝缘公式的比较

虽然各种绝缘公式可以用一个统一阈值公式进行概括，但还有其他形式的绝缘公式有见报道，这些公式的形式与统一阈值公式并不相同，本节就这一问题展开论述。

1. 关于气体击穿阈值公式的分析

对于式(7-1)，该式适用于均匀电场，所以自然与式(7-27)不同。对于式(7-10)，通过对该式进行变换，得

$$E_g t_d^{\frac{1}{B_1}} = A_1^{\frac{1}{B_1}} \rho^{1-\frac{1}{B_1}} \tag{7-33}$$

式中，t_d的物理本质是t_{eff}，并且气体密度ρ与气压P存在如下关系：

$$\rho = \frac{Mp}{R_c T} = k_R P \tag{7-34}$$

式中，M为气体质量；R_c为克拉珀龙常数；T为温度；$k_R=M/R_cT$。以t_d代替t_{eff}并将式(7-34)代入式(7-33)，得

$$E_g t_{eff}^{\frac{1}{B_1}} = A_1^{\frac{1}{B_1}} k_R^{1-\frac{1}{B_1}} \cdot P^{1-\frac{1}{B_1}} \tag{7-35}$$

式中，考虑到A_1、B_1和k_R均为常数，则可以对式(7-35)与式(7-2)进行比较。当气

体间隙 g 固定时，发现两者形式一样，并且有 $B_1=\beta$以及 $1-1/B_1=n$。根据邵涛、Martin 和 Mankowski 等的拟合结果，B_1的平均值为 2.66。然而，根据 Martin 的结果，$\beta=6$。t_{eff}拟合范围的不同是造成指数差异的直接原因。在 Martin 的拟合中，t_{eff}的拟合范围为 0.1～1000ns，拟合结果为−1/6；然而在其他研究者的拟合中，t_{eff}的取值范围更广，拟合结果为−1/2.66，如图 7-5 所示。进一步，当 $B_1=2.61$ 时，气压 P 的指数为 0.616，这非常接近由 Martin 所给出的结果 0.6。根据以上两点，反映气体击穿阈值的式(7-10)与式(7-2)具有相同的本质。

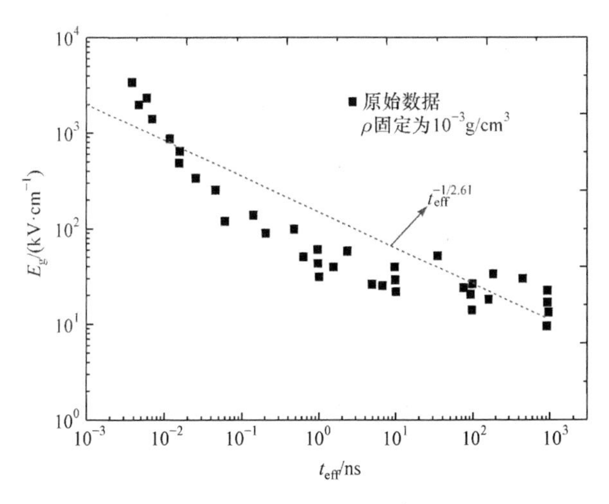

图 7-5 其他研究者的 t_{eff}拟合结果[62]

2. 关于固体击穿阈值公式的分析

通过比较式(7-5)与式(7-29)，发现式(7-5)并未将时间效应考虑在内，这是实验条件的不同导致了该差异。在 Martin 的实验中，脉冲宽度固定为 10ns，因此 Martin 无法发现脉冲宽度对击穿阈值的影响。然而在 TPU 的研究中，脉宽可以从 3ns 调至 3000ns，因此他们能清楚地观测脉冲宽度对击穿阈值的影响。同时，在式(7-5)中，尺寸效应的幂指数为 1/10，而在式(7-29)中，幂指数为 1/8。通过对 Martin 的结果进行再分析，发现拟合斜率为 1/8，而不是 1/10。然而 Martin 采用了 8 而不是 10，究其原因，Martin 是为了在更大的体积范围内得出 E_s-V 趋势，所以采用了 1/10[17]。再来比较式(7-6)与式(7-29)的差别，为了方便起见，本节对式(7-29)两边做对数变换，得

$$\lg E_s = k_{lg} - 1/8\lg d - 1/5\lg t_{eff} \tag{7-36}$$

式中，$k_{lg}=\lg k_s$ 并且以 d 代替 ζ。再来比较式(7-6)与式(7-36)，发现：

$$K_3 - K_4\lg d = 1/5 \tag{7-37}$$

图 7-6 给出了 PE 材料关于$(K_3-K_4\lg d)$的计算结果。

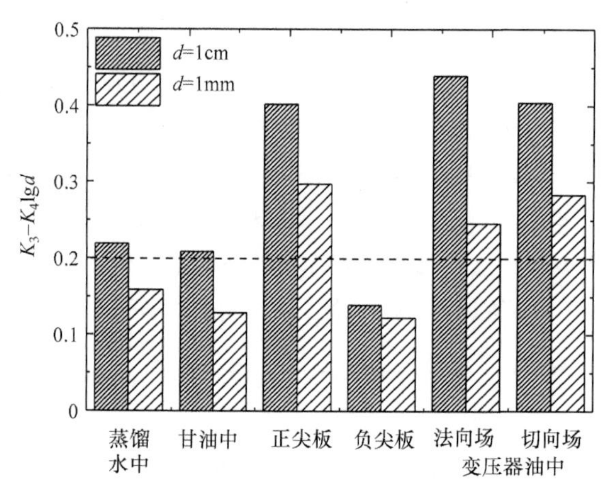

图 7-6　PE 材料关于$(K_3-K_4\lg d)$的计算结果

图 7-6 中显示，$(K_3-K_4\lg d)$的平均值约为 0.2；同时，因为厚度变化而引起的这一部分的减小量"$-K_4\lg d$"相对较小。基于这一点，可以将$-K_4\lg d$从式(7-6)中略去。此时，式(7-6)与式(7-36)完全相同。这说明式(7-6)与式(7-36)具有相同的本质。

3. 关于真空沿面闪络阈值公式的分析

首先，对比式(7-8)和式(7-4)。式(7-8)同样基于三参数 Weibull 分布式(7-16)而得出，研究对象是 45°锥形绝缘子。该绝缘子的表面积 A_{vf} 依赖于圆台底部周长 C_m 和圆台厚度 d，具体如下：

$$A_{vf}=\sqrt{2}C_m d-\pi d^2 \tag{7-38}$$

当 $d>>2R$，式(7-38)可以近似如下：

$$A_{vf}\approx\sqrt{2}C_m d \tag{7-39}$$

图 7-7 给出了文献[23]中 d/C_m 的取值，事实上，根据 Stygar 的样片参数，d 不超过 $0.12C_m$，所以可以用式(7-39)来近似计算绝缘子的表面积。将式(7-39)代入式(7-38)，得

$$E_{vf}t_{eff}^{1/6}C_m^{1/10}=k_{vf}\left(\sqrt{2}d\right)^{-1/10} \tag{7-40}$$

同时，式(7-8)可以写成如下形式：

$$E_f t_{eff}^{1/10}C_m^{1/10}=224\exp(0.27/d) \tag{7-41}$$

式中，如果 d 为常数，通过比较式(7-40)和式(7-41)，则两式的等号右边均为常数。但两式的等号左边 t_{eff} 的指数不同，为了分析这个问题，本章对文献[23]中 E_{vf} 与

t_{eff}的数据进行了再分析，见图 7-8。从图 7-8 看出，$t_{eff}^{-1/6}$和$t_{eff}^{-1/10}$这两种拟合方式均能“穿过”大部分实验数据。基于这一点，式(7-40)和式(7-41)都可以应用于实际，并且都能反映时间效应对真空击穿阈值的影响趋势。

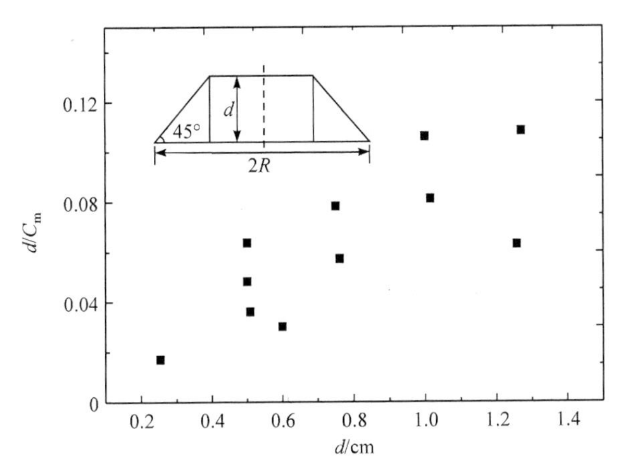

图 7-7 文献[23]中圆台型绝缘子的 d/C_m 值

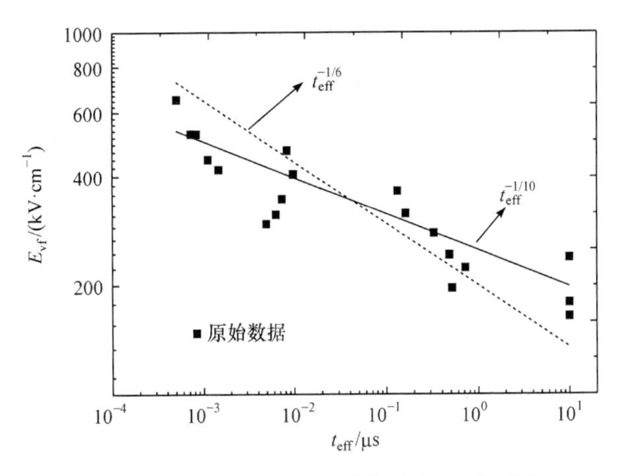

图 7-8 $t_{eff}^{-1/6}$和$t_{eff}^{-1/10}$两种拟合方式对比[23]

其次，分析式(7-9)，通过比较，发现该式的形式与式(7-4)基本相同，唯一区别是在式(7-9)中追加了阴极三结合点处电场小于 $50\text{kV}\cdot\text{cm}^{-1}$ 的限制。

以上论述表明，通过一定变换，式(7-2)～式(7-14)均能转变成如式(7-26)的形式，并且指数项的差别多是来源于实验数据的拟合。

7.1.5 实际应用

统一阈值公式可用来将小尺寸、已知脉宽下的实验数据拓展到大尺寸、应用脉宽的实际条件下。限于实验条件，研究者通常只能获得小样片已知脉宽下各类绝缘实验的击穿数据，尚无法获得大尺寸应用脉宽条件下的实验数据。应用统一阈值计算公式并结合已知的实验数据，便可以计算出实际条件下绝缘结构的理论击穿阈值，具体如下：

$$E\left(t_2,\Omega_2\right)=E\left(t_1,\Omega_1\right)\left(\frac{t_1}{t_2}\right)^{\frac{1}{\alpha}}\left(\frac{\Omega_1}{\Omega_2}\right)^{\frac{1}{\beta}} \tag{7-42}$$

式中，$E(t_1, \Omega_1)$为小尺寸Ω_1和已知脉宽t_1条件下所获得的击穿阈值数据；Ω_2为扩大的绝缘尺寸；t_2为实际应用脉宽；$E(t_2, \Omega_2)$为该条件下的击穿阈值。需要说明的是，$E(t_1, \Omega_1)$是由一系列击穿数据取平均值而得，代表的是击穿概率为 50%的击穿阈值。经过变换之后，$E(t_2, \Omega_2)$所代表的击穿概率同样也是 50%。

有两点需要说明，第一，本节的一个重要假设是大尺寸绝缘结构Ω_2可以划分成N个小尺寸绝缘结构Ω_1，对于固体绝缘结构，在忽略电极因素的前提下，这种划分是容易想到的。对于气体、液体、真空和真空沿面，同样在不考虑电极因素的前提下，这种划分也具有一定合理性。但如果考虑电极电子的发射或注入，则阈值随时间变化应该用以下表达式进行描述：

$$E_{t_2}=E_\tau\left(\frac{t_2}{t_1}\right)^{-\frac{1}{h}-\frac{1}{m}} \tag{7-43}$$

式中，$h=b/a$、$m=b$，具体推导过程见附录Ⅳ，如第 2 章所述，$1/m$为击穿前期初始电子的产生；h为绝缘系统内由于时间增加而产生的累积损伤。当采用式(7-43)进行推导时，并不影响统一阈值公式的最终表述，前提只需要定义$1/\alpha=1/h+1/m$即可。

第二，本书虽然从形式上获得了描述五种绝缘失效现象的统一阈值公式，但是仍需开展深入研究，以获得关于物理机制方面的认识。本书在附录Ⅶ中总结了短脉冲下几种不同电介质放电的相似性，进行了这方面的初步探索。有兴趣的读者可以参阅。

7.2　基于可靠度的混合绝缘结构设计方法

7.2.1　常见混合绝缘结构

混合绝缘结构在高压电气设备和脉冲功率装置中具有广泛的应用。一般而言，在高压电气设备中有三种典型混合绝缘结构：固-气[63, 67]、固-液[68-70]和固体-真空[71-76]混合绝缘结构，这些结构主要起绝缘和支撑两种作用，单独一种绝缘形式在实际中并不存在，只存在于理论研究中。

图 7-9 给出了这三种混合绝缘结构的简化示意图。对于每种混合绝缘结构，

绝缘失效可能由不同绝缘形式失效而造成，以固体-真空混合绝缘结构为例，其失效方式可能是真空击穿、固体击穿，也可能是真空沿面闪络。表 7-2 总结了这 3 种混合绝缘结构所对应的 7 种绝缘失效方式。

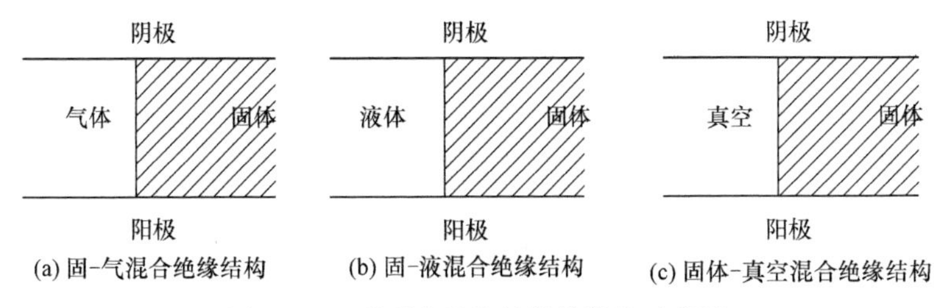

(a) 固-气混合绝缘结构　(b) 固-液混合绝缘结构　(c) 固体-真空混合绝缘结构

图 7-9　三种混合绝缘结构的简化示意图

表 7-2　3 种混合绝缘结构对应的 7 种绝缘失效方式

混合绝缘结构	流体形式	界面	固体结构
固-气混合绝缘结构	气体击穿	固-气界面闪络	
固-液混合绝缘结构	液体击穿	固-液界面闪络	体击穿
固体-真空混合绝缘结构	真空击穿	真空沿面闪络	

对于特定混合绝缘结构，研究者通常仅关注其中一种绝缘失效方式。同样以固体-真空绝缘结构为例，研究者通常只关注真空界面的闪络问题，原因可能是相对于真空绝缘和固体绝缘，真空沿面闪络阈值最低(常见聚合物的击穿阈值数在数百千伏每厘米至兆伏每厘米，真空击穿阈值在 100～200kV · cm^{-1}，真空沿面闪络阈值仅在百千伏每厘米以内)。

传统设计认为，真空沿面闪络阈值的提高，意味着混合结构整体绝缘性能的提高。然而，对于实际应用中的固体-真空混合绝缘结构，却发生了如虫孔效应的体击穿现象，见文献[77]、[78]及第 1 章最开始提到的真空绝缘子击穿问题[79]。除真空沿面闪络和体击穿外[77, 79]，变压器油界面出现的虫孔状击穿现象也经常成为限制高压装置稳定运行的重要因素。可以从可靠度的角度来认识这个问题：当脉冲功率装置运行一定脉冲数后，固体绝缘材料的可靠度将低于真空沿面的可靠度，进而固体绝缘材料先发生击穿，引起绝缘失效，产生了形如“虫孔状”的体击穿痕迹。

本节采用 Weibull 统计分布，结合统一阈值公式，提出了一种基于可靠度的混合绝缘结构设计方法，该方法的主要思想是将绝缘结构看成混合绝缘结构，并从各个绝缘形式可靠度相等的角度出发进行绝缘设计。

7.2.2　不同绝缘形式的归一化外施电场

基于两参数 Weibull 分布，可以得到不同绝缘形式的归一化许用电场。从两参数 Weibull 分布式(7-15)出发，考虑到失效概率 F 与可靠度 R 互补完备，即 $R+F=1$，则可靠度为

$$R(E)=\exp\left[-\left(\frac{E}{E_{36.8\%}}\right)^m\right] \tag{7-44}$$

式中，$E_{36.8\%}$为特征击穿电场，在数值上等于 $\eta^{1/m}$，对应 36.8%的可靠度(或 63.2%的击穿概率)。从式(7-44)中反解出外施电场 E，并记为 E_R：

$$E_R=E_0\left[\ln(1/R)\right]^{1/m} \tag{7-45}$$

式中，E_R表示可靠度为 R 时对应的外施电场。

在小尺寸绝缘实验中，研究者通常获得一组实验结果，并通过对这组实验结果取平均值来获得击穿阈值或闪络阈值。从正态分布角度考虑，该阈值实际上对应 50%的可靠度(或击穿概率)。鉴于此，式(7-45)可以进一步写为

$$E_R=E_{50\%}\left[\ln(1/R)/\ln 2\right]^{1/m} \tag{7-46}$$

式中，描述了外施电场 E_R 与可靠度 R 之间的关系。从式(7-46)中看出，R 要求越高，E_R 越低。

当式(7-46)应用到大尺寸绝缘设计中时，有两个问题需要解决。第一，公式中 $E_{50\%}$如何计算？第二，参数 m 如何选取？

6.1 节给出了这两个问题的答案。对于第一个问题，可以通过式(7-26)或式(7-42)计算出 $E_{50\%}$，具体见表 7-3；对于第二个问题，因为 m 参数即为三参数 Weibull 分布中的 b 参数，而 $b=\beta$，所以 $m=\beta$。不同绝缘形式的 m 参数取值见表 7-3。

表 7-3 通过统一阈值公式计算出 $E_{50\%}$及不同绝缘形式的 m 参数取值

绝缘形式	阈值公式	几何维度	m 参数取值
气体击穿	$E_g t_{eff}^{1/6} g^{1/6}=k_{g,P}$	气体间隙	6
液体击穿	$E_l t_{eff}^{1/3} A_l^{1/10}=k_l$	电极面积	10
固体击穿	$E_s t_{eff}^{1/5} \zeta^{-1/8}=k_s$	绝缘介质厚度、面积或体积	8
真空沿面闪络	$E_{vf} t_{eff}^{1/6} A_{vf}^{1/10}=k_{vf}$	绝缘子面积	10
真空击穿	$E_v t_{eff}^{1/6} g^{1/3}=k_{vg}$	电极间隙	3
	$E_v t_{eff}^{1/6} A_{vb}^{1/6}=k_{vA}$	电极面积	6

对于固体电介质击穿而言，其可靠度 R 不但与外施电场 E_{op} 有关，还有工作

时间 t 或脉冲数 N 有关。为叙述方便，这里写出该表达式：

$$R\left(N, E_{\mathrm{op}}\right)=\exp\left[-N\left(E_{\mathrm{op}}/E_{\mathrm{BD}}\right)^{8}\right] \tag{7-47}$$

根据式(7-47)，可以得到不同寿命、不同可靠度下的外施电场：

$$E_{R}=E_{50\%}\left[\ln\left(1/R\right)/N_{\mathrm{L}}\right]^{1/8} \tag{7-48}$$

式中，E_R、$E_{50\%}$和 N_{L} 分别代替了 E_{op}、E_{BD} 和 N。定义 $x_R=E_R/E_{50\%}$，根据式(7-46)，可以计算出气体、液体、真空等绝缘形式所对应的归一化外施电场，结果见表 7-4。根据式(7-48)，可以计算出不同寿命对应的固体绝缘结构的归一化外施电场，具体见表 7-5。

表 7-4　气体、液体、真空等绝缘形式对应的归一化外施电场(x_R，×100%)

R/%	间隙改变时的真空击穿(m=3)	气体击穿或面积改变时的真空击穿(m=6)	液体击穿或真空沿面闪络(m=10)
50	100	100	100
60	90.3	95	96.7
70	80.1	89.5	93.6
80	68.5	82.7	89.3
90	53.3	73	82.8
95	41.9	64.8	77.1
99	24.3	49.4	65.5

表 7-5　不同寿命对应的固体绝缘结构(m = 8)的归一化外施电场(x_R，×100%)

R/%	10^5 脉冲寿命	10^6 脉冲寿命	10^7 脉冲寿命
50	22.6	17.0	12.7
60	21.8	16.3	12.3
70	20.8	15.6	11.7
80	19.6	14.7	11.5
90	17.9	13.4	10.1
95	16.3	12.3	9.2
99	13.3	10.0	7.5

此外，图 7-10 给出了气体、液体、真空击穿和真空沿面闪络不发生时，归一化外施电场 x_R 随可靠度 R 的变化曲线。图 7-11 给出了不同脉冲数下固体绝缘结构不发生击穿时归一化外施电场 x_R 随可靠度 R 的变化曲线。两幅图均显示，可靠度要求越高，外施电场越低，这与一般常识相符，即绝缘系统越可靠，外施电场

就越低，安全余量就越大。图 7-10 还显示，不同绝缘形式的 m 参数越小，归一化外施电场水平越低。可以结合 m 的物理含义来解释这个趋势。第 2 章和第 4 章曾提到，m 表示击穿分布相对标准差的倒数，m 越小，击穿越分散，因而给定可靠度下的外施电场越低。图 7-11 显示，固体绝缘结构的额定寿命越长，归一化外施电场越低，这是由于长寿命工作需要通过较低的外施电场来实现。

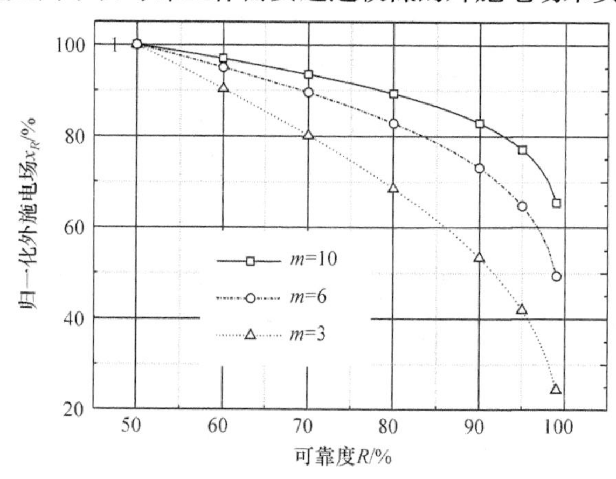

图 7-10 气体、液体、真空击穿和真空沿面闪络不发生时 x_R 随 R 的变化曲线

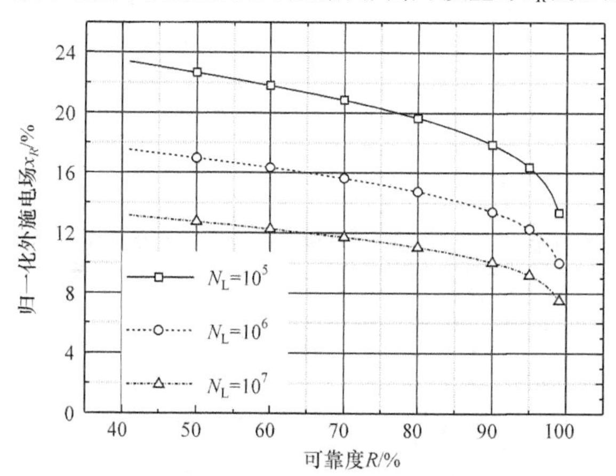

图 7-11 不同脉冲数下固体绝缘结构不发生击穿时 x_R 随 R 的变化曲线

7.2.3 混合绝缘结构设计的一般步骤

结合前文论述，在设计混合绝缘结构时，可以按照以下步骤来展开：

第一步，分析要设计的混合结构所包括的潜在绝缘失效形式，如固体击穿、真空击穿、真空沿面闪络等。

第二步，通过相关公式，计算出相应绝缘形式 50%可靠度对应的击穿(或闪络)阈值。

第三步，结合可靠度公式及曲线，计算出给定可靠度下归一化外施电场的取值；该值与 50%击穿电场(或闪络电场)相乘，便可以计算出各种绝缘形式的最大外施电场。

第四步，通过仿真，获得现有模型的二维电场分布，并提取出关键位置的最大电场。

第五步，比较不同绝缘形式的给定外施电场和仿真电场，如果仿真电场小于给定外施电场，则设计合格；否则需要重新优化。

7.3 举例应用

7.3.1 给定条件

同轴型高压真空绝缘子广泛应用于 Tesla 型驱动源，本节以一个多功能传输线绝缘子[80]为例，对上述绝缘设计方法及步骤进行举例说明。

某 Tesla 型驱动源的输出线单元示意图见图 7-12，为同轴结构，其功能是向返波管(backward wave oscillator，BWO)负载输出 660kV、45ns 的电脉冲。多功能传输线绝缘子安装于不锈钢传输线内部，主要起三方面作用：①支撑隔离同轴线内、外筒，为负载提供真空环境；②绝缘内、外筒之间的高电压；③通过接地电感隔离主脉冲之前的预脉冲。

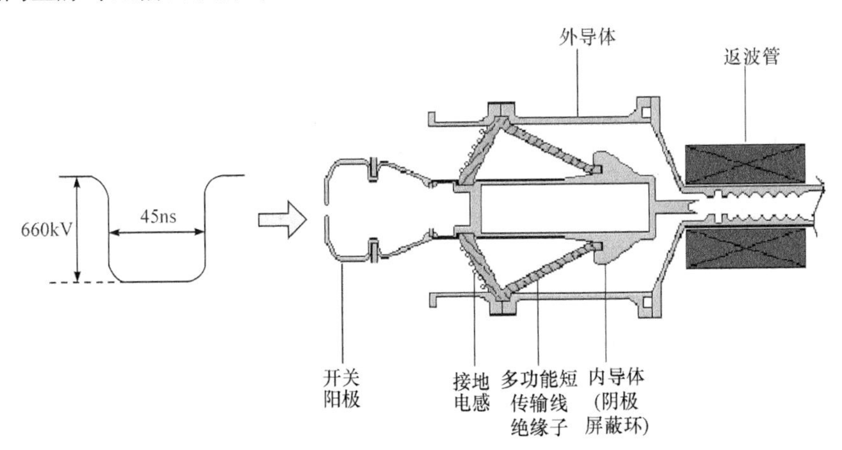

图 7-12　某 Tesla 型驱动源的输出线单元示意图

图 7-13(a)给出了多功能短传输线绝缘子的三维示意图[80]，绝缘子截面示意图见图 7-13(b)，呈“人”字形，材料为 Nylon，左侧(开关侧)绕制接地电感，充 5atm 的 SF_6 气体进行绝缘；右侧隔离气体，为返波管负载提供真空环境，抽真空绝缘。绝缘子外径为 400mm，内径为 180mm，两侧 45°设计。绝缘子两侧设计

有压环，安装后用于固定绝缘子和屏蔽绝缘子与内筒三结合点处的电场，开关侧和真空侧压环与外筒之间的距离均为 87mm，绝缘子最薄位置为 13mm。设计要求：绝缘子以不低于 90%的可靠度工作 10 万脉冲。

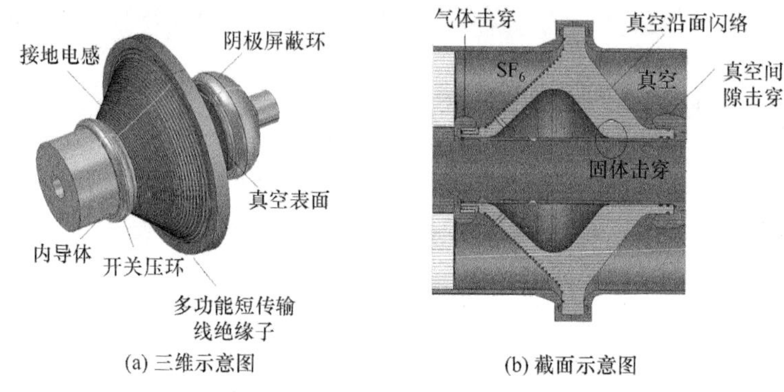

(a) 三维示意图　　(b) 截面示意图

图 7-13　多功能短传输线绝缘子

7.3.2　设计步骤

根据 7.2 节中给出的设计步骤，进行绝缘设计。

第一步：识别潜在绝缘风险。该绝缘子主要面临四种绝缘失效风险：①左侧开关压环与外筒之间的气体击穿；②右侧阴极屏蔽环与外筒之间的真空击穿；③绝缘子右侧表面的真空沿面闪络；④绝缘子右侧最薄区域的体击穿，具体见图 7-13(b)。

第二步：计算四种绝缘形式的 $E_{50\%}$。

首先，对于气体击穿，根据文献[81]，在 SF_6 条件下，当 g=5mm，t_{eff}=40ns，P=2.7atm 时，有 E_g=240kV · cm^{-1}。应用式(7-2)，可以计算出当 g'=87mm，t_{eff}'=45ns，P'=5atm 时的击穿电场 E_g'=187kV · cm^{-1}。

其次，对于真空间隙击穿，根据文献[22]，在不锈钢电极条件下，当 g=17mm，t_{eff}=100ns 时，有 E_v=300kV · cm^{-1}。应用式(7-31)，当 g'=87mm，t_{eff}'=45ns 时，可以计算出 E_v'=198kV · cm^{-1}。

再次，对于真空沿面闪络，根据文献[25]，在 Nylon 条件下，当 A_{vf}=942mm^2，t_{eff}=30ns 时，有 E_{vf}=150kV · cm^{-1}。对于当前绝缘子，绝缘子表面积约为 1.4×10^{5}mm^2。应用式(7-4)，当 A_{vf}'=1.4×10^{5}mm^2，t_{eff}'= 45ns 时，可以计算出 E_{vf}'=85.8kV · cm^{-1}。

最后，对于固体击穿，根据文献[47]，在 Nylon 条件下，当 d=1mm，t_{eff}=10ns 时，有 E_s=1.58kV · cm^{-1}。应用式(7-29)，当 d'=13mm，t_{eff}'= 45ns 时，可以计算出 E_s'=848kV · cm^{-1}。

第三步，计算四种绝缘形式在给定条件下的外施电场。

首先，对于气体击穿，m=6。当 R=90%时，根据表 7-4，查得归一化外施电场 $x_{90\%}$=73%。因此 SF_6 90%可靠度对应的电场 $E_{90\%}$可以计算如下：$E_{90\%}=E_{50\%}\cdot x_{90\%}=187\text{kV}\cdot\text{cm}^{-1}\times0.73\approx136.5\text{kV}\cdot\text{cm}^{-1}$。

其次，对于真空间隙击穿，m=3。当 R=90%时，根据表 7-4，查得归一化外施电场 $x_{90\%}$=53.3%。因此真空间隙 90%可靠度对应的电场 $E_{90\%}$可以计算如下：$E_{90\%}=E_{50\%}\cdot x_{90\%}=198\text{kV}\cdot\text{cm}^{-1}\times0.533\approx105\text{kV}\cdot\text{cm}^{-1}$。

再次，对于真空沿面闪络，m=10。当 R=90%时，根据表 7-4，查得归一化外施电场 $x_{90\%}$=82.8%。因此真空沿面 90%可靠度对应的电场 $E_{90\%}$可以计算如下：$E_{90\%}=E_{50\%}\cdot x_{90\%}=85.8\text{kV}\cdot\text{cm}^{-1}\times0.828\approx71\text{kV}\cdot\text{cm}^{-1}$。

最后，对于固体击穿，m=8 且 $N_L=10^5$。当 R=90%时，根据表 7-5，查得归一化外施电场 $x_{90\%,1\times10^5}$=17.9%。因此 Nylon 材料 90%可靠度对应的电场 $E_{90\%}$可以计算如下：$E_{90\%,1\times10^5}=E_{50\%}\cdot x_{90\%}=848\text{kV}\cdot\text{cm}^{-1}\times0.179\approx151\text{kV}\cdot\text{cm}^{-1}$。

第四步，通过电场仿真软件，获得多功能传输线绝缘子的二维电场分布，并提取出关键位置的最大电场，见图 7-14。例如，对于开关压环，其表面电场为 120kV · cm^{-1}；对于真空侧的阴极屏蔽环，其表面的电场为 145kV · cm^{-1}；对于 Nylon 绝缘子，其表面电场为 60kV · cm^{-1}；对于 Nylon 绝缘子与内筒的三结合点，其电场为 141kV · cm^{-1}。

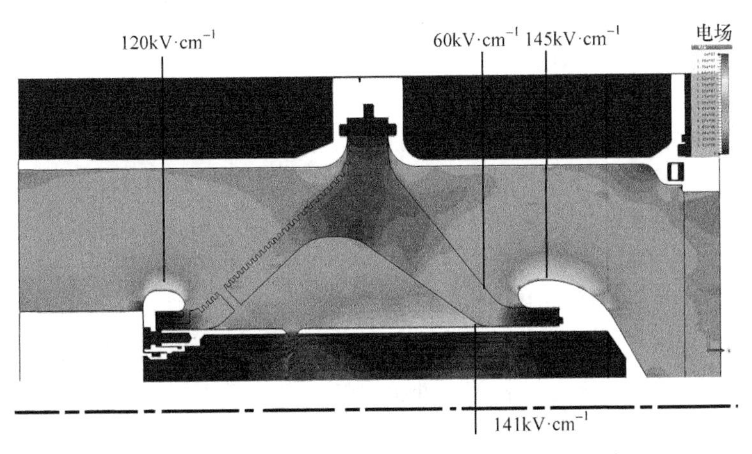

图 7-14　多功能传输线绝缘子关键位置的最大电场

第五步，比较给定外施电场和仿真电场，决定是否继续进行优化。通过比较，发现除了真空侧的阴极屏蔽环表面的电场(145kV · cm^{-1})超过 90%可靠度对应的外施电场(105kV · cm^{-1})，其余位置的电场均小于 90%可靠度所对应的外施电场。因此仍需开展优化，优化目标是减小阴极屏蔽环表面的电场，使其接近或小于给定外施电场。

表 7-6 列出了多功能传输线绝缘子仿真过程中的关键参数。

表 7-6　多功能传输线绝缘子仿真过程中的关键参数

潜在失效方式	实验条件下获得的阈值	应用条件	理论阈值 $E_{50\%}$/(kV · cm^{-1})	给定外施电场 $E_{90\%}$/(kV · cm^{-1})	仿真电场/(kV · cm^{-1})	是否需要进一步仿真
气体击穿	对于 SF_6，当 g=5mm，t_{eff}=40ns，P= 2.7atm 时，E_g= 240kV · cm^{-1}[81]	g'=87mm，t_{eff}'=45ns，P'=5atm	187	136.5	120	否
真空击穿	对于不锈钢，当 g=17mm，t_{eff}=100ns 时，E_v=300kV · cm^{-1}[22]	g'=87mm，t_{eff}'=45ns	198	105	145	是
真空沿面闪络	对于 Nylon，当 A_{vf}= 942mm^2，t_{eff}=30ns 时，E_{vf}=150kV · cm^{-1}[25]	A_{vf}'=1.4×10^{5}mm^2,t_{eff}'=45 ns	85	71	60	否
固体击穿	对于 Nylon，当 d= 1mm，t_{eff}=10ns 时，E_s= 1.58MV · cm^{-1} [47]	d'=13mm，t_{eff}'=45ns	848	151	141	否

7.4　小　　结

常见的混合绝缘结构有三种基本形式：固-气结构、固-液结构和固体-真空结构。对于固-气结构，需要考虑的绝缘失效类型包括固体击穿、气体击穿和固-气沿面闪络；对于固-液结构，需要考虑的绝缘失效类型包括固体击穿、液体击穿和固-液沿面闪络；对于固体-真空结构，需要考虑的绝缘失效类型包括固体击穿、真空击穿和真空沿面闪络。在绝缘设计中，不同绝缘失效类型均需要考虑。

本章提出了基于可靠度的混合绝缘结构设计方法，其基本思路是将固体绝缘结构看成一个整体来进行设计，并且要求各种绝缘形式具有相同的可靠度。该方法的基本步骤：第一，识别混合绝缘结构的潜在失效风险；第二，计算出各绝缘形式 50%可靠度所对应的击穿电场或沿面闪络电场；第三，计算出给定可靠度下的外施电场；第四，通过仿真获得混合绝缘结构关键位置的最大外施电场；第五：比较给定可靠度下外施电场和仿真外施电场，决定是否进行下一步优化。

参 考 文 献

[1] KUENY C S, COVERDALE C A, FLICKER D G, et al. Modeling of gas puff Z-pinch experiments at the ZR facility[C]. IEEE International Conference on Plasma Science, Chicago, USA, 2011: 1.

[2] STRUVE K W, JOSEPH N R, THOMAS R D, et al. Refurbishment and enhancement of the Saturn accelerator[C]. IEEE International Conference on Plasma Sciences, Antalya,Turkey, 2015: 122.

[3] SANDIA N L. Three-dimensional ALEGRA-HEDP simulations of modulated wire arrays on MAGPIE[C]. IEEE

International Conference on Plasma Science, Baltimore, USA, 2004: 127.

[4] SMIRNOV V P, GRABOVSKII E V, ZAYTSEV V I, et al. Progress in investigations on a dense plasma compression on “Angara-5-1” [C]. 8th International Conference on High-Power Particle Beams, Novosibirsk, USSR, 1990: 120-121.

[5] DENG J J, XIE W P, FENG S P. Initial performance of the primary test stand[J]. IEEE Transactions on Plasma Science, 2013, 41: 2580-2583.

[6] HUANG X B, DENG J J, YANG L B, et al. Diagnostics on Yang accelerator for Z-pinch experiment[J]. High Power Laser and Particle Beams, 2010, 22: 870-874.

[7] 邱爱慈, 李玉虎, 王知广, 等. 强流脉冲相对论电子束加速器——闪光二号[J]. 强激光与粒子束, 1991, 3: 340-348.

[8] 邱爱慈, 张嘉生, 彭建昌, 等. 用于模拟X射线热-力学效应的高功率强流脉冲离子束技术研究进展[C]. 2001全国荷电粒子源、粒子束学术会议, 深圳, 中国, 2001: 60-64.

[9] 丛培天, 蒯斌, 邱爱慈, 等. “强光一号”预脉冲气体开关特性研究[J]. 强激光与粒子束, 2003, 12: 725-728.

[10] 呼义翔, 邱爱慈, 杨海亮, 等. 基于“强光一号”装置1m长磁绝缘传输线的设计与实验研究[C]. 第十五届全国等离子体科学技术会议, 黄山, 中国, 2011: 129.

[11] KOROVIN S D, ROSTOV V V, POLEVIN S D, et al. Pulsed power-driven high-power microwave sources[J]. Proceedings of the IEEE, 2004, 92: 1082-1095.

[12] MESYATS G A, KOROVIN S D, ROSTOV V V. The RADAN series of compact pulsed power generators and their applications[J]. Proceedings of the IEEE, 2004, 92: 1166-1179.

[13] PENG J C, SU J C, SONG X X, et al. Progress on a 40GW repetitive pulsed accelerator[J]. High Power Laser and Particle Beams, 2010, 22: 712-716.

[14] 樊亚军. 高功率亚纳秒电磁脉冲的产生[D]. 西安: 西安交通大学, 2004.

[15] KANG Q, CHANG A B, LI M J, et al. Development of a 1.0MV 100Hz compact Tesla transformer with PFL[J]. High Power Laser and Particle Beams, 2006, 18: 451-454.

[16] MARTIN J C. Nanosecond pulse techniques[J]. Proceedings of IEEE, 1992, 80: 934-945.

[17] MARTIN T H, GUENTHER A H, KRISTIANSEN M, et al. Martin on Pulsed Power[M]. New York: Plenum Publishers, 1996.

[18] VOROB’EV A A, VOROB’EV G A. Electrical Breakdown and Destruction of Solid Dielectrics[M]. Moscow: Vyssh Shkola, 1966.

[19] KOROLEV V S, TORBIN N M. Electric Strength of Some Polymers under the Action of Short Voltage Press[M]. Moscow: Energia, 1970.

[20] MESYATS G A. Pulsed Power[M]. New York: Kluwer Academic/Plenum Publishers, 2005.

[21] 范方吼. 高压毫微秒脉冲技术中的绝缘特性[J]. 绝缘材料通讯, 1981, 2: 42-49.

[22] ADLER R J. Pulsed Power Formulary[M]. New Mexico: North Star Research Corporation, 1989.

[23] STYGAR W A, SPIELMAN R B, ANDERSON R A, et al. Operation of a Five-stage 40000-cm^2 Area Inaulator Stack at 158kV/cm[C]. Proceedings of 11th IEEE International Pulsed Power Conference, Monterey, USA, 1999: 454-456.

[24] VITKOVITSKY I. High Power Switches[M]. New York: Van Nostrand Reinhold Incorporation, 1987.

[25] YAN P, SHAO T, WANG J, et al. Experimental investigation of surface flashover in vacuum using nanosecond pulses [J]. IEEE Transactions on Dielectrics and Electrical Insulation, 2007, 14: 634-642.

[26] SHAO T, WANG R, ZHANG C, et al. Atmospheric-pressure pulsed discharges and plasmas: Mechanism, characteristics and applications[J]. High Voltage, 2018, 3: 14-20.

[27] WANG J, YAN P, ZHANG S C, et al. Study on Abnormal Behavior of Bulk and Surface Breakdown in Transformer Oil Under Nanosecond Pulse[C]. Proceedings of 15th IEEE International Pulsed Power Conference, Monterey, USA, 2005: 939-941.

[28] LI G J, WANG J, YAN P, et al. Experimental study on statistical characteristics of surface flashover under nanosecond pulse in transformer oil[C]. Proceedings 27th International Symposium on Power Modulator, Washington D. C., USA, 2006: 97-99.

[29] HUANG W L, CHENG Z X. Flashover stressing time under repetitive nanosecond pulses in PMMA, polyamide1010 and transformer oil [J]. IEEE Transactions on Dielectrics and Electrical Insulation, 2010, 17: 1938-1942.

[30] SHAO T, SUN G, YAN P, et al. An experimental investigation of repetitive nanosecond-pulse breakdown in air[J]. Journal of Physics D: Applied Physics, 2006, 39: 2192-2197.

[31] MARTIN T H. Pulsed charged gas breakdown[C]. Proceedings of 5th IEEE International Pulsed Power Conference, Arlinton, USA, 1985: 74-83.

[32] MANKOWSKI J, DICKENS J, KRISTIANSEN M. A subnanosecond high voltage pulser for the investigation of dielectric breakdown[C]. Proceedings of 11th IEEE International Pulsed Power Conference, Baltimore, USA, 1997: 537-542.

[33] MANKOWSKI J. High voltage subnanosecond dilelectric breakdown[D]. Lubbock: Texas Technology University, 1997.

[34] ZHAO L, SU J C, LIU C L. Review of developments on polymers' breakdown characteristics and mechanisms on a nanosecond time scale[J]. AIP Advance, 2020, 10: 035206.

[35] CHANG C, Z L G, TANG C X, et al. Review of recent theories and experiments for improving high-power microwave window breakdown thresholds[J]. Physics of Plasma, 2011, 18: 055702-055712.

[36] CHANG C, LIU G Z, HUANG H J, et al. The effect of grooved surface on dielectric window multipactor[C]. IEEE International Vacuum Electronics Conference, Rome, Italy, 2009: 391-392.

[37] CHANG C, HUANG H J, LIU G Z, et al. The effect of grooved surface on dielectric multipactor[J]. Journal of Applied Physics, 2009, 105: 123305.

[38] CHANG C, FANG J Y, ZHANG Z Q, et al. Experimental verification of improving high-power microwave window breakdown thresholds by resonant magnetic field[J]. Applied Physics Letter, 2010, 97: 141501.

[39] CHANG C, LIU Y S, OUYANG X P, et al. Demonstration of Halbach-like magnets for improving microwave window power capacity[J]. Applied Physics Express, 2014, 7: 097301.

[40] CHANG C, LIU G Z, TANG C X, et al. Suppression of high-power microwave dielectric multipactor by resonant magnetic field[J]. Applied Physics Letter, 2010, 96: 111502.

[41] FAN Z Q, CHANF C, SUN J, et al. Experimental demonstration of improving resonant-multipactor threshold by three-dimensional wavy surface[J]. Applied Physics Letters, 2017, 111(12): 123503.

[42] CHANG C, LIU C L, CHEN C H. The influence of ions and the induced secondary emission on the nanosecond high power microwave[J]. Physics of Plasmas, 2015, 22: 063511.

[43] CHANG C, LIU G Z, FANG J Y, et al. Field distribution, HPM multipactor, and plasma discharge on the periodic triangular surface[J]. Laser and Particle Beams, 2010, 28: 185-193.

[44] CHANG C, SHAO H, CHEN C H, et al. Single and repetitive short-pulse high-power microwave window

breakdown [J]. Physics of Plasma, 2010, 17: 053301-053306.

[45] CHANG C, ZHU M, VERBONCOEUR J, et al. Enhanced window breakdown dynamics in a nanosecond microwave tail pulse[J]. Applied Physics Letter, 2014, 104: 253504.

[46] CHANG C K, LAI C S, WU R N. Decision tree rules for insulation condition assessment of pre-molded power cable joints with artificial defects[J]. IEEE Transaction on Dielectrics and Electrical Insulation, 2019, 26: 1636-1644.

[47] ZHAO L, LIU G Z, SU J C, et al. Investigation of thickness effect on electric breakdown strength of polymers under nanosecond pulses[J]. IEEE Transactions on Plasma Science, 2011, 39: 1613-1618.

[48] ZHAO L, LIU C L. Review and mechanism of the thickness effect of solid dielectrics[J]. Nanomaterials, 2020, 10: 2473.

[49] ZHAO L, SU J C, QIU X D, et al. Experimental research on vacuum breakdown characteristics in a long gap under microsecond pulses[J]. IEEE Transactions on Dielectrics and Electrical Insulation, 2020, 27: 700-707.

[50] HAUSCHILD W, MOSCH W. Statistical Techniques for High Voltage Engineering[M]. Berlin: The Institution of Engeering and Technology, 1992.

[51] WEIBULL W. A statistical distribution function of wide applicability[J]. Journal of Applied Mechanics, 1951, 18: 293-297.

[52] DISSADO L A, FOTHERGILL J C, WOLFE S V, et al. Weibull statistics in dielectric breakdown; theoretical basis, applications and implications[J]. IEEE Transactions on Electrical Insulation, 1984, EI-19: 227-233.

[53] CHAUVET C, LAURENT C. Weibull statistics in short-term dielectric breakdown of thin polyethylene films [J]. IEEE Transactions on Electrical Insulation, 1993, EI-28: 18-29.

[54] HAQ S U, JAYARAM S H, CHERNEY E A. Aging characterization of medium voltage groundwall insulation intended for PWM applications[C]. IEEE International Symposium on Electrical Insulation, Toronto, Canada, 2006: 143-146.

[55] TSUBOI T, TAKAMI J, OKABE S. Application of weibull insulation reliability evaluation method to existing experimental data with one-minute step-up test[J]. IEEE Transactions on Dielectrics and Electrical Insulation, 2010, 17: 312-322.

[56] TSUBOI T, TAKAMI J, OKABE S, et al. Weibull parameter of oil-immersed transformer to evaluate insulation reliability on temporary overvoltage [J]. IEEE Transactions on Dielectrics and Electrical Insulation, 2010, 17: 1863-1868.

[57] KIYAN T, IHARA T, KAMEDA S, et al. Weibull statistical analysis of pulsed breakdown voltages in high-pressure carbon dioxide including supercritical Phase[J]. IEEE Transactions on Plasma Science, 2011, 39: 1792.

[58] WILSON M P, GIVEN M J, TIMOSHKIN I V, et al. Impulse-driven surface breakdown data: A Weibull statistical analysis[J]. IEEE Transactions on Plasma Science, 2012, 40: 2449-2457.

[59] SU J C, ZHAO L, RUI L, et al. A unified expression for enlargement law on electric breakdown strength of polymers under short pulses: Mechanism and review[J]. IEEE Transactions on Dielectrics and Electrical Insulation, 2016, 23: 2319-2327.

[60] ZHAO L, SU J C, ZHENG L, et al. The effect of nanosecond pulse width on the breakdown strength of polymers[J]. IEEE Transactions on Dielectrics and Electrical Insulation, 2020, 27: 1160-1168.

[61] LATHAM R V. High Voltage Vacuum Insulation -Basic Concepts and Technological Practice[M]. London: Academic Press Harcourt Brace & Company, 1995.

[62] MARTIN T H. Empirical formula for gas switch breakdown delay[C]. Proceedings of 7th IEEE International

Pulsed Power Conference, Monterey, USA, 1989: 73-79.

[63] BLUHM H. Pulsed Power Systems[M]. Karlsruhe: Springer, 2006.

[64] 刘锡三. 高功脉冲技术[M]. 北京: 国防工业出版社, 2005.

[65] SMITH I D. Test of a vacuum/dielectric surface flashover switch[R]. Arlington, USA: DARPA, 1989.

[66] ZHAO L, LI R, ZENG B, et al. Experimental research on electrical breakdown strength of long-gap vacuum-insulated coaxial line under microsecond pulses[J]. IEEE Transactions on Dielectrics and Electrical Insulation, 2017, 24: 3313-3320.

[67] 周金山, 樊亚军, 朱四桃, 等. Tesla 型脉冲功率源主开关绝缘恢复特性[J]. 强激光与离子束, 2011, 23: 2855-2858.

[68] 黄文力, 孙广生, 严萍, 等. 纳秒脉冲电压同轴电场下有机玻璃和尼龙的闪络特性[J]. 强激光与离子束, 2006, 18: 1229-1232.

[69] HUANG W L, CUI J F. Flashover Characteristics over Solid/Liquid Interfaces under Repetitive Nanosecond-Pulsed Voltage[C]. Proceedings of 9th International Conference on Properties and Applications of Dielectric Materials, Harbin, China, 2009: 705-708.

[70] WILSON M P, GIVEN M J, TIMOSHKIN I V, et al. Impulse-breakdown characteristics of polymers immersed in insulating oil[J]. IEEE Transactions on Plasma Science, 2010, 38: 2611-2619.

[71] 宋法伦, 张永辉, 向飞, 等. 强流束二极管绝缘子结构设计与实验研究[J]. 强激光与粒子束, 2009, 21: 617-620.

[72] 谭杰, 常安碧, 胡克松. 长脉冲强流二极管径向绝缘研究[J]. 强激光与粒子束, 2002, 14: 945-948.

[73] 荀涛, 杨汉武, 张建德, 等. 一种陶瓷径向绝缘强流二极管耐压结构设计[J]. 强激光与离子束, 2007, 19: 1019-1022.

[74] 李春霞, 谭杰, 张永辉, 等. 长脉冲二极管绝缘子真空表面闪络[J]. 强激光与离子束, 2011, 23: 1123-1126.

[75] 赵亮, 苏建仓, 彭建昌, 等. 强流电子束二极管绝缘子分析与设计[J]. 强激光与离子束, 2010, 22: 494-498.

[76] 汤俊萍. 高压纳秒脉冲下真空沿面闪络特性研究[D]. 西安: 西安交通大学, 2009.

[77] ROTH I S, SINCERNY P S, MANDELCORN L, et al. Vacuum insulator coating development[C]. Proceedings of 11th IEEE International Pulsed Power Conference, Baltimore, USA, 1997: 537-542.

[78] CHANTRENNE S, SINCERNY P. Update of the lifetime performance of dependence vacuum insulator coating[C]. Proceedings of 12th IEEE International Pulsed Power Conference, Monterey, USA, 1999: 1403-1407.

[79] ZHAO L, PENG J C, PAN Y F, et al. Insulation analysis of a coaxial high-voltage vacuum insulator[J]. IEEE Transactions on Plasma Science, 2010, 38: 1369-1374.

[80] ZHAO L, SU J C, LI R, et al. A multifunctional long-lifetime high-voltage vacuum insulator for HPM generation[J]. IEEE Transactions on Plasma Science, 2020, 48: 1993-2001.

[81] 冉慧娟. 重频纳秒脉冲下 SF_6 放电特性研究[D]. 北京: 中国科学院大学, 2013.

附　　录

附录 I　常见聚合物中英文对照表

编号	中文名称	英文名称
1	聚乙烯	PE；polyethylene；polythene
1-1	低密度聚乙烯	LDPE；low density polyethylene
1-2	线性低密度聚乙烯	LLDPE；line low density polyethylene
1-3	高密度聚乙烯	HDPE；high density polyethylene
1-4	交联聚乙烯	XLPE；cross-linked polyethylene
2	聚丙烯	PP；polypropylene
3	聚四氟乙烯/氟塑料-4/特氟隆	PTFE；polytetrafluoroethylene；teflon
3-1	聚氟塑料	PVF；polyvinyl fluoride；tedlar
4	有机玻璃	PMMA；polymethyl methacrylate；organic glass；Acryl glass；plexiglass；lucite；perspex
5	尼龙(聚酰胺)	PA；polyamide；Nylon
6	聚酰亚胺	PI；polyimide；kapton
7	聚酯薄膜	Melinex；mylar
8	聚苯乙烯	PS；polystyrene；styroflex；Transpex
9	聚氯乙烯	PVC；polyvinyl chloride
10	聚对苯二甲酸乙二醇	PET；polyethylene terephthalate
11	交联聚苯乙烯一牌号	rexolite
12	聚热玻璃/高硬玻璃/派热克斯玻璃	pyrex glass
13	浸渍纸	impregnant paper
14	醋酸纤维素	cellulose acetate
15	三醋酸纤维素	CTA；cellulose triacetate
16	聚酯/聚合酯	polyester
17	聚苯醚	polyphenylene oxide；polyphenylethe
18	聚氨酯/聚氨基甲酸酯	PU；polyurethane

续表

编号	中文名称	英文名称
19	环氧树脂	epoxy resin；epikote；epoxide resin；ethoxyline resin
20	聚异丁烯	polyisobutene；polyisobutylene
21	聚砜	polysalphone
22	聚碳酸酯	PC；polycarbonate
23	聚醚砜	PES：polyethersulfone
24	聚醚醚酮	PEEK：poly(ether-ether-ketone)

附录Ⅱ　正态分布与 Weibull 分布简介

正态分布(normal distribution)又称高斯分布，是最常见的连续型概率分布之一。自然界中大量相互独立、作用差不多大的随机因素影响下形成的随机变量，其极限分布为正态分布。正态分布可表示为

$$F(x)=\frac{1}{\sqrt{2\pi}\sigma}\int_{-\infty}^{x}\exp\left[-\frac{(\zeta-\mu)^2}{2\sigma^2}\right]\mathrm{d}\zeta\ ,\quad -\infty<x<\infty \tag{Ⅱ-1}$$

式中，$F(x)$为正态分布(累积)概率；x 为随机变量；μ 为样本均值；σ 为样本标准差。

正态分布的概率密度函数$f(x)$为

$$f(x)=\frac{1}{\sqrt{2\pi}\sigma}\exp\left[-\frac{(x-\mu)^2}{2\sigma^2}\right] \tag{Ⅱ-2}$$

式中，将 x 服从以 μ、σ 为参数的正态分布记为 $x\sim N(\mu,\ \sigma^2)$。

Weibull 分布是由物理学家 Weibull 在 1939 年分析链条断裂现象时，归纳出的一种统计分布，该分布在研究结构疲劳、强度和可靠度等问题时有广泛的应用。Weibull 分布的链条断裂模型如图Ⅱ-1 所示。图中以 t_r 表示拉力；T_r 表示环的强度。当 $t_r>T_r$ 时，环断裂；当 $t_r<T_r$ 时，环不断。

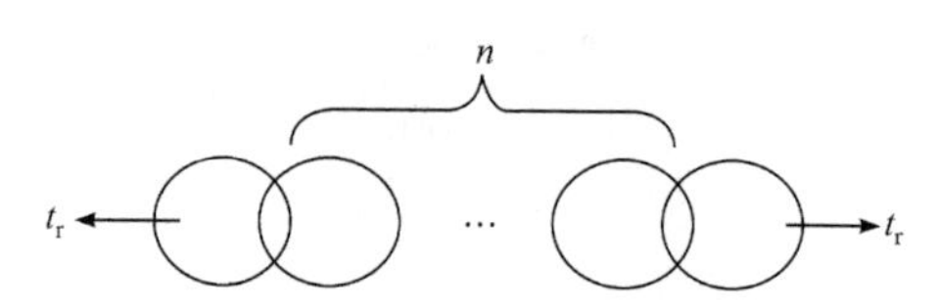

图Ⅱ-1　Weibull 分布的链条断裂模型

Weibull 分布的推导过程如下。链条断裂的概率：

$$F(t_r)=P(t_r>T_r)=1-P(t_r<T_r) \tag{Ⅱ-3}$$

任意一环断裂，链条便不能使用，所以链条的可使用概率为

$$\left[P(t_r<T_r)\right]^n=\left[1-F(t_r)\right]^n \tag{Ⅱ-4}$$

因为 t_r 增大，$F(t_r)$增大，所以 $1-F(t_r)$减小；而且 $1-F(t_r)$取值应在 0～1。因为指数函数具备上述特性，所以令

$$1-F\left(t_r\right)=e^{-\phi\left(t_r\right)} \quad (\text{Ⅱ-5})$$

则链条的可使用概率为

$$\left[P\left(t_r<T_r\right)\right]^n=1-F_n\left(t_r\right)=e^{-n\phi\left(t_r\right)} \quad (\text{Ⅱ-6})$$

$1-F(t_r)$的取值在 0～1，要求 $\phi\left(t_r\right)$ 应大于 0；$1-F(t_r)$随 t_r 增大而减小，要求 $\phi\left(t_r\right)$ 是 t_r 的增函数，具备这种性质且形式较为简单的 $\phi\left(t_r\right)$ 为

$$\phi\left(t_r\right)=\frac{t_r^m}{\eta_r} \quad (\text{Ⅱ-7})$$

所以 Weibull 分布函数 $F(t_r)$为

$$F\left(t_r\right)=1-\exp\left(-\frac{t_r^m}{\eta_r}\right) \quad (\text{Ⅱ-8})$$

以任意变量 x 代替拉力 t_r，以 η 代替 η_r，则得到以两参数表示的 Weibull 分布表达式：

$$F\left(x\right)=1-\exp\left(-\frac{x^m}{\eta}\right) \quad (\text{Ⅱ-9})$$

式中，$F(x)$为 Weibull 分布的(累积)概率；m 为形状参数；η 为尺寸参数。令 $x^m=\eta$，可得 Weibull 分布取值 $F(x)=63.2\%$，对应有 $x=\eta^{1/m}$，记为 x_0 并称之为 Weibull 分布的特征随机变量。Weibull 分布的概率密度函数 $f(x)$可表示为

$$f\left(x\right)=\frac{mx^{m-1}}{\eta}\exp\left(-\frac{x^m}{\eta}\right) \quad (\text{Ⅱ-10})$$

对应的数学期望值和方差分别为

$$\mu=\eta^{\frac{1}{m}}\Gamma\left(1+\frac{1}{m}\right) \quad (\text{Ⅱ-11})$$

$$\sigma=\eta^{\frac{1}{m}}\left[\Gamma\left(1+\frac{2}{m}\right)-\Gamma^2\left(1+\frac{1}{m}\right)\right]^{\frac{1}{2}} \quad (\text{Ⅱ-12})$$

式中，Γ 为第二类欧拉积分函数。

含有时间变量的 Weibull 分布可表示为

$$F(t)=1-\exp\left(-ct^{a}E^{b}\right),\left(a,b,c>0\right) \tag{Ⅱ-13}$$

式中，$F(t)$为含时间变量的 Weibull 击穿概率；a、b、c 均为常数；t 为电场作用时间。

与正态分布相比，Weibull 分布具有以下特性。

第一，Weibull 分布形式灵活。

Weibull 分布是一种多重形态的分布函数，其形态可以通过形状参数 m 来反映。图Ⅱ-2 给出了 m 参数对 Weibull 分布及概率密度分布的影响。从图中看出，当 m=1 时，Weibull 分布为指数分布。另外，当 m=3.46 时，Weibull 分布与正态分布接近。此外，当 Weibull 分布的尺寸参数 η 给定时，m 越大，随机变量的分布越集中，见图Ⅱ-2(b)。

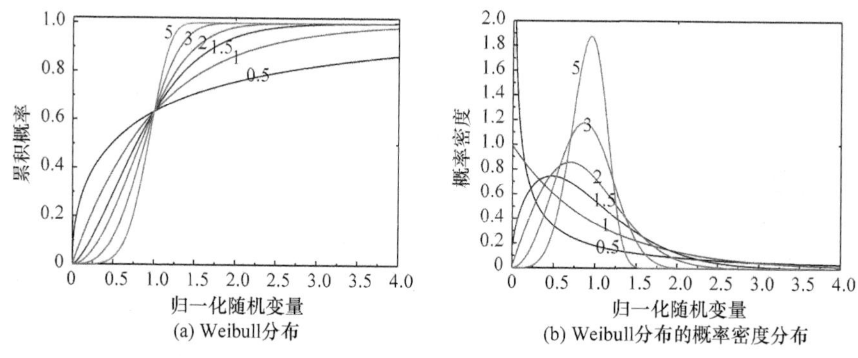

图Ⅱ-2　m 参数对 Weibull 分布及概率密度分布的影响

第二，Weibull 分布可以直观反映尺寸效应。

通过改变尺寸参数 η，Weibull 分布可以直观反映尺寸效应对分布概率的影响。例如，对于固体击穿现象，当介质体积扩大 M 倍时，以 Weibull 分布表示的击穿概率满足：

$$1-F\left(E_{M}\right)=\left[1-F\left(E_{1}\right)\right]^{M} \tag{Ⅱ-14}$$

式中，E_1 为单位尺寸(厚度或体积)电介质对应的击穿阈值；E_M为电介质尺寸(厚度或体积)扩大 M 倍后的击穿阈值。图Ⅱ-3 给出了 η 参数对 Weibull 分布的影响，从图中看出，当 Weibull 分布的形状参数给定后，η 越大，随机变量的取值范围越大。

第三，Weibull 分布可以体现时间效应。

相比两参数 Weibull 分布式(Ⅱ-9)，三参数 Weibull 分布式(Ⅱ-13)中多了一个表征时间变量的 t^a 项，称 a 为 Weibull 分布的时间形状参数。实际应用中，通过式(Ⅱ-13)，可以研究与时间相关的物理现象，如寿命问题。

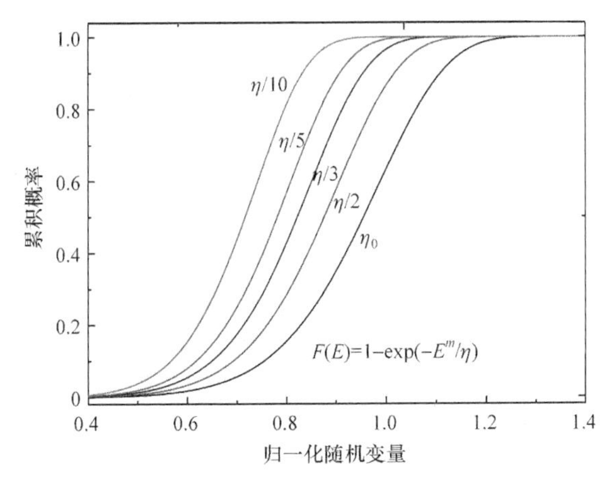

图Ⅱ-3　η参数对 Weibull 分布的影响

第四，Weibull 分布所需的样本数目相对较少。

以两参数 Weibull 分布式(Ⅱ-9)为例，通过对其变形可得

$$\lg\left[\ln\left(\frac{1}{1-F(x)}\right)\right]=m\lg x-\lg\eta \tag{Ⅱ-15}$$

因为 $\lg\left[\ln\left(\frac{1}{1-F(x)}\right)\right]$ 与 $\lg x$ 之间为线性关系，所以理论上 Weibull 分布只需两个样本点便可得出反映总体的概率分布。

式(Ⅱ-15)中的 $F(x)$可通过失效等级计算：

$$F(x)=\frac{i-0.3}{n+0.4} \tag{Ⅱ-16}$$

式中，i 为样本失效序数，具体通过对实验结果从小到大排列而得；n 为样本数目。

表Ⅱ-1 给出了当 n=9 时 Nylon 样片的击穿数据及根据式(Ⅱ-16)计算出的 Weibull 击穿概率。图Ⅱ-4 是 Weibull 击穿概率分布曲线。从图Ⅱ-4 中可以看出，在 Weibull 坐标系下，击穿概率基本存在线性趋势。

表Ⅱ-1　当 n=9 时 Nylon 样片的击穿数据及 Weibull 击穿概率

失效序数	1	2	3	4	5	6	7	8	9
E_{op}/(MV · cm^{-1})	1.23	1.30	1.35	1.37	1.43	1.50	1.53	1.61	1.65
$F(E)$/ %	7.4	18.1	28.7	39.4	50	60.6	71.3	81.9	92.6

Weibull 分布的物理模型服从最薄弱环节原则，适用于局部失效引起全局机能停止的现象。与最薄弱模型类似，电介质中存在的薄弱环节，如气隙、杂质等，会

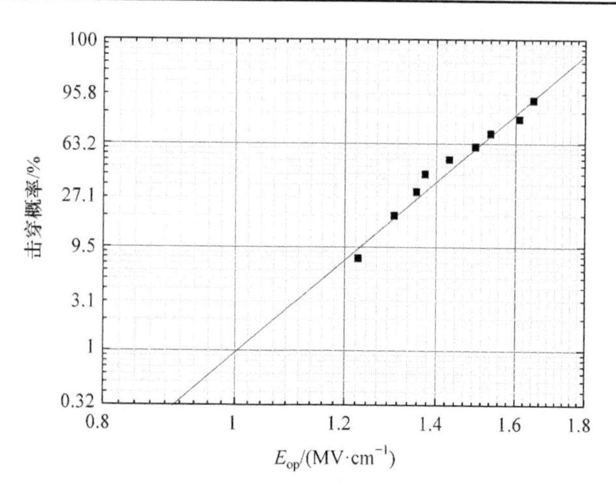

图Ⅱ-4　Weibull 击穿概率分布曲线

导致绝缘失效，所以相对于正态分布，Weibull 分布更能反映电介质的击穿特性。工程中多用 Weibull 分布计算固体电介质的击穿阈值，并且计算出的固体电介质击穿阈值分散性和实际吻合较好。

本书在分析纳秒脉冲下固体绝缘材料的击穿实验结果时，采用了 Weibull 分布方法。其中，在分析击穿阈值随厚度变化的关系时，采用两参数 Weibull 分布式(Ⅱ-9)；在分析脉冲数效应时，采用含时间变量的 Weibull 分布式(Ⅱ-13)。

附录Ⅲ　常见聚合物有效介电常数的计算

1. PE

PE 的分子结构简式见图Ⅲ-1，PE 电子极化强度的计算过程见表Ⅲ-1。

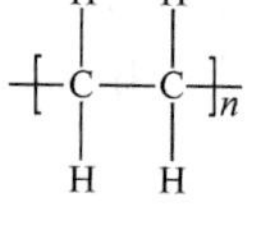

$$-\!\!\left[\begin{array}{c}\mathrm{H}\quad\mathrm{H}\\ |\quad\ |\\ \mathrm{C}-\mathrm{C}\\ |\quad\ |\\ \mathrm{H}\quad\mathrm{H}\end{array}\right]_n$$

图Ⅲ-1　PE 的分子结构简式

PE 的密度为 0.91～0.94g · cm^{-3}。根据：

$$R_{\mathrm{m}}=\frac{\varepsilon_{\mathrm{re}}-1}{\varepsilon_{\mathrm{re}}+2}\frac{M}{\rho}=\frac{N_A\alpha_{\mathrm{p}}}{3\varepsilon_0} \tag{Ⅲ-1}$$

对其变形得

$$\varepsilon_{\mathrm{re}}=\frac{1+2\dfrac{R_{\mathrm{m}}\rho}{M}}{1-\dfrac{R_{\mathrm{m}}\rho}{M}} \tag{Ⅲ-2}$$

代入各参数计算得到 $\varepsilon_{\mathrm{re}}$=2.28～2.34。

表Ⅲ-1　PE 电子极化强度的计算过程

共价键(个数)	$\sum r_i$	原子(个数)	$\sum M$
C—C(2)	2×1.21	C(2)	2×12.0107
C—H(4)	4×1.70	H(4)	4×1.00794
R_m=9.22		M=28.0532	

根据有效电场与外施电场关系：

$$\frac{E_e}{E}=\frac{\varepsilon_{re}+2}{3} \tag{Ⅲ-3}$$

计算得到 E_e/E=1.427～1.447。

2. PTFE

PTFE 的分子结构简式见图Ⅲ-2，PTFE 电子极化强度的计算过程见表Ⅲ-2。

PTFE 的密度为 2.1～2.3g · cm^{-3}，将以上数据代入公式，得 ε_{re}=1.77～1.87，E_e/E=1.257～1.289。

表Ⅲ-2　PTFE 电子极化强度的计算过程

共价键(个数)	$\sum r_i$	原子(个数)	$\sum M$
C—C(2)	2×1.21	C(2)	2×12.0107
C—F(4)	4×1.83	F(4)	4×18.9984
R_m=9.74		M=100.015	

3. Nylon6

Nylon6 的分子结构简式见图Ⅲ-3，Nylon6 电子极化强度的计算过程见表Ⅲ-3。

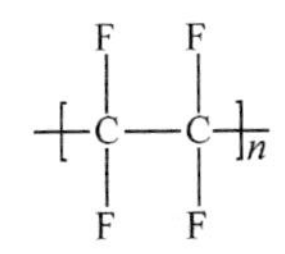

图Ⅲ-2　PTFE 的分子结构简式

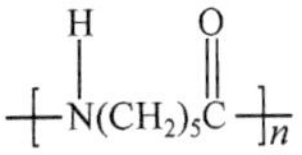

$-[N(H)(CH_2)_5C(=O)]_n-$

图Ⅲ-3　Nylon6 的分子结构简式

Nylon6 的密度为 1.12～1.14g · cm^{-3}，将以上数据代入公式，得 ε_{re}=2.35～2.38，E_e/E=1.448～1.460。

表Ⅲ-3　Nylon6 电子极化强度的计算过程

共价键(个数)	$\sum r_i$	原子(个数)	$\sum M$
C—C(5)	5×1.21	C(6)	6×12.0107
C—H (10)	10×1.70	H(11)	11×1.0079
C=O(1)	1×3.42	O(1)	1×15.9994
C—NH—C(1)	1×4.81	N(1)	1×14.0067
R_m=31.45		M=113.1576	

4. Nylon66

Nylon66 的分子结构简式见图Ⅲ-4，Nylon66 电子极化强度的计算过程见表Ⅲ-4。

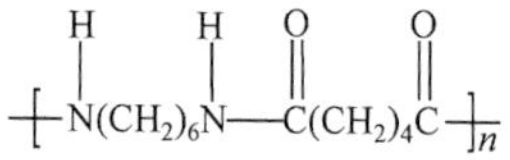

$$-\!\!\left[\mathrm{N(H)(CH_2)_6N(H)—C(=O)(CH_2)_4C(=O)}\right]\!\!-_n$$

图Ⅲ-4　Nylon66 的分子结构简式

Nylon66 的密度为 1.13～1.15g · cm^{-3}，将以上数据代入公式，得 ε_{re}=2.36～2.40，所以 E_e/E=1.465～1.477。

表Ⅲ-4　Nylon66 电子极化强度的计算过程

共价键(个数)	$\sum r_i$	原子(个数)	$\sum M$
C—C(10)	10×1.21	C(12)	12×12.0107
C—H(20)	20×1.70	H(22)	22×1.0079
C=O(2)	2×3.42	O(2)	2×15.9994
C—NH—C(2)	2×4.81	N(2)	2×14.0067
R_m=62.90		M=226.3153	

5. Nylon1010

Nylon1010 的分子结构简式见图Ⅲ-5，Nylon1010 电子极化强度的计算过程见表Ⅲ-5。

Nylon1010 的密度为 1.03～1.05g · cm^{-3}，将以上数据代入公式，得 ε_{re}=2.27～2.31，所以 E_e/E=1.425～1.436。

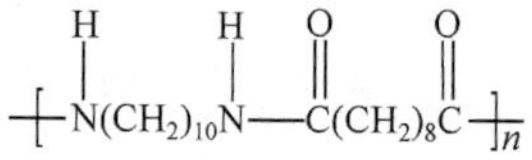

$$-\!\!\left[\mathrm{N(H)(CH_2)_{10}N(H)—C(=O)(CH_2)_8C(=O)}\right]\!\!-_n$$

图Ⅲ-5　Nylon1010 的分子结构简式

表Ⅲ-5　Nylon1010 电子极化强度的计算过程

共价键(个数)	$\sum r_i$	原子(个数)	$\sum M$
C—C(18)	18×1.21	C(20)	20×12.0107
C—H(36)	36×1.70	H(38)	38×1.0079
C=O(2)	2×3.42	O(2)	2×15.9994
C—NH—C(2)	2×4.81	N(2)	2×14.0067
R_m=97.36		M=338.5279	

6. 聚氯乙烯

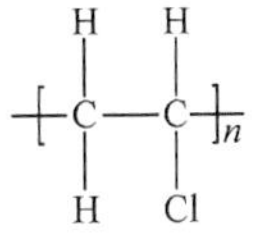

聚氯乙烯(PVC)的分子结构简式见图Ⅲ-6，PVC 电子极化强度的计算过程见表Ⅲ-6。

PVC 的密度为 1.4g · cm^{-3}，将以上数据代入公式，得 ε_{re}=2.3836，所以 E_e/E=1.4612。

图Ⅲ-6 PVC 的分子结构简式

表Ⅲ-6 PVC 电子极化强度的计算过程

共价键(个数)	$\sum r_i$	原子(个数)	$\sum M$
C—C(2)	2×1.21	C(2)	2×12.0107
C—H(3)	3×1.70	H(3)	3×1.00790
C—Cl(1)	1×6.57	Cl(1)	1×35.4532
R_m=14.09		M=62.50	

7. 聚苯乙烯

聚苯乙烯(PS)的分子结构简式见图Ⅲ-7，PS 电子极化强度的计算过程见表Ⅲ-7。结合 PS 的密度 1.05g · cm^{-3}，代入以上数据，得 ε_{re}=2.435，所以 E_e/E=1.479。

表Ⅲ-7 PS 电子极化强度的计算过程

共价键(个数)	$\sum r_i$	原子(个数)	$\sum M$
C—C(5)	5×1.21	C(8)	8×12.0107
C═C(3)	3×4.15	H(8)	8×1.00790
C—H(8)	8×1.70		
R_m=32.10		M=104.149	

8. 聚丙烯

聚丙烯(PP)的分子结构简式见图Ⅲ-8，PP 电子极化强度的计算过程见表Ⅲ-8。

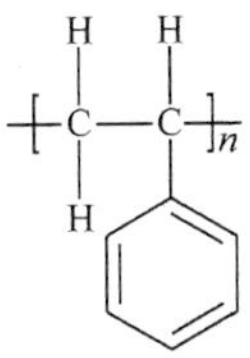

图Ⅲ-7 PS 的分子结构简式

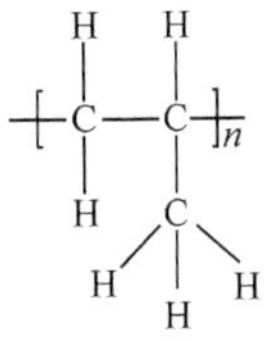

图Ⅲ-8 PP 的分子结构简式

结合 PP 的密度 0.9g · cm^{-3}，代入以上数据，得 ε_{re}=2.26，所以 E_e/E=1.42。

表Ⅲ-8 PP 电子极化强度的计算过程

共价键(个数)	$\sum r_i$	原子(个数)	$\sum M$
C—C(3)	3×1.21	C(3)	3×12.0107
C—H (6)	6×1.70	H(6)	6×1.00790
R_m=13.83		M=42.0797	

附录Ⅳ 脉冲宽度效应理论关系推导

脉冲宽度效应理论关系推导分三步。

第一步，从扩大法则角度推导含时间变量的累积概率表达式。

扩大法则如下：

$$M=\frac{V_M t_M}{V_1 t_1},0<M<\infty \tag{Ⅳ-1}$$

式中，$(V_1,\ t_1)$为初始电介质状态；$(V_M,\ t_M)$为电介质体积扩大或时间加长后的状态；M为体积扩大倍数或时间延长倍数。

假设一个大绝缘系统是由M个小绝缘系统构成；大绝缘系统的可靠度为R_M，每个小绝缘系统的体积相等，可靠度为$R_{1,i}\,(1\leqslant i\leqslant M)$，则以下关系式成立：

$$R_M=R_{1,1}R_{1,2}\cdots R_{1,i}\cdots R_{1,M}=\prod_{i=1}^{M}R_{1,i} \tag{Ⅳ-2}$$

对式(Ⅳ-2)两边实施对数变换，得到如下关系：

$$\ln R_M=\sum_{i=1}^{M}\ln R_{1,i} \tag{Ⅳ-3}$$

式(Ⅳ-2)和式(Ⅳ-3)中，可靠度$R=R(V,t,E)$，是体积V、时间t和电场E的函数。当样本量趋向于∞时，电场E下的体积间隔和时间间隔$(\Delta V,\ \Delta t,\ E)$将变为$(\mathrm{d}V,\ \mathrm{d}t,\ E)$，因此式(Ⅳ-3)可改写为

$$\ln R_M=\int_{t_1}^{t_M}\int_{V_1}^{V_M}\ln R_{1,i}\left(V,t,E\right)\mathrm{d}V\mathrm{d}t=\frac{1}{V_1 t_1}\int_{0}^{t_M}\int_{0}^{V_M}\ln R_{1,i}\left(V,t,E\right)\mathrm{d}V\mathrm{d}t \tag{Ⅳ-4}$$

现在考虑体积不变、时间加长时电介质的可靠度变化。此时，表示体积的量V为常数，可靠度R可简化为$R(t,E)$，并且式(Ⅳ-4)可写成如下形式：

$$R_M\left(t,E\right)=\exp\left[\frac{1}{t_1}\int_{0}^{t_M}\ln R\left(t,E\right)\mathrm{d}t\right] \tag{Ⅳ-5}$$

因为击穿概率 F 和可靠度 R 之和为 1，所以式(Ⅳ-5)还可以改写为

$$1-F_M(E,t)=\exp\left\{\frac{1}{t_1}\int_0^{t_M}\ln\left[1-F(E,t)\right]\mathrm{d}t\right\} \tag{Ⅳ-6}$$

第二步，从 Weibull 分布角度考虑 $F(E,t)$的具体表达式。

采用任意变量 x 的两参数 Weibull 分布为

$$F(x)=1-\exp\left[-\left(\frac{x}{x_{63\%}}\right)^m\right] \tag{Ⅳ-7}$$

式中，m 为形状参数；$x_{63\%}$为特征变量(当 $x=x_{63\%}$，F=63%)。

当式(Ⅳ-7)用于描述电介质击穿现象时，将变为

$$F(E)=1-\exp\left[-\left(\frac{E}{E_{\mathrm{BD}}}\right)^m\right] \tag{Ⅳ-8}$$

式中，E_{BD}定义为特征电场，对应 F=63.2%。

2.1 节中在研究电介质厚度效应时，发现当电介质厚度沿着电场方向扩大 N 倍时，其击穿概率为

$$F_N(E)=1-\exp\left[-\left(\frac{E}{E_{\mathrm{BD}}}\right)^m N\right] \tag{Ⅳ-9}$$

对于扩大的电介质，其体击穿电场 $E_{\mathrm{BD}N}$与扩大倍数 N 之间的关系为

$$E_{\mathrm{BD}N}=E_{\mathrm{BD1}}N^{-\frac{1}{m}} \tag{Ⅳ-10}$$

式中，E_{BD1}为单位厚度电介质的体击穿阈值。

当考虑时间效应对击穿造成的影响时，式(Ⅳ-8)将变为

$$F(E,t)=1-\exp\left\{-\left[\frac{E}{E_{\mathrm{BD}}(t)}\right]^m\right\} \tag{Ⅳ-11}$$

式(Ⅳ-11)可理解为击穿过程中初始电子的产生是一个随机现象，所以击穿是一个统计现象。击穿概率随时间的变化服从类似于式(Ⅳ-8)的关系。

第三步，从三参数 Weibull 分布角度考虑 $E_{\mathrm{BD}}(t)$的具体表达式。

三参数 Weibull 分布如下：

$$F(E,t)=1-\exp\left(-ct^aE^b\right),(a,b,c>0) \tag{Ⅳ-12}$$

式中，$F(E,t)$为击穿概率；a、b、c为常数。

式(Ⅳ-12)可以变为如下形式：

$$F(E,t)=1-\exp\left[-\left(\frac{t}{t_1}\right)^a\left(\frac{E}{E_1}\right)^b\right] \tag{Ⅳ-13}$$

式中，t_1和E_1分别为给定的时间和给定的外施电场。t_1、E_1和c需满足如下关系式：

$$t_1{}^a E_1{}^b=\frac{1}{c} \quad 或 \quad t_1 E_1^{\frac{b}{a}}=c^{-\frac{1}{a}} \tag{Ⅳ-14}$$

设电场恒定为E_1，当时间t增加到t_1时，$F(t)$将增加到63.2%。对于任意的变量组合(t, E)，如果要保证击穿概率为63.2%，那么t和E应满足如下关系式：

$$tE^h=t_1 E_1{}^h \quad 或 \quad \frac{E}{E_1}=\left(\frac{t}{t_1}\right)^{-\frac{1}{h}} \tag{Ⅳ-15}$$

式中，$h=b/a$。

当击穿发生时，$E=E_{BD}$，因此式(Ⅳ-15)可以改写为

$$\frac{E_{BD}(t)}{E_1}=\left(\frac{t}{t_1}\right)^{-\frac{1}{h}} \tag{Ⅳ-16}$$

将式(Ⅳ-16)中的$E_{BD}(t)$代入式(Ⅳ-11)，再将更新后的式(Ⅳ-11)代入式(Ⅳ-6)中，则可以得到含时间变量t的累积概率表达式：

$$F_M(t)=1-\exp\left[-\left(\frac{E}{E_1}\right)^m\cdot\frac{h}{m+h}\left(\frac{t_M}{t_1}\right)^{\frac{m+h}{h}}\right] \tag{Ⅳ-17}$$

通过比较式(Ⅳ-17)和式(Ⅳ-9)，则可以得到时间扩大因子M_t的表达式，即

$$M_t=\frac{h}{m+h}\left(\frac{t_M}{t_1}\right)^{\frac{m+h}{h}} \tag{Ⅳ-18}$$

将式(Ⅳ-18)代入式(Ⅳ-10)，则得到时间t_M时刻的击穿电场：

$$E_{BD}(t_M)=E_1\left(\frac{h}{m+h}\right)^{-\frac{1}{m}}\left(\frac{t_M}{t_1}\right)^{-\frac{1}{h}-\frac{1}{m}} \tag{Ⅳ-19}$$

附录Ⅴ　电树枝生长数学模型的三种求解

描述电树枝生长的微分方程及初始条件为

$$\begin{cases}\dfrac{\mathrm{d}l}{\mathrm{d}t}=al^2-bl+c \\ l|_{t=t_0}=0\end{cases}\quad(a,b,c>0) \tag{Ⅴ-1}$$

根据判别式$\Delta=b^2-4ac$的取值，该方程的解分为以下三种情况。

第一种情况：$\Delta<0$，对应电树枝的增长情况。

当$\Delta<0$时，方程(Ⅴ-1)可变换为以下形式：

$$\frac{\mathrm{d}l}{\mathrm{d}t}=a\left[\left(l-\frac{b}{2a}\right)^2+\frac{4ac-b^2}{4a^2}\right] \tag{Ⅴ-2}$$

定义中间变量$\gamma=(4ac-b^2)^{0.5}$，代入式(Ⅴ-2)可得

$$\frac{\mathrm{d}l}{\left(l-\dfrac{b}{2a}\right)^2+\dfrac{\gamma^2}{4a^2}}=a\mathrm{d}t \tag{Ⅴ-3}$$

对两边积分，可得

$$\arctan\left(\frac{2al-b}{\gamma}\right)=\frac{\gamma t}{2}+C \tag{Ⅴ-4}$$

代入初始条件$l|_{t=t_0}=0$可得到积分常数C：

$$C=-\arctan\frac{b}{\gamma}-\frac{\gamma t_0}{2} \tag{Ⅴ-5}$$

将其代入式(Ⅴ-4)，可得

$$l(t)=\frac{\gamma}{2a}\tan\left[\frac{\gamma}{2}(t-t_0)-\arctan\frac{b}{\gamma}\right]+\frac{b}{2a} \tag{Ⅴ-6}$$

或者如下的简单形式：

$$l(t)=l_\gamma\tan(At-B)+l_0 \tag{Ⅴ-7}$$

$$l_\gamma=\frac{\gamma}{2a},\quad l_0=\frac{b}{2a},\quad A=\frac{\gamma}{2},\quad B=\frac{\gamma}{2}t_0+\arctan\frac{b}{\gamma} \tag{Ⅴ-8}$$

第二种情况：$\Delta>0$，对应电树枝的停滞情况。

当$\Delta>0$时，方程(Ⅴ-1)可变换为以下形式：

$$\frac{\mathrm{d}l}{\mathrm{d}t}=a\left[\left(l-\frac{b}{2a}\right)^2+\frac{b^2-4ac}{4a^2}\right] \tag{Ⅴ-9}$$

定义中间变量 $\delta=(b^2-4ac)^{0.5}$。对于一元二次方程 $al^2-bl+c=0$，可以求出其两个不相等的实根 l_1 和 l_2，其中 $l_1<l_2$，并且 $l_1=(b-\delta)/2a$，$l_2=(b+\delta)/2a$。因此式(Ⅴ-9)变为

$$\frac{\mathrm{d}l}{(l-l_2)(l-l_1)}=a\mathrm{d}t \tag{Ⅴ-10}$$

或者：

$$\frac{\mathrm{d}l}{l-l_2}-\frac{\mathrm{d}l}{l-l_1}=\delta\mathrm{d}t \tag{Ⅴ-11}$$

对其两边积分，可得

$$\ln\frac{l-l_2}{l-l_1}=\delta t+C' \tag{Ⅴ-12}$$

代入初始条件 $l|_{t=t_0}=0$ 可得到积分常数 C'：

$$C'=\ln\frac{l_2}{l_1}-\delta t_0 \tag{Ⅴ-13}$$

将其代入式(Ⅴ-12)，可得

$$l(t)=l_1\left\{1-\frac{l_2-l_1}{l_2\exp\left[\delta(t-t_0)\right]-l_1}\right\} \tag{Ⅴ-14}$$

或者如下的简单形式：

$$l(t)=l_1-\frac{C}{D\exp(\delta t-E)-1} \tag{Ⅴ-15}$$

$$C=\frac{\gamma}{a},\quad D=\frac{b+\delta}{b-\delta},\quad E=\delta t_0 \tag{Ⅴ-16}$$

第三种情况：$\Delta=0$，对应电树枝从增长到停滞的过渡情况。

当 $\Delta=0$ 时，方程(Ⅴ-1)可变换为以下形式：

$$\frac{\mathrm{d}l}{\mathrm{d}t}=a\left(l-\frac{b}{2a}\right)^2 \tag{Ⅴ-17}$$

此时，一元二次方程 $al^2-bl+c=0$ 有两个相等实根 $l_0=b/2a$。相应地，方程(Ⅴ-17)变为

$$\frac{\mathrm{d}l}{(l-l_0)^2}=a\mathrm{d}t \tag{Ⅴ-18}$$

对两边积分，可得

$$-\frac{1}{l-l_0}=at+C'' \tag{Ⅴ-19}$$

代入初始条件$l|_{t=t_0}=0$可得积分常数C''：

$$C''=\frac{1}{l_0}-at_0 \tag{Ⅴ-20}$$

将式(Ⅴ-20)代入式(Ⅴ-19)可得

$$l(t)=l_0\left[1-\frac{1}{b/2(t-t_0)+1}\right] \tag{Ⅴ-21}$$

或如下的简单形式：

$$l(t)=l_0\left(1-\frac{1}{\sigma t+F}\right) \tag{Ⅴ-22}$$

$$\sigma=\frac{b}{2},\quad F=1-\frac{b}{2}t_0 \tag{Ⅴ-23}$$

附录Ⅵ　短脉冲下常见绝缘形式击穿公式归纳

1. 均匀场下不同气体击穿阈值的计算公式

文献[1]给出：

$$E_g=\left(\frac{E}{P}\right)_0 P+c\left(\frac{P}{g}\right)^{\frac{1}{2}} \tag{Ⅵ-1}$$

式中，E_g为气体击穿阈值(下标 g 表示气体 gas)，单位为 $kV\cdot mm^{-1}$；P 为大气压，单位为 atm；g 为间隙，单位为 cm；$(E/P)_0$和 c 为常数。不同气体的参数取值见表Ⅵ-1。

表Ⅵ-1　不同气体的参数取值[1]

气体种类	$(E/P)_0$/[kV·(bar·mm)$^{-1}$]	c/[kV·(bar·mm)$^{-0.5}$]
CO_2	3.21	5.88
Air	2.44	2.12
N_2	2.44	4.85
H_2	1.01	2.42

特别地，根据文献[2]，对于均匀场中的空气，有

$$E_g = 24.6P + 6.7\left(\frac{P}{g}\right)^{\frac{1}{2}} \tag{Ⅵ-2}$$

计算得到 1cm 间隙，1 个大气压的空气中的击穿阈值为 31.3kV · cm^{-1}，与实际相符。

对于一个具有发散场的大间隙，Martin[2]给出了击穿场强计算公式：

$$E_g\left(g \cdot t_{eff}\right)^{\frac{1}{6}} = k_{g\pm} P^{n'} \tag{Ⅵ-3}$$

式中，t_{eff}为脉冲有效作用时间，单位为 μs，文献[3]中定义 t_{eff}为超过 89%击穿电场对应的时间；g 为间隙，可以取到 10cm 以上；$k_{g\pm}$ 和 n'为常数，不同气体的 $k_{g\pm}$ 和 n'取值参见表Ⅵ-2。

表Ⅵ-2　不同气体的 $k_{g\pm}$和 n'取值[2]

气体	k_{g+}	k_{g-}	n'
Air	22	22	0.6
SF_6	44	72	0.4
Freon	36	60	0.4

2. 液体击穿阈值计算公式

Martin 给出了液体击穿阈值的计算公式[4]：

$$E_l\, t_{eff}^{1/3} A_l^{1/10} = k_{l\pm} \tag{Ⅵ-4}$$

式中，E_l为液体击穿阈值(下标 l 表示液体，liquid)，单位为 MV · cm^{-1}；t_{eff}为脉冲有效作用时间，单位为μs；A_l为有效电场作用面积，定义为耐受 90%最大电场以上对应的电极面积，单位为 cm^2；$k_{l\pm}$ 为常数，不同液体的 $k_{l\pm}$ 取值见表Ⅵ-3。

表Ⅵ-3　不同液体的 $k_{l\pm}$ 取值[2]

液体	k_{l+}	k_{l-}
变压器油	0.5	0.5
水	0.3	0.6

3. 固体击穿阈值计算公式

Martin[2]给出了固体击穿阈值的计算公式：

$$E_s V^{1/10} = k_s \tag{Ⅵ-5}$$

式中，E_s为固体击穿阈值(下标 s 表示固体，solid)，单位为 MV · cm^{-1}；k_s为常数，对于不同固体，k_s 取值参见表Ⅵ-4。

表Ⅵ-4　不同固体 k_s 的取值[2]

材料	聚乙烯	聚四氟乙烯	聚丙烯	有机玻璃	聚酯薄膜
k_s	2.5	2.5	2.9	3.3	3.6

对于式(Ⅵ-5)，有两点值得注意：①式(Ⅵ-5)与脉冲作用时间无关；②式(Ⅵ-5)适用范围为脉宽大于 100ns。

2.1 节中获得了在 10ns 短脉冲加载条件下，击穿阈值随厚度的变化关系[5]：

$$E_s d^{1/8} = k_s' \tag{Ⅵ-6}$$

式中，d 为介质厚度，单位为 mm；k_s' 为常数，表Ⅵ-5 给出了不同固体 k_s' 的取值。

表Ⅵ-5　不同固体 k_s' 的取值[5]

材料	聚乙烯	聚四氟乙烯	有机玻璃	尼龙
k_s	1.23	1.77	1.71	1.58

4. 真空击穿阈值计算公式

根据 Cranberg[6]、Slivkov[7]等的理论，得出真空条件下击穿阈值随间隙的变化公式：

$$E_{vb} g^{\gamma} = k_{vb} \tag{Ⅵ-7}$$

式中，E_{vb} 为真空击穿阈值(下标 vb 表示真空击穿，vacuum breakdown)，单位为 $kV \cdot cm^{-1}$；g 为间隙，单位为 cm；γ 为常数，取值约为 0.35；k_{vb} 为常数。

美国北极星研究公司给出了均匀电场下不同材料的真空击穿阈值公式[8]：

$$E_{vb} g^{0.3} = k_{vb} \tag{Ⅵ-8}$$

表Ⅵ-6 给出了 100ns、500kV 下不同材料的真空击穿阈值。

表Ⅵ-6　100ns、500kV 下不同材料的真空击穿阈值[8]

材料	铝	石墨	铅	钼	不锈钢
$E_{vb}/(kV \cdot cm^{-1})$	290	175	170	460	300

文献[9]报道了 30μs 脉冲、厘米间隙同轴电极结构下真空击穿阈值的计算公式：

$$E_{vb} g^{0.3} A^{1/5.6} = k_{vb,c} \tag{Ⅵ-9}$$

式中，A 为电场作用有效面积，定义为耐受 90%最大电场以上对应的电极面积，单位为 cm^2；不锈钢电极下 $k_{vb,c}$ 的取值为 758，见图Ⅵ-1。

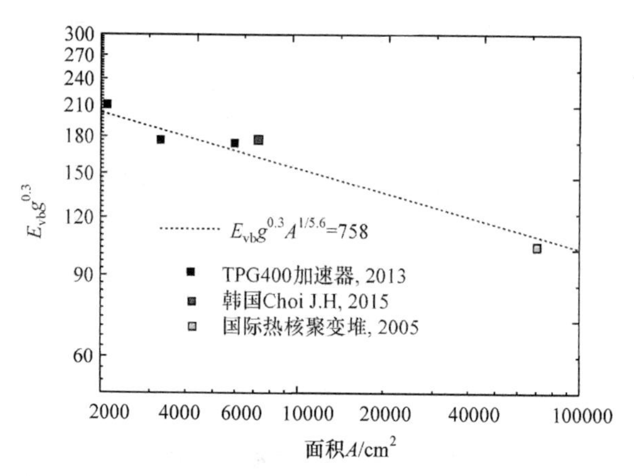

图Ⅵ-1 同轴电极结构下真空击穿阈值 E_{vb} 随面积 A 和间隙 g 变化的数据拟合

文献[10]对 30μs 脉冲、厘米间隙平板电极结构下的真空击穿电压进行了研究，得到如下公式：

$$U_{vb} = k_{vb,p}g^{0.625} \tag{Ⅵ-10}$$

式中，U_{vb} 为击穿电压，单位为 kV；g 为间隙，单位为 cm；常数 $k_{vb,p}$=135。该公式适用的间隙范围为 0.4～400cm，见图Ⅵ-2。

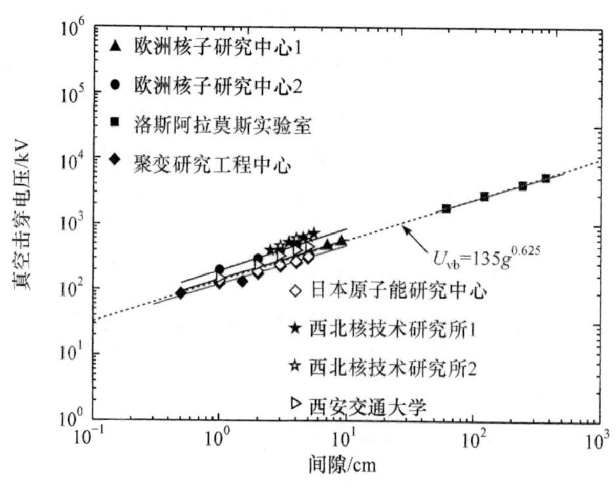

图Ⅵ-2 平板电极结构下真空击穿电压 U_{vb} 随间隙 g 变化的数据拟合

文献[11]总结得出，在 1ms 以内，脉冲宽度对真空绝缘性能的影响可用如下公式表述：

$$U_{\mathrm{vb}}E_{\mathrm{vb}}=100\tau^{-0.34}\left(\tau<1\mathrm{ms}\right) \tag{Ⅵ-11}$$

式中，U_{vb}为电压；E_{vb}为电场；τ 为脉宽。当τ 大于 1ms 时，U_{vb}不随τ 变化。对式(Ⅵ-11)变形可得到：

$$E_{\mathrm{vb}}=E'_{\mathrm{vb}}\tau^{-1/6}\left(\tau<1\mathrm{ms}\right) \tag{Ⅵ-12}$$

式中，E'_{vb} 为与脉宽无关的常数。

5. 真空沿面闪络阈值计算公式

Martin 给出了 45°真空绝缘子沿面闪络阈值的计算公式[2]：

$$E_{\mathrm{vf}}t_{\mathrm{eff}}^{1/6}A^{1/10}=k_{\mathrm{vf}} \tag{Ⅵ-13}$$

式中，E_{vf}为真空击穿阈值(下标 vf 表示真空沿面闪络，vacuum flashover)，单位为 $\mathrm{kV\cdot cm^{-1}}$；t_{eff}、A 均为与击穿电场有关的有效值；k_{vf}的平均值为 175。

对于低电感的径向绝缘，Shipman 给出了类似的计算公式[3, 12]：

$$\begin{cases} E_{\mathrm{S}}\leqslant 5\times10^{5}t_{\mathrm{eff}}^{-1/6}A^{-1/8.5} \\ E_{\mathrm{T}}\leqslant 1.6\times10^{6}t_{\mathrm{eff}}^{-1/6}A^{-1/8} \\ E_{\mathrm{P}}\leqslant 5\times10^{6} \end{cases} \tag{Ⅵ-14}$$

式中，各量的单位为 MKS 制，E_{S}为平行表面的电场分量；E_{T}为总电场；E_{P}为阴极和阳极三结合点最大电场取值。

附录Ⅶ　短脉冲下不同放电形式的相似性

1. 不同形式放电机理综述

气、液、固等电介质的击穿过程具有相似性。以载流子为电子的情况为例，其基本过程具体可表述如下：电极向电介质注入或发射初始种子电子，根据电场的高低，具体有热发射、热–场致发射和场致发射三种方式，如图Ⅶ-1 所示。种子电子在电场中被加速、获得能量、与电介质的分子或原子发生碰撞，导致原子被电离，这个过程称为电子碰撞电离倍增，如图Ⅶ-2 所示，用公式表示，即

$$\vec{e}+A\longrightarrow A^{+}+2e \tag{Ⅶ-1}$$

其中，e 表示碰撞之后的低能电子。此时，电子获得倍增，倍增的电子继续在电

场中被加速、与原子发生碰撞、实现倍增……形成电子雪崩。一旦电子雪崩发展到一定规模或者到达阳极，击穿发生。电子在两次碰撞之间获得的能量 $\Delta E(=qE\lambda)$ 应不小于原子的碰撞电离能 ΔI，即 $qE\lambda>\Delta I$。对于固体电介质，38 代电子理论[13]和第 6 章所提出的改进的电子雪崩击穿模型[14]便是基于这一过程而建立的。

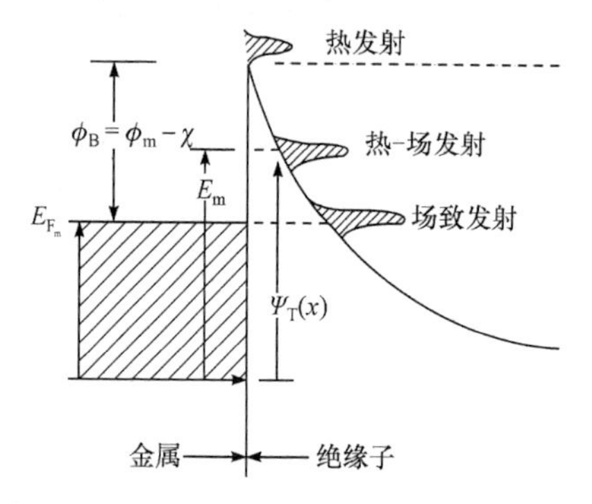

图Ⅶ-1 热发射、热-场致发射和场致发射三种方式

E_{F_m} -金属费米能级；E_m-电介质的费米能级；ϕ_B-有效势垒高度；ϕ_m-金属逸出功；χ-电介质的电子亲和势；$\Psi_T(x)$-距离电极 x 位置处的势垒高度

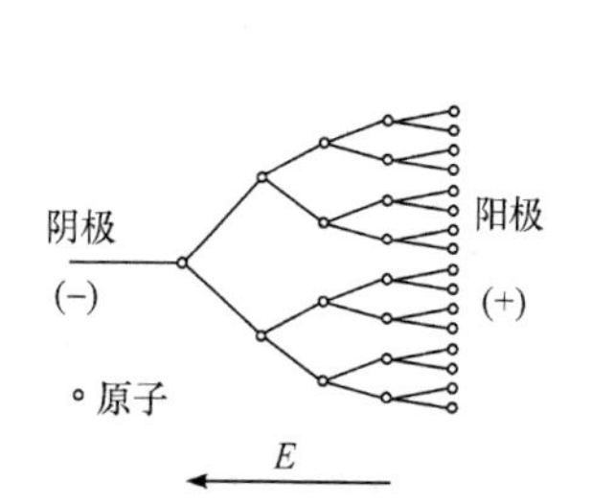

图Ⅶ-2 电子碰撞电离倍增过程

对于真空击穿而言，描述其击穿过程的理论较多，如场致发射引起的击穿理论、微放电引发的击穿理论、微粒撞击引发的击穿理论[15]。综合各种理论，真空击穿的过程可大体描述如下：种子电子从电极发射，在电场中被加速，直接轰击阳极，导致正离子从阳极表面被溅射出并产生金属蒸汽。正离子在电场的作用下向阴极加速，轰击阴极表面，使得阴极发射二次电子并产生阴极蒸汽。二次电子与金属蒸汽发生碰撞，导致金属蒸汽被电离。一旦电离的金属蒸汽等离子体连接阴阳两极，则击穿发生。1933 年，van Atta 等基于微放电理论提出了粒子交换理论[16]，用来解释真空中的击穿现象，其示意图如图Ⅶ-3 所示。该理论假设一个种子电子从阴极发射，撞击阳极产生了 A 个正离子和 C 个光子。当正离子和光子抵达阴极时，又导致阴极释放出二次电子，并假定每个正离子产生 B 个电子，而每个光子产生 D 个电子。如此循环……当 $AB+CD>1$ 时，电子电流实现连续增长，这个关系式被看作是击穿能否维持微的判据。

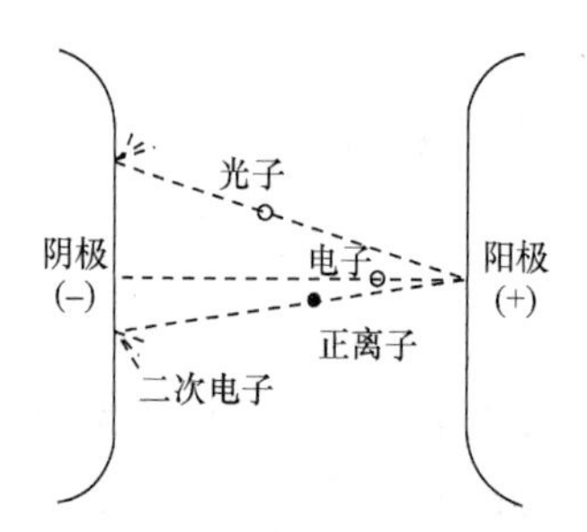

图Ⅶ-3 van Atta 等基于微放电理论提出的粒子交换理论示意图

对于真空沿面闪络，一种普遍接受的机制：种子电子从阴极三结合点发射

(cathode triple junction，CTJ)发射，碰撞绝缘子表面；当绝缘子的二次电子产额(secondary electron yield，SEY)大于 1 时，二次电子从绝缘子表面发射，电子实现倍增；二次电子继续沿绝缘子表面加速，撞击绝缘子表面，导致更多的二次电子发射。这一过程不断循环，形成电子雪崩。同时，吸附于绝缘子表面的气体发生脱附，在绝缘子表面形成一个薄的气体层。次级电子碰撞气体，导致气体被电离。当电子雪崩和电离气体的等离子体扩展贯穿阴阳两极，真空沿面闪络发生。这一过程为二次电子发射雪崩理论[17]，其示意图如图Ⅶ-4 所示。

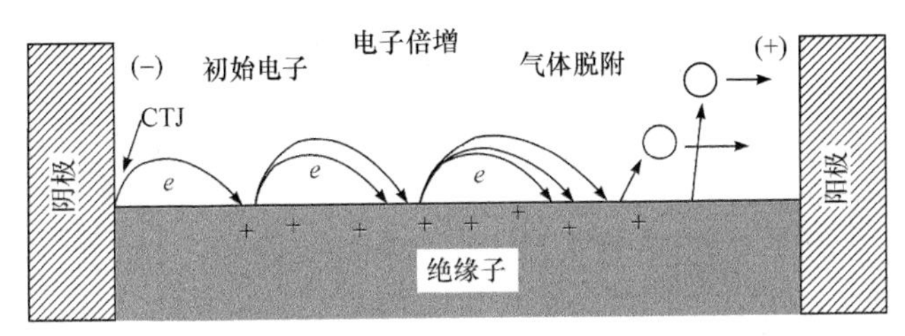

图Ⅶ-4　二次电子发射雪崩理论示意图

2. 不同放电机理的相似性

简单而言，不同形式放电需要满足两个条件：第一是初始种子电子（或空穴）产生；第二是随后的碰撞电离倍增。除此之外，还需要一个激励机制，以保证倍增的载流子发展为最终的电子雪崩。这就是气体、液体、固体、真空击穿和真空沿面闪络的相似性。

首先，分析以上几种放电所需满足的第一个条件——初始种子电子产生。对于气体、液体和固体电介质，阴极注入接触起到了用于引发击穿的初始电子源的作用。对于真空击穿，阴极自身起到了初始电子源的作用。对于真空沿面闪络，阴极三结合点起到了初始种子电子源的作用。

其次，分析以上几种放电所需满足的第二个条件——碰撞电离。电子在电场中迁移，必须获得足够大的平均自由程以保证电子迁移过程中获得足够多的能量来满足电子碰撞电离判据 $\Delta E=qE\lambda$，如文献[18]所指出的，这是通过低密度区域来实现的，在这些区域内，电介质的组成分子密度低于正常固体电介质的分子密度。这意味着，这些区域为气相。如第 3 章所述，在聚合物电介质中，低密度区域通过电极向聚合物注入载流子，载流子轰击聚合物长链产生自由基，自由基再群聚等过程而形成，被称为低浓度域[19]。在液体电介质中，击穿前在阴极附近形成的气泡被看作是低密度区域。在气体电介质中，气体本身就是低密度区域。在真空中，金属蒸汽和脱附气体层分别是真空击穿和真空沿面闪络的低密度区域。表Ⅶ-1总结了不同放电形式所需要满足的两个条件以及激励机制。

表Ⅶ-1　不同放电形式所需要满足的两个条件和激励机制

放电形式	初始种子电子产生	碰撞电离发生区域	激励机制
气体击穿	阴极注入接触	气体本身	阴极连续不断地注入电子
液体击穿		阴极前端气泡	
固体击穿		低浓度域	
真空击穿	阴极	金属蒸汽	电子连续不断地轰击电极表面
真空沿面闪络	阴极三结合点	脱附气体层	电子连续不断地轰击绝缘子表面

3. 不同形式放电的基本模型

基于表Ⅶ-1总结的不同放电形式所需的两个条件，这里提出了一个用于描述不同放电形式发生的基本模型，如图Ⅶ-5所示。

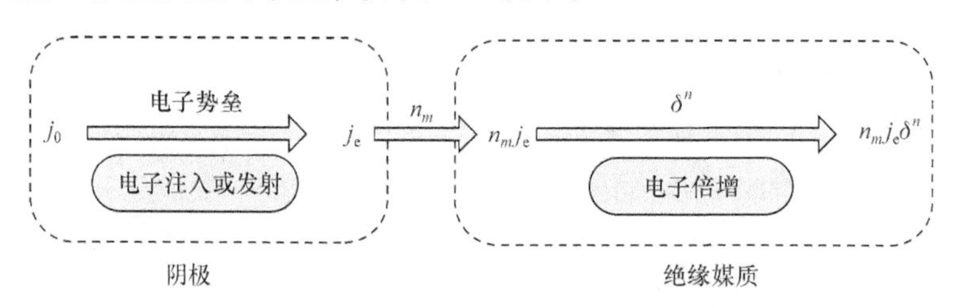

图Ⅶ-5　描述不同放电形式发生的基本模型

结合图Ⅶ-5，做出如下假设：①假设j_e个电子从阴极注入或从阴极三结合点发射，并假设一共有n_m个发射或注入点，则初始种子电子数目为$n_m j_e$；②假设这些初始种子电子在电场E中发生n碰撞电离倍增，其中电子倍增系数为δ；③假设每个电子雪崩的形成概率均为1，则最终的二次电子数目j_n为

$$j_n = n_m j_e \delta^n \tag{Ⅶ-2}$$

如果j_n能超过一个临界值j_c，则认为击穿或闪络发生，即

$$E = E_c |_{j_n \geqslant j_c} \tag{Ⅶ-3}$$

理论上应该从式(Ⅶ-3)所表示的判据中反解出电场阈值E与各个因素之间的关系，但实际上这一过程非常复杂，以至于无法给出解析解。下面结合式(Ⅶ-2)来分析不同因素与电场阈值E之间的关系：

(1) j_e与阴极特性相关，阴极的电子注入或发射能力越大，E越低。

(2) n_m与气、液、固和真空击穿的有效阴极面积相关；与真空沿面闪络中阴极三结合环的长度有关(阴极三结合点在三维空间中实际上为一个环，即三结合环)；

有效电极面积越大或阴极三结合环的长度越长，E 越低。

(3) 对于不同的放电形式，δ 取值不同。δ 越大，E 越低。理想情况下，对于气、液和固体电介质击穿，根据式(Ⅶ-1)，δ 取值为 2。实际情况下，对于固体电介质而言，δ 依赖于电极状况以及固体电介质状况。一般而言，固体电介质中的浅能级数目越多，δ 越大，因为有更多的电子束缚于浅能级中，这些束缚电子在电子倍增过程中被激发会成为自由电子。对于真空击穿，参考微粒交换理论，δ 的取值为 $AB+CD$。对于真空沿面闪络，δ 的取值为二次电子产额(SEY)，需要说明的是，SEY 并非一个常数，而是一条强烈依赖于入射电子动能的曲线。

(4) n 取决于绝缘媒质的尺寸或轮廓。对于气、液和固体电介质击穿，n 可以写成如下形式：

$$n=\alpha_{e}l=l/\lambda \tag{Ⅶ-4}$$

其中，l 为阴阳两极之间的距离；λ 为平均电子自由程；α_e 为电子碰撞电离系数，表示一个电子沿反向电场运动 1cm 时发生 α_e 次碰撞电离。对于真空沿面闪络，结合图Ⅶ-4，λ 为电子与绝缘子表面相邻两次碰撞之间的平均距离。对于真空击穿，n 可近似认为是粒子往返于阴阳两极之间的次数。根据式(Ⅶ-4)，可以看出 l 越大，n 越大。根据式(Ⅶ-2)，如果 n 变大，则 j_e 相应减小，对应电场阈值 E 降低。

作为小结，电极尺寸、电极材料、绝缘媒质轮廓和状况等参数均会对电场阈值产生影响。除此之外，电场作用时间也会对电场阈值产生影响。所有这些因素共同作用，导致电场阈值服从一定分布，而不是一个定值。本书 7.1 节提出的五种放电形式的统一阈值计算公式就是对这个值一个初步探索。

参考文献

[1] BLUHM H. Pulsed Power Systems[M]. Karlsruhe: Springer, 2006.

[2] MARTIN J C. Nanosecond pulse techniques[J]. Proceedings of IEEE, 1992, 80: 934-945.

[3] PAI S T, ZHANG Q. Introduction to High Power Pulse Technology[M]. Singapore: World Scientific, 1995.

[4] MARTIN T H, GUENTHER A H, KRISTIANSEN M, et al. J. C. Martin on Pulsed Power[M]. New York: Plenum Publishers, 1996.

[5] ZHAO L, LIU G Z, SU J C, et al. Investigation of thickness effect on electric breakdown strength of polymers under nanosecond pulses[J]. IEEE Transactions on Plasma Science, 2011, 39: 1613-1618.

[6] CRANBERG L. The initiation of electrical breakdown in vacuum[J]. Journal of Applied Physics, 1952, 23: 518-522.

[7] SLIVKOV I N. Mechanism for electrical discharge in vacuum[J]. Soviet Physics-Technical Physics, 1957, 2: 1928-1934.

[8] ADLER R J. Pulsed Power Formulary[M]. New Mexico: North Star Research Corporation, 1989.

[9] ZHAO L, LI R, ZENG B, et al. Experimental research on electrical breakdown strength of long-gap vacuum-insulated coaxial line under microsecond pulses[J]. IEEE Transactions on Dielectrics and Electrical Insulation, 2017, 24:

3313-3320.

[10] ZHAO L, SU J C, QIU X D, et al. Experimental research on vacuum breakdown characteristics in a long gap under microsecond pulses[J]. IEEE Transactions on Dielectrics and Electrical Insulation, 2020, 27: 700-707.

[11] LATHAM R V. High Voltage Vacuum Insulation[M]. London: Academic Press Harcourt Brace & Company, 1995.

[12] VITKOVITSKY I. High power switches[M]. New York: Van Nostrand Reinhold Incorporation, 1987.

[13] SEITZ F. On the Theory of electron multiplication in crystals[J]. Physical Review, 1949, 76: 1376-1393.

[14] ZHAO L. A formula to calculate solid dielectric breakdown strength based on a model of electron impact ionization and multiplication [J]. AIP Advance, 2020, 10: 025003.

[15] 姚宗熙, 郑德修, 封学民. 物理电子学[M]. 西安: 西安交通大学出版社, 2002.

[16] VAN ATTA L C, GRAAFF R J V D, BARTON H A. A new design for a high-voltage discharge tube[J]. Physical Review, 1933, 43: 158-159.

[17] ANDERSON R A, BRAINARD J P. Mechanism of pulsed surface flashover involving electron-stimulated desorption[J]. J. Appl. Phys., 1980, 51: 1414-1421.

[18] KAO K C. Dielectric Phenomenon in Solid[M]. Amsterdam: Elsevier Academic Press, 2004.

[19] ZHAO L, SU J C, ZHANG X B, et al. Observation of low-density domain in polystyrene under nanosecond pulses in quasi-uniform electric field[J]. IEEE Transactions on Dielectrics and Electrical Insulation, 2014, 21: 317-320.

彩　　图

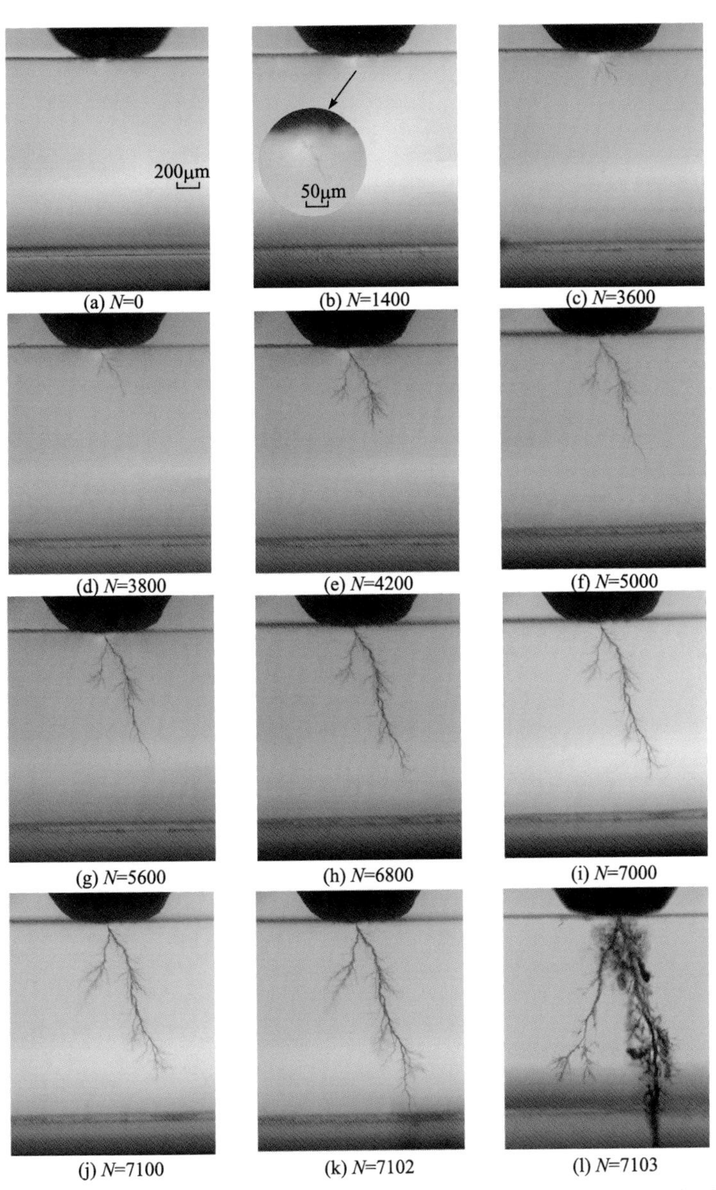

图 3-6　纳秒脉冲下近似均匀场中有机玻璃样片内放电通道发展的显微图像

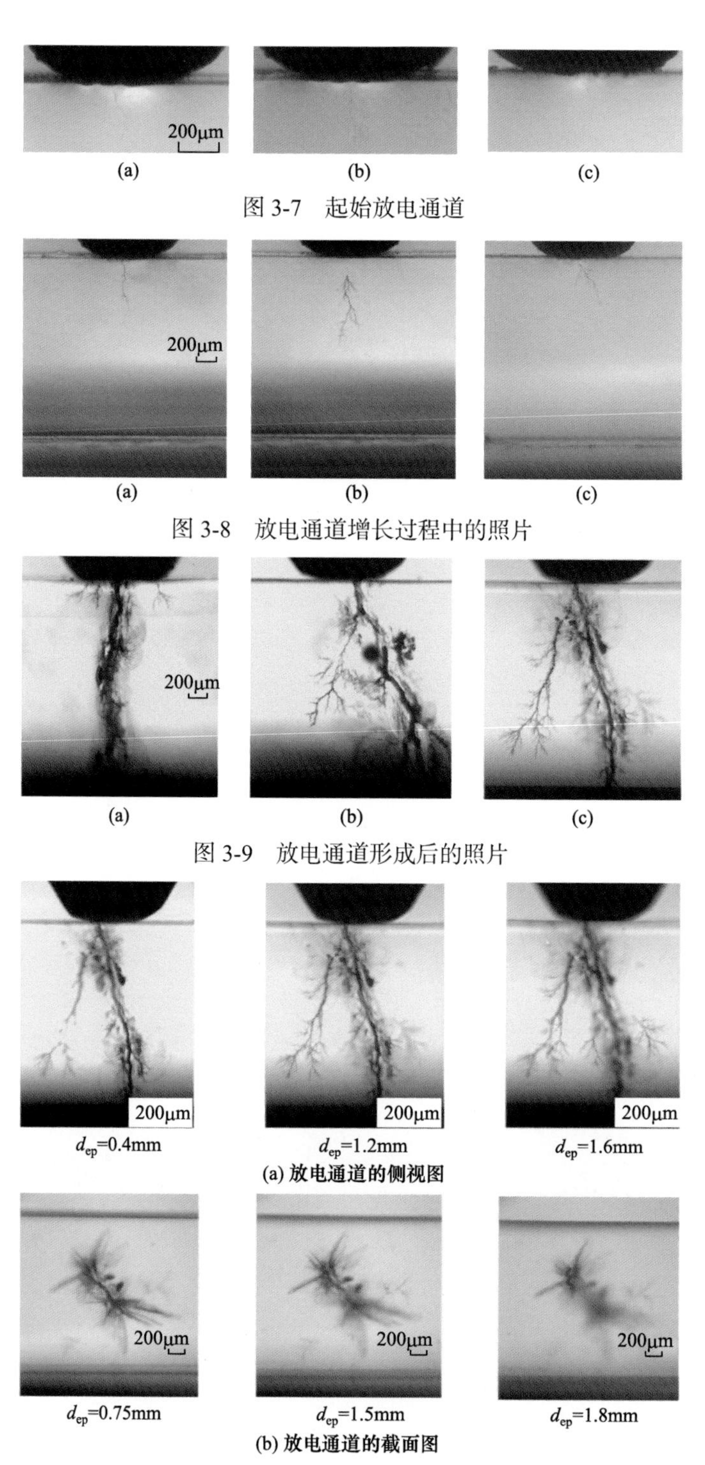

(a) (b) (c)

图 3-7　起始放电通道

(a) (b) (c)

图 3-8　放电通道增长过程中的照片

(a) (b) (c)

图 3-9　放电通道形成后的照片

d_{ep}=0.4mm　d_{ep}=1.2mm　d_{ep}=1.6mm

(a) 放电通道的侧视图

d_{ep}=0.75mm　d_{ep}=1.5mm　d_{ep}=1.8mm

(b) 放电通道的截面图

图 3-10　不同景深处放电通道的侧视图和截面图

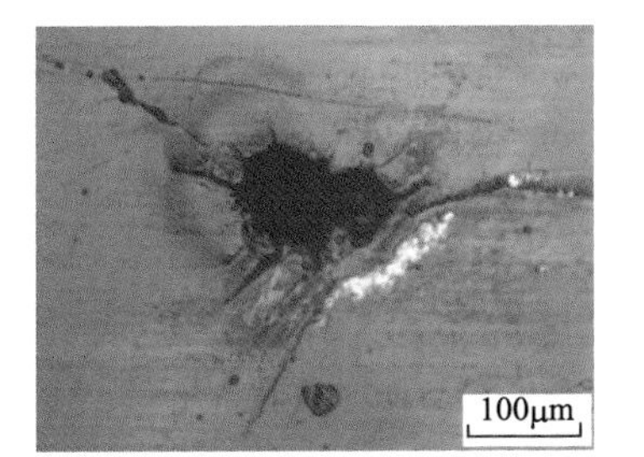

(a) 与尖电极接触一侧

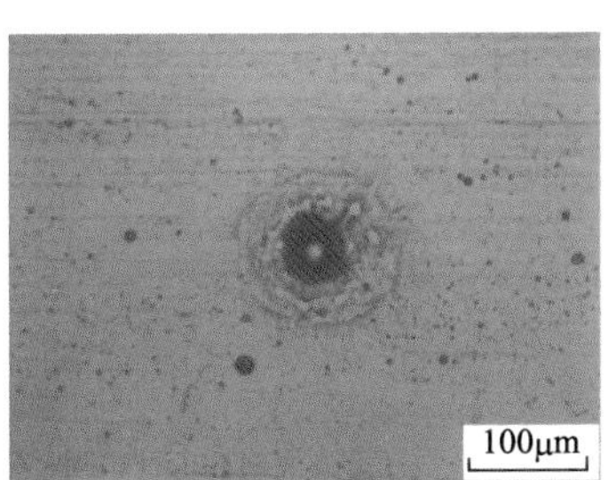

(b) 与平板电极接触一侧

图 3-11　有机玻璃样片上、下表面的破坏情况

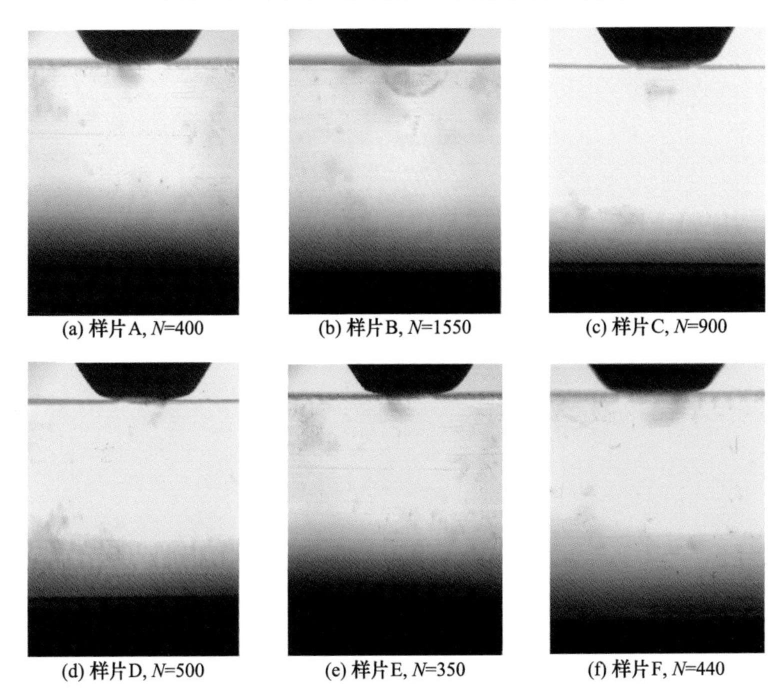

(a) 样片A, N=400　(b) 样片B, N=1550　(c) 样片C, N=900

(d) 样片D, N=500　(e) 样片E, N=350　(f) 样片F, N=440

图 3-14　PS 样片阴极前端出现的阴影区域

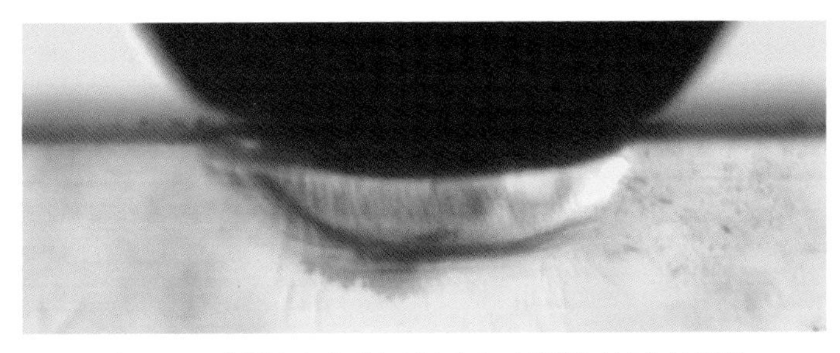

图 3-15　当阴阳极间距逐渐减小时阴影区域变软照片

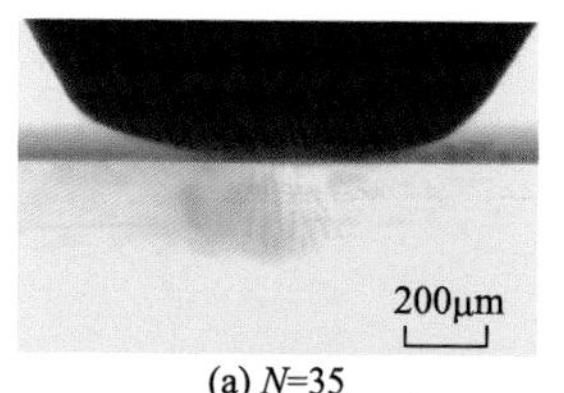

(a) N=35

(b) N=85

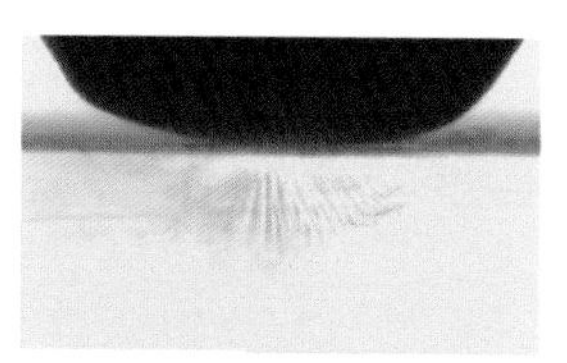

(c) 停止施加脉冲后间隔8h

图 3-16 随着脉冲数增加阴影区域逐渐扩大的照片

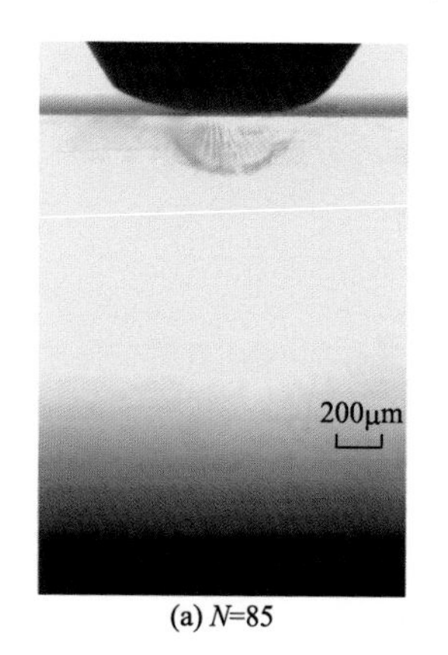

(a) N=85

(b) N=320

(c) N=328

图 3-17 阴影区域再次出现并导致击穿发生

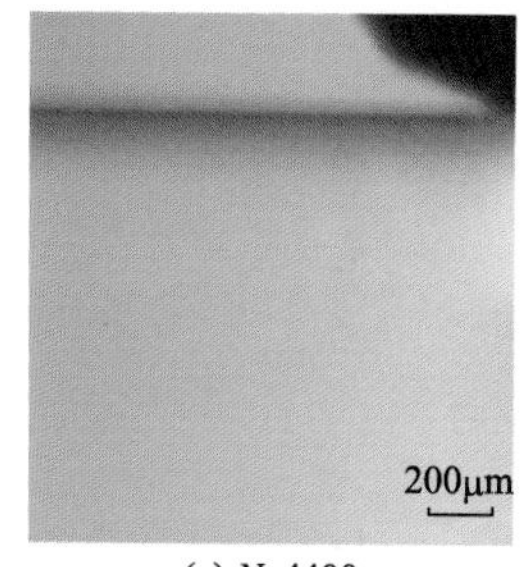

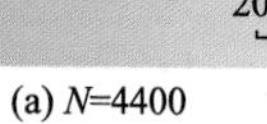

(a) N=4400

(b) N=5200

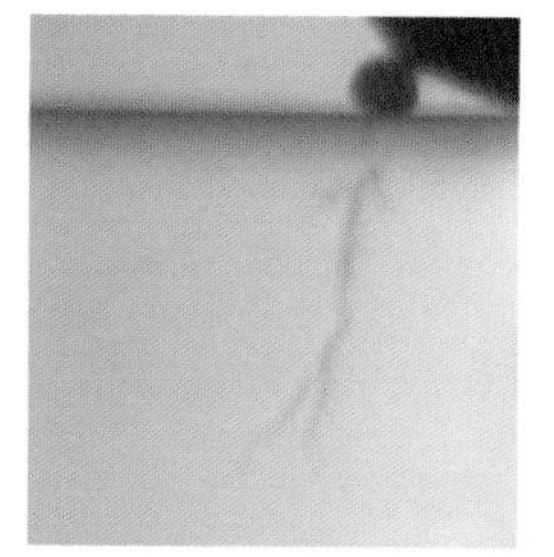

(c) N=5600

图 3-43 实验中观察到的有机玻璃样片放电通道内的释气现象

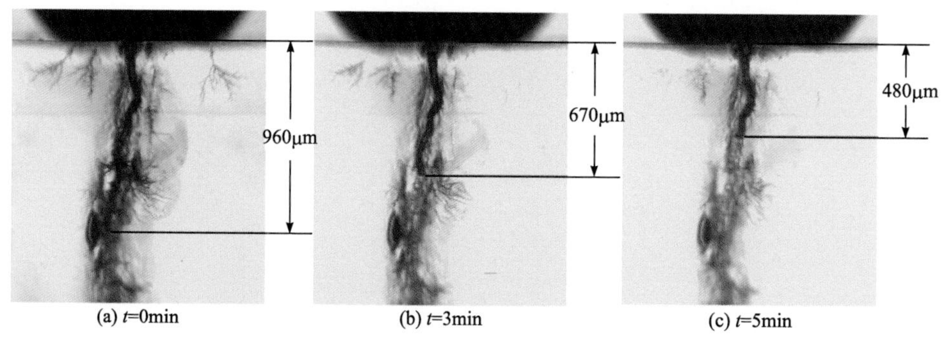

(a) t=0min (b) t=3min (c) t=5min

图 3-45 有机玻璃样片放电通道形成之后的图像

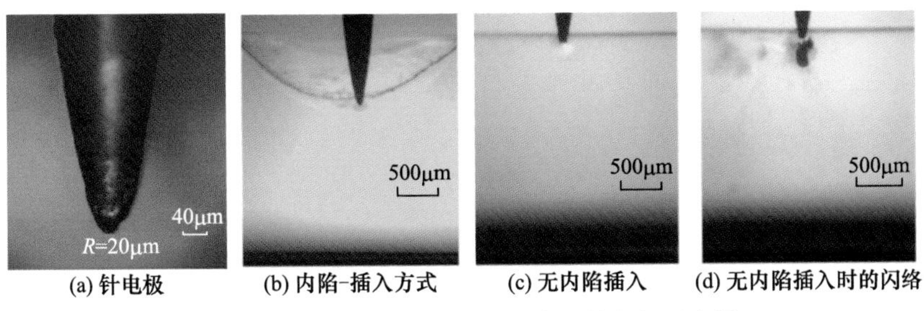

(a) 针电极　(b) 内陷-插入方式　(c) 无内陷插入　(d) 无内陷插入时的闪络

图 3-47　长脉冲累积击穿实验中的针电极及布放

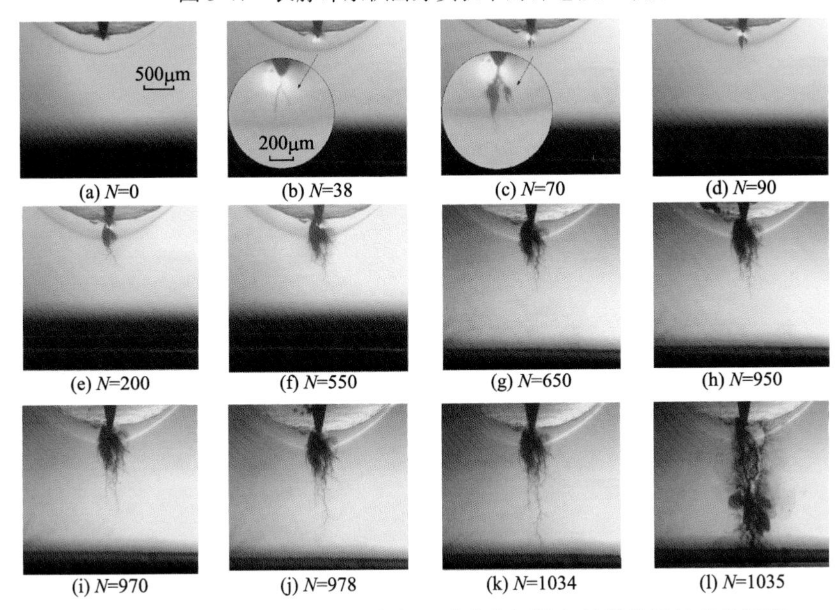

(a) N=0　(b) N=38　(c) N=70　(d) N=90

(e) N=200　(f) N=550　(g) N=650　(h) N=950

(i) N=970　(j) N=978　(k) N=1034　(l) N=1035

图 3-48　微秒脉冲下尖板电极中有机玻璃内部放电通道发展的完整图像

图 3-49　针电极前端出现黑色阴影区域

图 3-50　针电极前端的释气现象

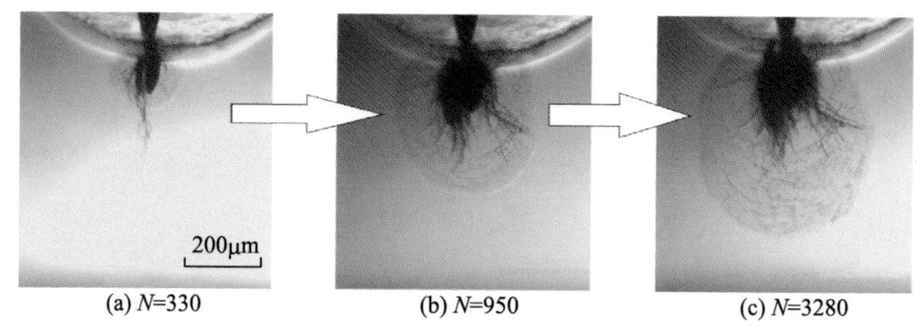

图 3-51　随着脉冲数增加针电极前端出现年轮状裂纹

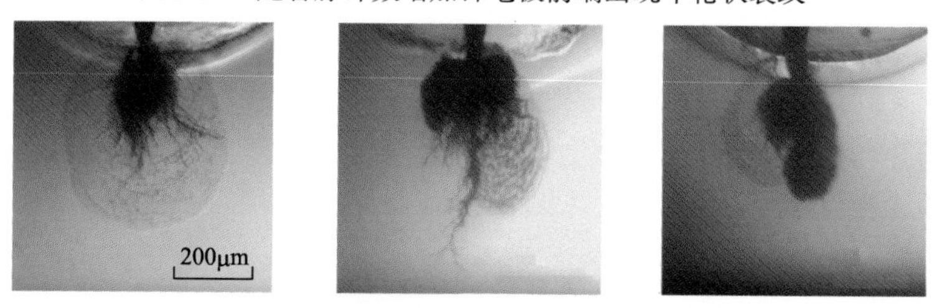

图 3-52　其他样片中针尖电极前端的年轮状裂纹

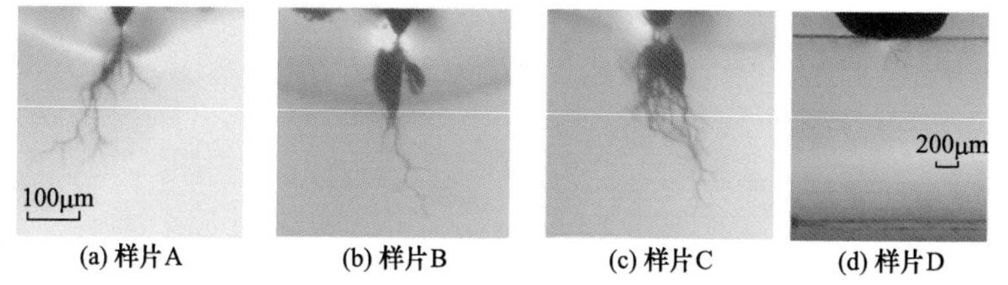

图 3-53　长脉冲和短脉冲下次级放电通道均生长于第一个放电通道末端的照片

样片 A、样片 B 和样片 C 是在长脉冲条件下获得，样片 D 是在短脉冲条件下获得

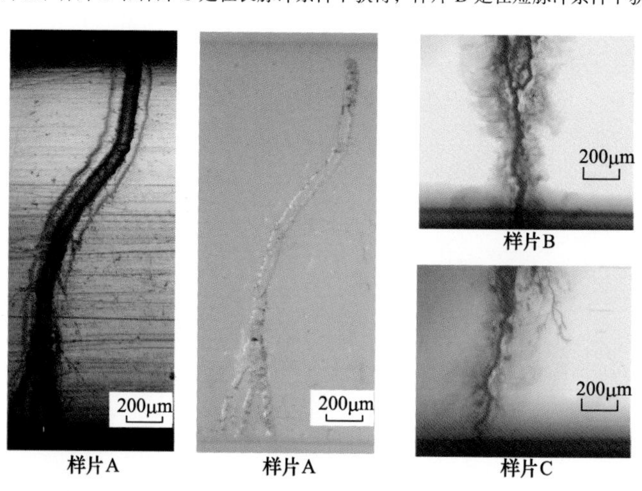

图 3-54　长、短脉冲下样片内留下的虫孔状击穿通道

样片 A 是在短脉冲条件下获得，样片 B 和样片 C 是在长脉冲条件下获得